配电自动化主站系统运维及应用指导手册 OPEN5200系统

国网山东省电力公司　编

中国电力出版社
CHINA ELECTRIC POWER PRESS

内 容 提 要

本书共 10 章。第一部分主站运维包括 6 章共 35 项作业指导，分别为终端投退运、终端调试、图模导入、图模维护、数据库维护、常见问题排查及处理；第二部分功能应用包括 4 章共 17 项作业指导，分别为常见功能应用、馈线自动化、调度操作、配电自动化Ⅳ区功能应用。

本书可供配电自动化主站系统运维人员学习使用。

图书在版编目（CIP）数据

配电自动化主站系统运维及应用指导手册 . OPEN5200 系统 / 国网山东省电力公司编 . —北京：中国电力出版社，2024.8

ISBN 978-7-5198-8184-9

Ⅰ . ①配… Ⅱ . ①国… Ⅲ . ①配电系统—电力系统运行—手册 Ⅳ . ① TM727-62

中国国家版本馆 CIP 数据核字（2023）第 183650 号

出版发行：中国电力出版社
地　　址：北京市东城区北京站西街 19 号（邮政编码 100005）
网　　址：http：//www.cepp.sgcc.com.cn
责任编辑：肖　敏（010-63412363）
责任校对：黄　蓓　常燕昆
装帧设计：赵丽媛
责任印制：石　雷

印　　刷：三河市万龙印装有限公司
版　　次：2024 年 8 月第一版
印　　次：2024 年 8 月北京第一次印刷
开　　本：787 毫米 ×1092 毫米　16 开本
印　　张：21.5
字　　数：476 千字
印　　数：0001—3000 册
定　　价：127.00 元

为提升配电自动化系统主站运维及实用化水平，规范市县公司配电自动化作业流程，应对配电自动化人员流动性大、培养周期长的现状，特编写本书。

本书以新一代配电自动化系统主站（OPEN5200）为平台，结合潍坊供电公司"30度相角差线路负荷秒级转供""省地配精准负荷控制"等各项实用化经验开展，内容涵盖主站运维和功能应用两部分，共 10 章。第一部分主站运维包括 6 章共 35 项作业指导，分别为终端投退运、终端调试、图模导入、图模维护、数据库维护、常见问题排查及处理；第二部分功能应用包括 4 章共 17 项作业指导，分别为常见功能应用、馈线自动化、调度操作、配电自动化Ⅳ区功能应用。

本书中穿插了小技巧、注意事项及常见问题，具有实用性强、作业安全、可实操度高、流程规范的特点，利于配电自动化主站相关工作高效、规范开展。

由于编写时间仓促，书中难免存在不妥之处，敬请广大读者批评指正，使之不断完善。

编者

2024 年 7 月

CONTENTS 目 录

前 言

<<<<<<<<<< 第一部分 主站运维 <<<<<<<<<<

<<<<<<<<<<< 　**第二部分　功能应用**　<<<<<<<<<<<

主站运维

第1章 终端投退运

本章主要介绍终端点表模板的配置、新建终端及其采集通道配置、三遥（遥信、遥测、遥控）点号配置、终端定值维护以及终端投退运，通过对终端的新建及配置，为红图终端调试以及实时态下实现遥信、遥测数据监测及遥控等提供支撑，进而确保终端投退运与现场终端自动化状态一致，提高对智能终端的监视水平。

1.1 点表模板配置

1.1.1 启动配网终端管理

从主页点击"系统维护"→"图模维护"→"点表工具"，或在运行系统终端（■■）输入 term_manager，启动配网终端管理，如图 1-1 所示。

图 1-1 启动配网终端管理界面

1.1.2 用户登录

登录配网终端管理，用户登录界面如图 1-2 所示，登录后的界面如图 1-3 所示。

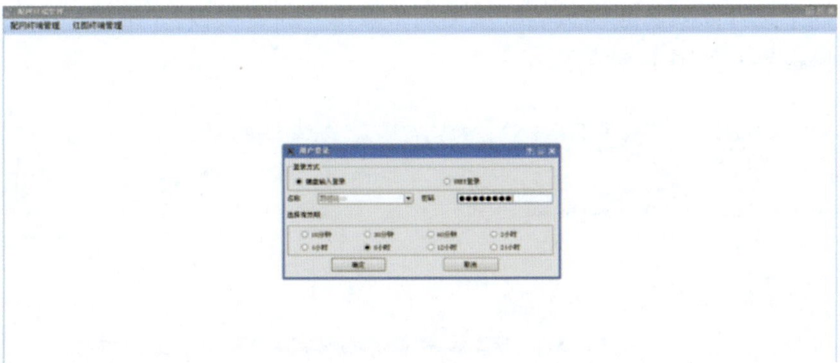

图 1-2　用户登录界面

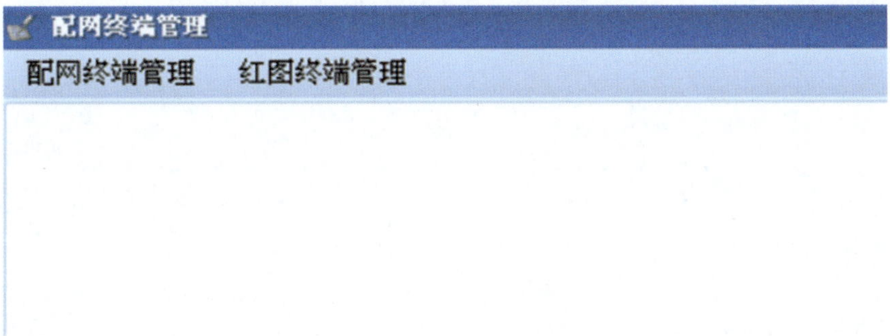

图 1-3　配网终端管理界面

1.1.3　新建模板

点击"配网终端管理",选择"终端测控模板",如图 1-4 所示。

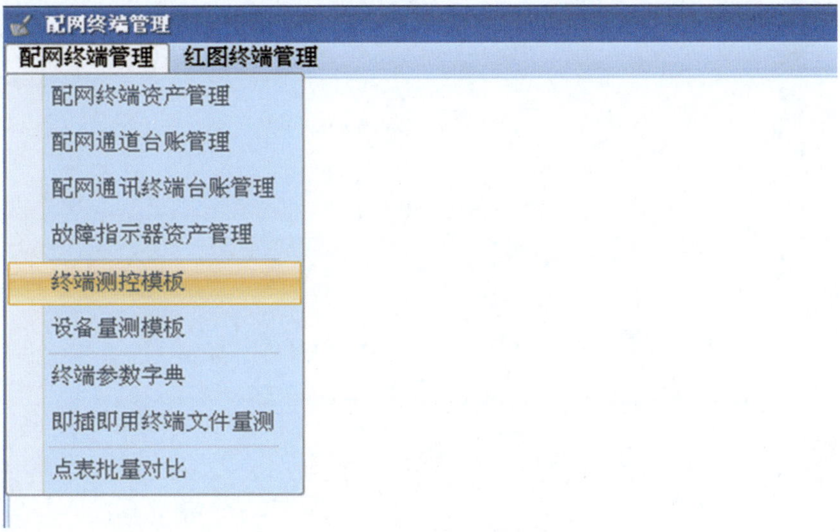

图 1-4　终端测控模板界面

3

在下拉框中选择需要新建模板的终端类别，点击"新建模板"，维护厂家、型号及模板名称。新建模板界面如图 1-5 所示。

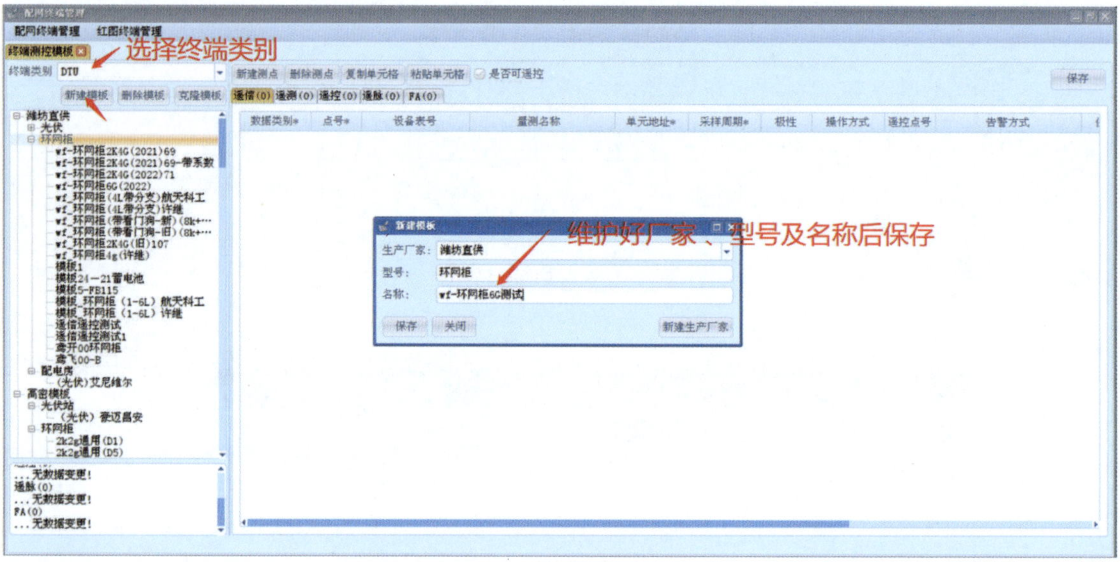

图 1-5 新建模板界面

1.1.4 新建测点

点击"新建测点"生成一条新记录并维护好信息，新建测点界面如图 1-6 所示。

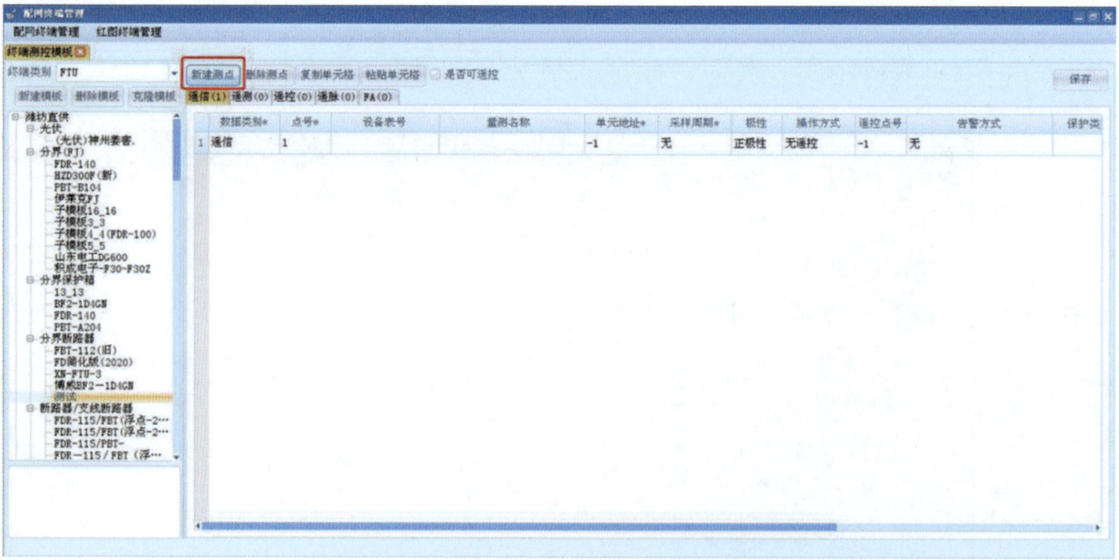

图 1-6 新建测点界面

接下来，分别对遥信、遥测、遥控及馈线自动化（FA）进行配置。

1. 遥信

（1）点号：南瑞主站点号顺序从 0 开始排列，有的厂家终端点号从 0 开始，跟主站一致，有的厂家终端点号从 1 开始，注意做好对应。

（2）数据类别、量测名称：优先选用遥信中的，遥信中找不到的再选用自定义遥信。

（3）单元地址：同一个开关的点单元地址须保持一致。

（4）采样周期：无。

（5）极性：默认正极性，如需取反则选择反极性。

（6）操作方式：需要遥控的点号选择监护遥控，其他默认选择无遥控。

（7）遥控点号：从 0 开始顺延，无遥控的选择 –1。

（8）告警方式：有保护信号的选择保护动作，开关遥信值选择开关变位，零序保护跟告警选择上接地窗，其他根据需要自主选择上告知窗及异常窗。

（9）保护类型：表征短路过电流的事故信号，保护类型选择动作信号；表征接地过电流的事故信号，保护类型选择接地故障；其余的选择其他。

（10）关联相关设备：接地及保护的选择"是"，其余的选择"否"。

（11）是否为光子牌：否。

（12）功能类型：否。

根据需要配置的设备型号补全所需要的点。DTU（站所终端）模板遥信界面如图 1-7 所示，FTU（馈线终端）模板遥信界面如图 1-8 所示。

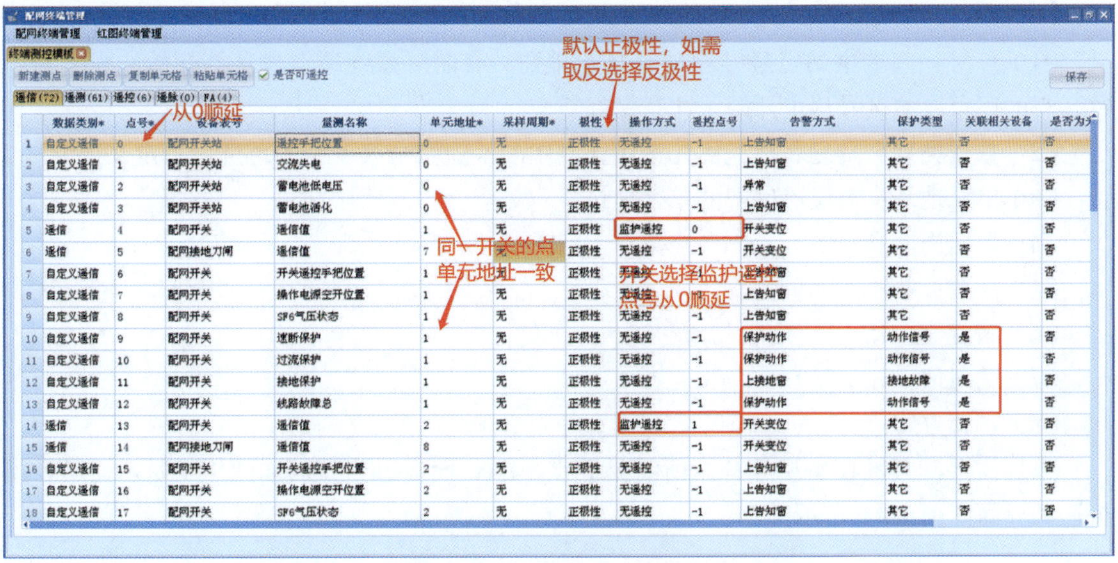

图 1-7　DTU 模板遥信界面

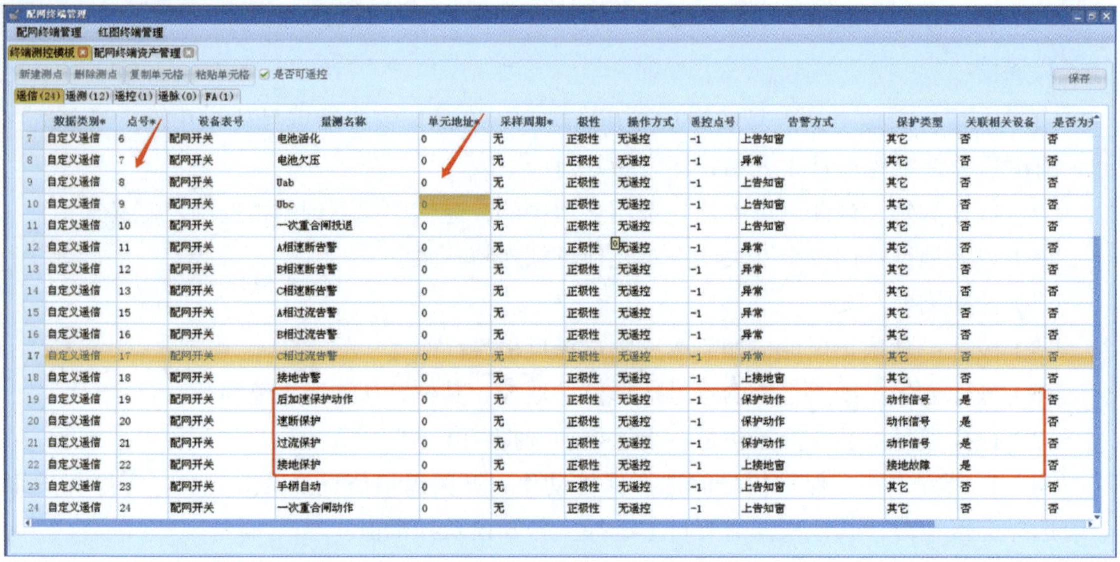

图 1-8　FTU 模板遥信界面

【注意事项】

对于电压型开关，表征开关闭锁信号的遥信点，一般是闭锁状态，该遥信的极性需要在模板中选择为"反极性"，如果有同时能够上传 X 闭锁和 Y 闭锁的终端，则 Y 闭锁选择"遥信"中的"VSP5 辅开位置"，X 闭锁选择"遥信"中的"VSP5 反向辅开位置"，极性同样是反极性。

2. 遥测

（1）点号：南瑞主站点号顺序从 0 开始排列，有的厂家终端点号从 0 开始，跟主站一致，有的厂家终端点号从 1 开始，注意做好对应。

（2）数据类别、量测名称：优先选用遥测中的，遥测中找不到的再选用自定义遥测。

（3）单元地址：对应遥信中的单元地址。

（4）采样周期：5min。

（5）系数：按照实际填写。

（6）满度值：1。

（7）满码值：1。

（8）告警方式：无。

根据需要配置的设备型号补全所需要的点。DTU 模板遥测界面如图 1-9 所示，FTU 模板遥测界面如图 1-10 所示。

图 1-9　DTU 模板遥测界面

图 1-10　FTU 模板遥测界面

3. 遥控

（1）点号：对应遥信界面的遥控点号。

（2）设备表号：配网开关。

（3）量测名称：选择遥信值。

（4）单元地址默认为 -1。

（5）操作方式选择监护遥控。

根据需要配置的设备型号补全所需要的点。

【注意事项】

DTU 环网柜的遥控界面下，因测量名称有唯一性约束，无法重复选择，故不填写。

DTU 模板遥控界面如图 1–11 所示，FTU 模板遥控界面如图 1–12 所示。

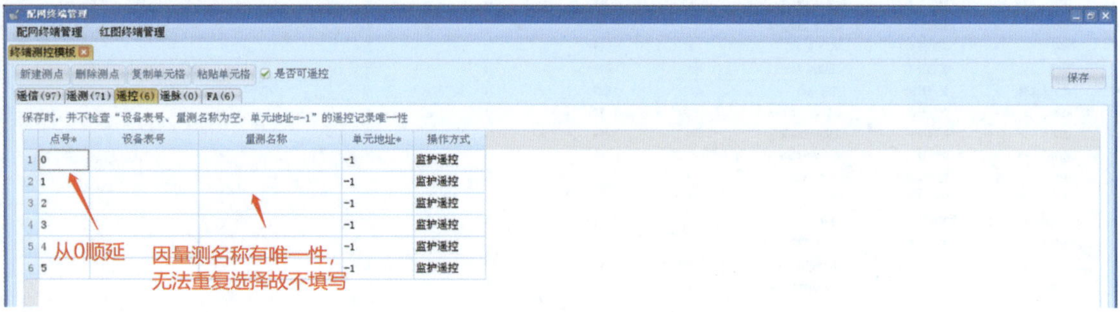

图 1–11　DTU 模板遥控界面

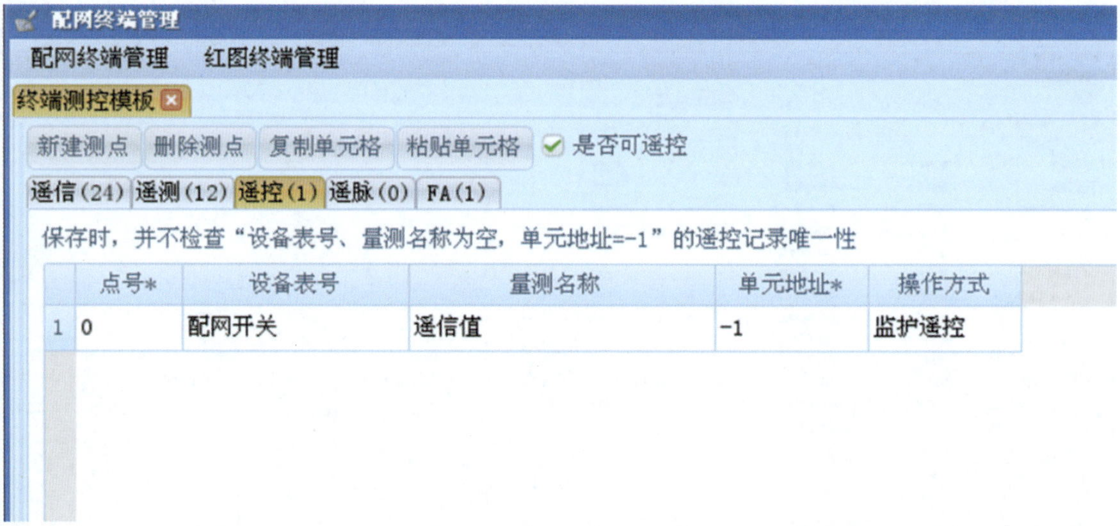

图 1–12　FTU 模板遥控界面

4. FA

需要启动 FA 的模板配置。

（1）单元地址：对应遥信的单元地址。

（2）启动条件：分闸加保护。

（3）等待时间：主站集中式选择 30s，电压时间型选择 120s。

（4）运行方式：在线。

（5）执行模式：根据需要选择交互方式还是自动方式。

（6）FA 类型：根据需要选择主站集中式或是电压时间型。

（7）是否应用：是。

DTU 模板 FA 界面如图 1-13 所示，FTU 模板 FA 界面如图 1-14 所示。

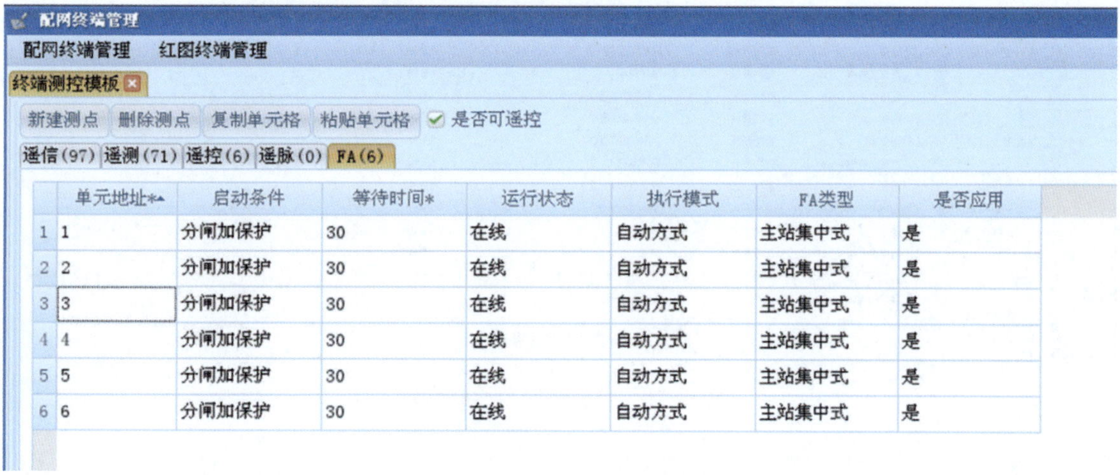

图 1-13　DTU 模板 FA 界面

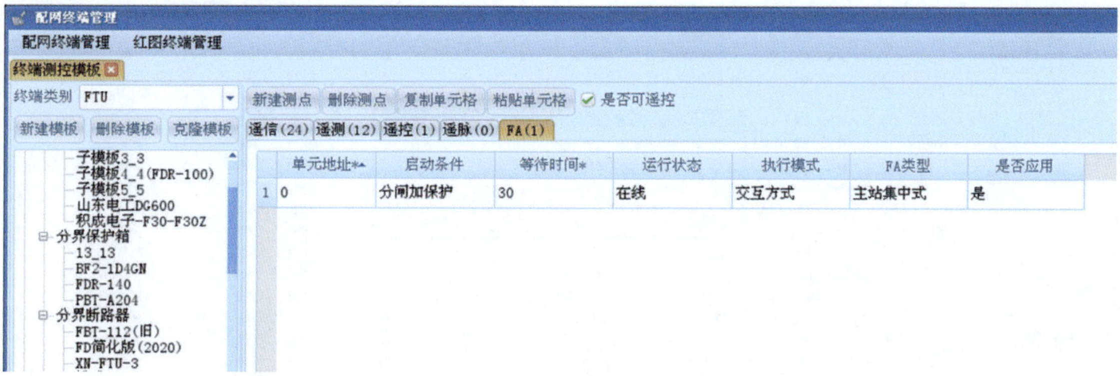

图 1-14　FTU 模板 FA 界面

配置好后点击"保存"。

【小技巧】

（1）复制单元格：新建并维护好一条测点后，可选中该条测点后点击"复制单元格"，点击"粘贴单元格"，仅需修改需更改的内容即可。复制粘贴单元格界面如图 1-15 所示。

（2）克隆模板：若有相近的模板，选中需要克隆的模板，点击"克隆模板"，维护需更改的内容后保存即可。克隆模板界面如图 1-16 所示。

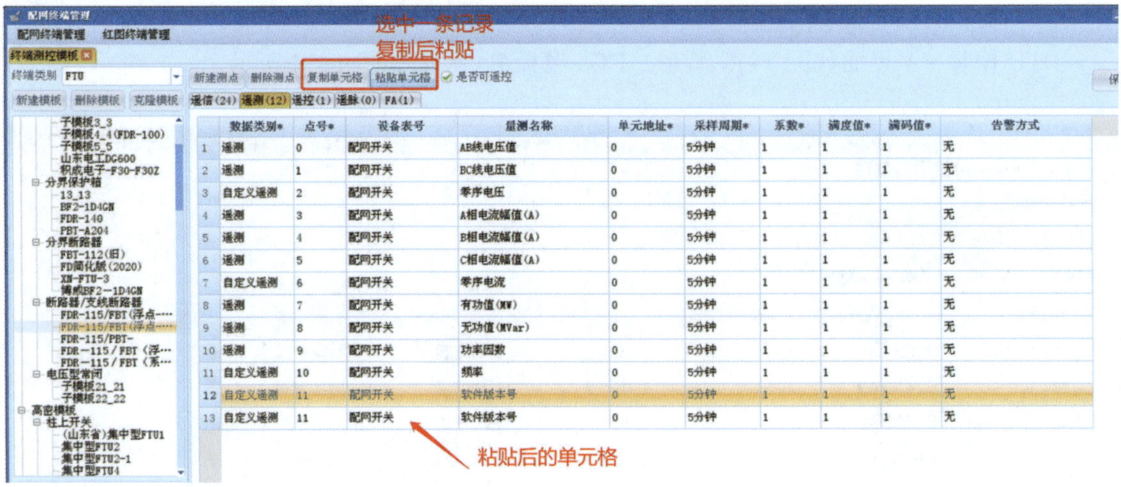

图 1-15　复制粘贴单元格界面

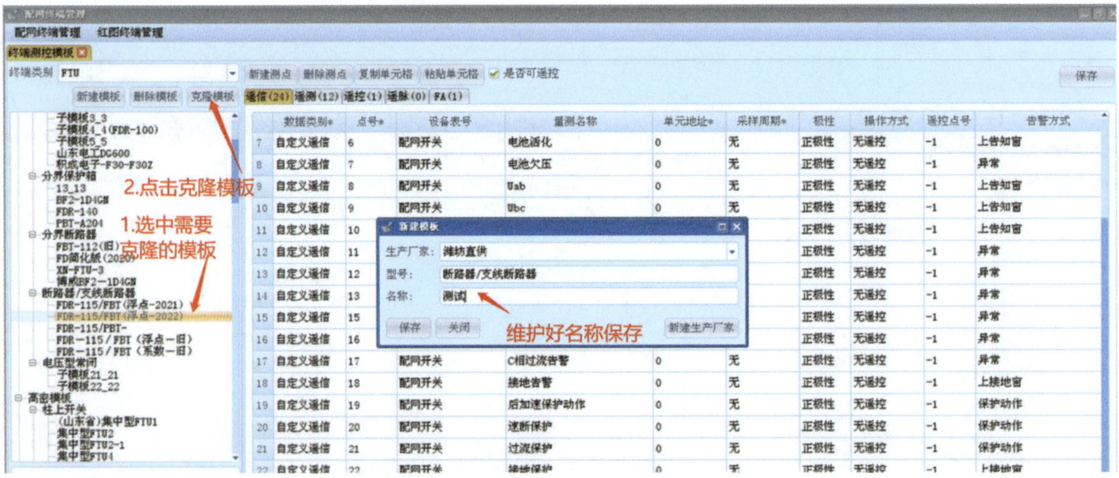

图 1-16　克隆模板界面

1.2　终端新建及采集通道配置

1.2.1　启动配网终端管理

从主页点击"系统维护"→"图模维护"→"点表工具"，或在运行系统终端（▬▭）输入 term_manager，启动配网终端管理，如图 1-1 所示。

1.2.2　用户登录

登录配网终端管理用户，用户登录界面如图 1-2 所示，登录后的界面如图 1-3 所示。

1.2.3 新建终端

如果设备已转黑，点击"配网终端管理"，选择"配网终端资产管理"，如图1-17所示。如果在红图阶段，点击"红图终端管理"，选择"红图终端资产管理"，如图1-18所示。

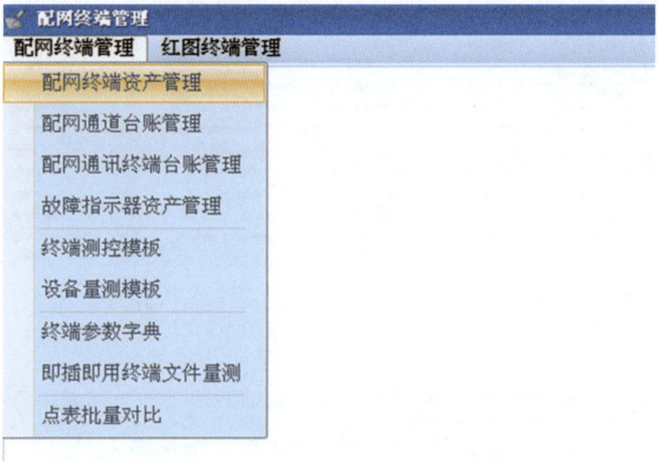

图 1-17 配网终端资产管理界面

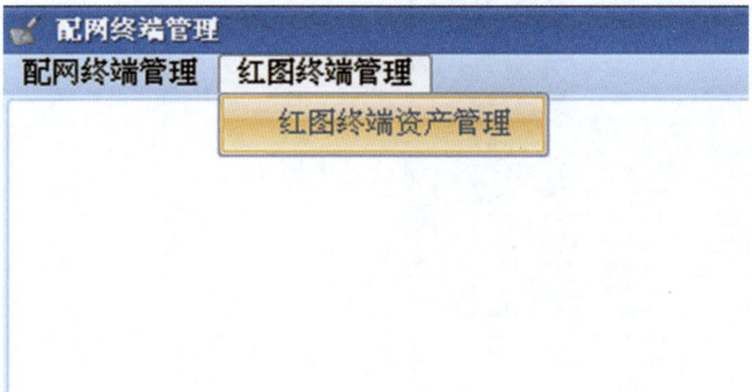

图 1-18 红图终端资产管理界面

进入后在左侧厂站栏选择配网馈线或配网开关（站），输入需要配置终端的线路或开关（站）名称检索，如图1-19所示。

根据设备类型展开选择需要新建的设备→右键点击"新建终端"→填写好终端的名称、类别、区域ID（身份标识）、所属责任区、是否统计终端状态、所属厂家、所属区域等信息后保存。信息填写界面如图1-20所示。

图 1-19 线路或开关（站）名称检索界面

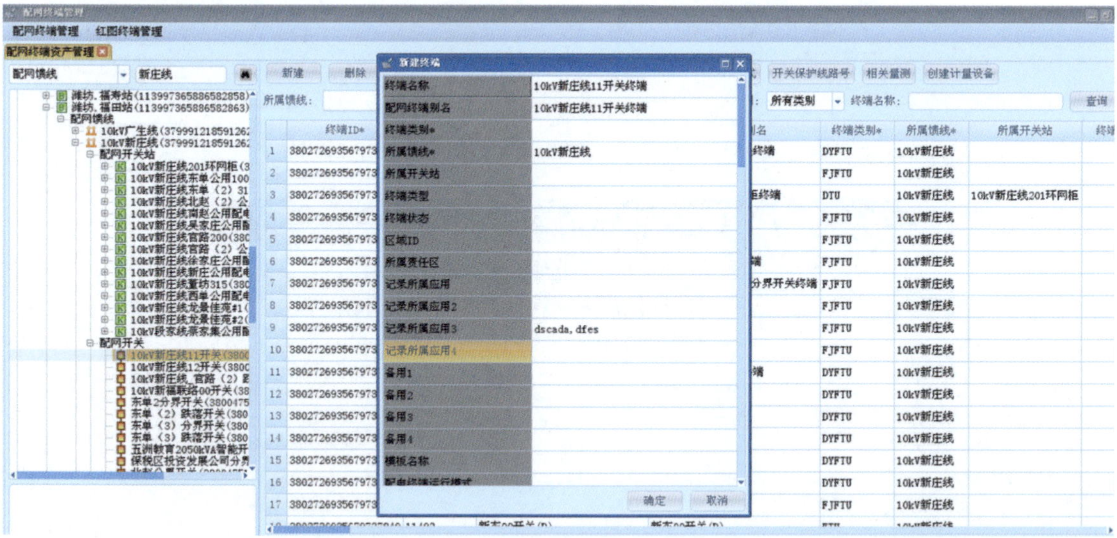

图 1-20 信息填写界面

【小技巧】

选中设备点击"新建终端"前，在右侧已有的终端列表中选中一个终端再点击"新建终端"，可省略部分信息的填写。如新建终端为环网柜，需注意所属开关站的更改，开关站选择界面如图 1-21 所示。

【注意事项】

要选择本单位的设备，不要选择其他地区的设备。

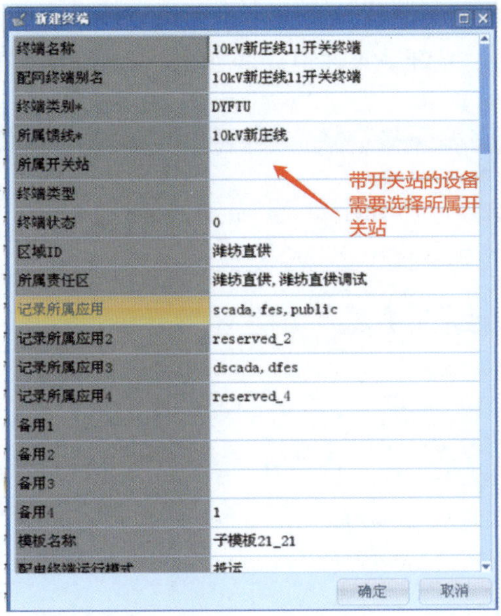

图 1-21　开关站选择界面

1.2.4　采集通道配置

选中新建的终端，点击"采集通道"，填写网络描述一、端口号、通信规约类型、RTU（远动终端单元）地址、工作方式、通信方式、所属系统、统计周期后保存。

【注意事项】

无线终端网络类型选择 UDP（用户数据报协议）共享端口，通信方式选择无线通信，所属系统选择一区二组，统计周期选择 180s。无线采集通道界面如图 1-22 所示。

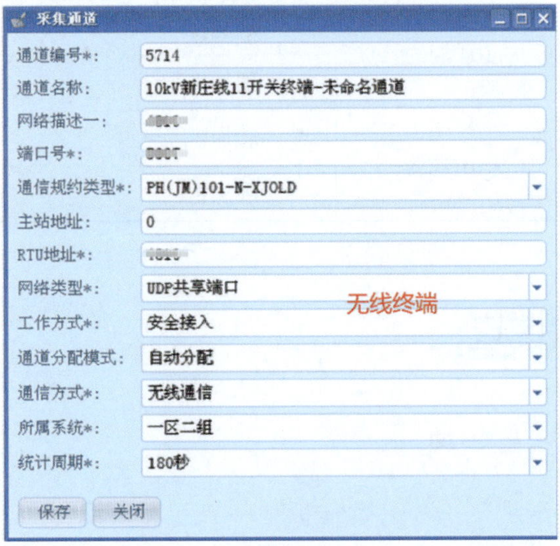

图 1-22　无线采集通道界面

光纤终端选择 TCP（传输控制协议）客户，通信方式选择光纤通信，所属系统选择一区一组，统计周期选择 30s。光纤采集通道界面如图 1-23 所示。

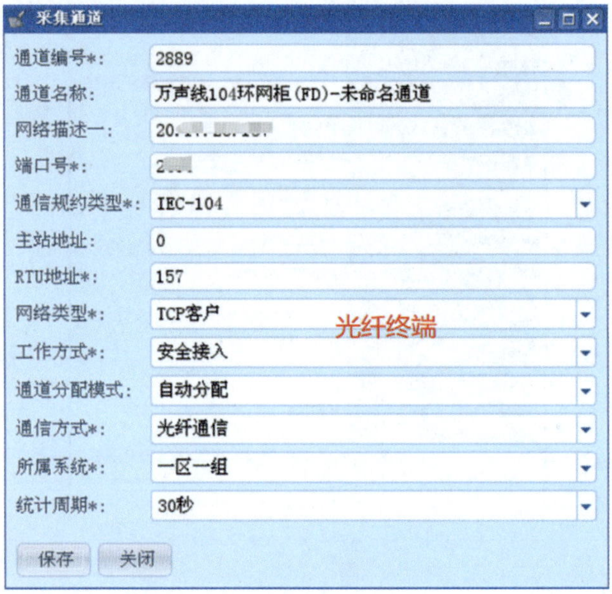

图 1-23　光纤采集通道界面

通信规约类型选择见表 1-1。

表 1-1　　　　　　　　　　　　　　通信规约类型选择

设备类型	规约类型	加密类型	规约
FTU 终端	101 规约	软加密	PH101
		硬加密	PH(JM)101-N
DTU 终端（光纤）	104 规约	软加密	IEC-104
		硬加密	IEC(JM)104
DTU 终端（无线）	101 规约	软加密	PH101
		硬加密	PH(JM)101-N

1.3　三遥点号配置

1.3.1　启动配网终端管理

从主页点击"系统维护"→"图模维护"→"点表工具"，或在运行系统终端（▣）输入 term_manager，启动配网终端管理，如图 1-1 所示。

1.3.2 用户登录

登录配网终端管理用户，用户登录界面如图 1-2 所示，登录后的界面如图 1-3 所示。

1.3.3 三遥点号配置

选中新建已配置好采集通道的终端，点击"终端测控模板生成方式"，选择界面如图 1-24 所示。

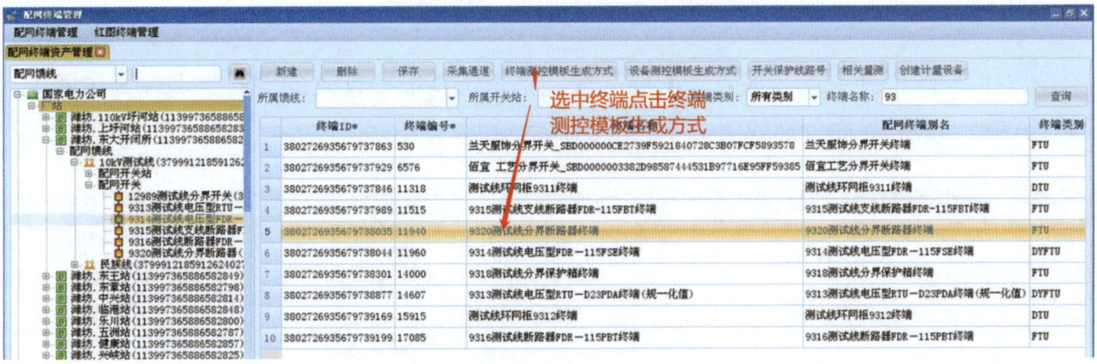

图 1-24　终端测控模板生成方式选择界面

在测控模板后区域双击选择模板，如图 1-25 所示。

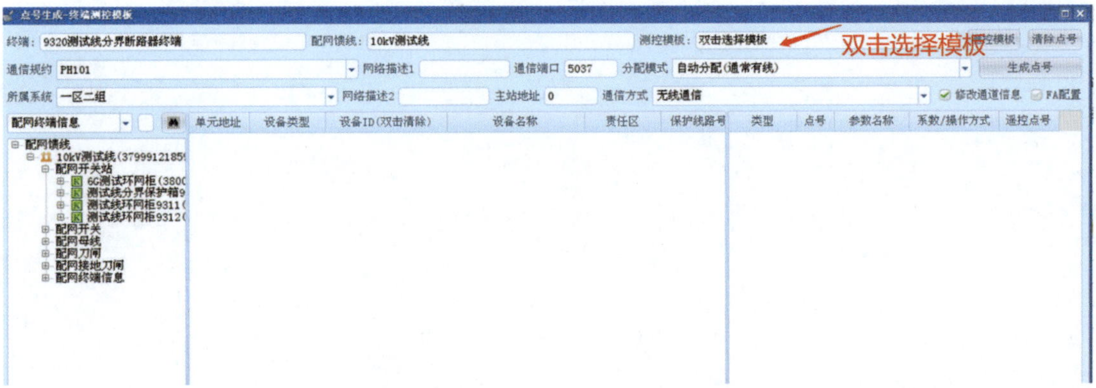

图 1-25　测控模板选择界面

选中需要配置终端对应的模板，如图 1-26 所示。

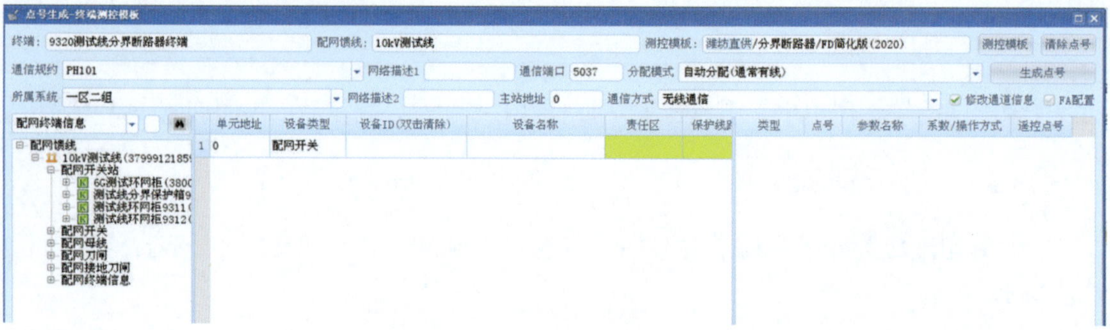

图 1-26　终端对应模板界面

从左侧"配网开关站"或者"配网开关"栏里选择需要配置的设备类型拖到中间配置处，终端拖入前后界面分别如图 1-27 和图 1-28 所示。

（a）

图 1-27　终端拖入前界面（一）

（a）DTU 终端拖入前界面

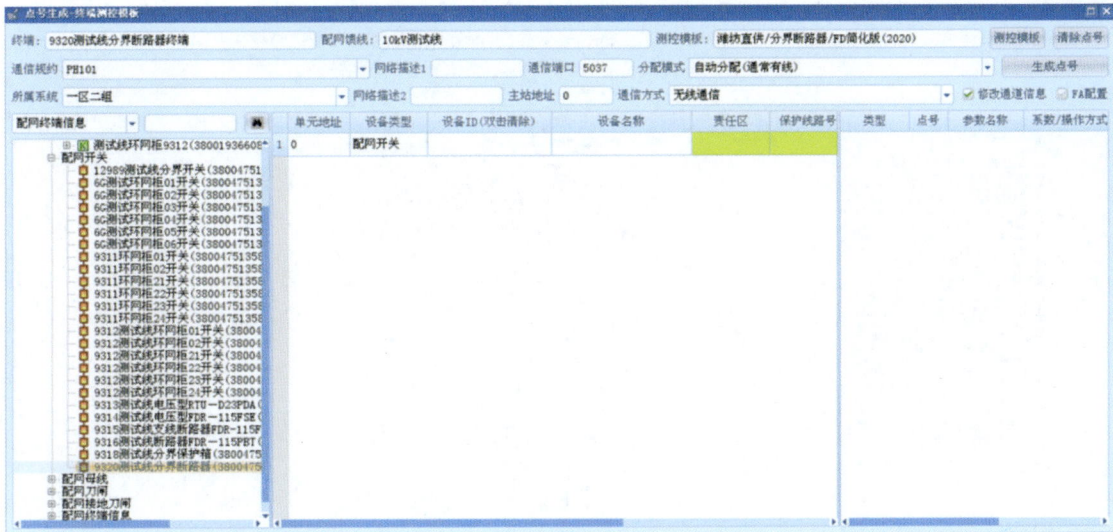

（b）

图 1-27　终端拖入前界面（二）

（b）FTU 终端拖入前界面

（a）

图 1-28　终端拖入后界面（一）

（a）DTU 终端拖入后界面

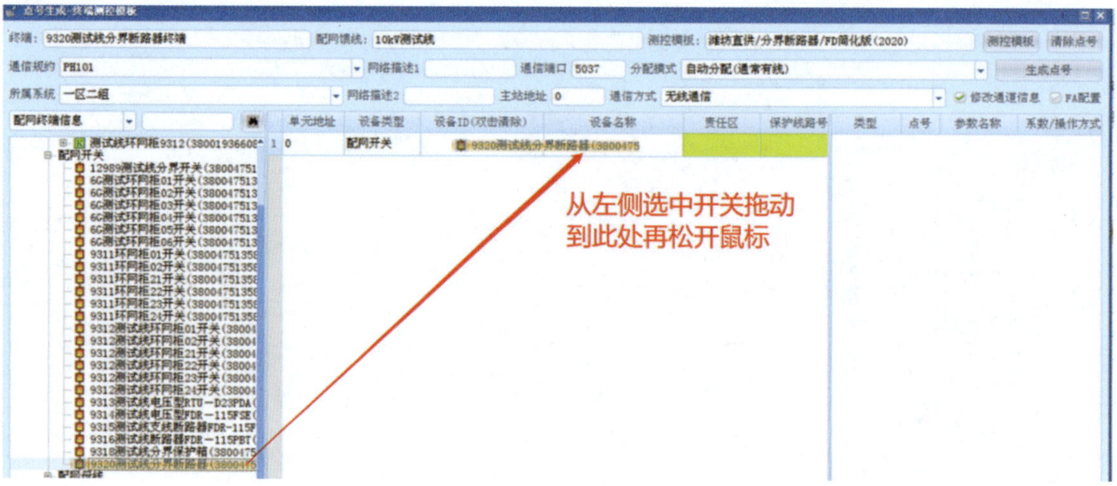

（b）

图 1-28　终端拖入后界面（二）

（b）FTU 终端拖入后界面

　　点击"生成点号"（如需配置 FA 要在模板的是否配置 FA 处选择"是"，并勾选"FA配置"），配置界面如图 1-29 所示。

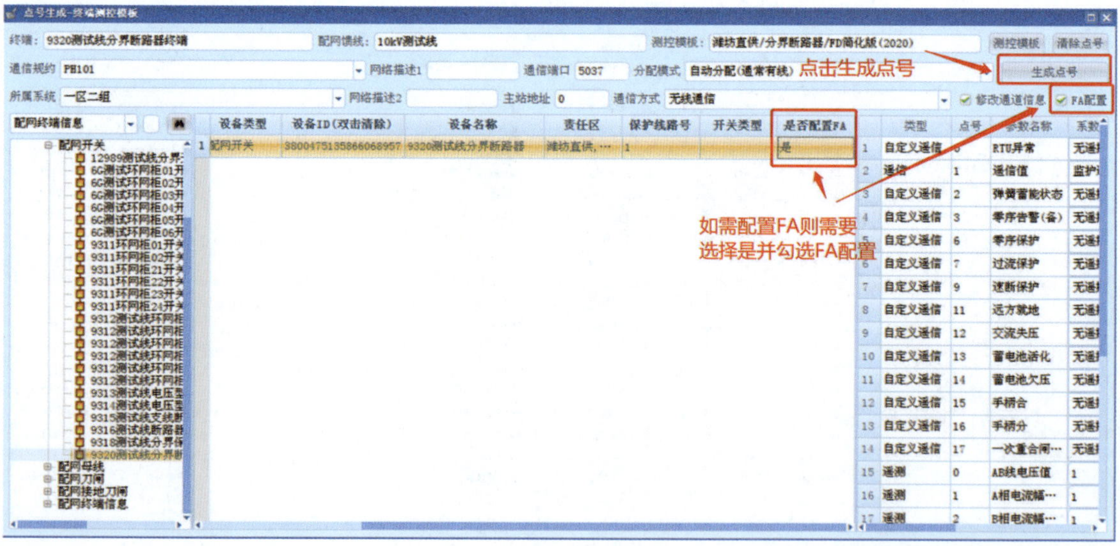

图 1-29　生成点号配置界面

　　勾选清除被占用点号，点击"生成点号"，等待执行结束，检查是否生成成功无误。生成点号界面如图 1-30 所示。

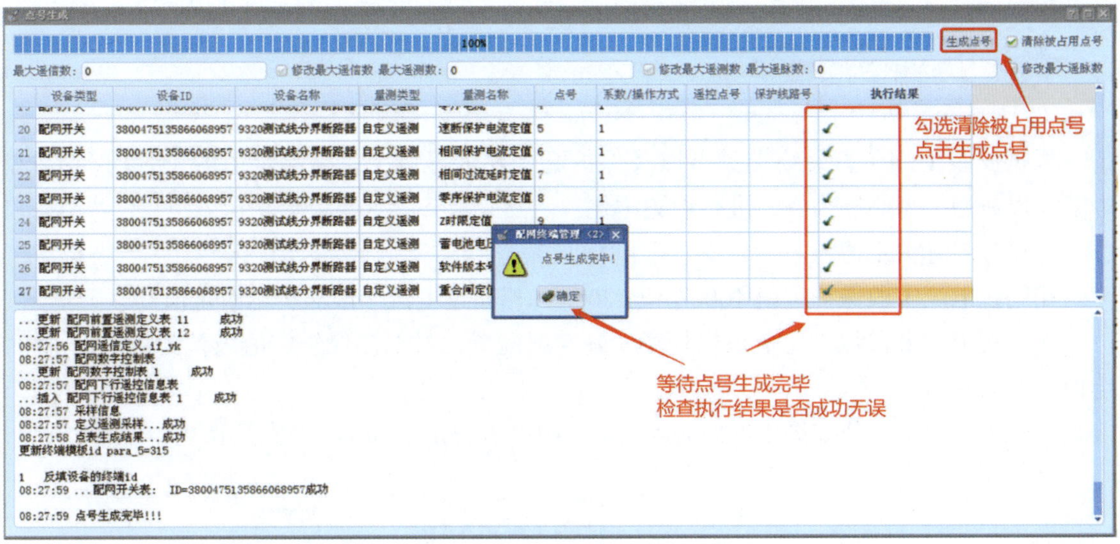

图 1-30　生成点号界面

【注意事项】

（1）如果是设备之前已配置点表，需更换模板的，则需要先点击"清除点号"等待清除成功后再进行点号生成。清除点号界面如图 1-31 所示。

（2）运行终端配置点表前须挂牌，防止配置后遥信误报引起跳闸。

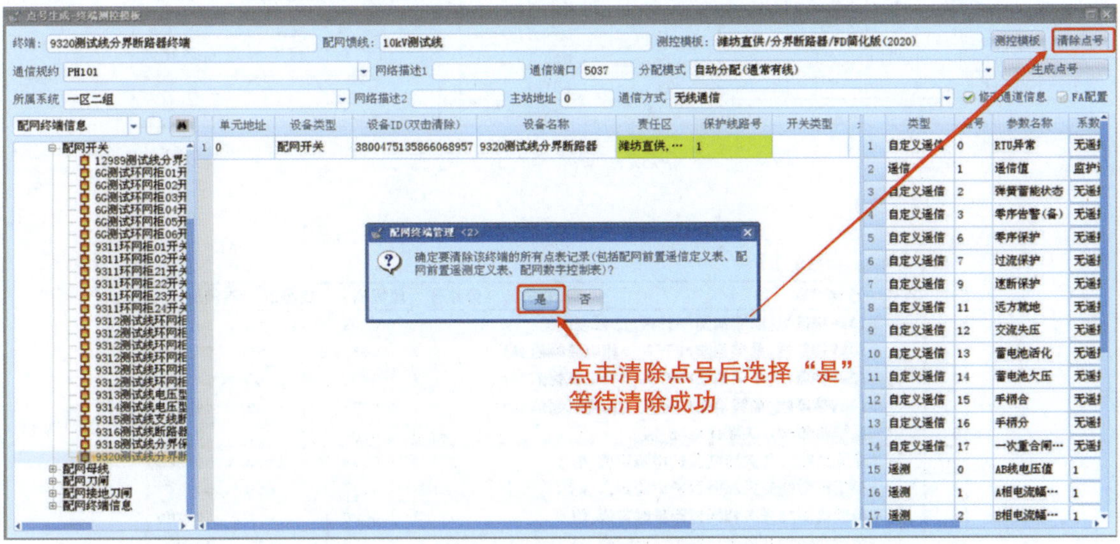

图 1-31　清除点号界面

1.4　终端定值维护

根据安装使用位置、终端类型以及保护配合要求等情况，终端定值的设置均会不同。本节仅以典型类型终端为例，进行设置举例。

常见分界开关定值：

相间过电流Ⅰ段保护定值1000A或1200A，相间过电流Ⅰ段保护延时定值0s。

相间过电流Ⅱ段保护定值根据现场实际情况配置，过电流保护定值级差为120A，时间定值级差为0.2s。

常见分界开关定值如图1-32所示，常见FTU装置定值如图1-33所示。

定值设定操作

零序定值整定仅以分界开关负荷侧的线路状况为参考依据，相间保护定值整定以分界开关负荷侧的负荷状况为参考依据。

定值表

相间保护		零序保护		零序延时	
拨码挡位	输入电流值(一次值)	拨码挡位	输入电流值(一次值)	拨码挡位	延时时间值
00	相间保护退出	00	零序保护退出	00	0.0s
01	120A	01	0.2A	01	0.2s
02	240A	02	0.4A	02	0.4s
03	360A	03	0.6A	03	0.6s
04	480A	04	0.8A	04	0.8s
05	600A	20	4.0A	10	2.0s
级差：120A		级差：0.2A		级差：0.2s	

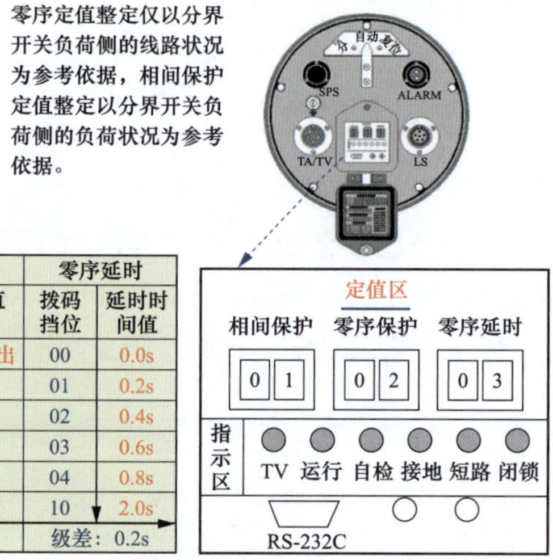

图1-32　常见分界开关定值

图1-33　常见FTU装置定值

常见电流型分支/分段开关定值：

相间过电流Ⅰ段保护定值1200A，相间过电流Ⅰ段保护延时定值0s或0.02s。相间过电流Ⅱ段保护定值800A，相间过电流Ⅱ段保护延时定值0.2s。

零序过电流保护定值，电流型分段开关零序一般只投告警，不投保护动作，零序过电流保护告警常设值35A，零序过电流保护延时定值0.6s。电流型分支开关一般投保护动作，零序过电流保护常设值25A，零序过电流保护延时定值0.2s。

一次重合闸，主线首台和分支处投入，时间定值2s。

说明：以上定值均为常用设置举例。

后加速保护定值一般为1200，后加速保护延时定值为0s，重合闸延时定值为2s。常见DTU装置定值如图1-34所示。

	点号	遥测名称	分片号	原码值	整型值	遥测值
19	18	10kV张唯线_10kV张唯线101环网柜环网柜_101环网柜21开关_有功值（MW）	2	ffdc	-36	-36.004
20	19	10kV张唯线_10kV张唯线101环网柜环网柜_101环网柜21开关_无功值（MVa）	2	0024	36	36.004
21	20	101环网柜21开关零序电流_值	2	0000	0	0.000
22	21	10kV张唯线_10kV张唯线101环网柜环网柜_101环网柜22开关_A相电流幅	2	0001	1	1.000
23	22	10kV张唯线_10kV张唯线101环网柜环网柜_101环网柜22开关_B相电流幅	2	0001	1	1.000
24	23	10kV张唯线_10kV张唯线101环网柜环网柜_101环网柜22开关_C相电流幅	2	0001	1	1.000
25	24	10kV张唯线_10kV张唯线101环网柜环网柜_101环网柜22开关_有功值（MW）	2	000c	12	12.001
26	25	10kV张唯线_10kV张唯线101环网柜环网柜_101环网柜22开关_无功值（MVa）	2	0000	0	0.000
27	26	101环网柜22开关零序电流_值	2	0000	0	0.000
28	27	10kV张唯线_10kV张唯线101环网柜环网柜_101环网柜出线23开关_A相电	2	0000	0	0.000
29	28	10kV张唯线_10kV张唯线101环网柜环网柜_101环网柜出线23开关_B相电	2	0000	0	0.000
30	29	10kV张唯线_10kV张唯线101环网柜环网柜_101环网柜出线23开关_C相电	2	0000	0	0.000
31	30	10kV张唯线_10kV张唯线101环网柜环网柜_101环网柜出线23开关_有功值	2	0000	0	0.000
32	31	10kV张唯线_10kV张唯线101环网柜环网柜_101环网柜出线23开关_无功值	2	0000	0	0.000
33	32	101环网柜出线23开关零序电流_值	2	0000	0	0.000
34	33	10kV张唯线_10kV张唯线101环网柜环网柜_101环网柜24开关_A相电流幅	2	0000	0	0.000
35	34	10kV张唯线_10kV张唯线101环网柜环网柜_101环网柜24开关_B相电流幅	2	0000	0	0.000
36	35	10kV张唯线_10kV张唯线101环网柜环网柜_101环网柜24开关_C相电流幅	2	0000	0	0.000
37	36	10kV张唯线_10kV张唯线101环网柜环网柜_101环网柜24开关_有功值（MW）	2	0000	0	0.000
38	37	10kV张唯线_10kV张唯线101环网柜环网柜_101环网柜24开关_无功值（MVa）	2	0000	0	0.000
39	38	101环网柜24开关零序电流_值	2	0000	0	0.000
40	39	101环网柜21开关过流Ⅰ段保护定值_值	2	04b0	1200	1200.000
41	40	101环网柜21开关过流Ⅱ段保护定值_值	2	02d0	720	720.000
42	41	101环网柜21开关过流Ⅱ段延时保护定值_值	2	0000	0	0.200
43	42	101环网柜21开关零序保护定值_值	2	000a	10	10.000
44	43	101环网柜21开关零序保护延时定值_值	2	000f	15	15.000
45	44	101环网柜22开关过流Ⅰ段保护定值_值	2	04b0	1200	1200.000
46	45	101环网柜22开关过流Ⅱ段保护定值_值	2	02d0	720	720.000
47	46	101环网柜22开关过流Ⅱ段延时保护定值_值	2	0000	0	0.200
48	47	101环网柜22开关零序保护定值_值	2	000a	10	10.000
49	48	101环网柜22开关零序保护延时定值_值	2	000f	15	15.000
50	49	101环网柜出线23开关过流Ⅰ段保护定值_值	2	03e7	999	999.600
51	50	101环网柜出线23开关过流Ⅱ段保护定值_值	2	0168	360	360.000
52	51	101环网柜出线23开关过流Ⅱ段延时保护定值_值	2	0000	0	0.100
53	52	101环网柜出线23开关零序保护定值_值	2	0002	2	2.000
54	53	101环网柜出线23开关零序保护延时定值_值	2	0000	0	0.200
55	54	101环网柜24开关过流Ⅰ段保护定值_值	2	03e7	999	999.600
56	55	101环网柜24开关过流Ⅱ段保护定值_值	2	00f0	240	240.000
57	56	101环网柜24开关过流Ⅱ段延时保护定值_值	2	0000	0	0.100
58	57	101环网柜24开关零序保护定值_值	2	0003	3	3.000
59	58	101环网柜24开关零序保护延时定值_值	2	0000	0	0.100

图1-34 常见DTU装置定值

1.5　终端投运

1.5.1　启动配网终端管理

从主页点击"系统维护"→"图模维护"→"点表工具"，或在运行系统终端（▥）输入 term_manager，启动配网终端管理，如图 1-1 所示。

1.5.2　用户登录

登录配网终端管理，用户登录界面如图 1-2 所示，登录后的界面如图 1-3 所示。

1.5.3　新建终端

如果设备已转黑，点击"配网终端管理"，选择"配网终端资产管理"，如图 1-17 所示。如果在红图阶段，点击"红图终端管理"，选择"红图终端资产管理"，如图 1-18 所示。进入后左侧厂站栏选择配网馈线或配网开关（站），输入需要配置终端的线路或开关（站）名称检索，如图 1-19 所示。

根据设备类型展开选择需要新建的设备→右键点击"新建终端"→填写好终端的名称、类别、区域 ID、所属责任区、是否统计终端状态、所属厂家、所属区域等信息后保存。信息填写界面如图 1-20 所示。

【小技巧】

选中设备点击"新建终端"前，在右侧已有的终端列表中选中一个终端再点击"新建终端"，可省略部分信息的填写。如新建终端为环网柜，需注意所属开关站的更改，开关站选择界面如图 1-21 所示。

【注意事项】

要选择本单位的设备，不要选择其他地区的设备。

1.5.4　采集通道配置

选中新建的终端，点击"采集通道"，填写网络描述一、端口号、通信规约类型、RTU地址、工作方式、通信方式、所属系统、统计周期后保存。

【注意事项】

无线终端网络类型选择 UDP 共享端口，通信方式选择无线通信，所属系统选择一区二组，统计周期选择 180s，如图 1-22 所示。

光纤终端选择 TCP 客户，通信方式选择光纤通信，所属系统选择一区一组，统计周期选择 30s，如图 1-23 所示。

1.5.5　三遥点号配置

选中新建已配置好采集通道的终端，点击"终端测控模板生成方式"，如图 1-24 所示。在测控模板后区域双击选择模板，如图 1-25 所示。选中需要配置终端对应的模板，如图 1-26 所示。从左侧"配网开关站"或者"配网开关"栏里选择需要配置的终端拖到中间配置处，终端拖入前后界面分别如图 1-27 和图 1-28 所示。

点击"生成点号"（如需配置 FA 要在模板的是否配置 FA 处选择"是"，并勾选"FA 配置"），配置界面如图 1-29 所示。

勾选清除被占用点号，点击"生成点号"，等待执行结束，检查是否生成成功无误。生成点号界面如图 1-30 所示。

【注意事项】

（1）如果是设备之前已配置点表，需更换模板的，则需要先点击"清除点号"等待清除成功后再进行点号生成，如图 1-31 所示。

（2）运行终端配置点表前须挂牌，防止配置后遥信误报引起跳闸。

1.6　终端退运

1.6.1　启动配网终端管理

从主页点击"系统维护"→"图模维护"→"点表工具"，或在运行系统终端（■■）输入 term_manager，启动配网终端管理，如图 1-1 所示。

1.6.2　用户登录

登录配网终端管理用户，用户登录界面如图 1-2 所示，登录后的界面如图 1-3 所示。

1.6.3　退运终端

点击"配网终端管理"，选择"配网终端资产管理"，如图 1-17 所示。

在检索窗搜索需要退运的终端名称，选中后点击"删除"后保存，等待删除结果提示删除成功。终端删除界面如图 1-35 所示。

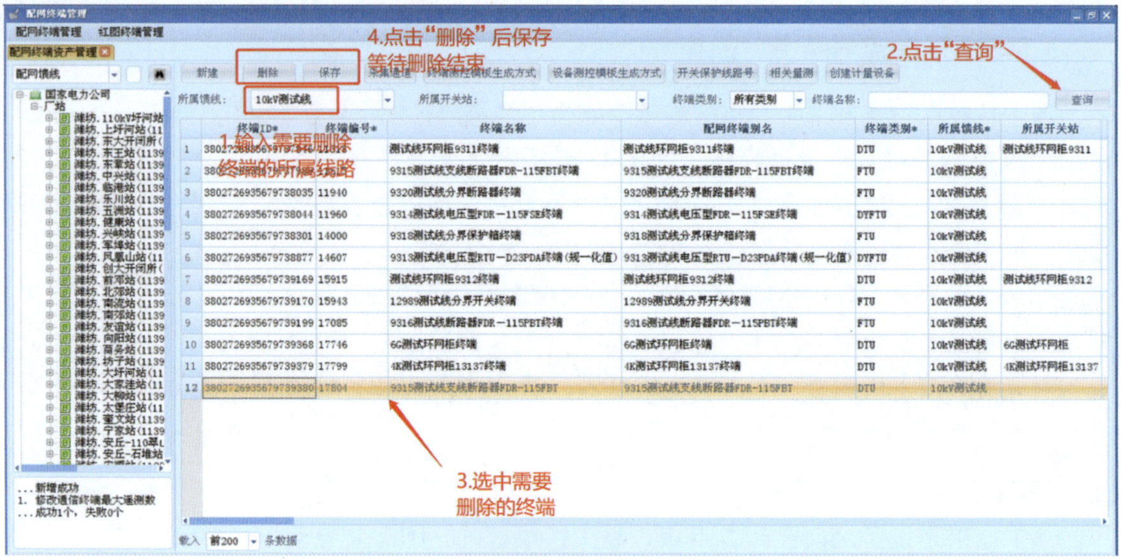

图 1-35　终端删除界面

第 2 章　终端调试

作为终端投入运行前的重要环节，终端调试须确保终端规约参数一致、遥信上传及时、遥测数值正确和遥控开关成功。终端调试通过是配网自动化的基础，同时，终端数据质量情况影响着遥信正确率、遥控成功率和 FA 自愈率等重要指标。

本章主要介绍新投运智能终端从通道工况投入、加密验证通过到终端正式联调的全过程，主要包括终端通道工况核查、硬加密设置和终端联调等操作。

2.1　终端通道工况核查

2.1.1　启动终端监视界面

从主页搜索栏输入"终端监视"，选择对应区域，启动终端监视界面。主页界面如图 2-1 所示。

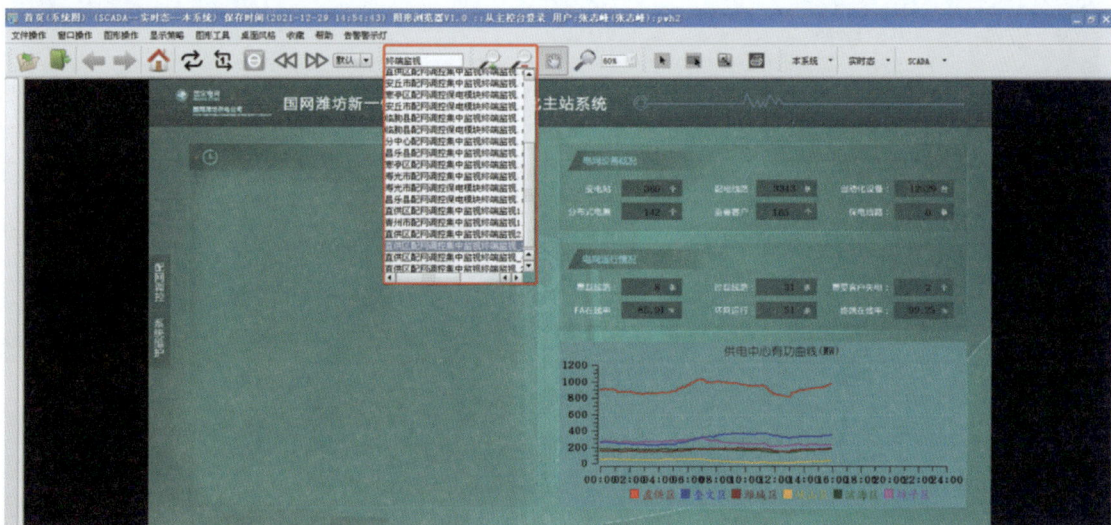

图 2-1　主页界面

2.1.2　查看终端通道工况

终端监视界面如图 2-2 所示。

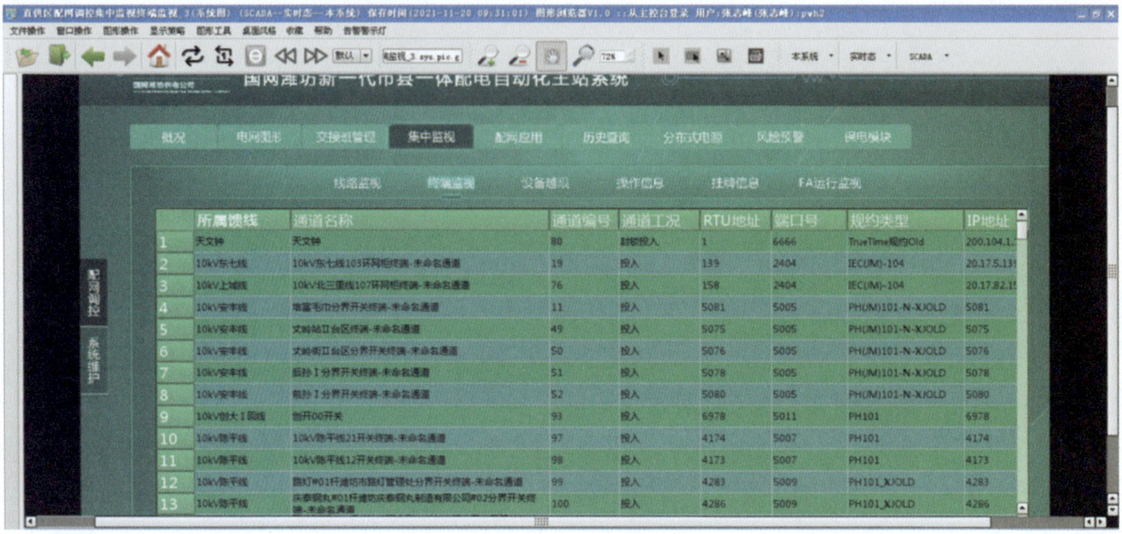

图 2-2　终端监视界面

在通道工况处点击可排序，优先展示通道工况为退出状态的终端，如图 2-3 所示。

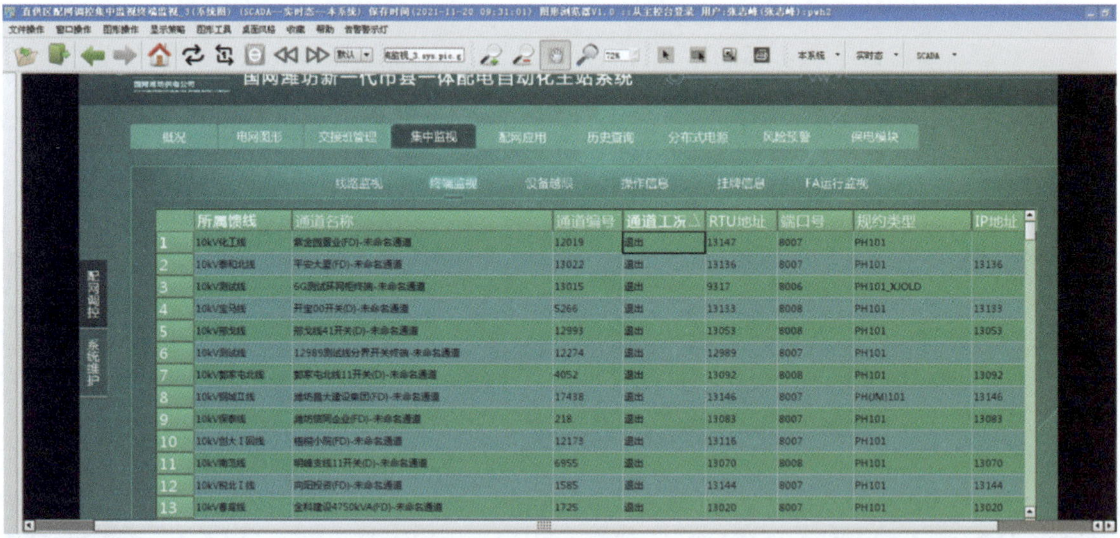

图 2-3　退出状态终端展示界面

2.2　硬加密设置

2.2.1　启动配电安全交互网关管理工具

无线终端启动 Distribution Gateway（无线），IP 地址（网络协议地址）为 200.104.1.157，输入账号和密码启动无线网关管理工具，登录界面如图 2-4（a）所示。光纤终端启动 Distribution Gateway(光纤) ，IP 地址为 200.104.1.158，输入账号和密码启动光纤网关管理工具，登录界面如图 2-4（b）所示。

（a）

（b）

图 2-4　配电安全交互网关管理工具登录界面

（a）无线网关管理工具登录界面；（b）光纤网关管理工具登录界面

2.2.2 添加终端

登录后选择终端管理，在 IP 地址处双击启动配电安全交互网关管理工具界面，如图 2-5 所示。

（a）

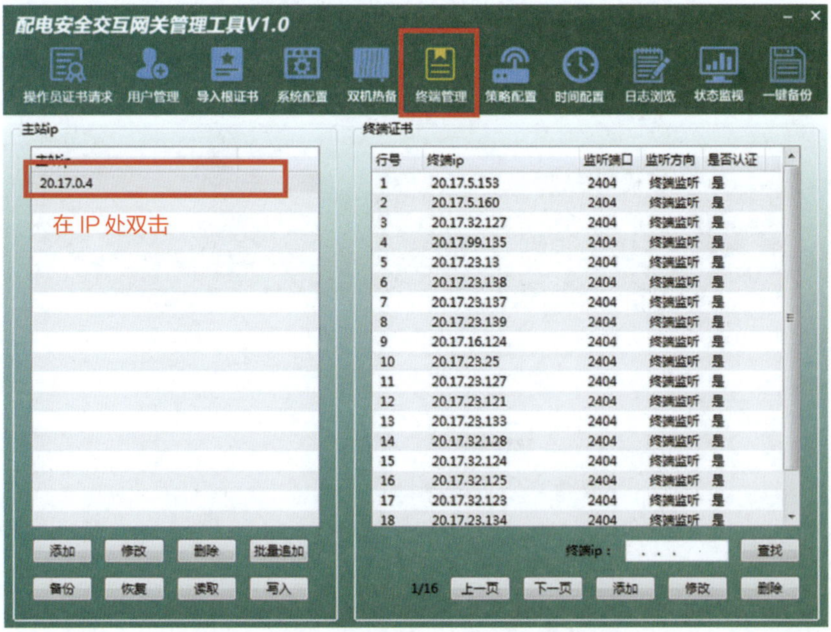

（b）

图 2-5 配电安全交互网关管理工具界面

（a）无线网关管理工具；（b）光纤网关管理工具

点击"添加",输入终端 IP 地址、端口号,选择好需要导入的证书路径,点击"确定"添加硬加密终端管理界面如图 2-6 所示。

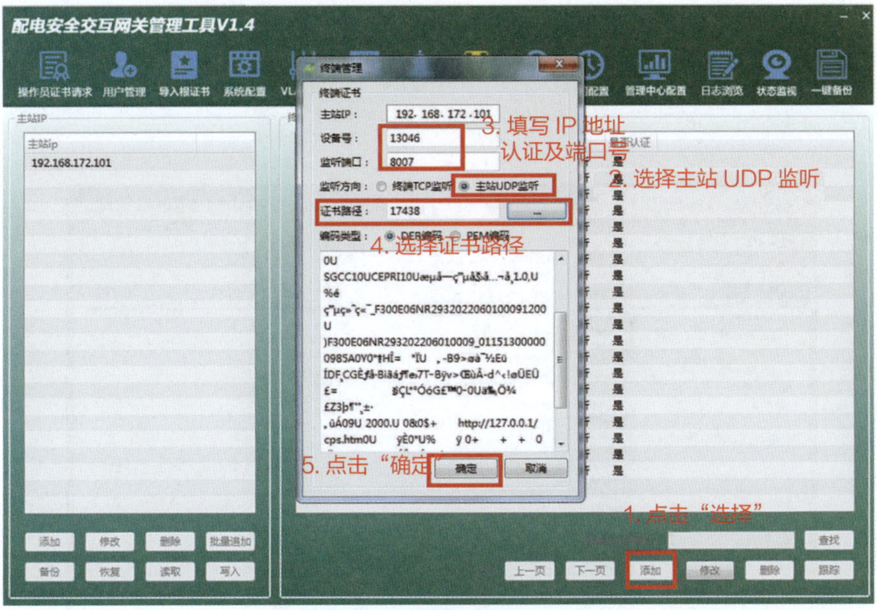

（a）

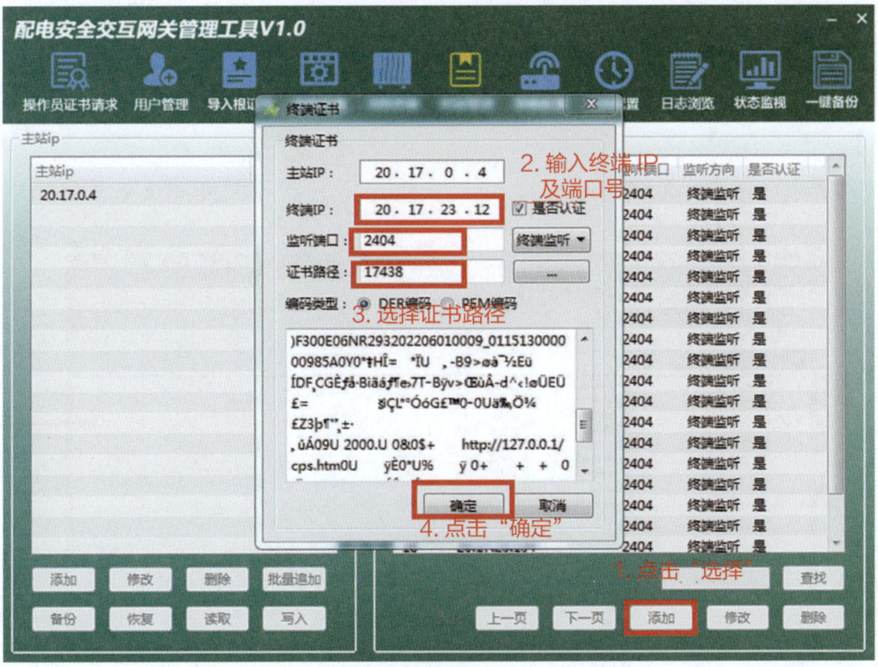

（b）

图 2-6　添加硬加密终端管理界面

（a）无线网关管理工具添加终端；（b）光纤网关管理工具添加终端

【注意事项】

证书的文件名称要改为该终端的通道号，注意不是端口号。

2.2.3　导入证书

打开 Xmanager Enterprise 5 ，选择对应的服务器点击右键，选择"用其他方法连接"→"FTP"，Xmanager 工具界面如图 2-7 所示。

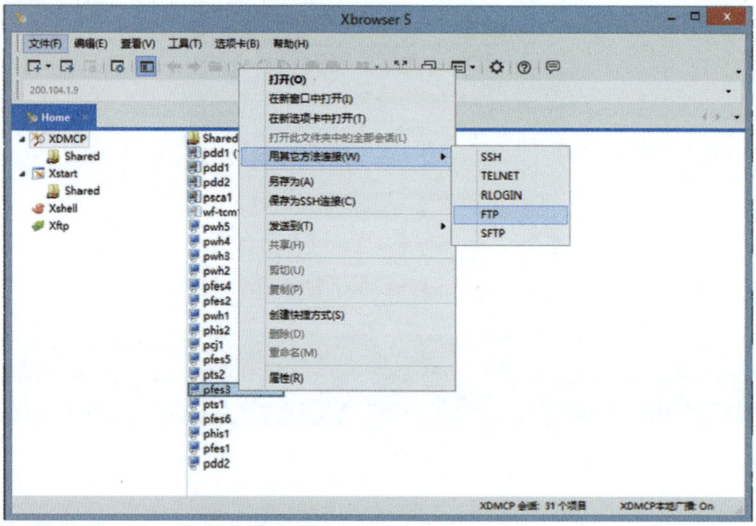

图 2-7　Xmanager 工具界面

【注意事项】

光纤终端选择 pfes1，无线终端选择 pfes3，选择服务器界面如图 2-8 所示。

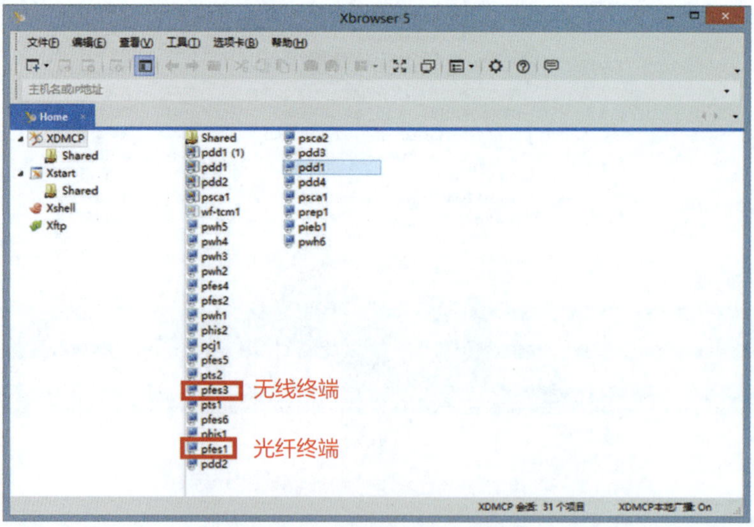

图 2-8　选择服务器界面

从左侧窗口中选择需要导入的证书，拖到右侧 /data/cer_data 目录下，如图 2-9 所示。

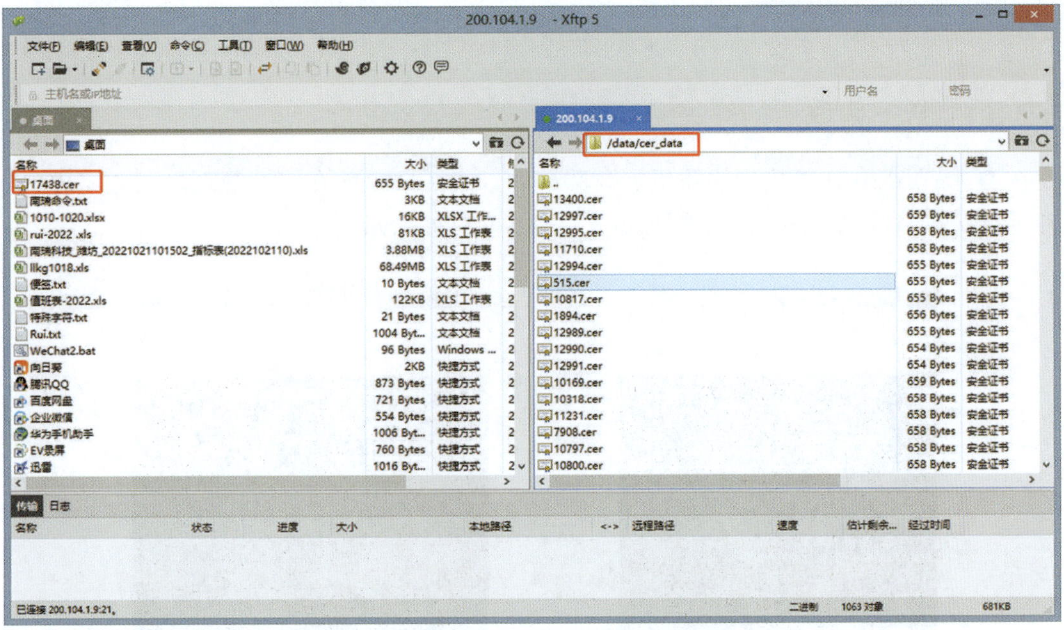

（a）

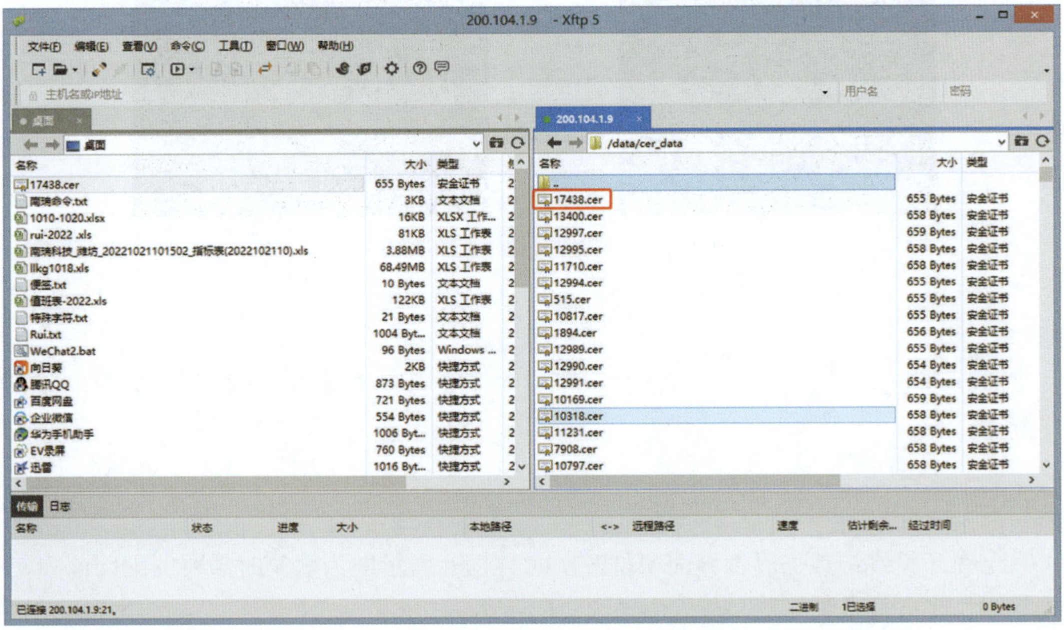

（b）

图 2-9　拖动需要导入的证书

（a）拖入前界面；（b）拖入后界面

拖入成功后，硬加密所有操作完成。

2.3 终端联调

2.3.1 选择需联调的开关

在 DSCADA_RED 里找到线路里需要联调的开关（须提前在终端管理里配置完成），选中开关鼠标右键点击"开关终端数据展示"，如图 2-10 所示。

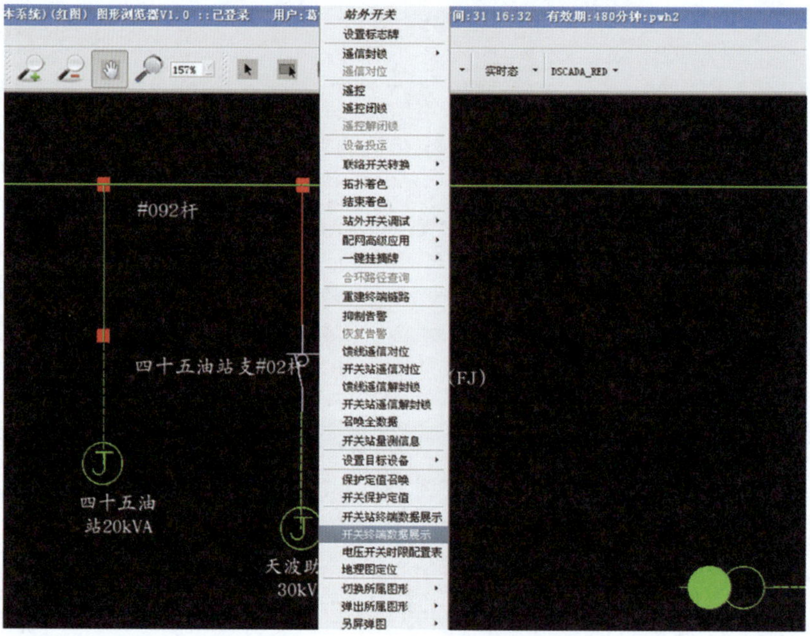

图 2-10 选择开关终端数据展示界面

【注意事项】

如打开是空白，则是终端没有配置，所有智能终端联调前都要依照投运流程进行智能终端配置。

2.3.2 打开开关终端数据展示

（1）在开关终端数据展示界面中打开实时数据，所示即为联调时需要的配网前置实时数据界面，或运行系统终端（▄▄）中输入 ssh –Y pfes1 dfes_real（光纤）、ssh –Y pfes3 dfes_real（无线）。选择实时数据界面如图 2-11 所示。

（2）在开关终端数据展示界面中打开终端调试，所示即为联调时需要的配网终端报文界面，或运行系统终端（▄▄）中输入 ssh –Y pfes1 dfes_rdisp（光纤）、ssh –Y pfes3 dfes_rdisp（无线）。选择终端调试界面如图 2-12 所示。

图 2-11　选择实时数据界面

图 2-12　选择终端调试界面

【注意事项】

在调试时应将实时数据界面和终端调试界面同时打开，因为有些信号是动作后瞬间复归，前置实时数据界面可能无法记录到，所以就需要查看终端报文界面中的报文，以判断终端是否存在上传信号错误。

2.3.3　遥信 / 遥测联调试验

在开关终端数据展示界面中打开配网前置实时数据界面，如图 2-13 所示。

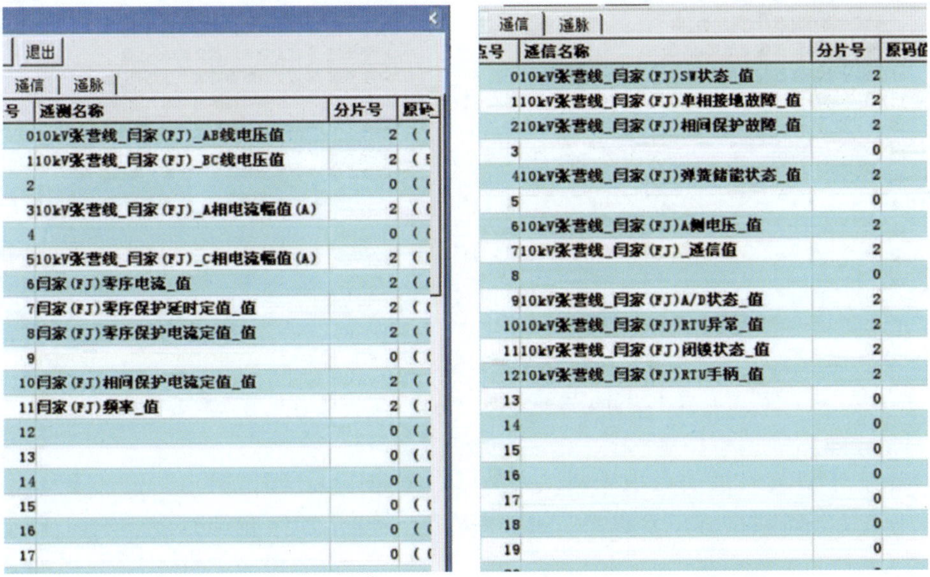

（a）

（b）

图 2-13　配网前置实时数据界面

（a）配网前置遥测界面；（b）配网前置遥信界面

所有遥信点位（除特殊遥信点外）都需现场调试人员做动作 / 复归试验，主站调试人员做好记录。遥测加量试验，实际值与理论值不得偏差过大。遥测三相电流值加量试验，须加不同数值以防现场接线错误情况发生。保护动作试验，开关分闸与保护动作时间差不得超出 5s，否则不予通过。

联调过程中如出现异常情况，主站与现场调试人员应查明原因，处理完成且自测正常后再继续联调试验。

【注意事项】

注意远方/就地位置和储能位置是否需取反，主站应与现场一致。注意遥测值是归一化值上传还是浮点上传，实时数据界面数值应与现场一次侧值一致。

（1）分界开关前置实时数据界面，如图 2-14 所示。

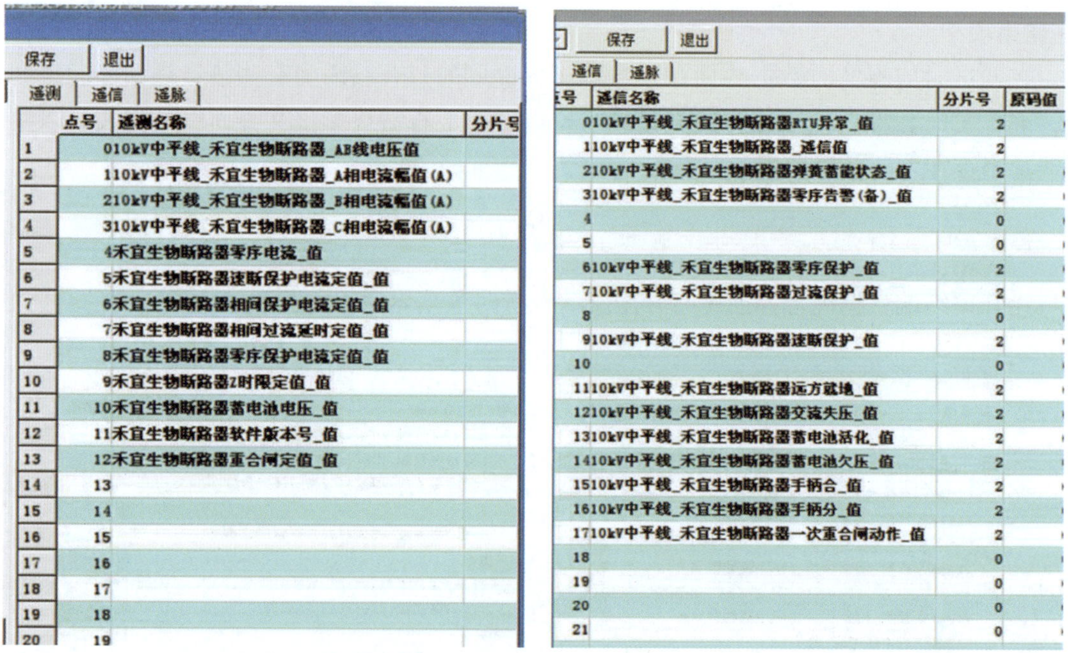

（a）　　　　　　　　　　　　　　（b）

图 2-14　分界开关前置实时数据界面
（a）分界开关前置遥测界面；（b）分界开关前置遥信界面

分界开关 RTU 异常遥信点现场调试人员可不做动作/复归试验。

（2）分支/分段断路器开关前置实时数据界面，如图 2-15 所示。

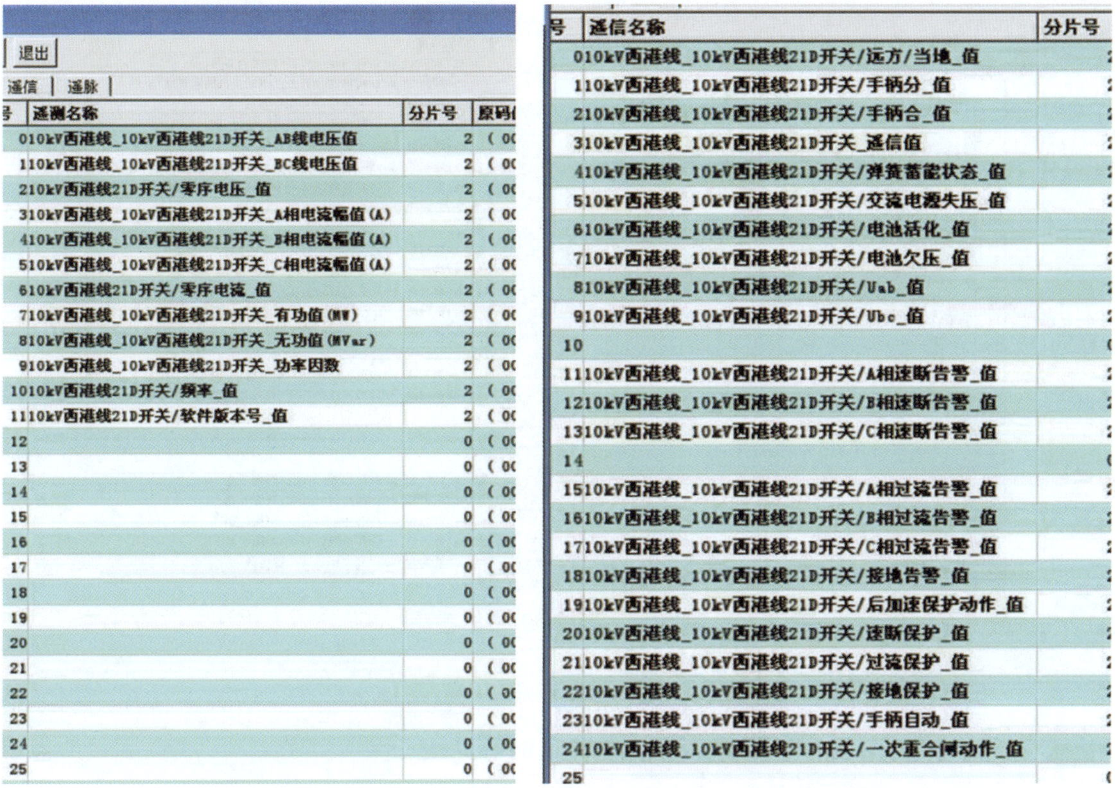

（a）

（b）

图 2-15 分支/分段断路器开关前置实时数据界面

（a）前置遥测界面；（b）前置遥信界面

【注意事项】

分支/分段断路器开关电池欠压遥信点现场调试人员可不做动作/复归试验。

（3）电压型开关前置实时数据界面，如图 2-16 所示。

（4）一、二次融合终端前置实时数据界面，如图 2-17 所示。

【注意事项】

2022 年之后实行统一点表模板，图 2-17 中除"装置异常_值"这个点外，其余都能正常上传信号。

（5）负荷开关型环网柜无线/光纤前置实时数据界面，如图 2-18 所示。

（6）一、二次融合型环网柜无线/光纤前置实时数据界面，如图 2-19 所示。

（a）　　　　　　　　　　　　　　　　（b）

图 2-16　电压型开关前置实时数据界面

（a）前置遥测界面；（b）前置遥信界面

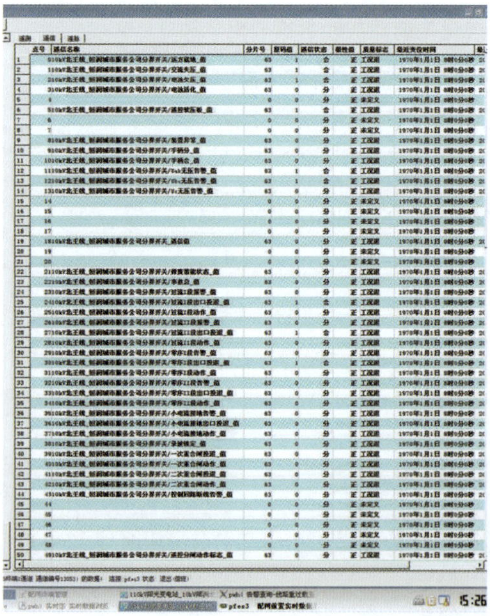

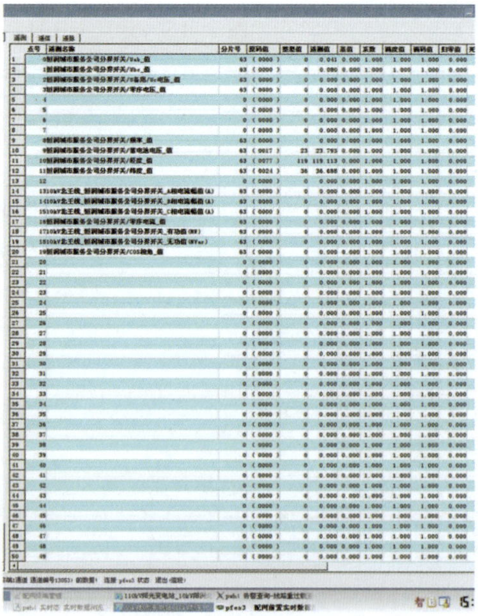

（a）　　　　　　　　　　　　　　　　（b）

图 2-17　一、二次融合终端前置实时数据界面

（a）前置遥信界面；（b）前置遥测界面

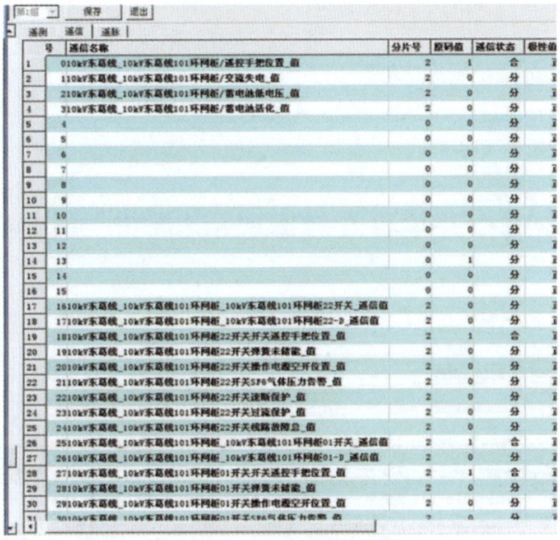

（a）

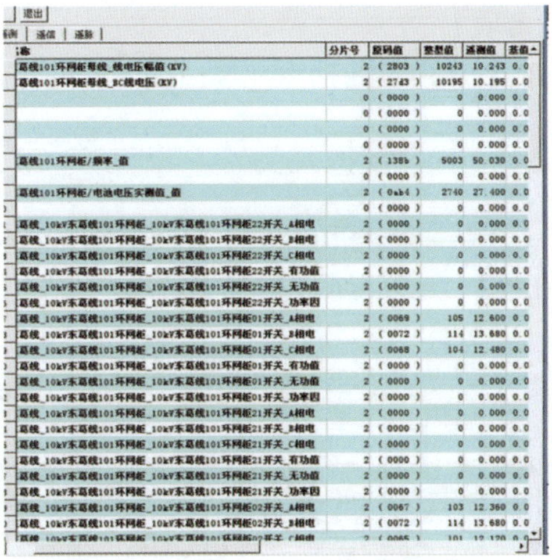

（b）

图 2-18 负荷开关型环网柜无线/光纤前置实时数据界面

（a）前置遥测界面；（b）前置遥信界面

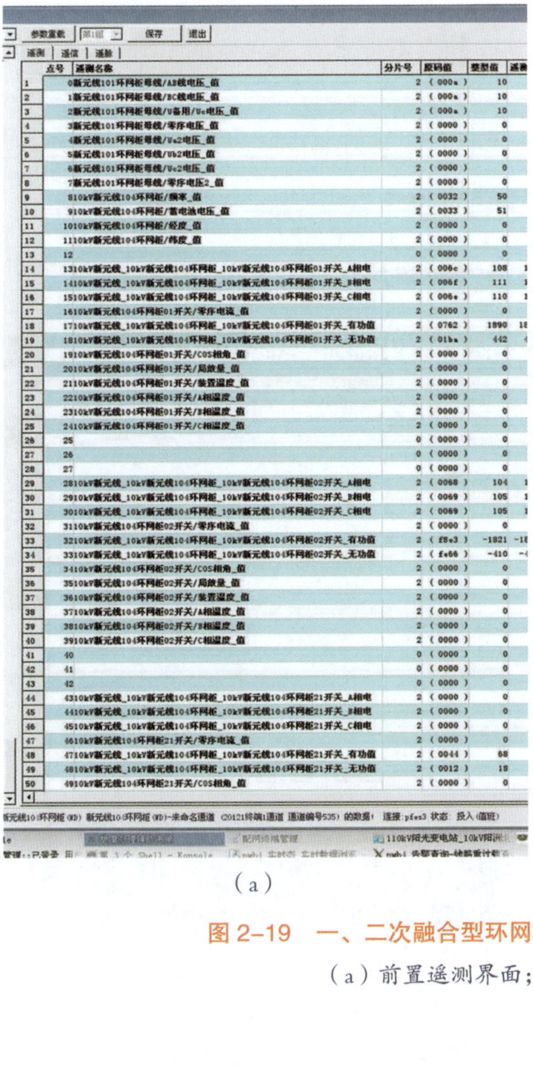

（a）

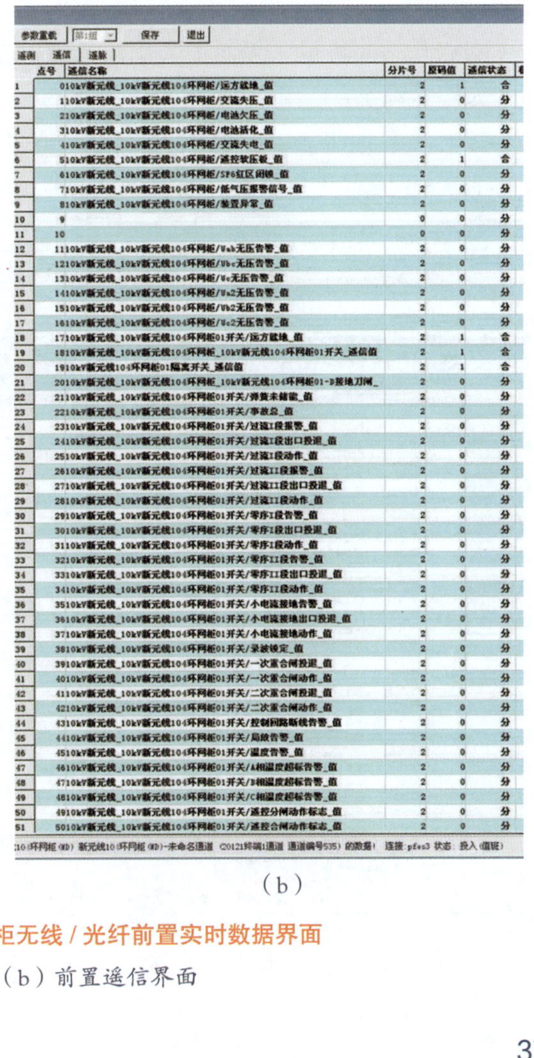

（b）

图 2-19 一、二次融合型环网柜无线/光纤前置实时数据界面

（a）前置遥测界面；（b）前置遥信界面

37

【注意事项】

SF$_6$红区闭锁遥信点现场调试人员可不做动作/复归试验。

2.3.4　查看报文

（1）需要查看报文的开关，鼠标右键点击选中开关终端数据展示（点击）数据查看。开关报文搜索界面如图2-20所示。

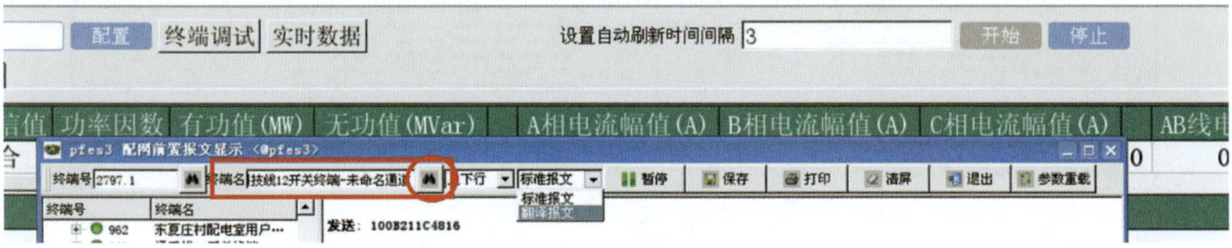

图2-20　开关报文搜索界面

【注意事项】

刚点开的前置报文界面不会出现开关的报文，须点击搜索键才会显示（图2-20中圆圈里即为搜索键）。

（2）搜索到需查看报文的开关，点击名称前面的加号后双击隐藏在下面的开关名称，等待3s收发报文就会显示。前置报文显示查看界面如图2-21所示。

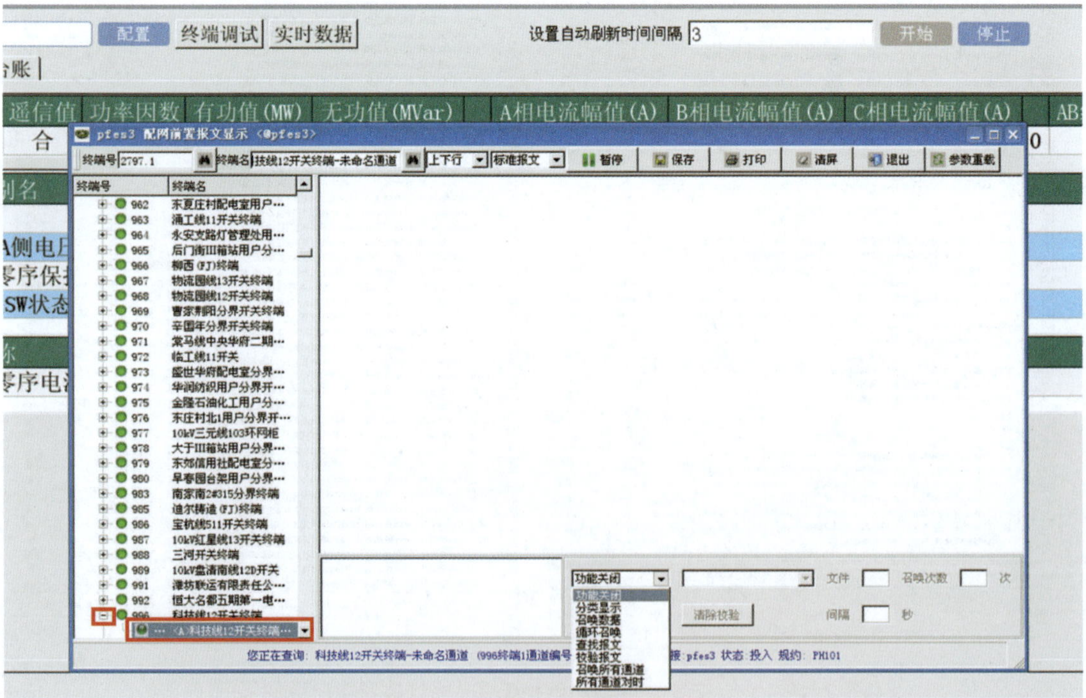

图2-21　前置报文显示查看界面

【注意事项】

如等待时间过长而报文没有显示，应及时告知现场人员查找问题；遇到主站上传数据与现场不符时，可点击："召唤数据"→"全数据"进行总召再进行对点工作。

2.3.5　遥控

与现场联调完遥测遥信后进行遥控试验（详情见 9.4 节遥控操作 ）：

（1）在 DSCADA_RED 线路中找到需要联调的开关（需在终端管理里配置完成）鼠标右键点击选中"遥控"，输入用户名和密码。

（2）在搜索框中输入需要遥控开关的名称。

（3）输入监护人的用户名和密码，监护人与操作人不得为同一人。

（4）点击"预置"。

（5）预置成功后，点击"遥控"。

【注意事项】

（1）可能会遇到预置失败或超时，解决方案见 6.7 节终端遥控失败常见问题分析 。

（2）可能会遇到遥控执行失败或超时，解决方案见 6.7 节终端遥控失败常见问题分析。

【说明】

终端模板遥信状态对应关系见附录 F 及附录 G。

第3章　图模导入

基于 OPEN5200 系统与图模导入运维支撑平台、地调 D5000 系统的贯通，配电自动化主站系统图模导入实现图形文件（SVG 格式）、模型文件（XML 格式）的传输和接收。

本章主要介绍主站系统图模导入工作，包含主网图形、主网模型、配网图形、配网模型的导入，内容包括各导图工具的使用、导图注意事项、导图写入数据表的使用以及问题处理。

3.1　红黑图：导入环节

3.1.1　启动红黑图管理界面

从主页点击"配网调控"→"配网应用"→"红黑图"，或在运行系统终端 ▦▬ 中运行 dms_g_manager，启动红黑图管理界面，如图 3-1 所示。

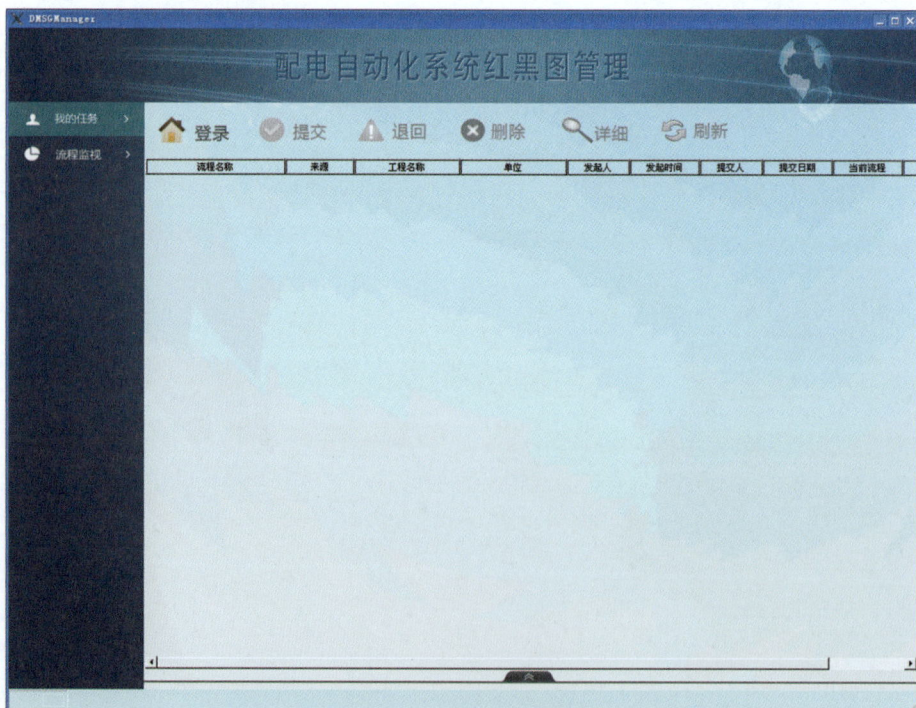

图 3-1　红黑图管理界面

3.1.2　用户登录

登录配网导图用户，用户登录界面如图 3-2 所示，登录后的红黑图管理界面如图 3-3 所示。

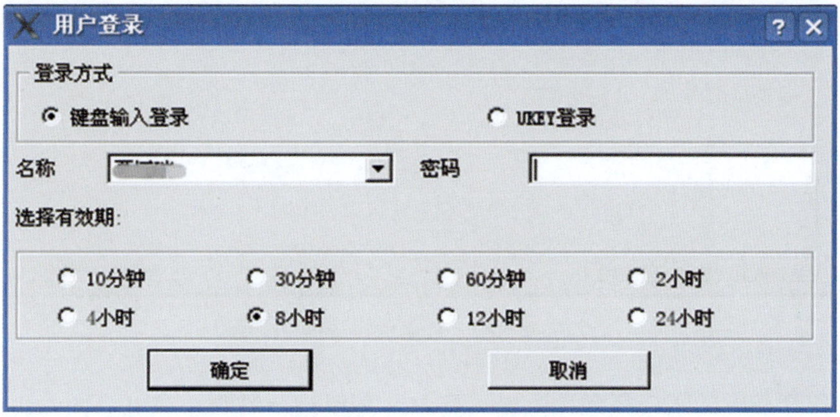

图 3-2　用户登录界面

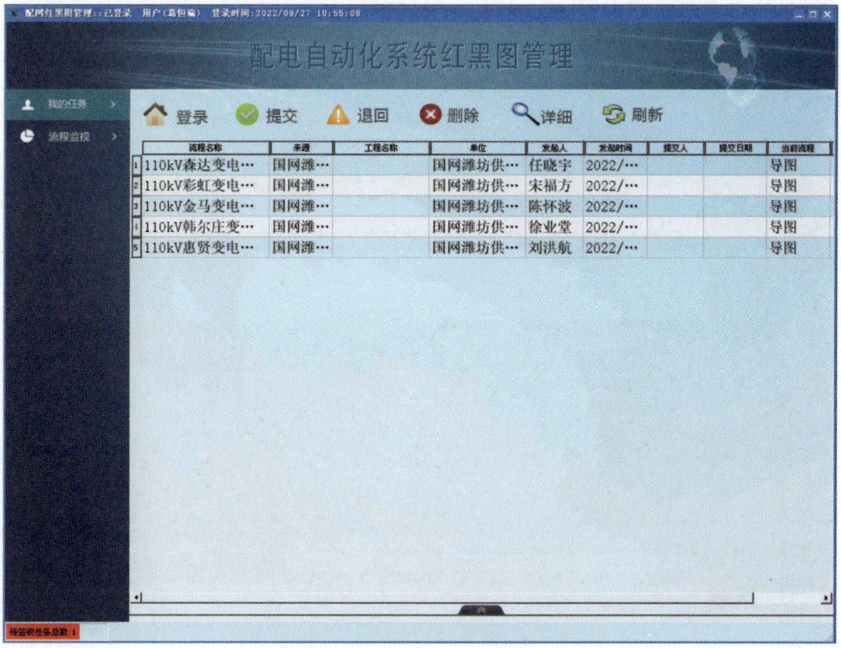

图 3-3　登录后的红黑图管理界面

3.1.3　签收任务

说明：默认接收的图模数据，已完成异动描述与图纸一致性审核、开关命名规范审核。

点击管理界面上"刷新"按钮，如果有新的图模更新任务提交，则左下角会显示红色闪烁按钮，点击该红色闪烁按钮，弹出任务管理界面，如图 3-4 所示。

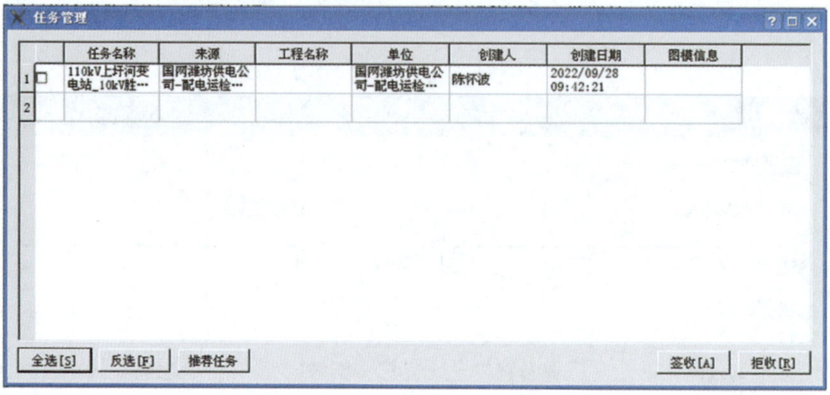

图 3-4　任务管理界面

选中任务管理中的某一任务，点击"签收"按钮进行签收；在红黑图管理界面可以看到新的任务信息，双击该任务，在管理界面下方会出现该任务的详细信息，如图 3-5 所示。

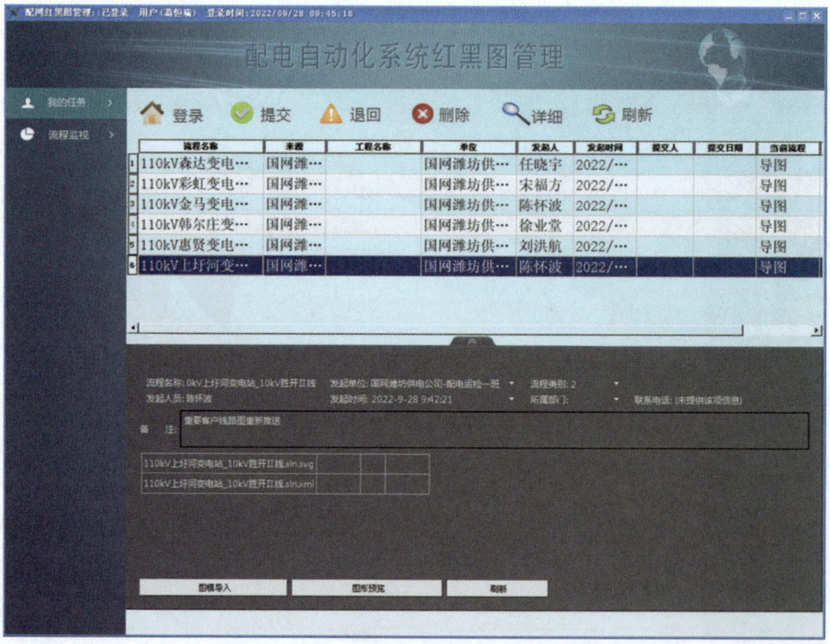

图 3-5　任务详细信息界面

【常见问题】

双击任务，如管理界面下方未出现该任务的详细信息（SVG 文件和 XML 文件）则需重新点击管理界面上"刷新"按钮，然后双击该任务，界面下方即可显示正常；若多次刷新仍未显示，则为系统接收的图模文件不完整导致，需重新推送图模文件至自动化系统。

3.1.4　图模导入

选中详细信息框中的 SVG 文件，点击"图形预览"按钮，可以进行单线图（SVG 图）的预览，如图 3-6 所示。

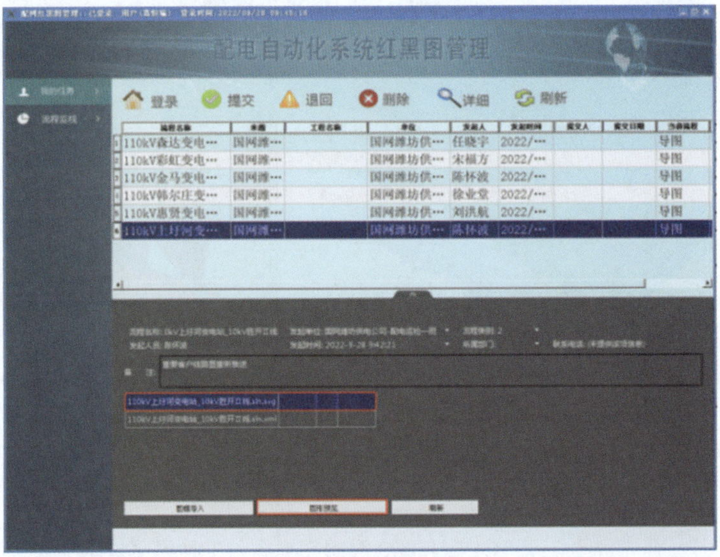

（a）

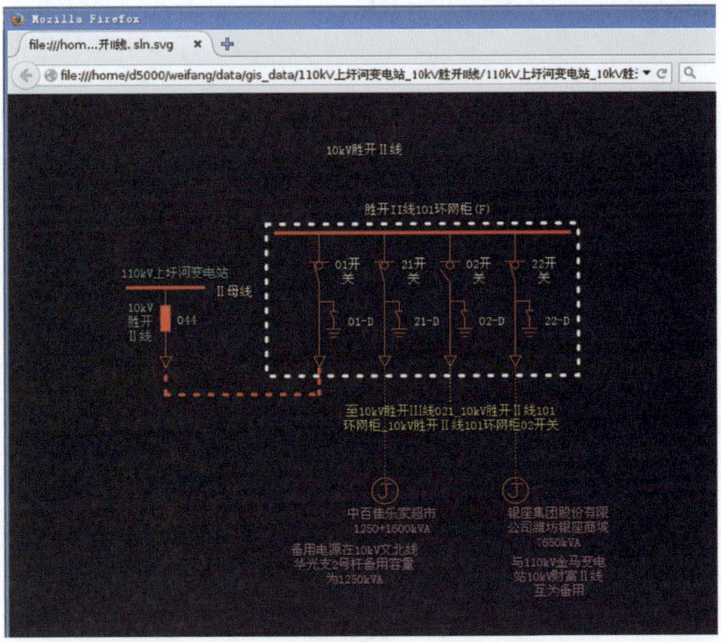

（b）

图 3-6　单线图预览界面

（a）单线图预览界面 1；（b）单线图预览界面 2

在确认图形与模型的正确性后，点击"图模导入"按钮，弹出 OPEN5200 配网图模导入工具界面，如图 3-7 所示。

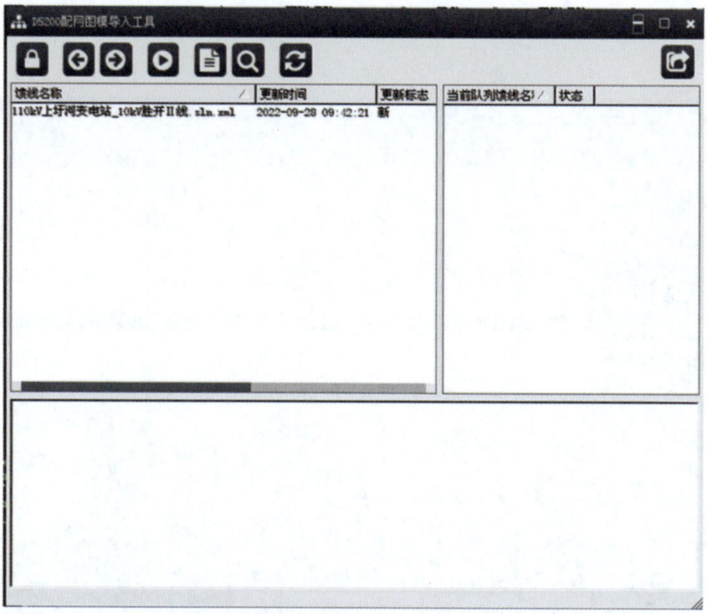

图 3-7　OPEN5200 配网图模导入工具界面

选中任务后依次点击右箭头 →开始 按钮，进行图模的导入工作。

若导入的线路未进行"拼接"，则导入过程中会出现"模型中部分主网设备无法在库中找到！"的提示，如图 3-8 所示。

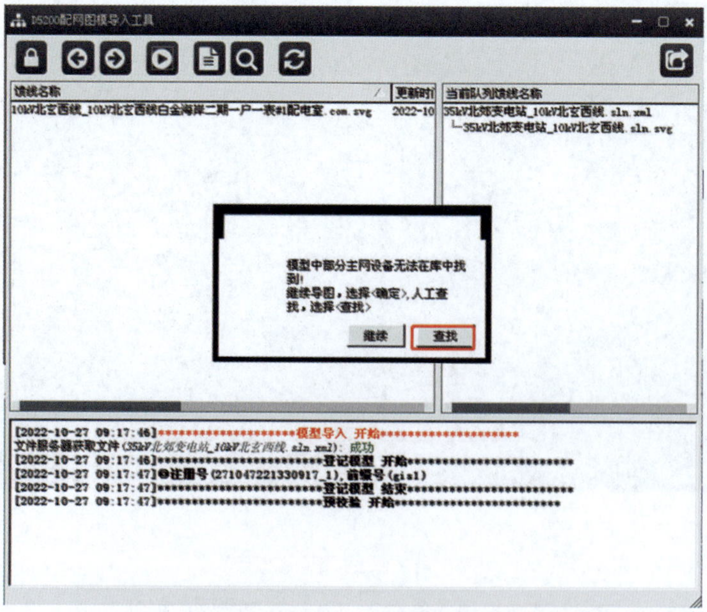

图 3-8　部分主网设备无法在库中找到提示界面

点击"查找",在弹出窗中依次确认开关、厂站、母线部分有无缺失项。如母线部分,双击"库中编码"为空区域,进行查找选择,母线拼接如图3-9所示。

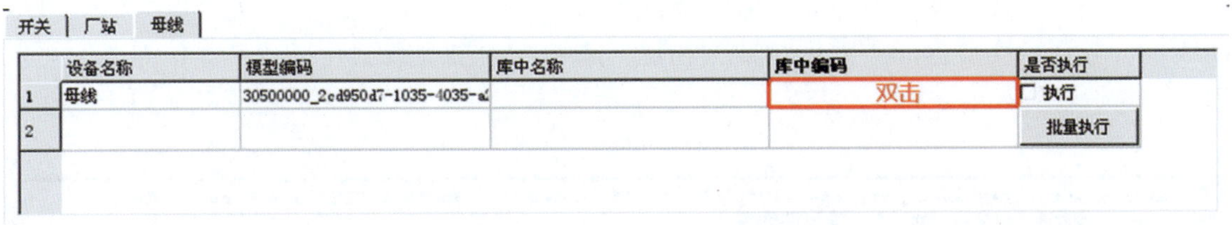

（a）

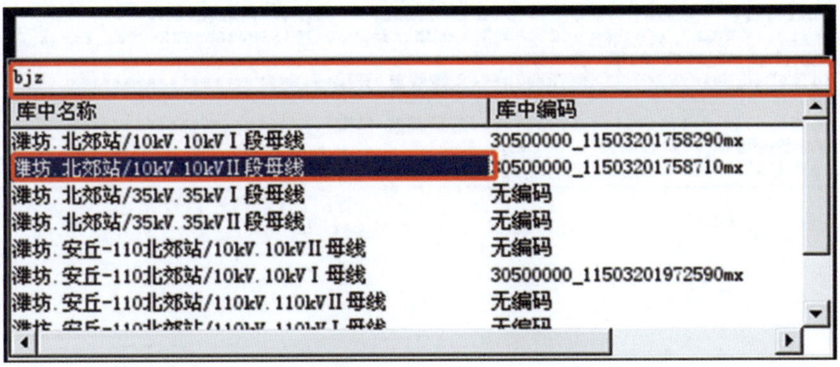

（b）

图 3-9 母线拼接界面

（a）编码选择界面；（b）母线选择界面

【注意事项】

母线的选择必须准确！如不确定,可打开变电站,鼠标光标移动至出线开关所在母线进行查看。

双击选择10kV线路对应的母线,然后勾选"执行",点击"批量执行"→"执行"。母线拼接执行界面如图3-10所示。

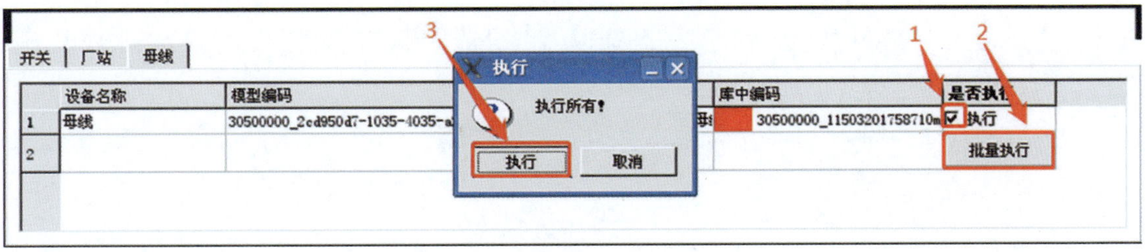

图 3-10 母线拼接执行界面

执行后，键盘按"Esc"键，则导入进程重新开始。

【常见问题】

（1）提示"违反表 [DMS_CB_DEVICE] 唯一性约束"（见图 3-11）：此问题表示，同一馈线下，与原商用数据库中的模型数据相比，新导入的模型数据存在"名称相同 ID 不同"设备。具体举例如下。

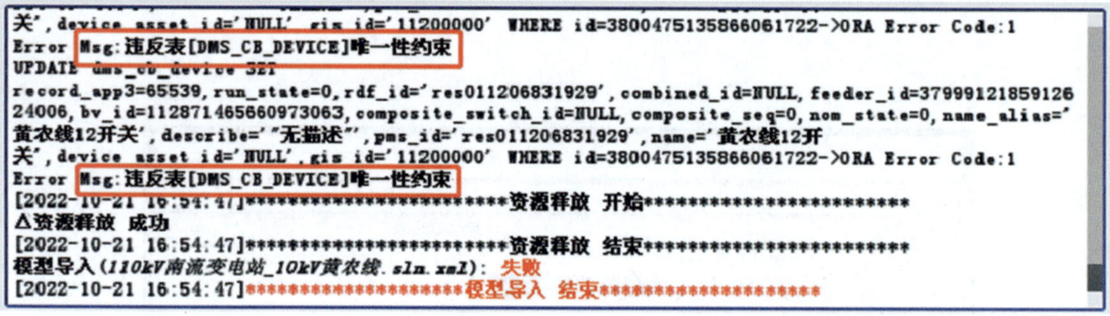

图 3-11　违反表 [DMS_CB_DEVICE] 唯一性约束提示信息

原运行：A 设备名 +AID。

新导入：A 设备名 + 新 ID、B 设备名 +AID。

须确认是否为设备更名。处理方式为：将实时库 –DSCADA – 配网开关表中的开关名称添加后缀，如"旧"；修改保存后，点击"开关" 重新导入即可。

（2）导入中提示"ID 修正"：此问题表示，同一馈线下，与原商用数据库中的模型数据相比，新导入的模型数据存在"同类型且名称相同但 ID 不同"设备；结合实际，点选"修正"；否则"导入失败"，任务自动发出"退回"标志。

（3）导入中提示"是否删除"：此问题表示，同一馈线下，与新导入的模型数据相比，原商用数据库中的模型数据比新导入多设备。结合实际，选择执行删除，或暂时保留继续执行即可。

3.1.5　责任区选择

导入进程人工校验时，会进行责任区选择。点击选择相应的责任区，然后点击"通过"即可。调试责任区选择界面如图 3-12 所示。

导入成功界面如图 3-13 所示，导入成功后，点击 。

3.1.6　任务提交

图模导入完成后，在红黑图管理界面点击"提交"按钮（将任务提交给调度审图用户进行确认），完成红黑图导入环节。任务提交界面如图 3-14 所示。

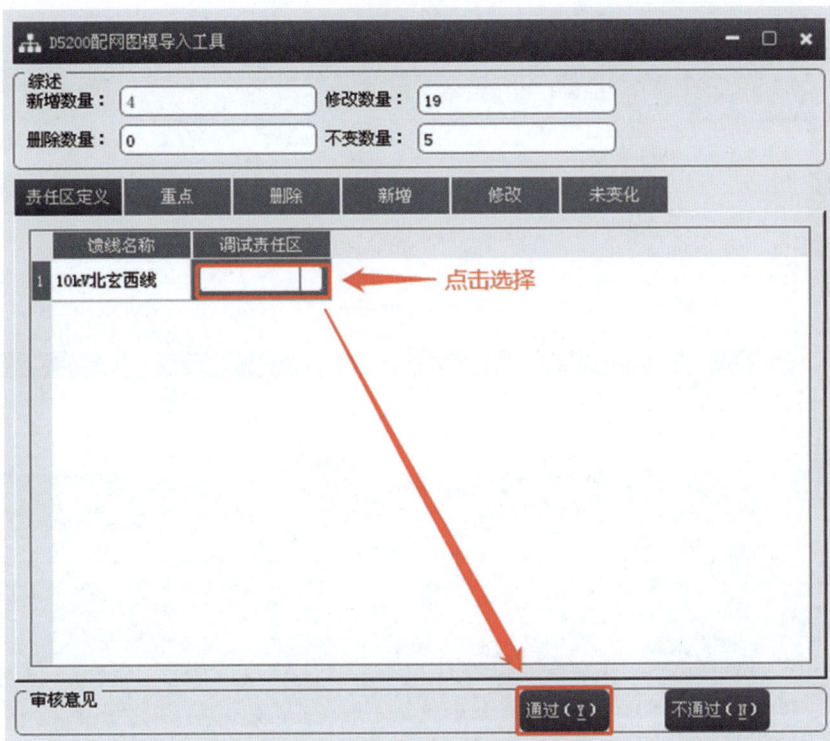

图 3-12　调试责任区选择界面

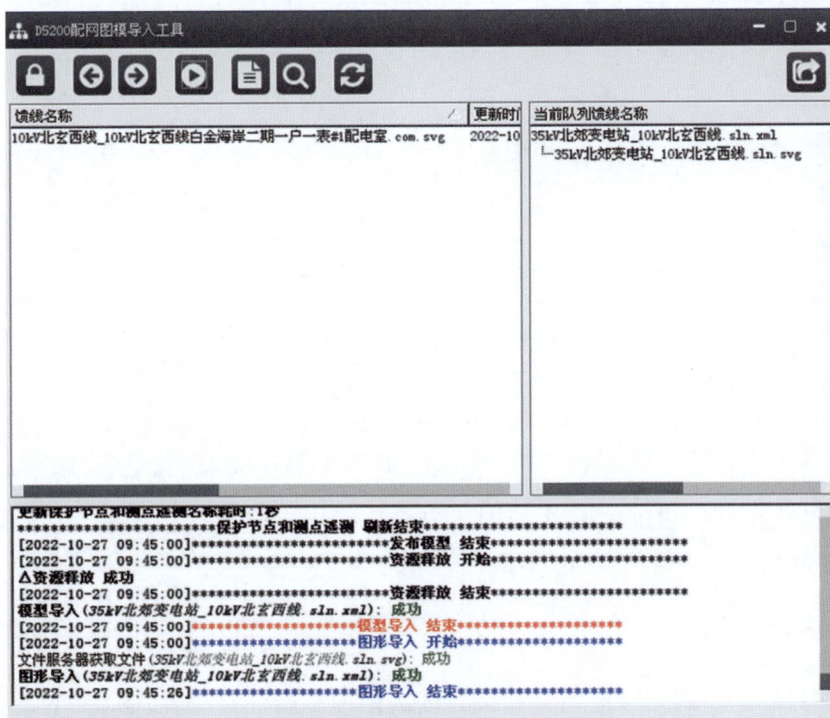

图 3-13　导入成功界面

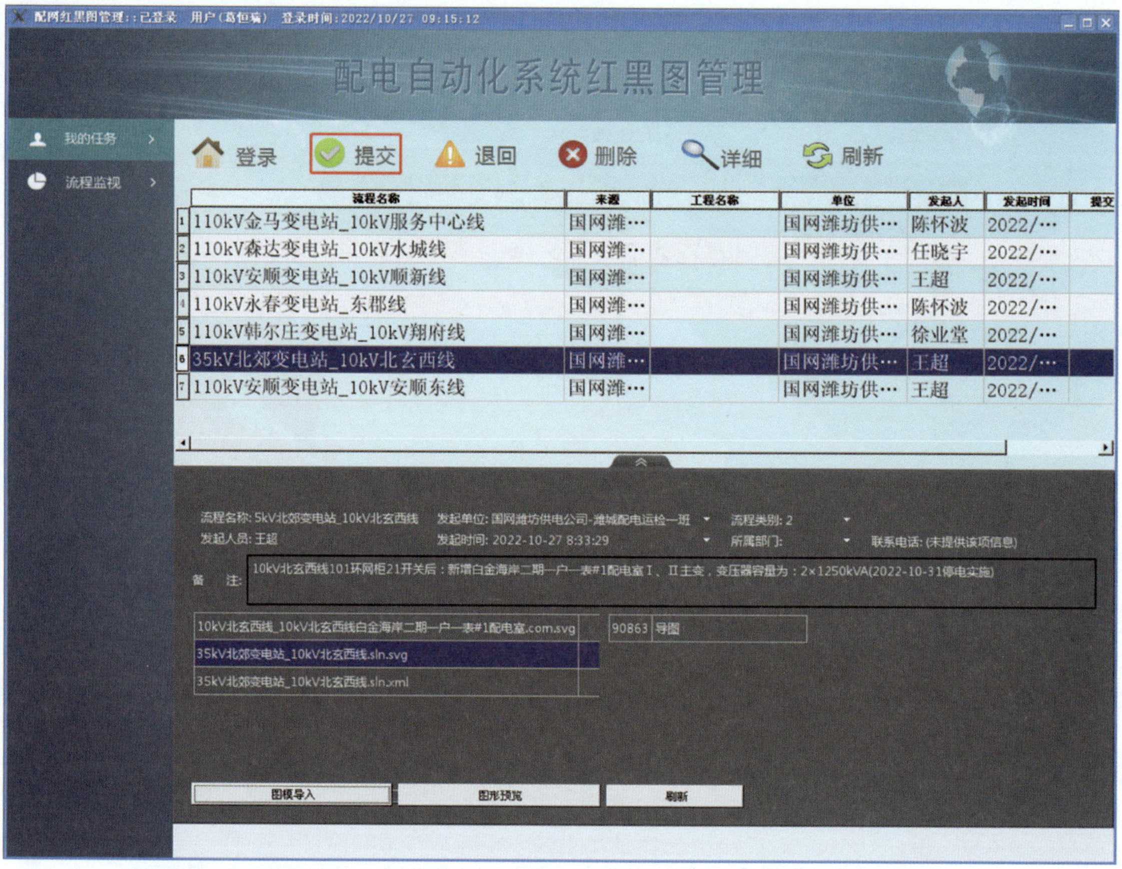

图 3-14　任务提交界面

3.2　红黑图：红转黑环节

3.2.1　启动红黑图管理界面

从主页点击"配网调控"→"配网应用"→"红黑图"，或在运行系统终端 ▇▇ 中运行 dms_g_manager，启动红黑图管理界面，如图 3-1 所示。

3.2.2　用户登录

登录配网导图用户（用调度审图权限用户登录），用户登录界面如图 3-2 所示，登录后的界面如图 3-3 所示。

3.2.3　签收任务

点击管理界面上"刷新"按钮，如果有新的图模更新任务提交，则左下角会显示红色闪烁按钮，点击该红色闪烁按钮，弹出任务管理界面，如图 3-4 所示。

选中任务管理中的某一任务，点击"签收"按钮进行签收；在红黑图管理界面可以看到新的任务信息。双击管理界面空白区域，可进行任务筛选，如图 3-15 所示。

【常见问题】

点击"签收"后，红黑图管理界面中未找到该任务（签收后该任务消失）。任务筛选后界面如图 3-16 所示。

处理方式：双击该任务，在管理界面下面会出现该任务的详细信息，如图 3-5 所示。

【常见问题】

双击某任务，管理界面下方未出现该任务的详细信息（SVG 文件和 XML 文件）。

处理方式：需重新点击管理界面上"刷新"按钮，然后双击该任务，界面下方即可显示正常。

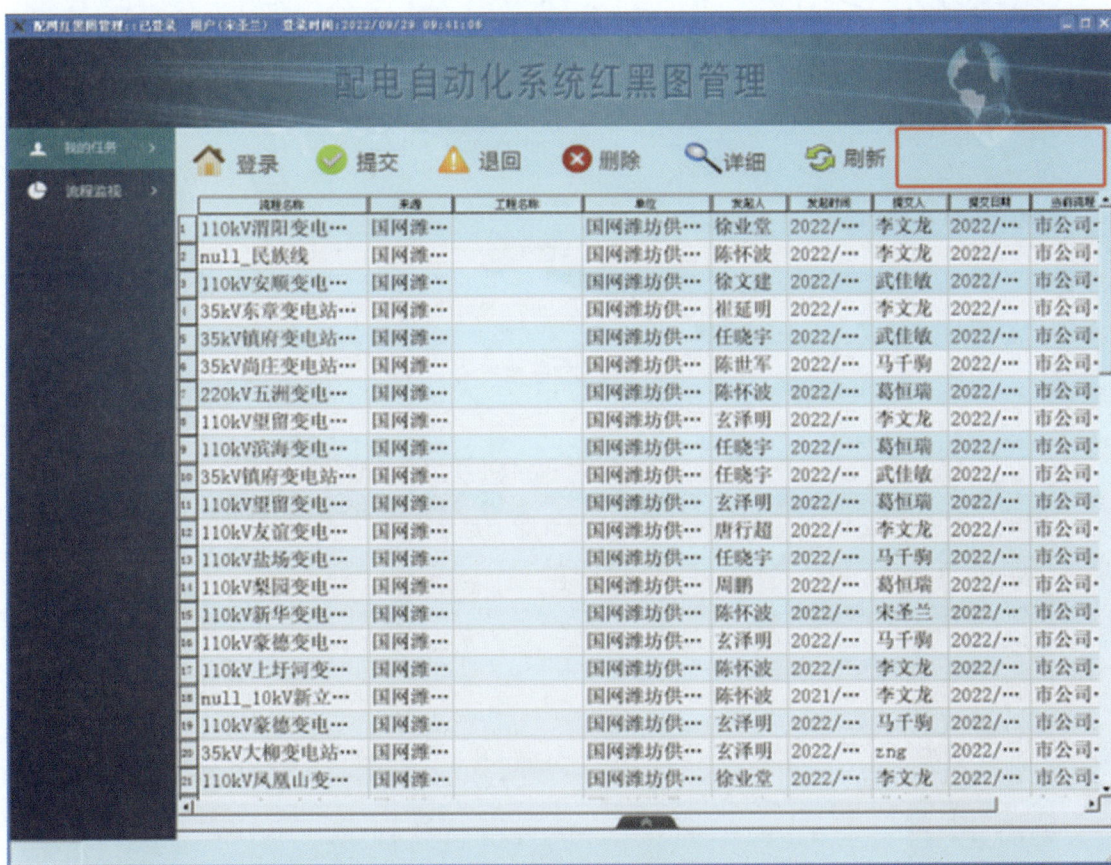

（a）

图 3-15　任务筛选界面（一）

（a）任务筛选界面 1

（b）

图 3-15　任务筛选界面（二）

（b）任务筛选界面 2

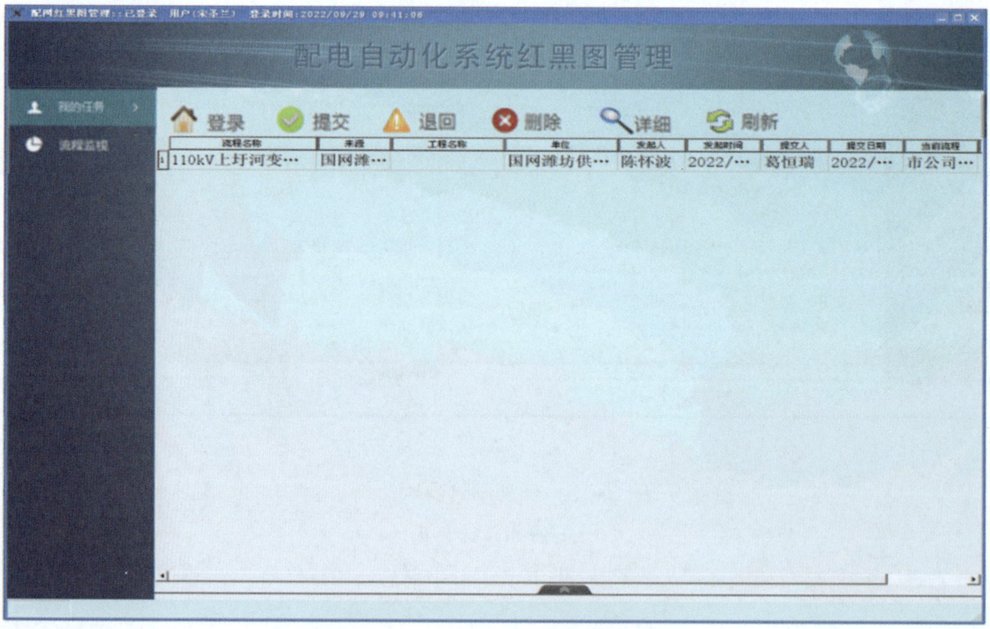

图 3-16　任务筛选后界面

3.2.4　红图投运

选中详细信息框中的 SVG 文件，点击"图形预览"按钮，启动系统图形预览界面，展示导入后的红图。图形预览界面如图 3-17 所示。

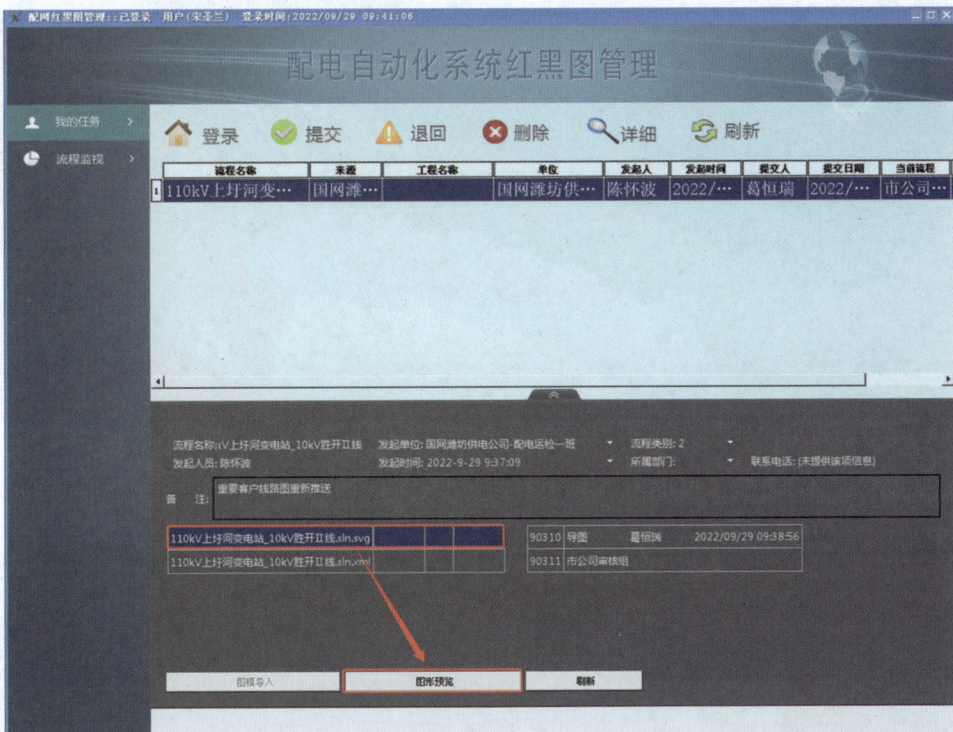

（a）

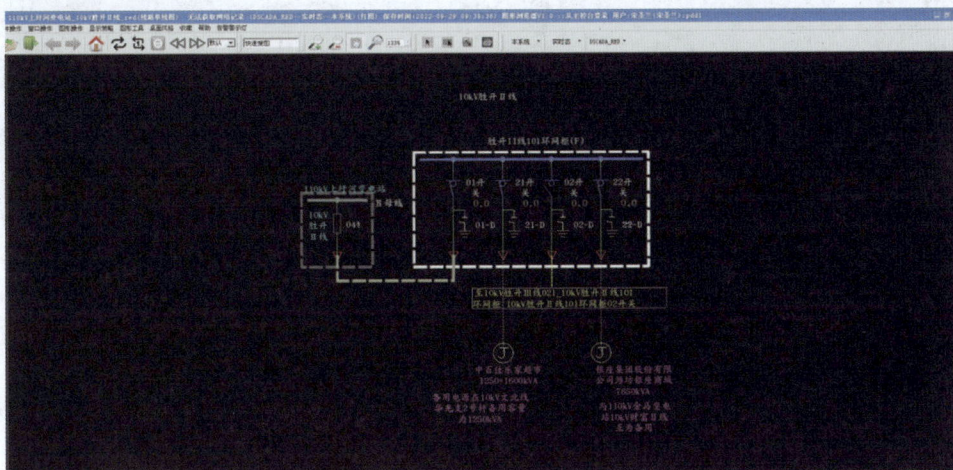

（b）

图 3-17　图形预览界面

（a）图形预览界面 1；（b）图形预览界面 2

在确认图形正确性后，右键点击红图任务栏右侧区域，弹出 DMS 操作任务栏，选中"DMS 操作"，如图 3-18 所示。

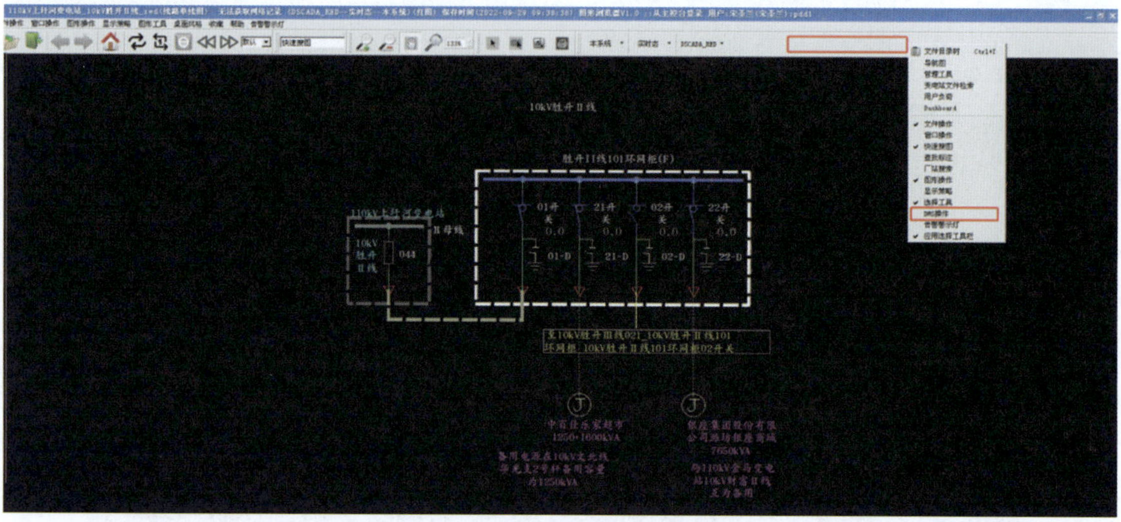

（a）

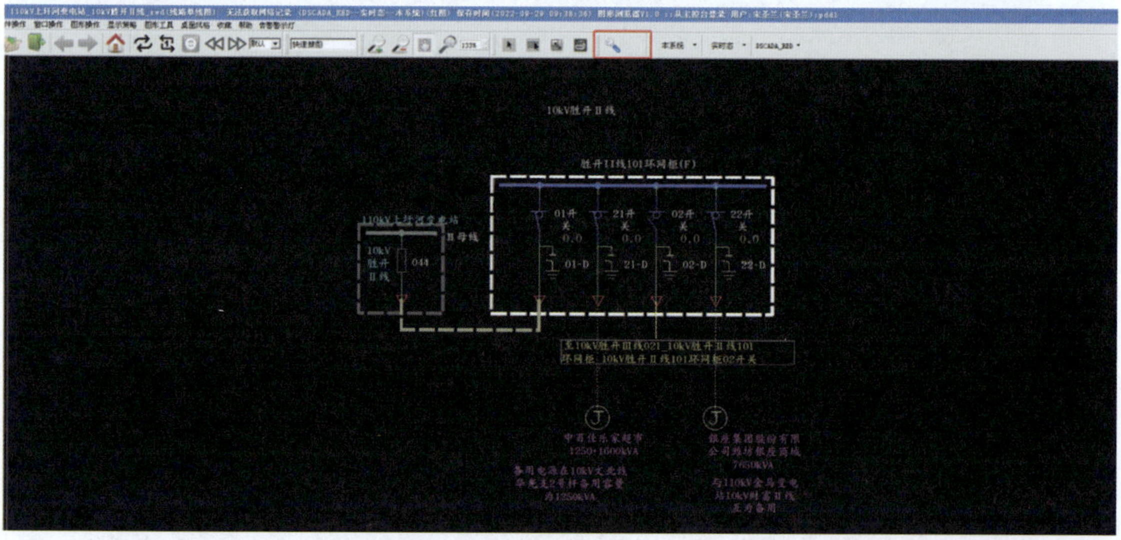

（b）

图 3-18　DMS 操作任务栏界面

（a）菜单选择界面；（b）DMS 操作任务栏

在红黑图管理界面点击"提交"，提交任务后，红图扳手图标右侧会出现红色闪烁矩形。红图投运前界面如图 3-19 所示。

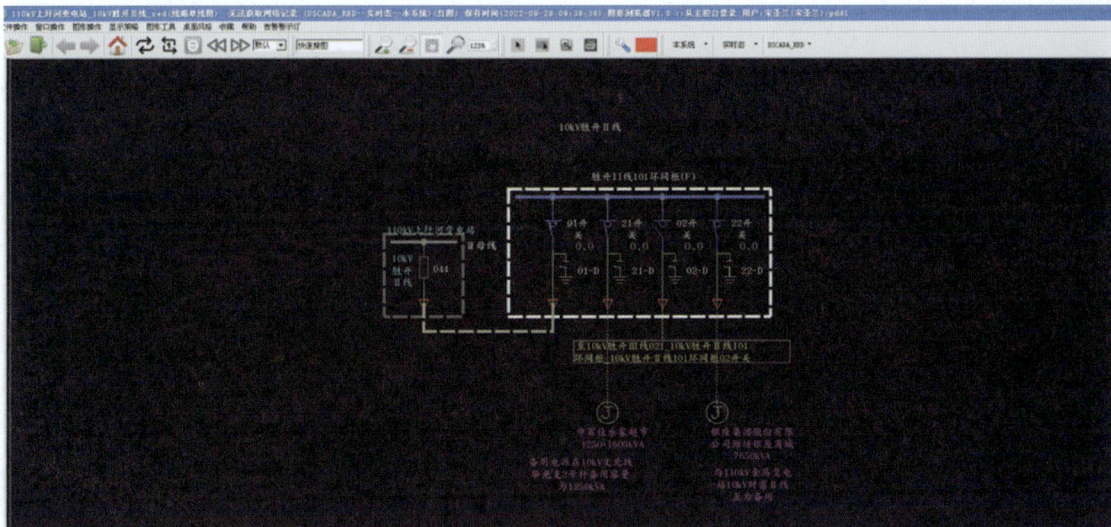

图 3-19　红图投运前界面

3.2.5　线路红转黑

点击红色闪烁矩形，弹出红图投运界面，如图 3-20 所示。

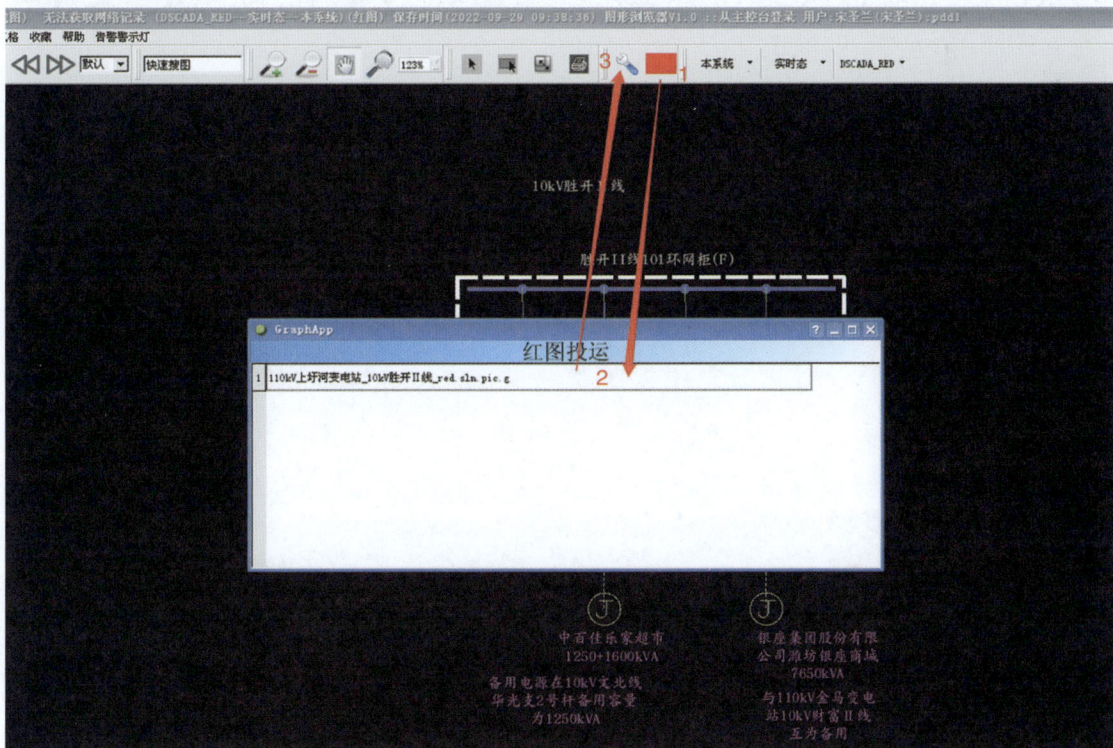

图 3-20　红图投运界面

双击选择要投运的任务，然后点击扳手图标，弹出线路投运界面，如图 3–21 所示。

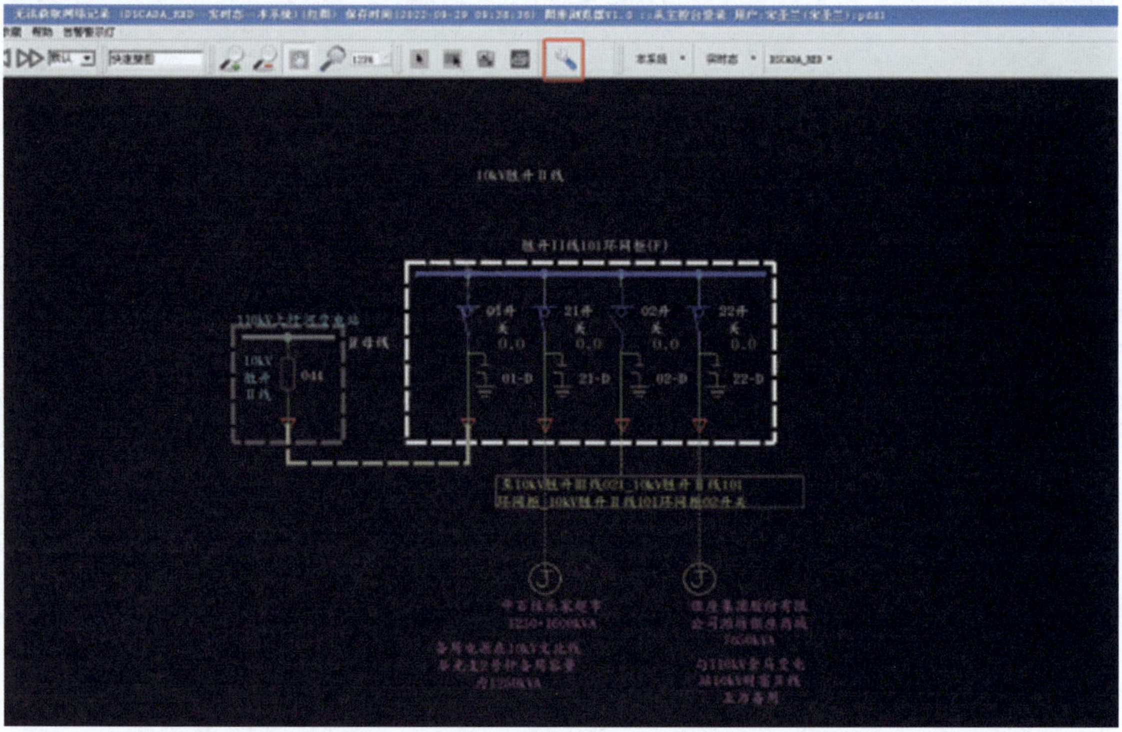

（a）

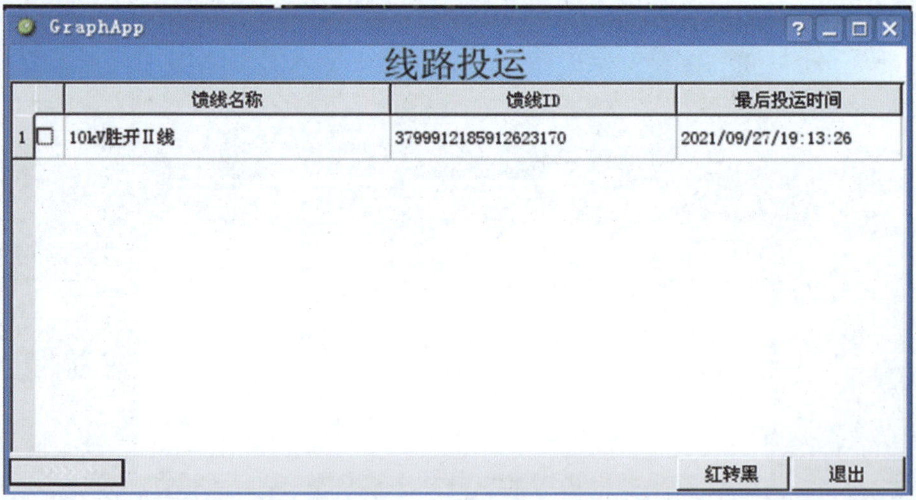

		馈线名称	馈线ID	最后投运时间
1	□	10kV胜开Ⅱ线	3799912185912623170	2021/09/27/19:13:26

（b）

图 3–21　线路投运界面

（a）线路投运界面 1；（b）线路投运界面 2

选中任务后点击“红转黑”按钮，进行线路的投运工作。红转黑成功展示界面如图 3–22 所示。

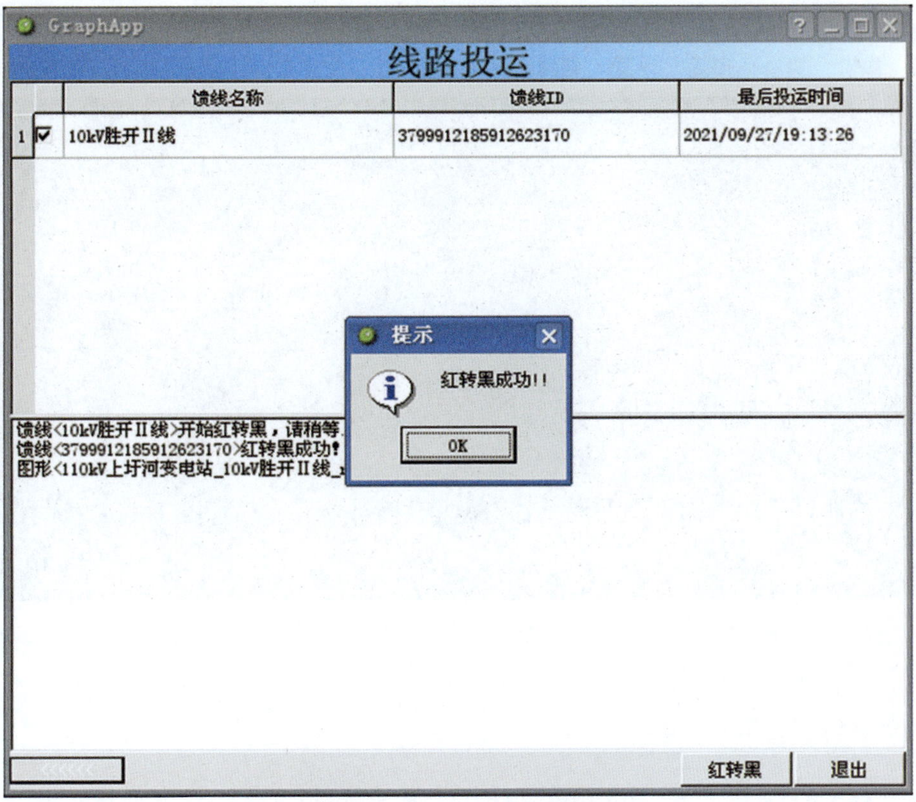

图 3-22 红转黑成功展示界面

点击"OK"完成本次线路投运工作，关闭线路投运界面即可。

【常见问题 1】

提交任务后，红图扳手图标右侧始终未出现红色闪烁矩形框。

原因分析：此问题多为总控登录用户不具备红转黑权限导致，或应用类型选择错误。

处理方式：更换总控用户，或将应用类型更改为"DCADA_RED"。

【常见问题 2】

任务签收后，点击"刷新"或"查询"均无法找到任务。

原因分析：程序后台签发人员为空或错乱，程序偶然性问题均有可能。

处理方式：重新推送一次图模数据即可。

3.3 红转黑记录导出

3.3.1 启动达梦数据库客户端

在运行系统终端 ▬▬ 中输入 manager 命令，打开达梦数据库客户端。启动达梦数据库命令界面如图 3-23 所示。

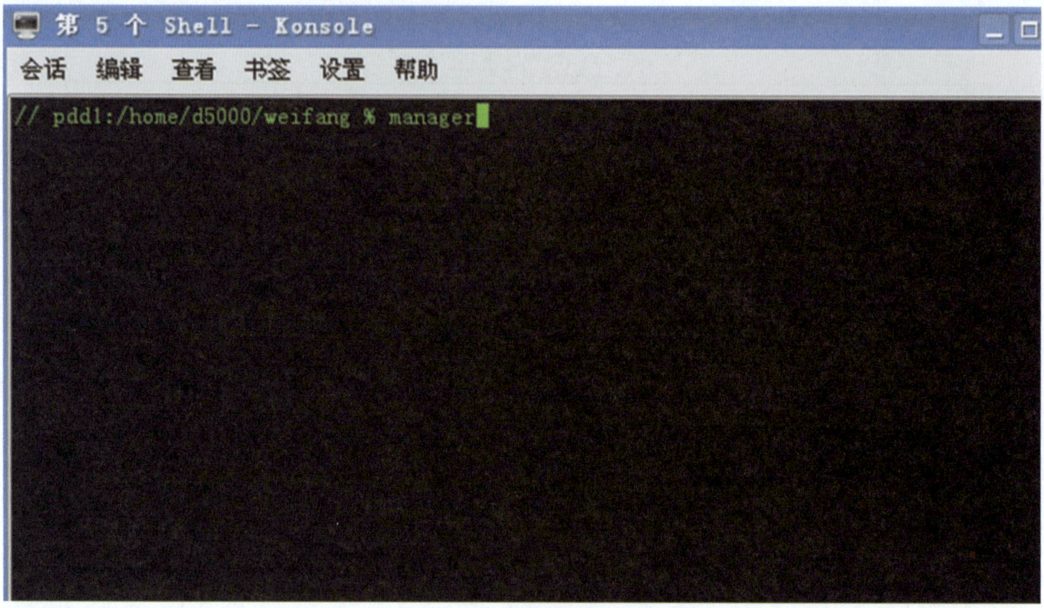

图 3-23　启动达梦数据库命令界面

3.3.2　用户登录

双击"LOCALOSH"，打开达梦数据库用户登录界面，如图 3-24 所示。输入主机名、用户名和口令后点击"确定"，提示登录安全信息，再点击"确定"。达梦数据库管理工具界面如图 3-25 所示。

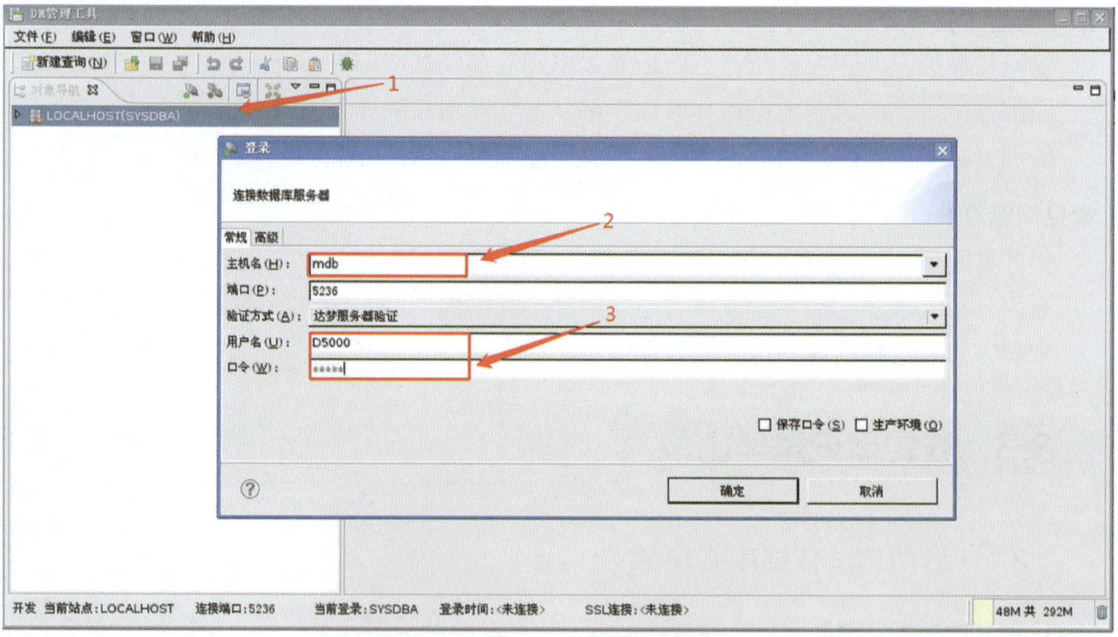

图 3-24　达梦数据库用户登录界面

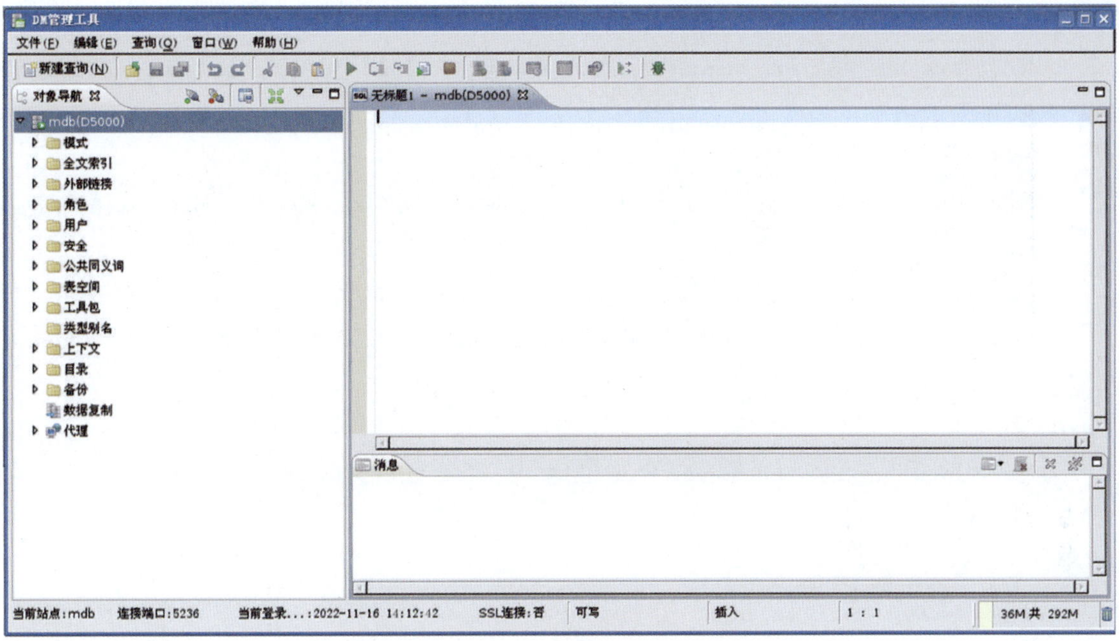

图 3-25　达梦数据库管理工具界面

3.3.3　打开配网开关表

输入 SQL 语句后，点击执行 ▶ （绿色三角形）。语句输入界面如图 3-26 所示。

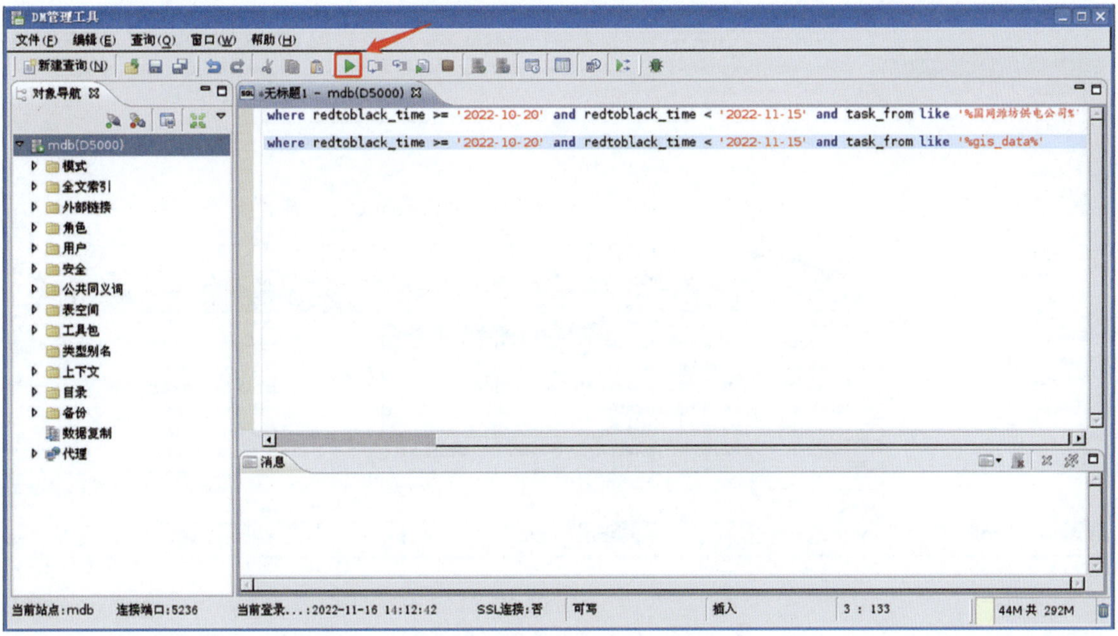

图 3-26　语句输入界面

// 如查询 2022-10-20 单日红转黑记录，语句：

select * from dms_task_info where redtoblack_time like '%2022-10-20%' and task_from like '% 国网潍坊供电公司 %'

union

select * from dms_task_info where redtoblack_time like '%2022-10-20%' and task_from like '%gis_data%'

// 如查询 2022-10-20 至 2022-11-15 期间红转黑数据，语句：

select * from dms_task_info where redtoblack_time >= '2022-10-20' and redtoblack_time < '2022-11-15' and task_from like '% 国网潍坊供电公司 %'

union

select * from dms_task_info where redtoblack_time >= '2022-10-20' and redtoblack_time < '2022-11-15' and task_from like '%gis_data%'

3.3.4　查询数据导出

在结果区域右键点击"全选"，再右键点击选中区域"复制"（或 Ctrl 键 +C），在 Excel 表格中右键点击"粘贴"粘贴数据结果。红转黑结果导出界面如图 3-27 所示。

【注意事项】

查询结果最后一列"REDTOBLACK_TIME"为红转黑时间。

（a）

图 3-27　红转黑结果导出界面（一）

（a）红转黑结果导出界面 1

（b）

图 3-27　红转黑结果导出界面（二）

（b）红转黑结果导出界面 2

3.4　主网模型导入

3.4.1　启动主网模型导入界面

从主页点击"系统维护"→"图模维护"→"主网模型"，或在运行系统终端 ■ ■ 中运行 cimxml_importor –fac，启动主网模型导入界面，如图 3-28 所示。

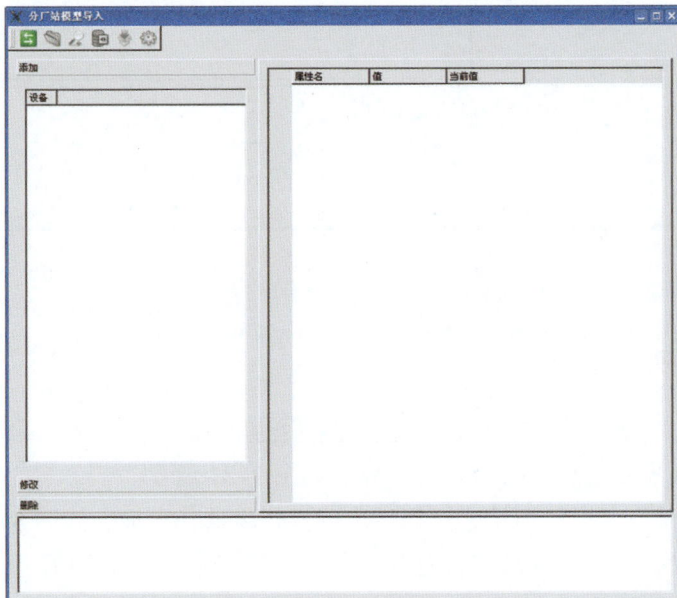

图 3-28　启动主网模型导入界面

3.4.2　用户登录

登录模型导入用户，用户登录界面如图 3-2 所示，模型导入登录后界面如图 3-29 所示。

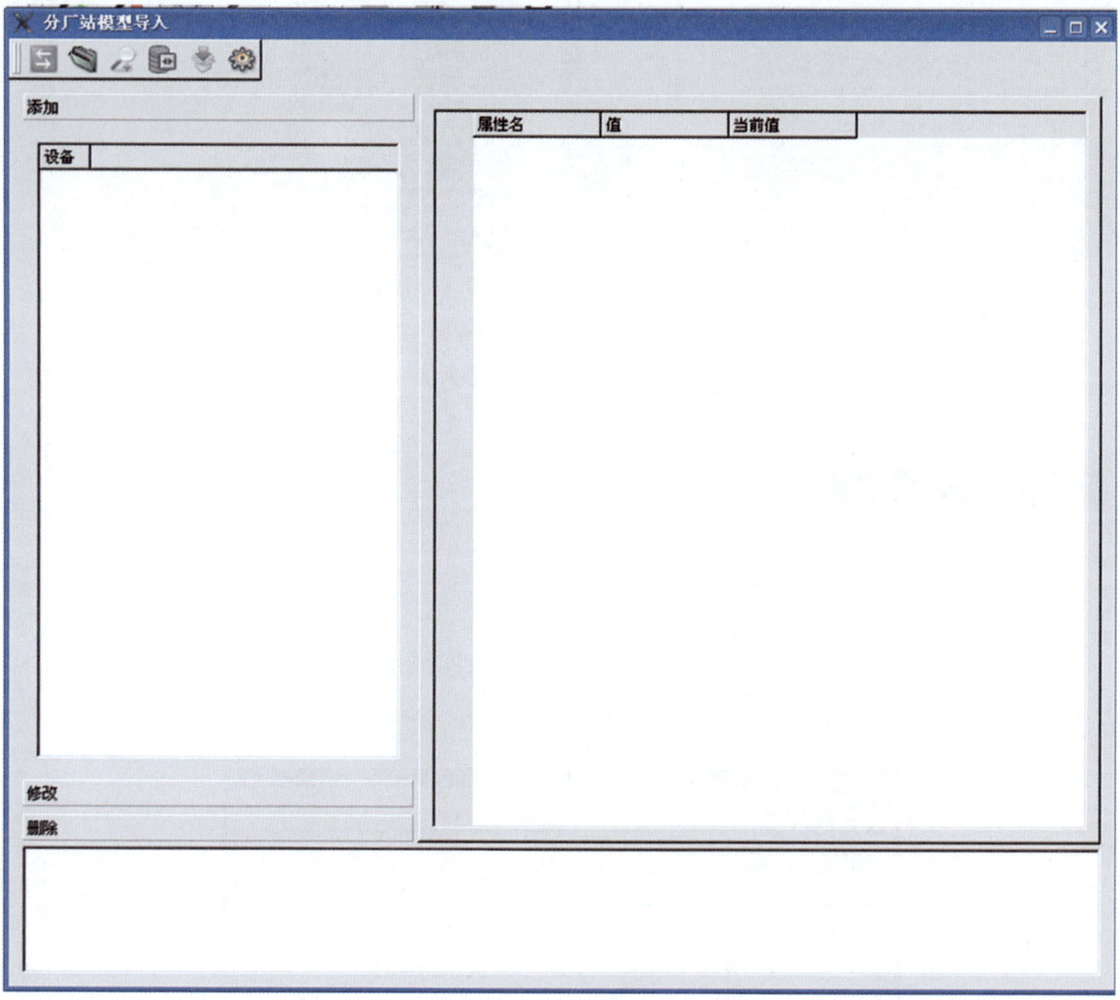

图 3-29　模型导入登录后界面

3.4.3　打开模型文件

在导入界面上点击"打开模型文件" 按钮，在"打开模型文件"中选择模型文件，如图 3-30 所示，打开模型文件后界面如图 3-31 所示。

提示"是否继续"，选择"是"，选择后出现责任区选择界面，如图 3-32 所示。

下拉选择责任区，点击"确定"，打开文件步骤结束，如图 3-33 所示。

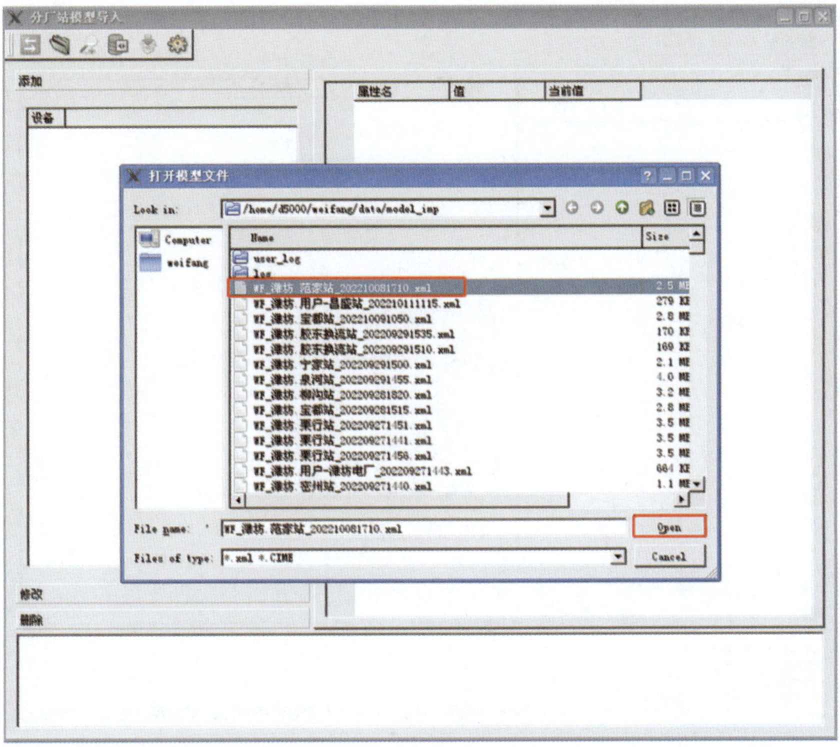

图 3-30 选择模型文件界面

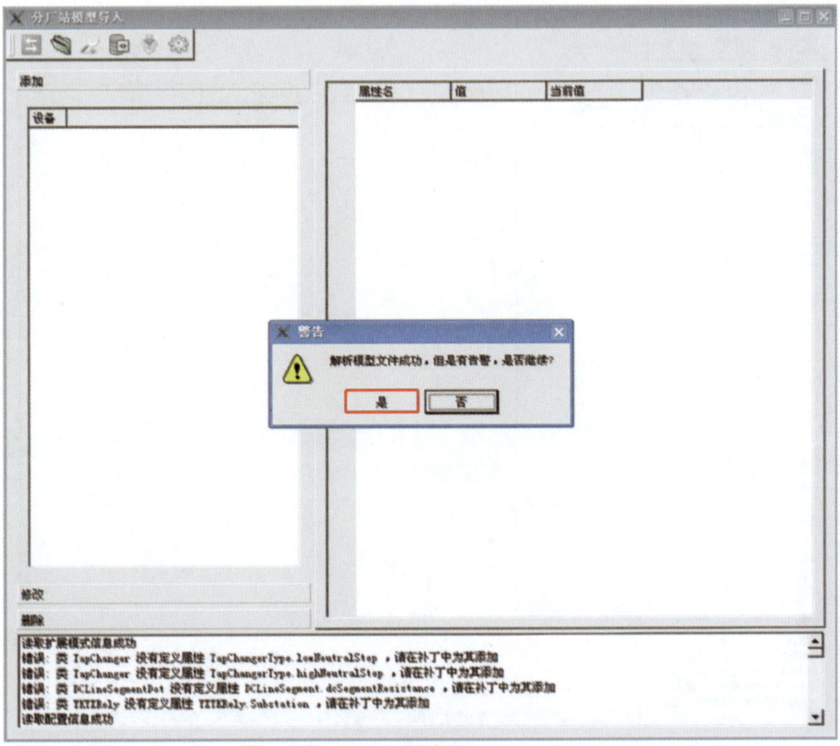

图 3-31 打开模型文件后界面

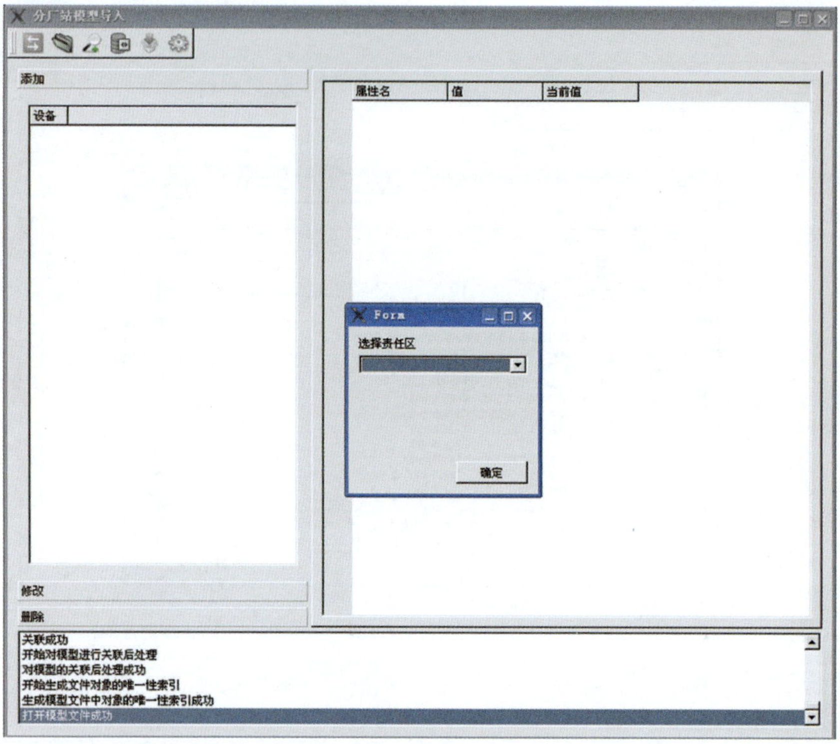

图 3-32　责任区选择界面

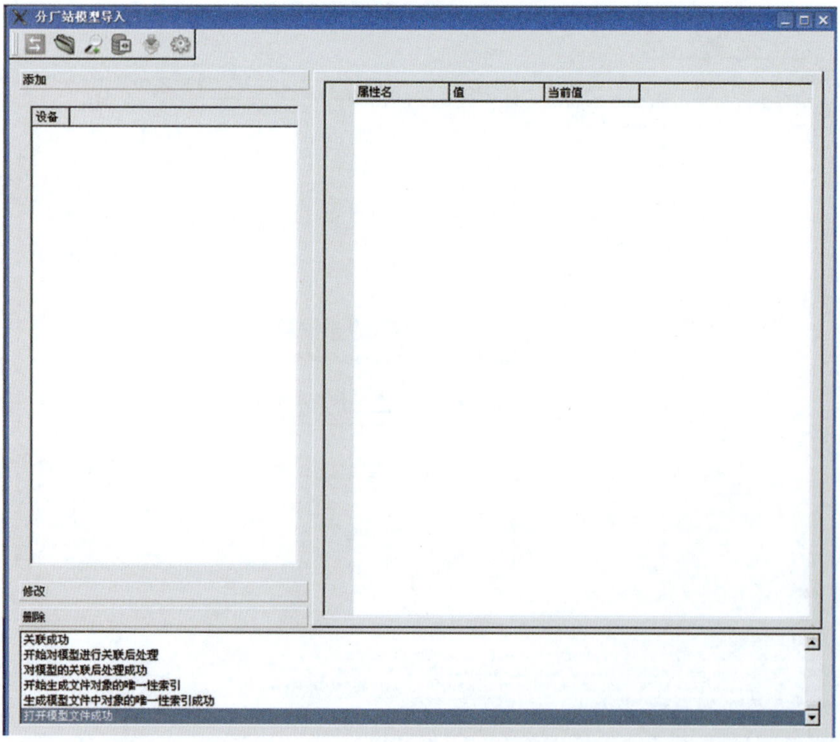

图 3-33　打开文件结束界面

3.4.4　校验

在导入界面上点击"校验" 🔲📄🔳📋✦⚙ 按钮，出现校验运行弹窗，如图 3–34 所示。取消"所有用例"勾选，点击"运行"，校验运行后界面如图 3–35 所示。

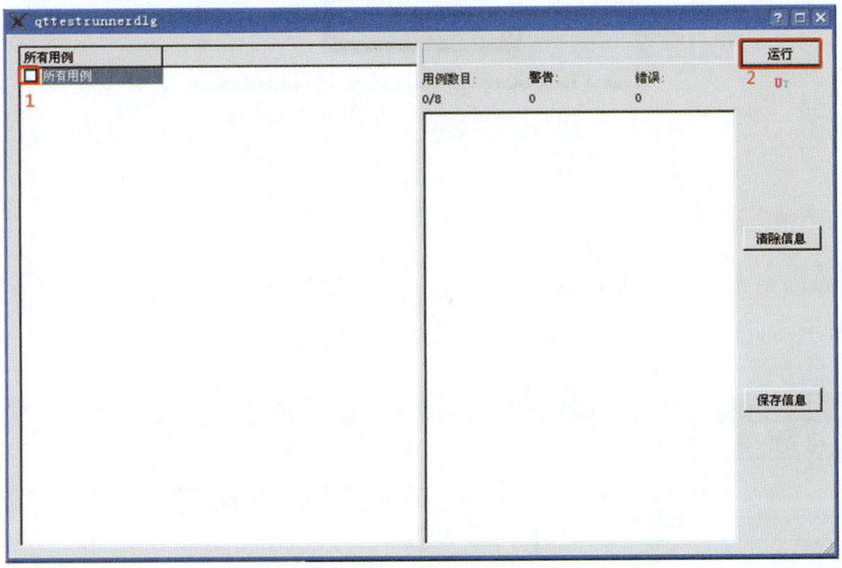

图 3–34　校验运行弹窗

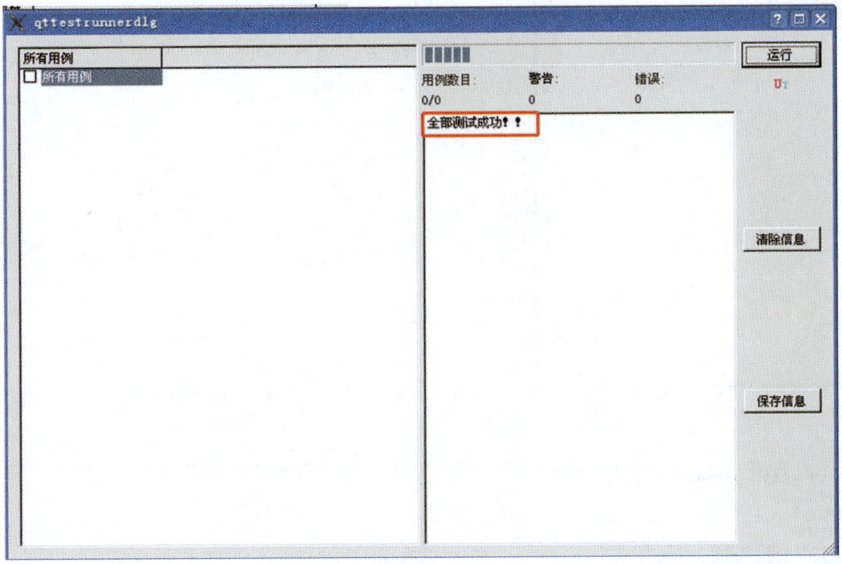

图 3–35　校验运行后界面

关闭校验运行弹窗，出现"校验模型文件成功"提示弹窗，如图 3–36 所示。点击"OK"，结束"校验"步骤。

图 3-36　"校验模型文件成功"提示弹窗

3.4.5　比较差异

在导入界面上点击"比较差异"  按钮，进行差异比较，比较差异成功界面如图 3-37 所示。此时需对添加、修改、删除的信息进行确认，无误后执行下一步操作。

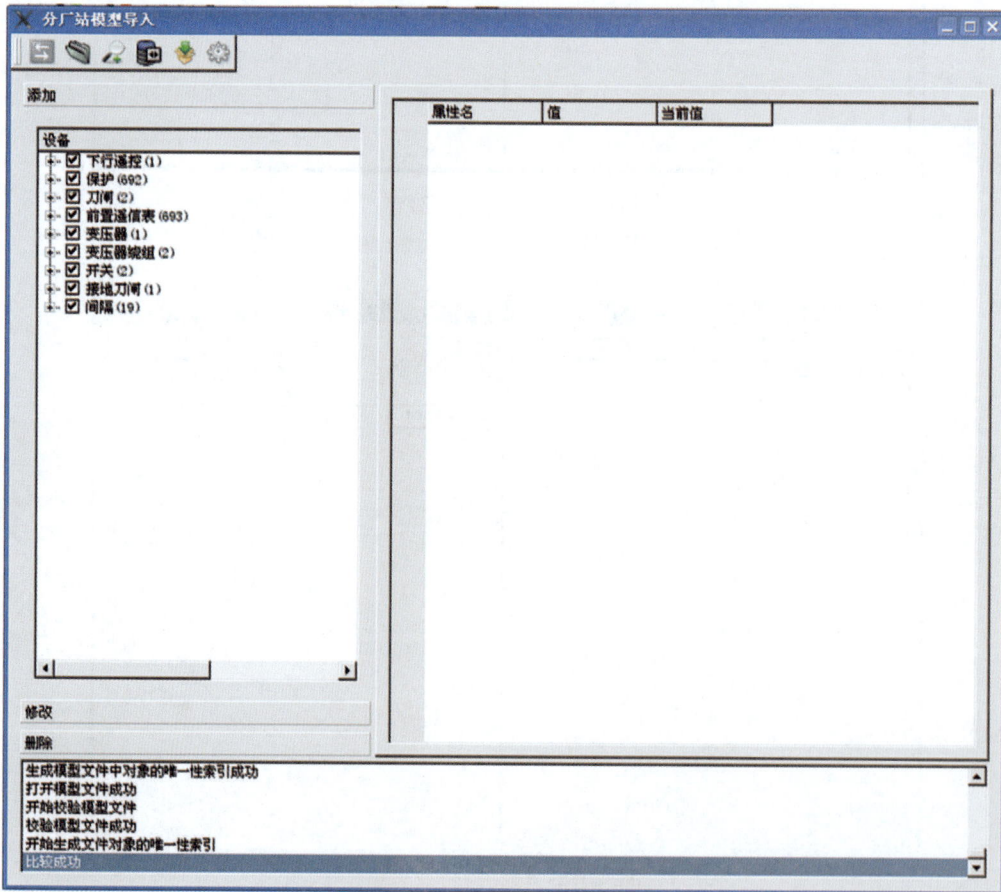

图 3-37　比较差异成功界面

3.4.6　导入模型

在导入界面上点击"导入模型" 🗎🗐🖋🗄🔽⚙ 按钮，导入模型界面如图 3–38 所示。

点击"是"后，进行模型数据导入，导入成功界面如图 3–39 所示。

点击"OK"完成本次模型导入工作，进程窗出现"导入模型成功"提示。

【注意事项】

点击"导入模型"前须将"删除"中的"分接头类型"取消勾选，如图 3–40 所示，然后再点击"导入模型"。

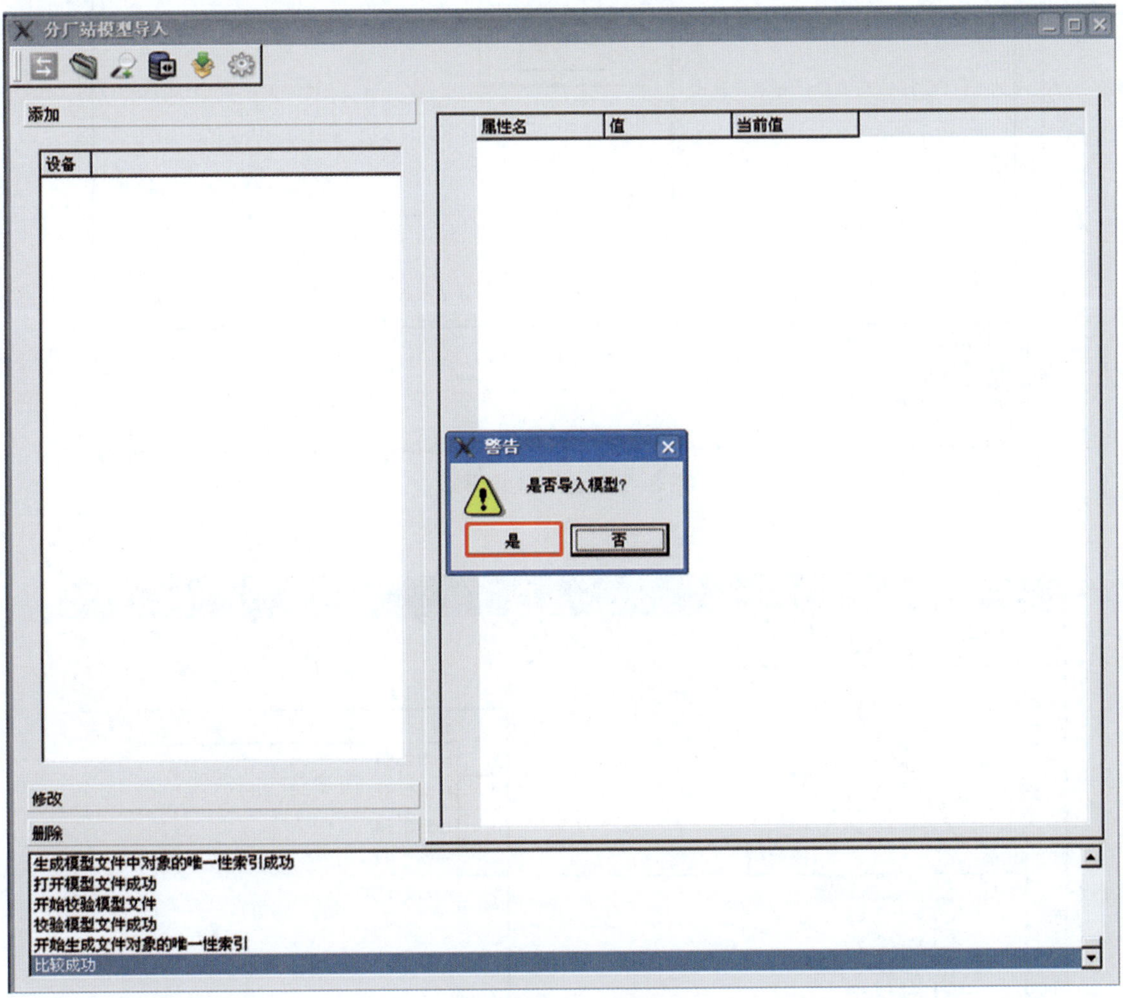

图 3–38　导入模型界面

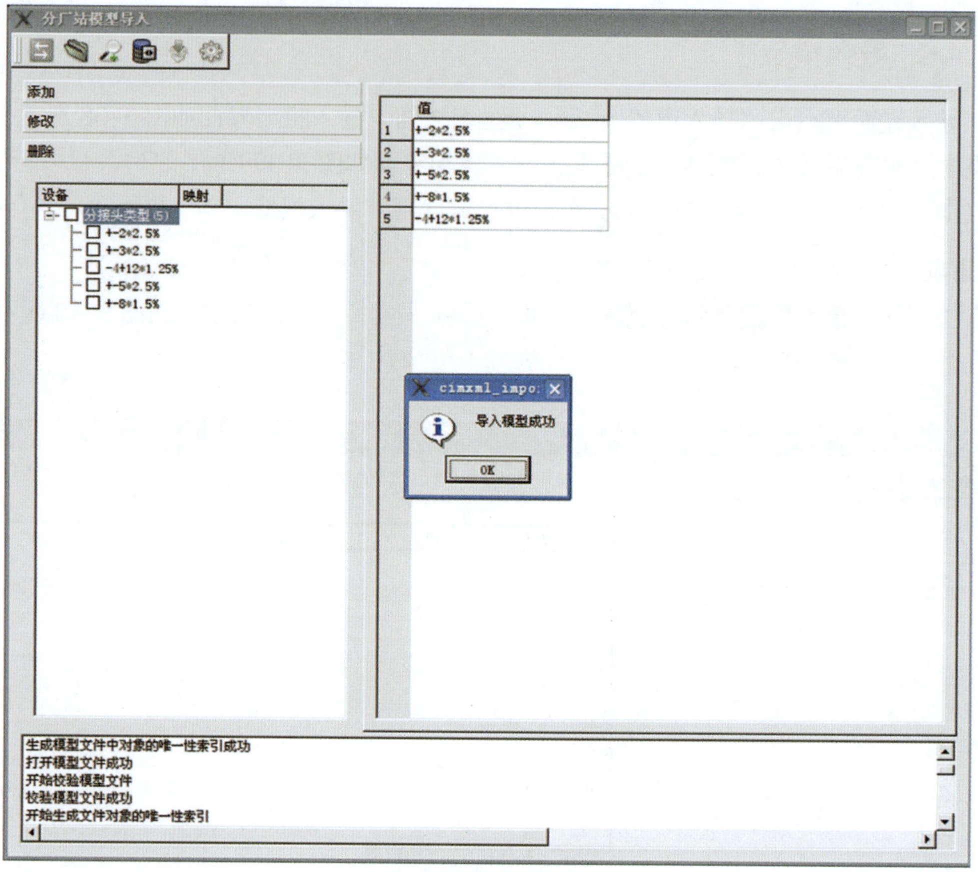

图 3-39　导入成功界面

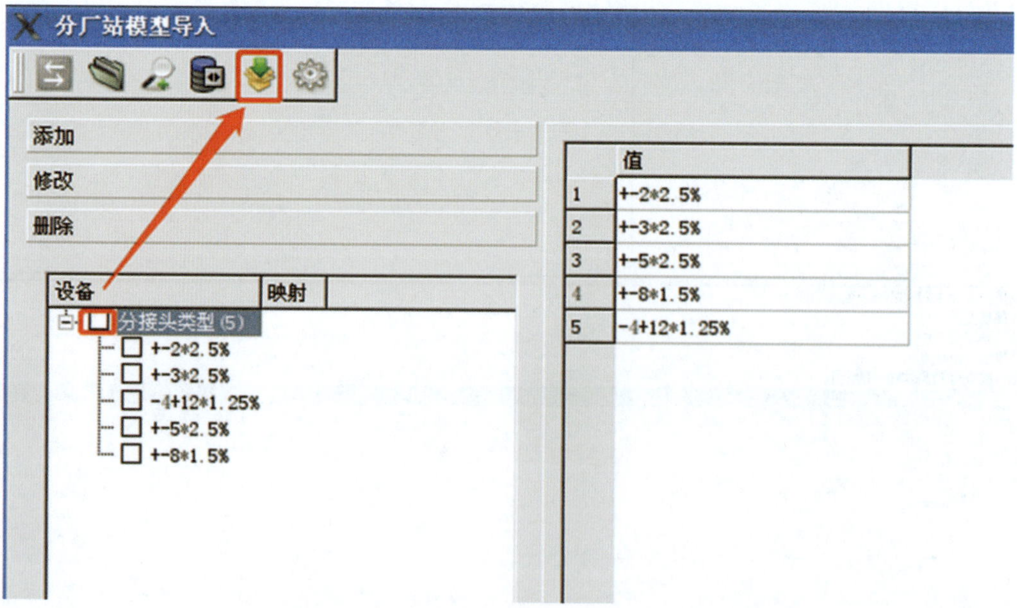

图 3-40　取消"分接头类型"勾选界面

3.5 主网图形导入

3.5.1 启动主网图形导入界面

从主页点击"系统维护"→"图模维护"→"主网图形"，或在运行系统终端 ▣▭ 中运行 cim_SVGimp_zw_cmd –ui，启动主网图形导入界面，如图 3–41 所示。

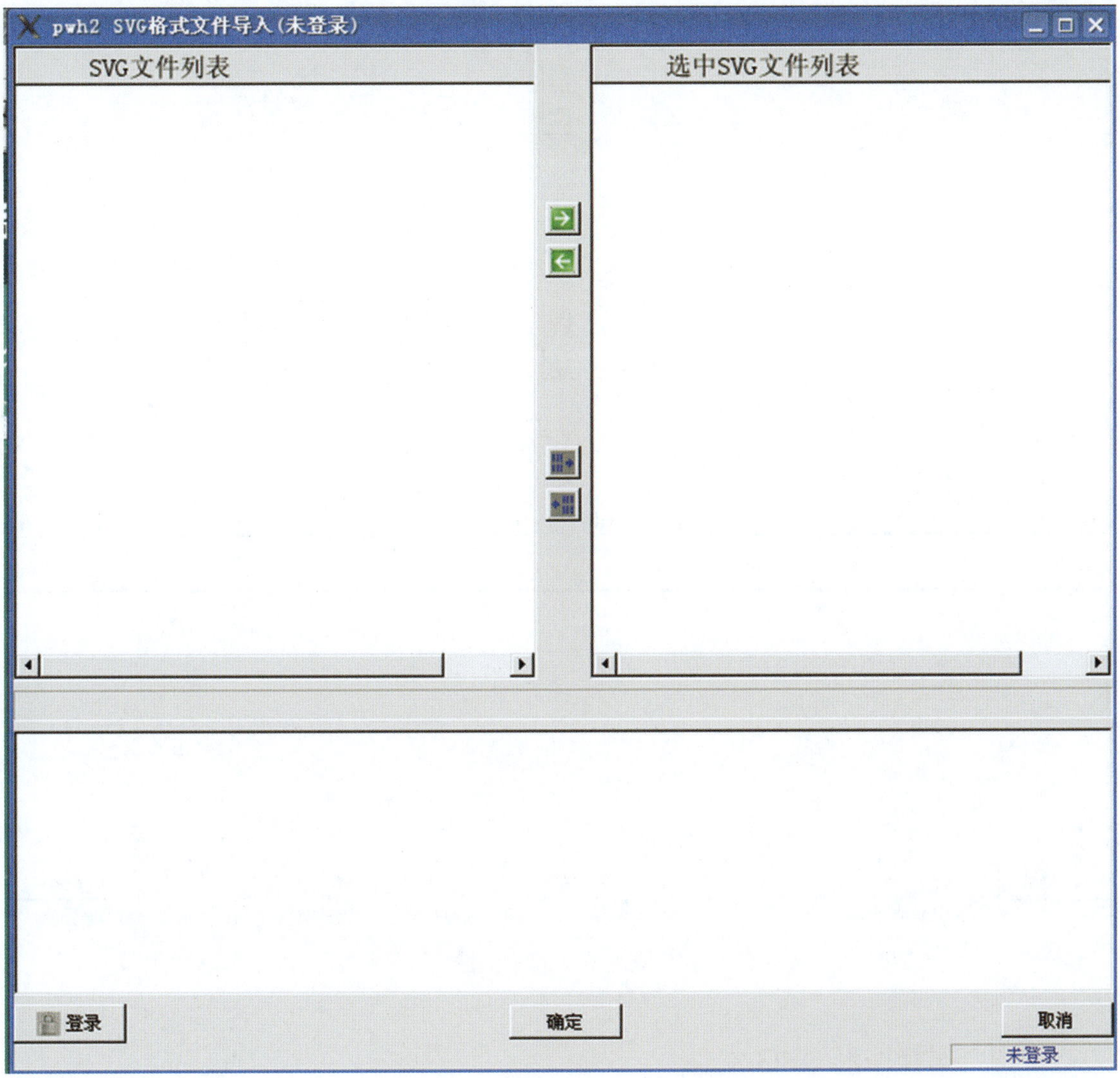

图 3–41 主网图形导入界面

3.5.2　用户登录

点击左下角"登录",用户登录界面如图 3-2 所示,图形 SVG 导入登录后界面如图 3-42 所示。

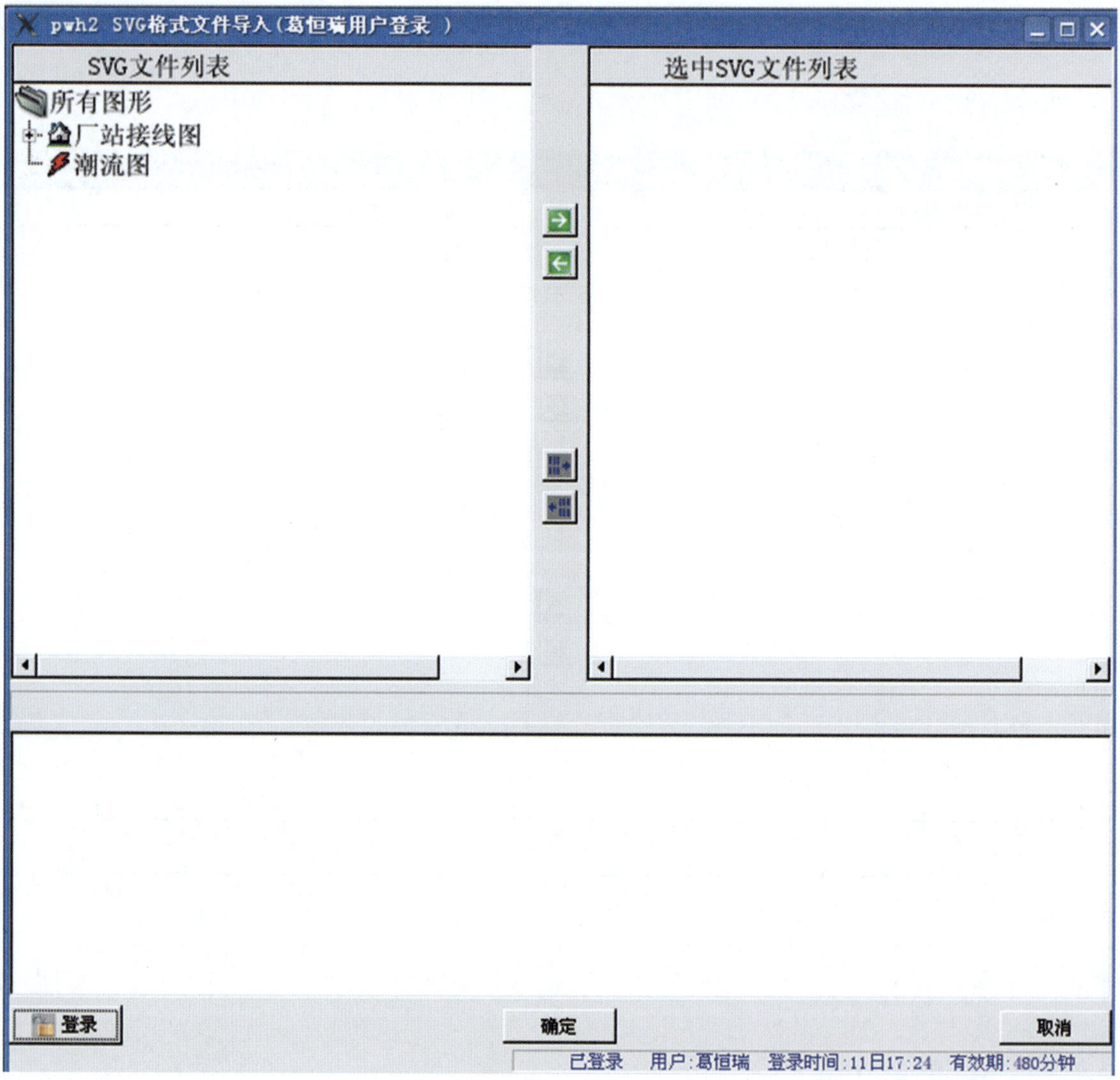

图 3-42　图形 SVG 导入登录后界面

3.5.3　选择图形 SVG 文件

点击"厂站接线图",选中要导入的图形 SVG 文件,如图 3-43 所示。点击 ,选中 SVG 文件后界面如图 3-44 所示。

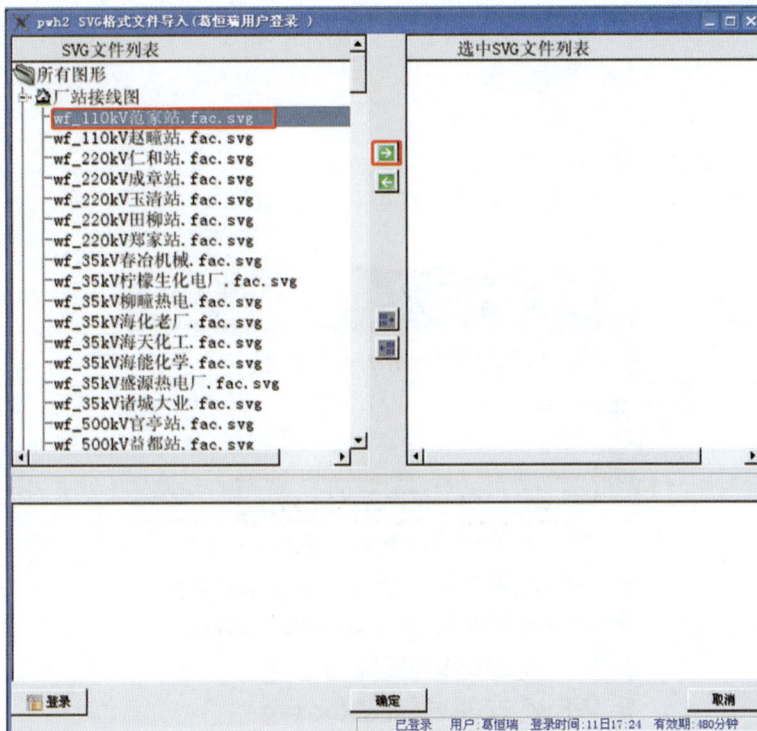

图 3-43　选择图形 SVG 文件界面

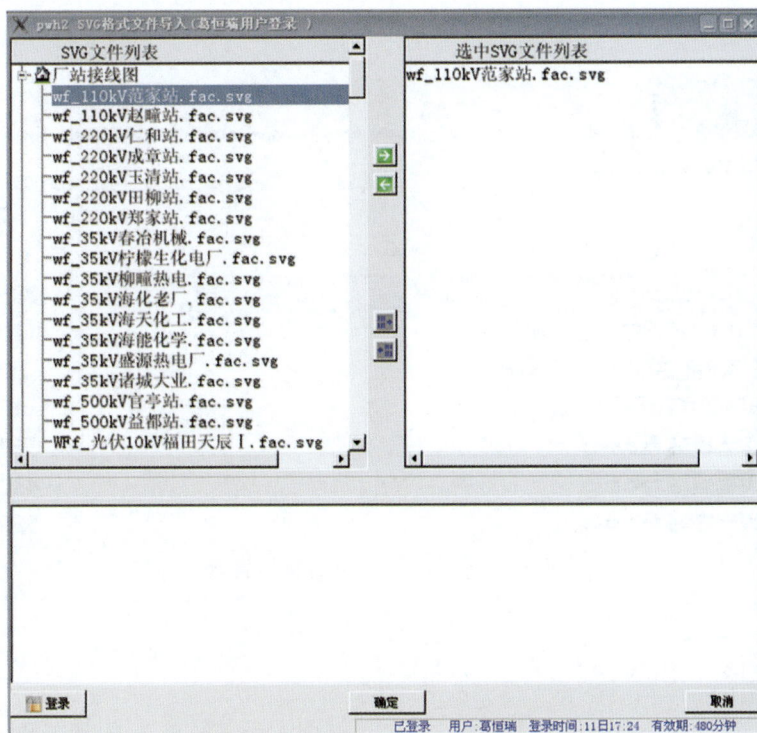

图 3-44　选中 SVG 文件后界面

【常见问题】

"厂站接线图"中无法快速找到要导入的图形 SVG 文件。

处理方式：系统收到的 SVG 文件全名（见图 3–45），如范家站为"Wf.wf_110kV 范家站 .fac.svg"，需找到存放位置，将文件前缀"Wf."删除，删除后文件为"wf_110kV 范家站 .fac.svg"（见图 3–46）。重新打开导图工具即可在靠前位置找到。

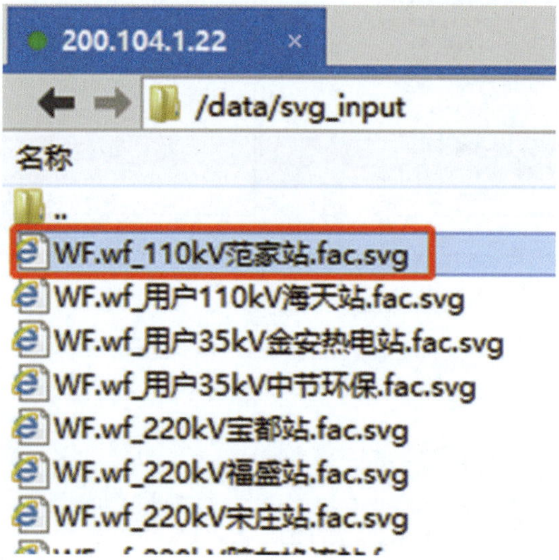

图 3–45　SVG 文件全名

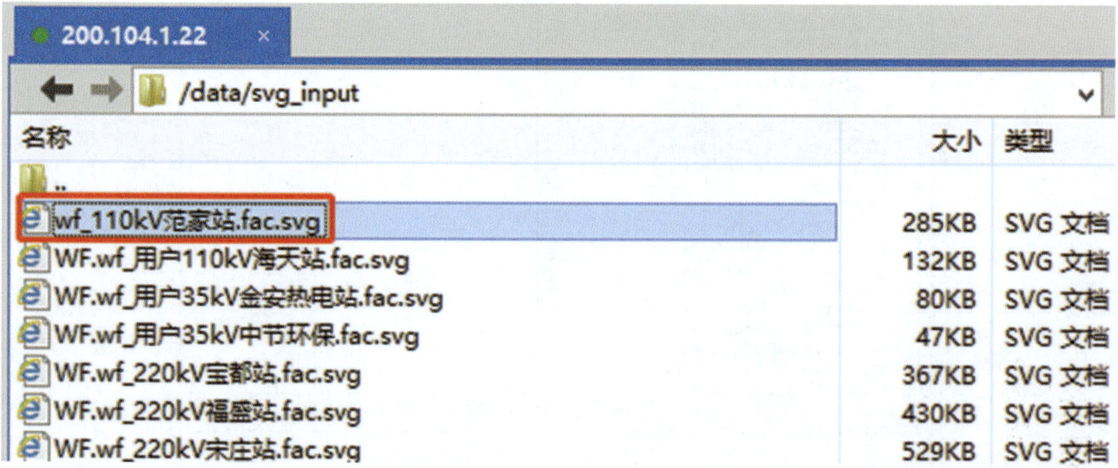

图 3–46　SVG 文件名称前缀删除

3.5.4　图形 svg 文件导入

点击"确定"，进行主网图形导入，导入后出现"导入成功"提示。图形 SVG 导入成功界面如图 3–47 所示。

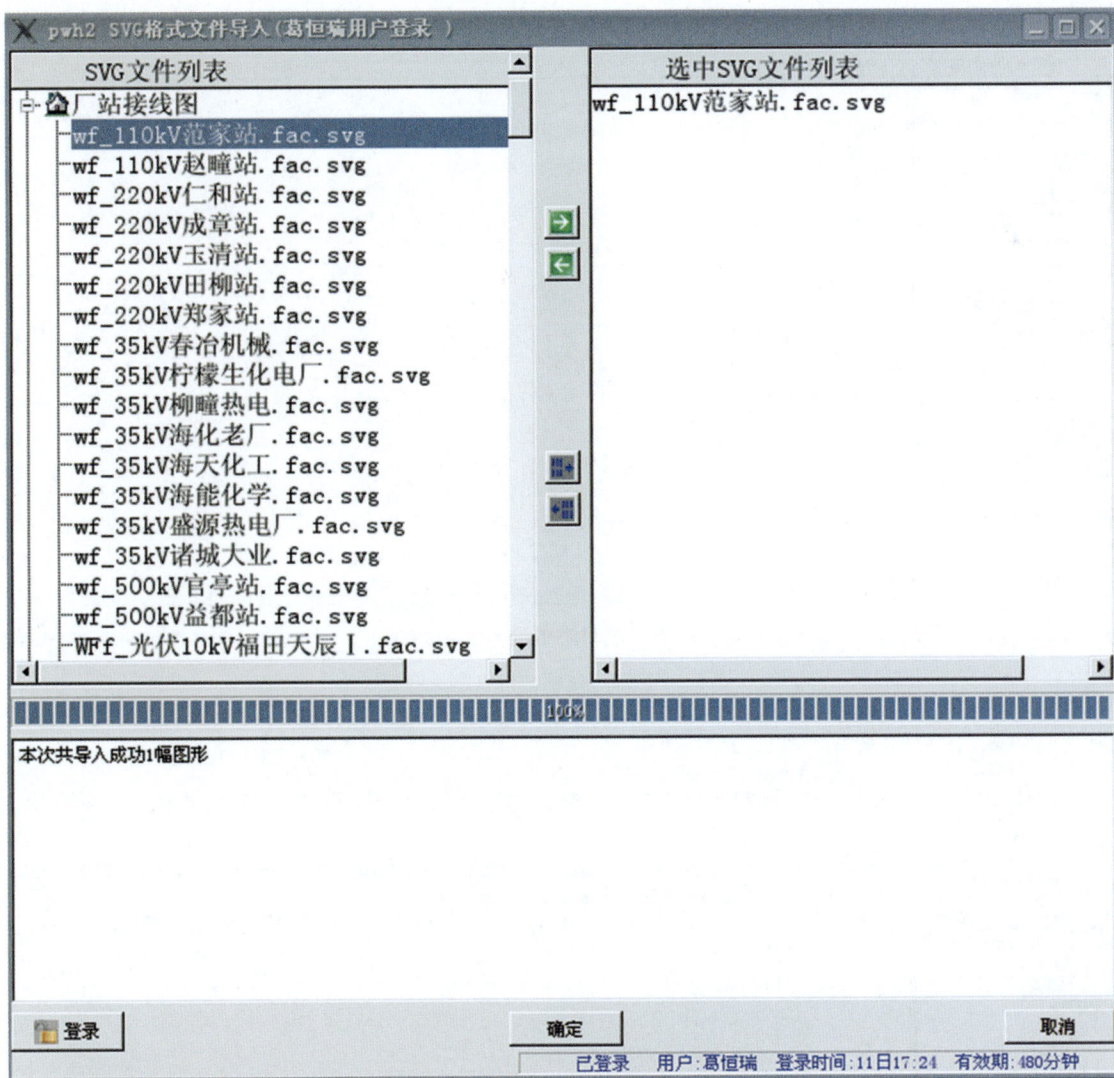

图 3-47 图形 SVG 导入成功界面

点击"确定"结束本次图形导入工作。

3.6 FES 定义表维护

3.6.1 启动实时态数据库操作界面

从主程序点击"数据库",或在运行系统终端 ■= 中运行 dbi,启动实时态数据库操作界面,如图 3-48 所示。

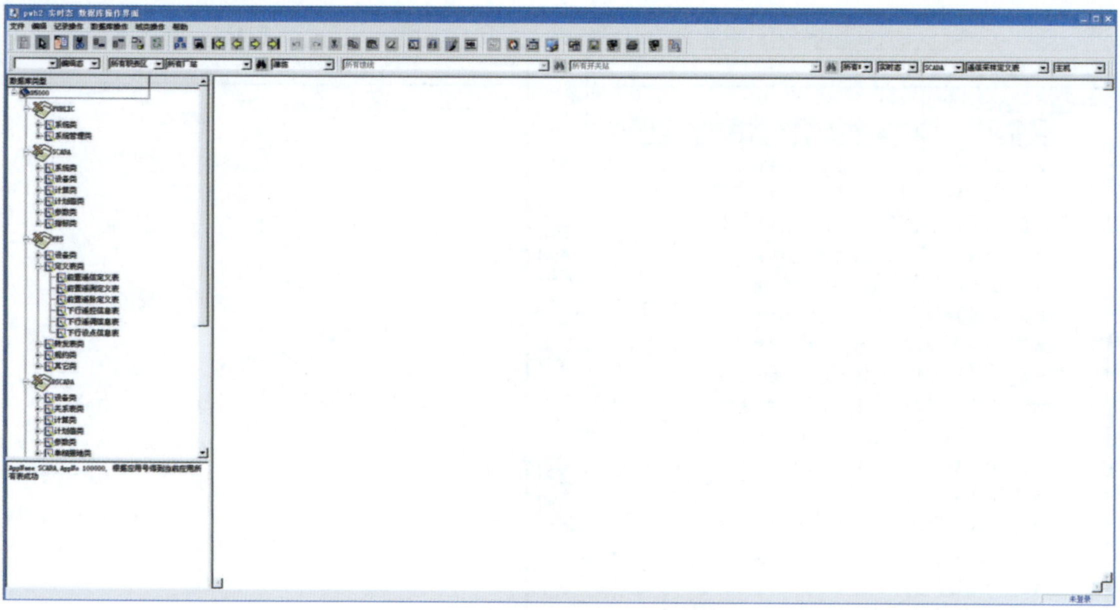

图 3-48 实时态数据库操作界面

3.6.2 用户登录

点击"登录",用户登录界面如图 3-2 所示,实时态数据库登录后界面如图 3-49 所示。

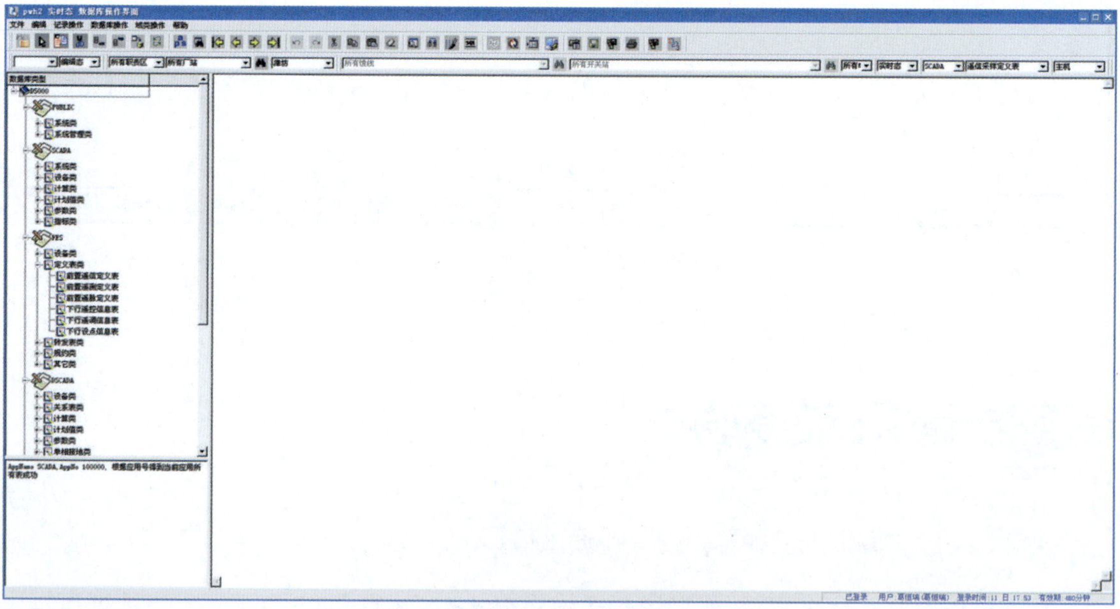

图 3-49 实时态数据库登录后界面

3.6.3　选择厂站范围

点击"厂站查找" ，输入厂站名进行查找与选择，选择厂站范围界面如图 3–50 所示。选择厂站后点击"确定"，完成厂站范围选择。

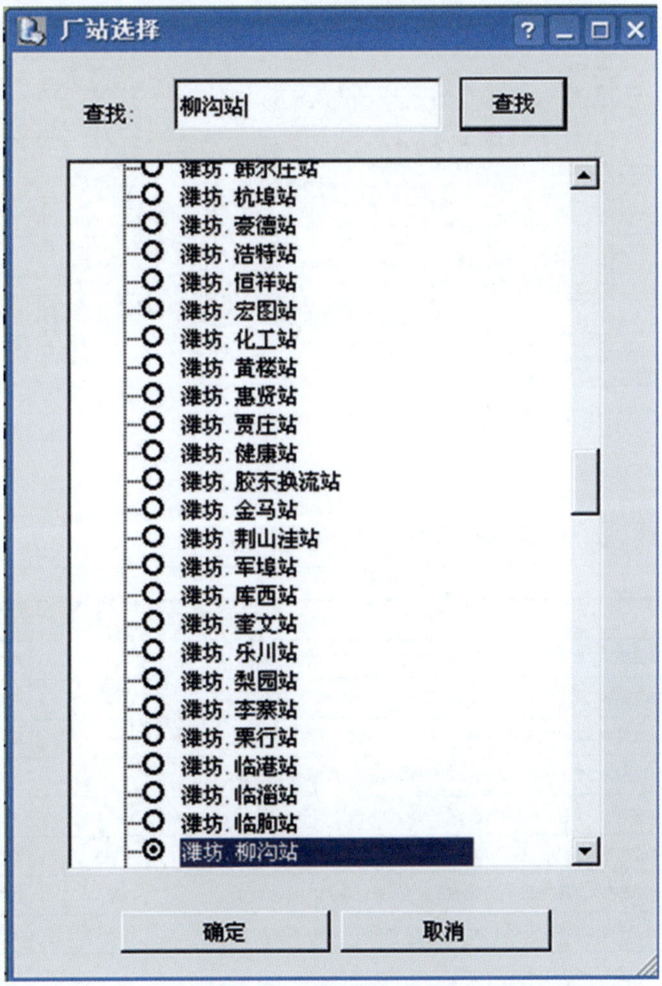

图 3–50　选择厂站范围界面

3.6.4　FES 前置遥信定义表维护

从"FES"→"定义表类"中双击"前置遥信定义表"，如图 3–51 所示。右键点击"点号"进行排序，点号排序结果如图 3–52 所示。

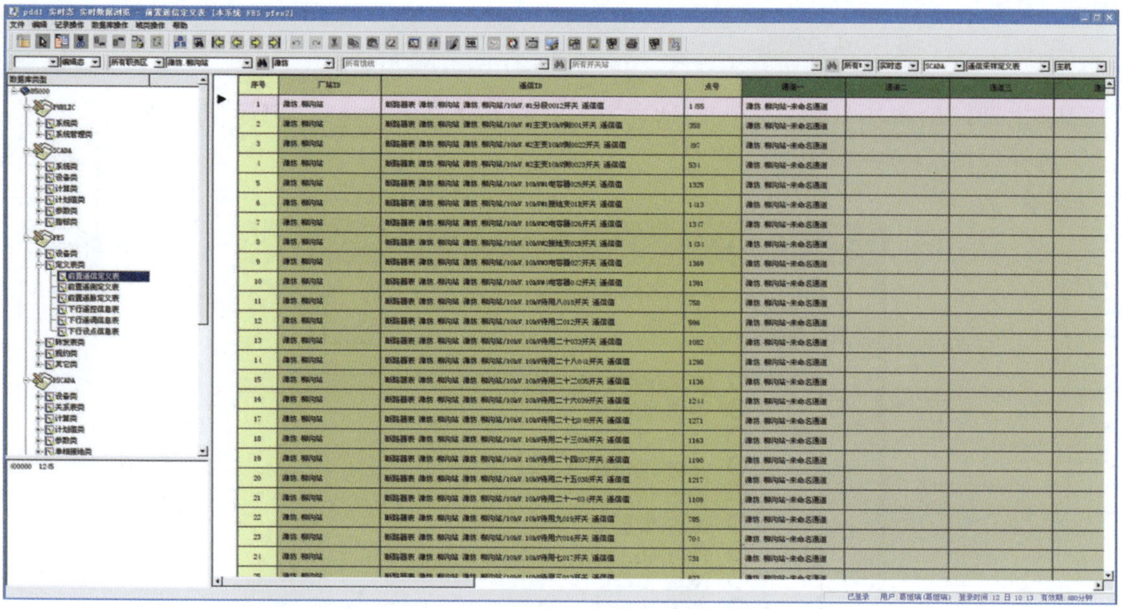

图 3-51 前置遥信定义表界面

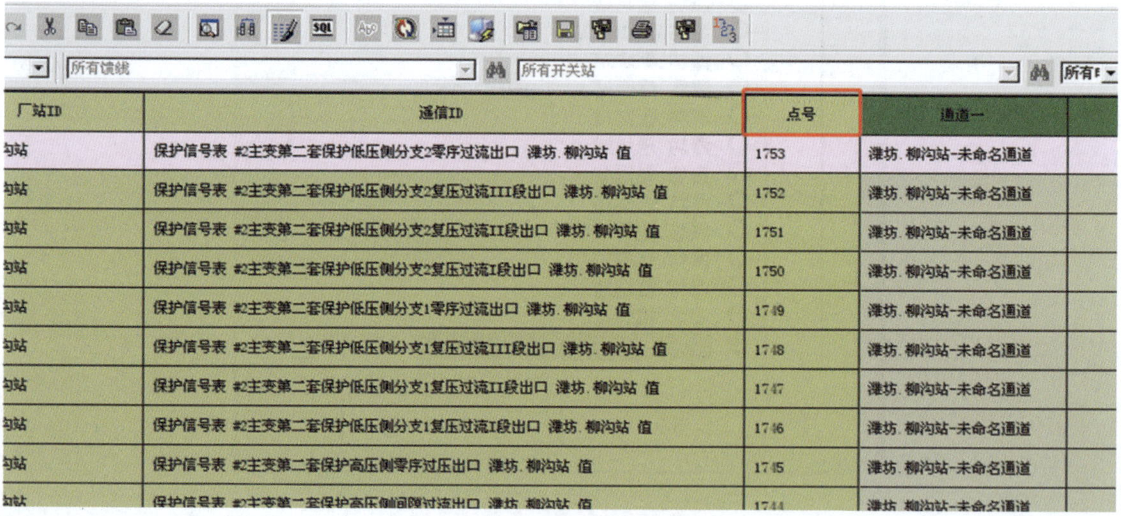

图 3-52 点号排序结果

依次点击"域值设定" ◻◻✎◻、"通道一",选择"域值",并维护"行"范围,对通道一(选中的行范围记录)进行域值设定。域值设定界面如图 3-53 所示。

点击"确定"后,点击"保存数据"◻,完成遥信定义表维护。

（a）

（b）

图 3-53 域值设定界面

（a）域值设定界面1；（b）域值设定界面2

3.6.5 FES 前置遥测定义表维护

FES 前置遥测定义表维护方式与 FES 前置遥信定义表维护方式相同。

3.6.6 FES 下行遥控信息表维护

从"FES"→"定义表类"中双击"下行遥控信息表"，如图 3-54 所示。

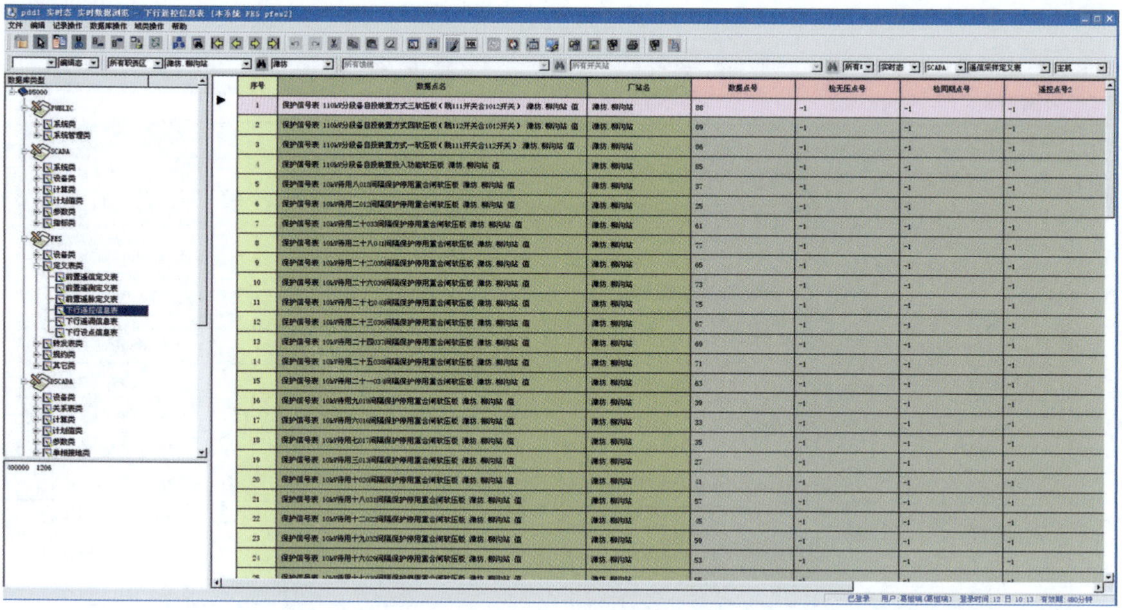

图 3-54　下行遥控信息表界面

双击"数据点名"区域，输入要筛选的包含数据，如："110"代表 110kV 电压等级遥控值。数据点名界面如图 3-55 所示。数据点名筛选后的结果如图 3-56 所示。

【注意事项】

为防止配网误操作主网设备，需在高压遥控"数据点号"前加上"–"号；同时需注意，不得将 10kV 等级间隔遥控点号添加前缀。数据点号维护结果如图 3-57 所示。

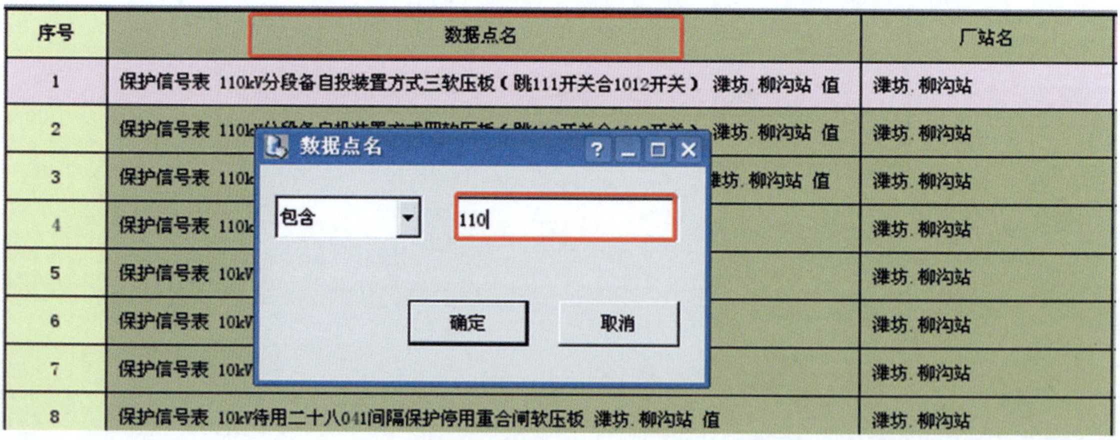

图 3-55　数据点名界面

序号	数据点名	厂站名	数据点号
1	保护信号表.110kV分段备自投装置方式三软压板（跳111开关合1012开关）.潍坊.柳沟站 值	潍坊.柳沟站	88
2	保护信号表.110kV分段备自投装置方式四软压板（跳112开关合1012开关）.潍坊.柳沟站 值	潍坊.柳沟站	89
3	保护信号表.110kV分段备自投装置方式一软压板（跳111开关合112开关）.潍坊.柳沟站 值	潍坊.柳沟站	86
4	保护信号表.110kV分段备自投装置投入功能软压板.潍坊.柳沟站 值	潍坊.柳沟站	85
5	刀闸表.潍坊.柳沟站/110kV.110kV泉宁线柳沟支线112-5刀闸.潍坊.柳沟站 通信值	潍坊.柳沟站	4
6	刀闸表.潍坊.柳沟站/110kV.110kV泉宁线柳沟支线112-3刀闸.潍坊.柳沟站 通信值	潍坊.柳沟站	5
7	刀闸表.潍坊.柳沟站/110kV.110kV成柳线111-3刀闸.潍坊.柳沟站 通信值	潍坊.柳沟站	2
8	刀闸表.潍坊.柳沟站/110kV.110kV成柳线111-1刀闸.潍坊.柳沟站 通信值	潍坊.柳沟站	1
9	刀闸表.潍坊.柳沟站/110kV.110kVI分段1012-2刀闸.潍坊.柳沟站 通信值	潍坊.柳沟站	8
10	刀闸表.潍坊.柳沟站/110kV.110kVI分段1012-1刀闸.潍坊.柳沟站 通信值	潍坊.柳沟站	7
11	刀闸表.潍坊.柳沟站/110kV.110kV#2PT112T-2刀闸.潍坊.柳沟站 通信值	潍坊.柳沟站	10
12	刀闸表.潍坊.柳沟站/110kV.110kV#1PT111T-2刀闸.潍坊.柳沟站 通信值	潍坊.柳沟站	9
13	刀闸表.潍坊.柳沟站/110kV.#2主变110kV侧102-2刀闸.潍坊.柳沟站 通信值	潍坊.柳沟站	16
14	刀闸表.潍坊.柳沟站/110kV.#1主变110kV侧101-1刀闸.潍坊.柳沟站 通信值	潍坊.柳沟站	11
15	断路器表.潍坊.柳沟站.潍坊.柳沟站/110kV.110kV泉宁线柳沟支线112开关 通信值	潍坊.柳沟站	3
16	断路器表.潍坊.柳沟站.潍坊.柳沟站/110kV.110kV成柳线111开关（备用I）通信值	潍坊.柳沟站	0
17	断路器表.潍坊.柳沟站.潍坊.柳沟站/110kV.110kVI分段1012开关 通信值	潍坊.柳沟站	6
18	接地刀闸表.潍坊.柳沟站/110kV.#2主变110kV侧中性点2-910接地刀闸.潍坊.柳沟站 通信值	潍坊.柳沟站	19
19	接地刀闸表.潍坊.柳沟站/110kV.#1主变110kV侧中性点1-910接地刀闸.潍坊.柳沟站 通信值	潍坊.柳沟站	13
20	保护信号表.110kV分段备自投装置方式二软压板（跳112开关合111开关）.潍坊.柳沟站 值	潍坊.柳沟站	87

图3-56 数据点名筛选后界面

序号	数据点名	厂站名	数据点号
4	保护信号表.110kV分段备自投装置方式一软压板（跳111开关合112开关）.潍坊.柳沟站 值	潍坊.柳沟站	-86
5	保护信号表.110kV分段备自投装置投入功能软压板.潍坊.柳沟站 值	潍坊.柳沟站	-85
6	接地刀闸表.潍坊.柳沟站/110kV.#2主变110kV侧中性点2-910接地刀闸.潍坊.柳沟站 通信值	潍坊.柳沟站	-19
7	刀闸表.潍坊.柳沟站/110kV.#2主变110kV侧102-2刀闸.潍坊.柳沟站 通信值	潍坊.柳沟站	-16
8	接地刀闸表.潍坊.柳沟站/110kV.#1主变110kV侧中性点1-910接地刀闸.潍坊.柳沟站 通信值	潍坊.柳沟站	-13
9	刀闸表.潍坊.柳沟站/110kV.#1主变110kV侧101-1刀闸.潍坊.柳沟站 通信值	潍坊.柳沟站	-11
10	刀闸表.潍坊.柳沟站/110kV.110kV#2PT112T-2刀闸.潍坊.柳沟站 通信值	潍坊.柳沟站	-10
11	刀闸表.潍坊.柳沟站/110kV.110kV#1PT111T-2刀闸.潍坊.柳沟站 通信值	潍坊.柳沟站	-9
12	刀闸表.潍坊.柳沟站/110kV.110kVI分段1012-2刀闸.潍坊.柳沟站 通信值	潍坊.柳沟站	-8
13	刀闸表.潍坊.柳沟站/110kV.110kVI分段1012-1刀闸.潍坊.柳沟站 通信值	潍坊.柳沟站	-7
14	断路器表.潍坊.柳沟站.潍坊.柳沟站/110kV.110kVI分段1012开关 通信值	潍坊.柳沟站	-6
15	刀闸表.潍坊.柳沟站/110kV.110kV泉宁线柳沟支线112-3刀闸.潍坊.柳沟站 通信值	潍坊.柳沟站	-5
16	刀闸表.潍坊.柳沟站/110kV.110kV泉宁线柳沟支线112-5刀闸.潍坊.柳沟站 通信值	潍坊.柳沟站	-4
17	断路器表.潍坊.柳沟站.潍坊.柳沟站/110kV.110kV泉宁线柳沟支线112开关 通信值	潍坊.柳沟站	-3
18	刀闸表.潍坊.柳沟站/110kV.110kV成柳线111-3刀闸.潍坊.柳沟站 通信值	潍坊.柳沟站	-2
19	刀闸表.潍坊.柳沟站/110kV.110kV成柳线111-1刀闸.潍坊.柳沟站 通信值	潍坊.柳沟站	-1
20	断路器表.潍坊.柳沟站.潍坊.柳沟站/110kV.110kV成柳线111开关（备用I）通信值	潍坊.柳沟站	0
21	断路器表.潍坊.柳沟站.潍坊.柳沟站/10kV.#1主变10kV侧001开关 通信值	潍坊.柳沟站	12
22	断路器表.潍坊.柳沟站.潍坊.柳沟站/10kV.#2主变10kV侧002开关 通信值	潍坊.柳沟站	17
23	断路器表.潍坊.柳沟站.潍坊.柳沟站/10kV.#3主变10kV侧0023开关 通信值	潍坊.柳沟站	18
24	断路器表.潍坊.柳沟站.潍坊.柳沟站/10kV.10kV备用一011开关 通信值	潍坊.柳沟站	22
25	保护信号表.10kV备用一011间隔保护停用重合闸软压板.潍坊.柳沟站 值	潍坊.柳沟站	23
26	断路器表.潍坊.柳沟站.潍坊.柳沟站/10kV.10kV备用二012开关 通信值	潍坊.柳沟站	24
27	保护信号表.10kV备用二012间隔保护停用重合闸软压板.潍坊.柳沟站 值	潍坊.柳沟站	25

图3-57 数据点号维护结果

3.6.7　保存数据

点击"保存数据" ，完成 FES 前置定义表维护。

3.7　变电站通道表维护

3.7.1　启动实时态数据库操作界面

从主程序点击"数据库"，或在运行系统终端 中运行 dbi，启动实时态数据库操作界面，如图 3–48 所示。

3.7.2　用户登录

点击左下角"登录"，用户登录界面如图 3–2 所示，登录后的界面如图 3–49 所示。

3.7.3　FES 通道表维护

实时态数据库"SCADA"→"设备类"中双击"通道表"，通道表界面如图 3–58 所示。通过"厂站查找"或通过双击"通信厂站 ID"查找要维护的厂站，查询厂站后界面如图 3–59 所示。

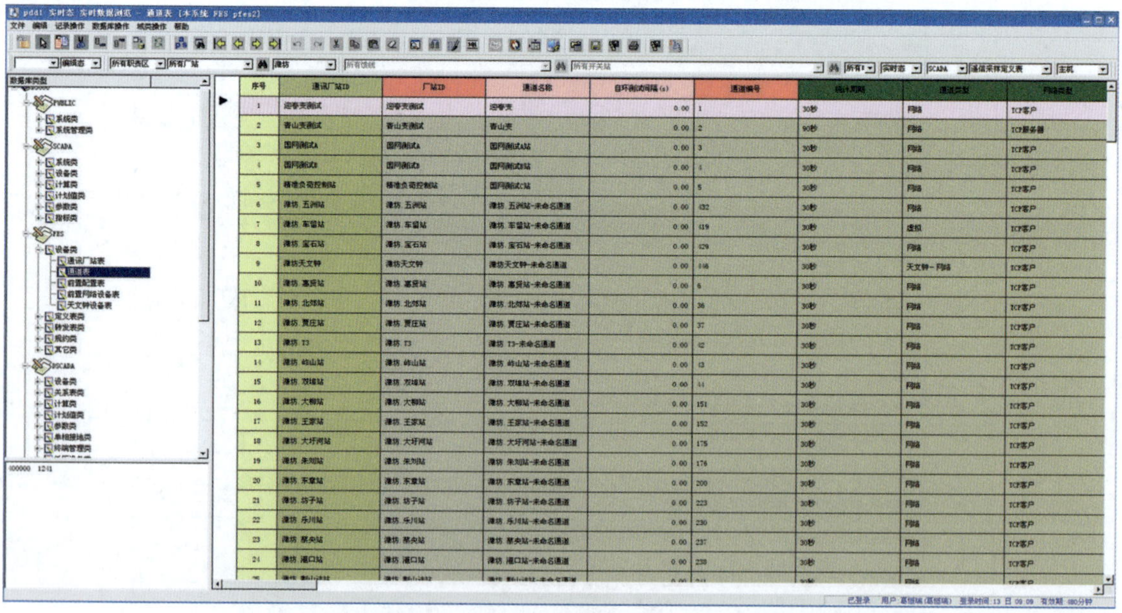

图 3–58　通道表界面

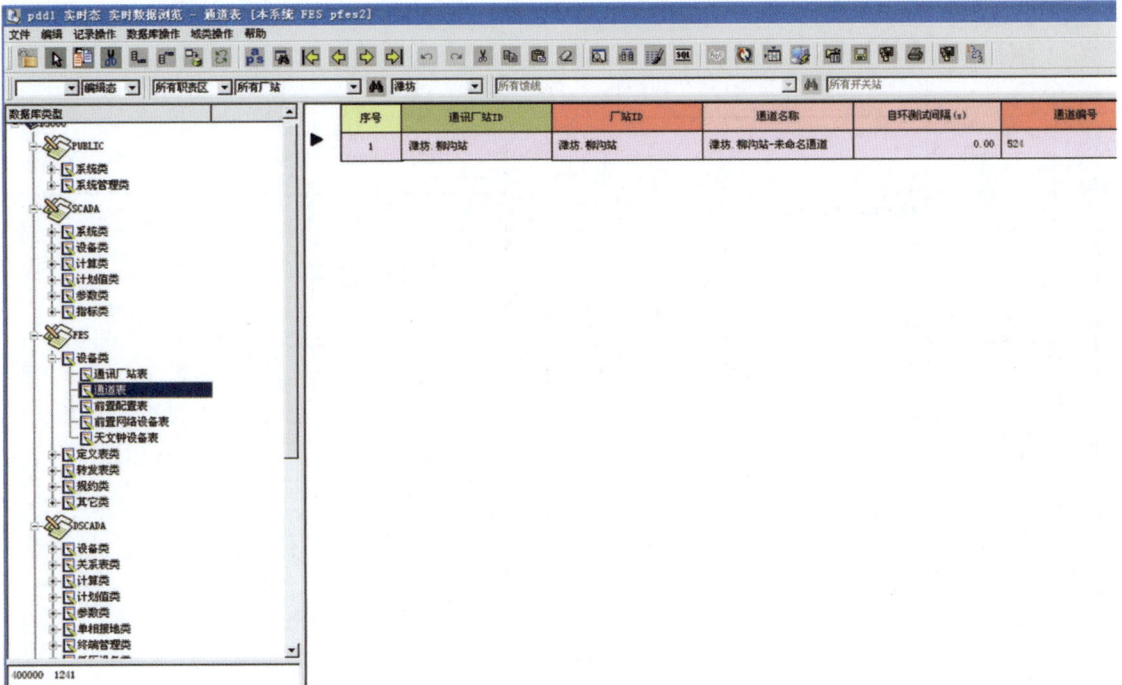

图 3-59　查询厂站后界面

3.7.4　通道表属性维护

双击"序号"区域，操作界面如图 3-60 所示，弹出属性编辑界面，包括需要维护的属性及举例，如图 3-61 所示。

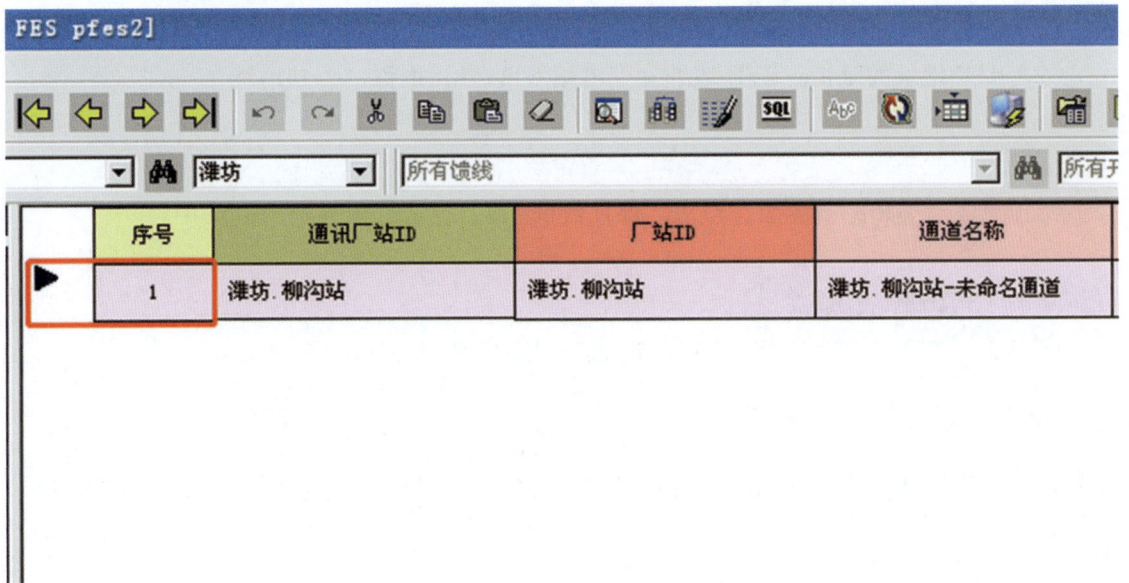

图 3-60　序号区域操作界面

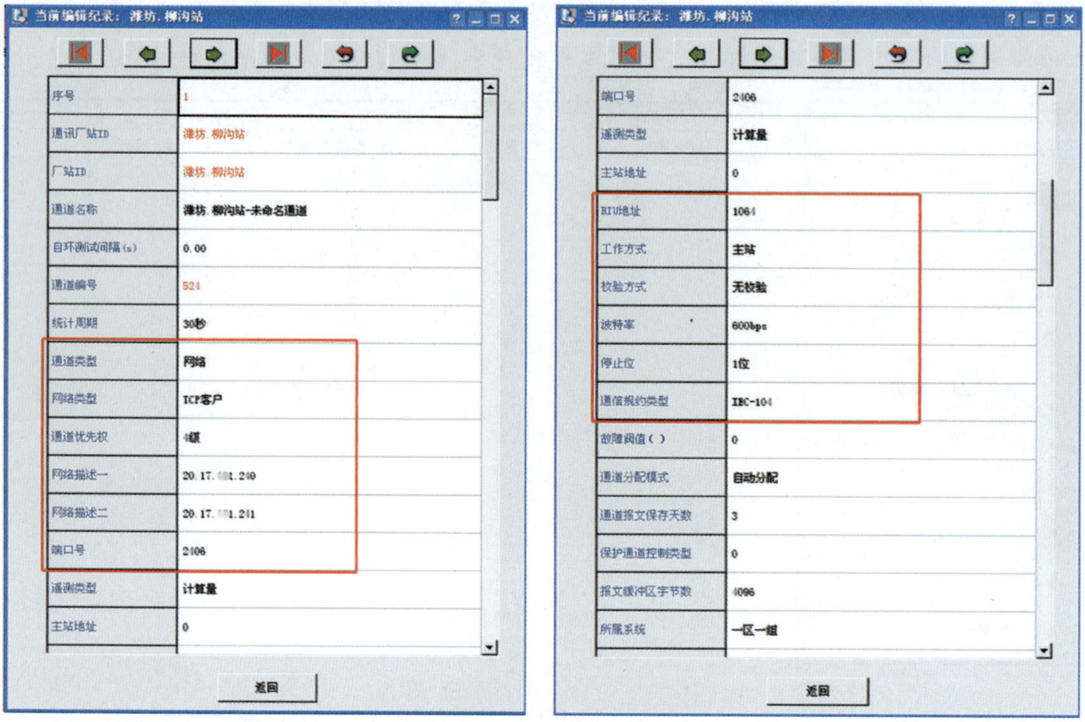

（a）　　　　　　　　　　　　　　（b）

图 3-61　属性编辑界面

（a）属性编辑界面 1；（b）属性编辑界面 2

【注意事项】

（1）网络描述一、网络描述二 IP 地址的维护：若为直采方式，则维护成变电站远动地址；若为转发方式，则维护成转发地址。

（2）RTU 地址的维护：RTU 地址 = 变电站 RTU 号，也称"公共地址"。

3.7.5　保持数据

维护完成后关闭编辑界面，点击"保存数据"，完成变电站通道表维护。

3.8　变电站调试

3.8.1　打开厂站接线图

在图形浏览器"快速搜图"中输入要调试的变电站名称，打开厂站接线图，如图 3-62 所示。

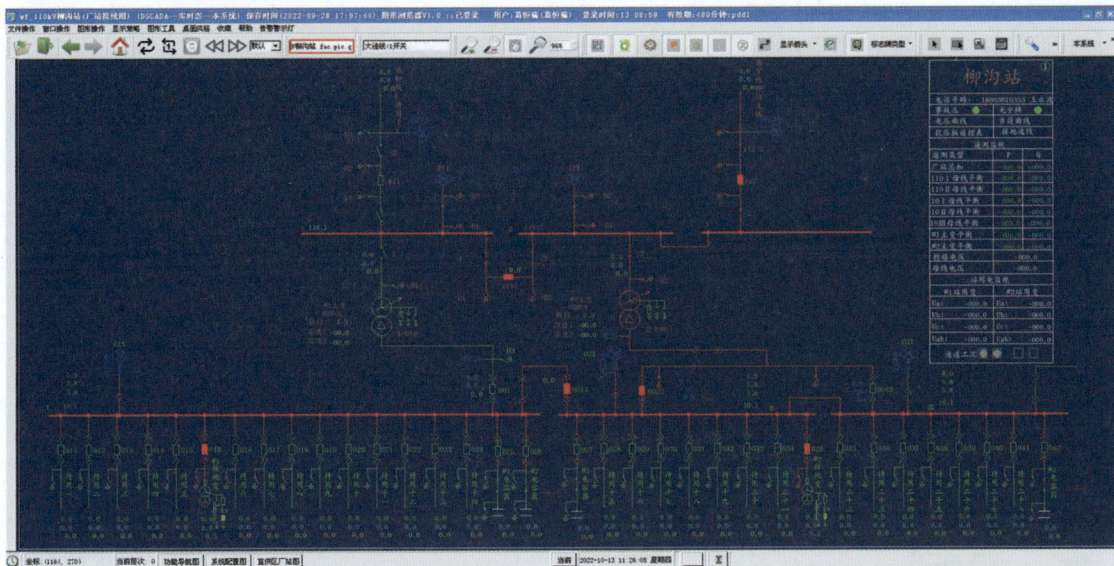

图 3-62　厂站接线图界面

3.8.2　打开前置实时数据

在运行系统终端（▬▬▬）中运行"ssh –Y pfes1 fes_real"，启动厂站前置实时数据界面，如图 3-63 和图 3-64 所示。在"厂名"中查询变电站，厂站查询结果如图 3-65 所示。

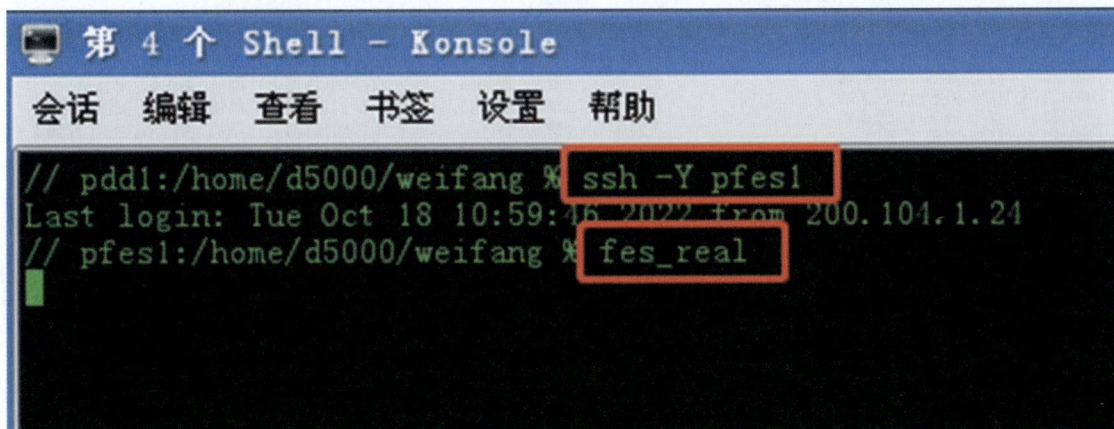

图 3-63　厂站前置实时数据命令界面

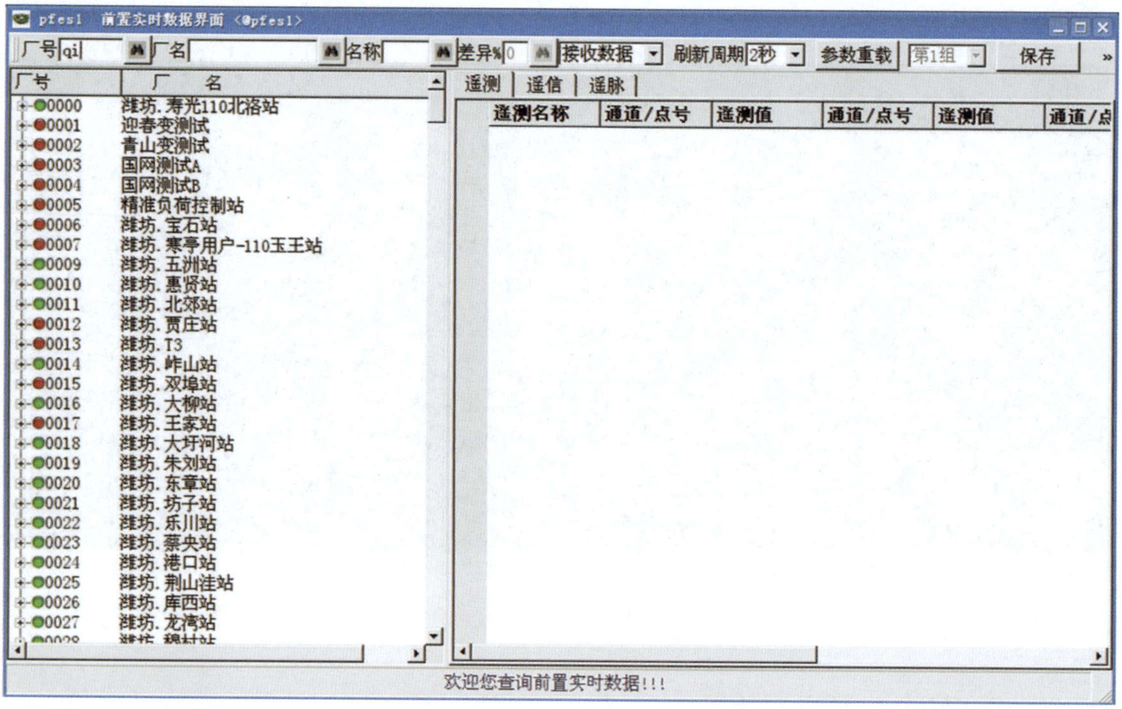

图 3-64　厂站前置实时数据界面

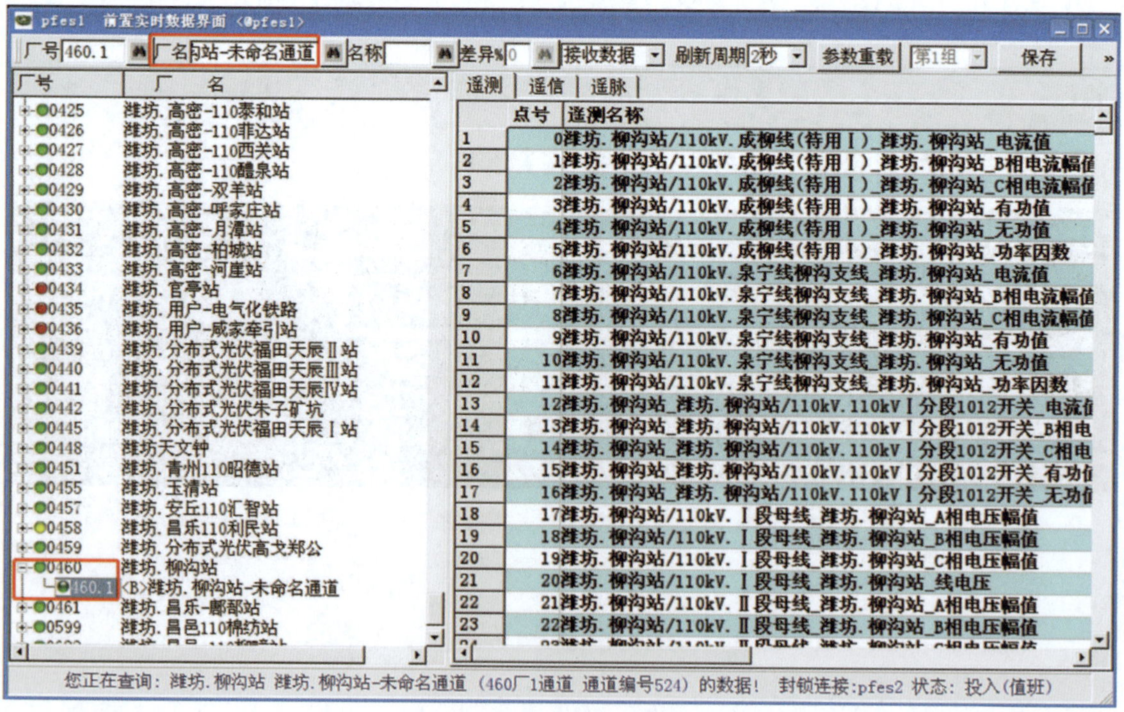

图 3-65　厂站查询结果

3.8.3　启动前置报文界面

在运行系统终端（▇▤）中运行"ssh –Y pfes1 fes_rdisp"，启动厂站前置报文界面，如图 3–66 和图 3–67 所示。在"厂名"中查询变电站，厂站前置报文查询变电站界面如图 3–68 所示。

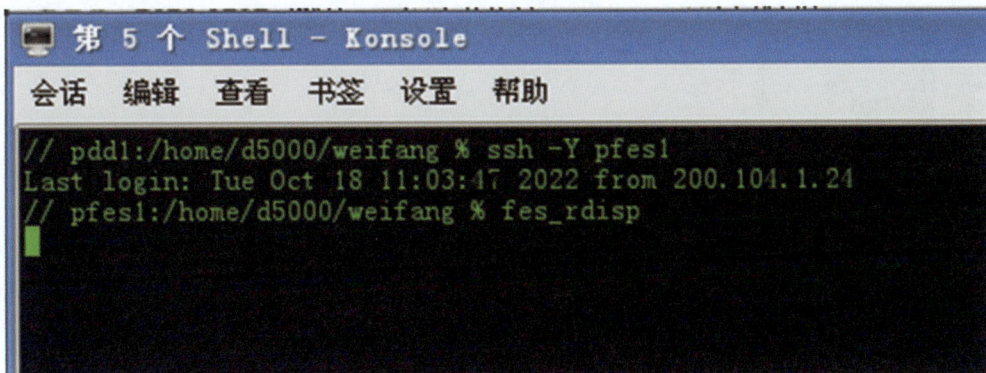

图 3–66　厂站前置报文命令界面

图 3–67　厂站前置报文界面

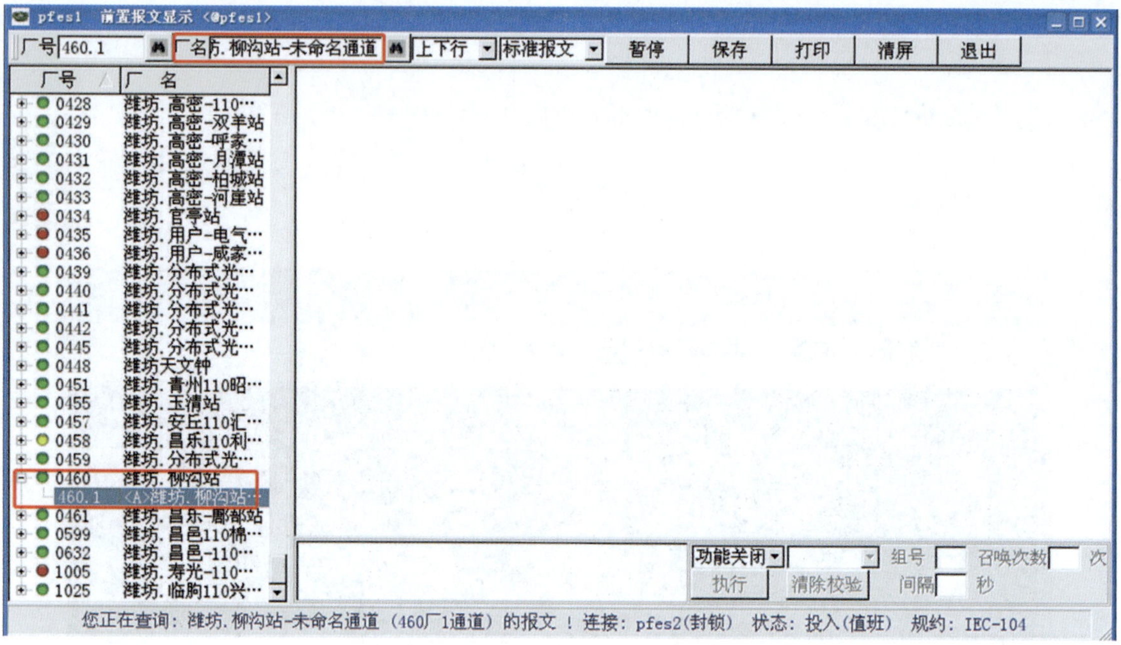

图 3-68　厂站前置报文查询变电站界面

3.8.4　变电站调试

变电站在线后与现场厂站调试人员进行联调试验，按照调试要求，对 10kV 开关（包括 10kV 出线开关、10kV 接地变间隔开关、10kV 电容器间隔开关、10kV 母联开关）进行遥信、遥测以及遥控试验。

【注意事项】

正式调试前的准备工作包括变电站通道在线、报文交互正常、已挂调试牌、已准备调试单等。

【常见问题】

多次出现同一开关预置或执行有时成功、有时失败的情况。

处理方式：可检查"通道表"变电站通道配置中的"故障阈值"是否为"0"，如不为"0"改为"0"即可。

3.8.5　记录与结束

填写变电站调试记录，经审核无误后签字存档。

3.9　线路跳闸额定值维护

线路跳闸额定值参与负荷转供时的负荷计算，系统以线路额定值的 95% 作为转供时的最大可转供负荷。如不维护，默认线路的额定值为 400A。

3.9.1 启动实时态数据库操作界面

从主程序点击"数据库"，或在运行系统终端 ▣▭ 中运行 dbi，启动实时态数据库操作界面，如图 3-48 所示。

3.9.2 用户登录

点击"登录"，用户登录界面如图 3-2 所示，登录后的界面如图 3-49 所示。

3.9.3 断路器表

从"SCADA"→"设备类"中双击"断路器表"，断路器表界面如图 3-69 所示。

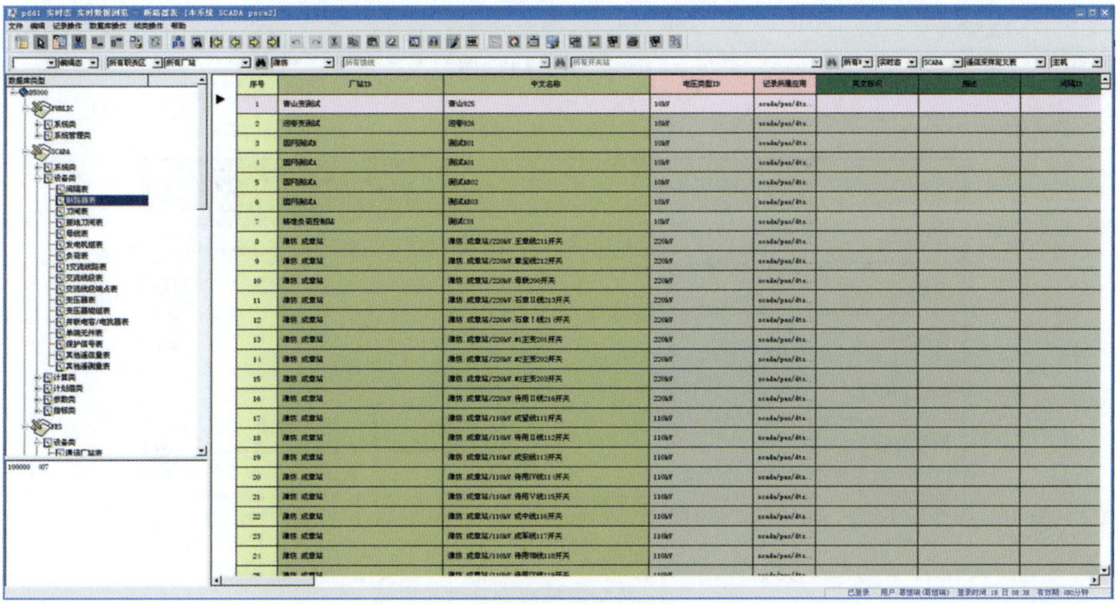

图 3-69 断路器表界面

3.9.4 故障跳闸额定值维护

点击"定位特定记录和域" ▣ 选择域"故障跳闸额定值"。双击"中文名称"区域，输入要维护的线路名，按照额定值维护"故障跳闸额定值"即可。故障跳闸额定值维护界面如图 3-70 所示。

【注意事项】

如某条出线电流互感器变比为 600/5，保护允许电流为 600A，则维护值取电流互感器变比值 600。

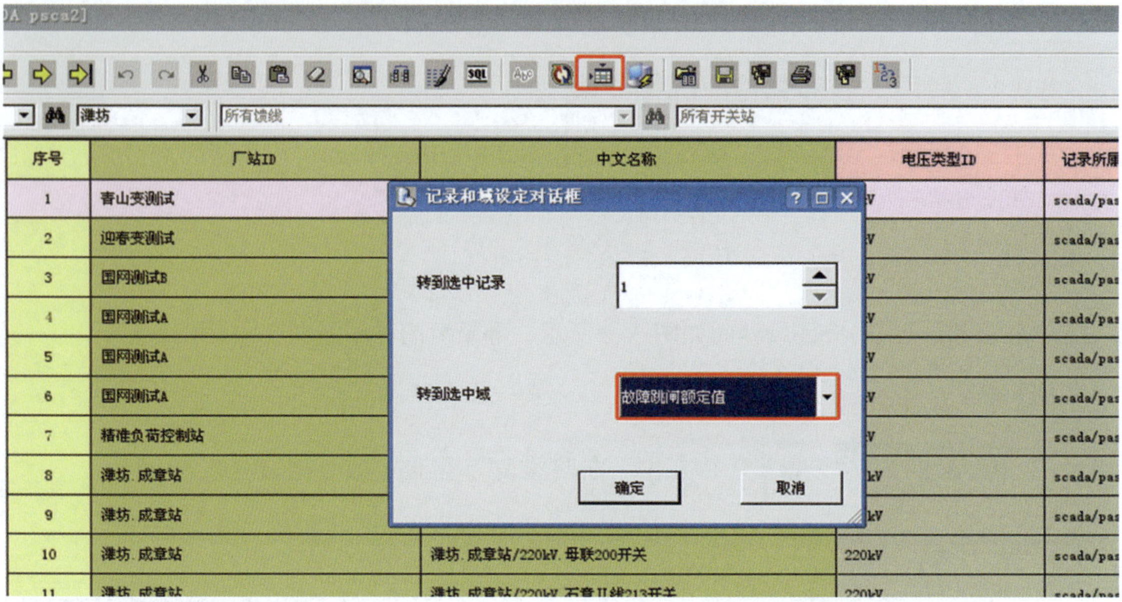

（a）

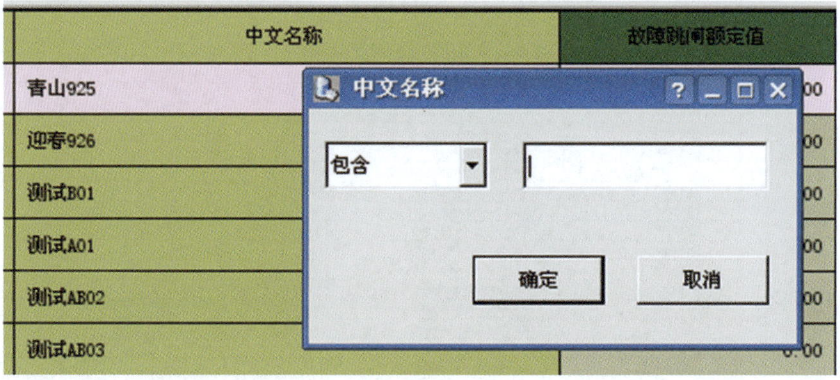

（b）

图 3-70　故障跳闸额定值维护界面

（a）故障跳闸额定值维护界面 1；（b）故障跳闸额定值维护界面 2

3.9.5　保存数据

维护完成后点击"保存数据" ，完成线路跳闸额定值维护。

第 4 章　图模维护

在与其他系统无法贯通图模数据的情况下，可以通过人工维护的方式，完成图形和模型的更新和维护，为满足特殊功能需求及实现图模编辑维护的灵活性提供了重要支撑。

本章主要介绍图形和模型的人工维护方法以及典型应用场景，主要包括重要用户维护、新建模型、新建图形和新上光伏的具体操作。

4.1　重要用户

4.1.1　打开保电模块页面

从主页点击"配网调控"→"保电模块"→"主网图形"，打开保电模块界面，如图4-1所示。

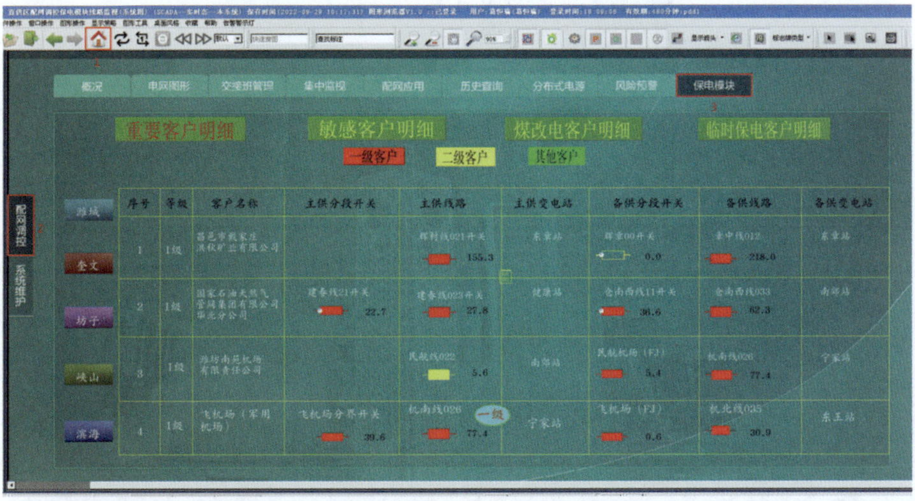

图 4-1　保电模块界面

4.1.2　打开编辑图形软件

以二级客户维护为例，点击"二次客户"→"下一页"，二级客户界面如图4-2所示；然后依次点击"窗口操作"→"新建编辑图形"，打开编辑图形软件，如图4-3所示。

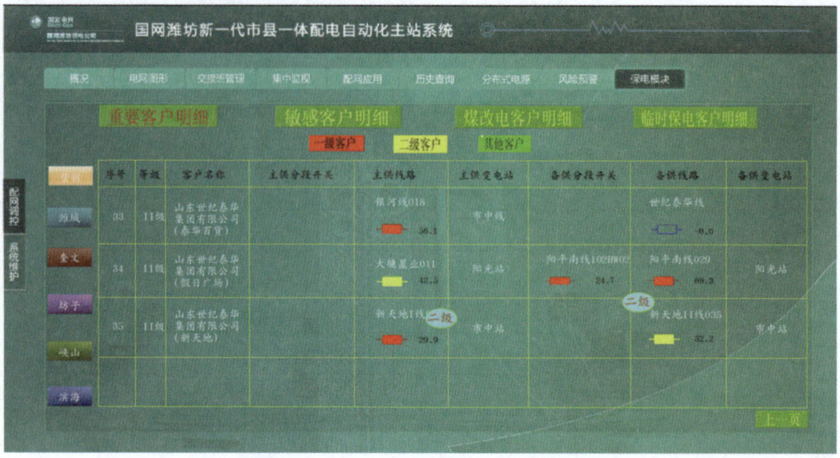

图 4-2　二级客户界面

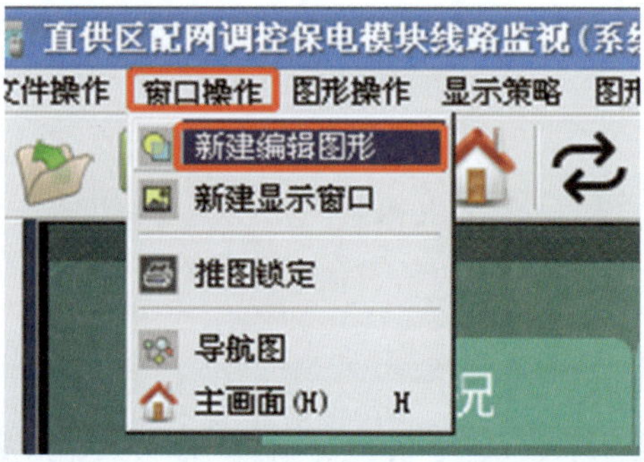

（a）

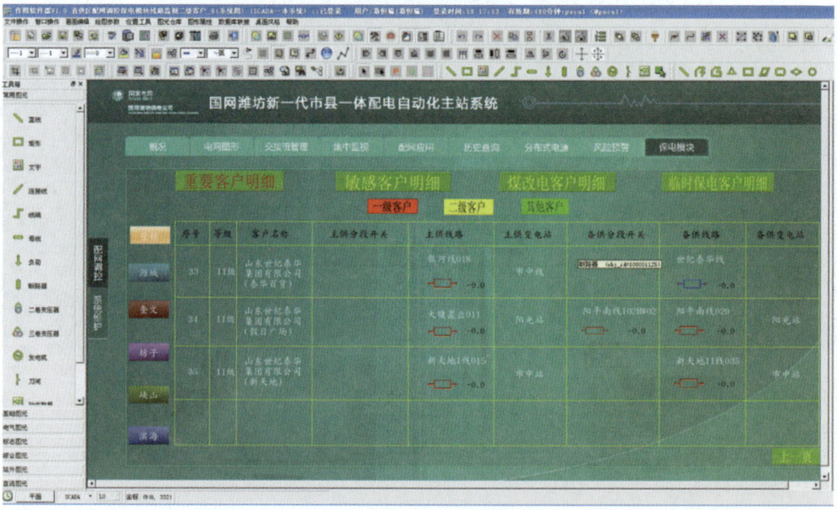

（b）

图 4-3　编辑图形软件界面

（a）软件界面打开方式；（b）图形编辑界面

4.1.3　编辑重要用户图形

通过左侧工具箱选择需要的图元，依次维护序号、等级、客户名称、主供分段开关、主供线路、主供变电站、备供分段开关、备供线路、备供变电站等信息，可参照已维护项进行复制修改。

【常见问题 1】

编辑图形提示当前区域工作站没有修改权限。

原因分析：当前工作站没有编辑此图形权限导致。

处理方式：可切换 psca1 工作站打开图形进行编辑。

【常见问题 2】

当前页面维护已满，无法继续添加。

处理方式：可新建页面，在新页面中维护，同时要注意添加"标注调用"，以便于前后页面的切换。

4.1.4　检索器

右键点击图形任意地方，选择"检索器"，筛选表内容拖拽至图元上，维护开关属性及遥测信息。以维护出线开关遥测值为例，在"SCADA"下选择"负荷表"，然后选择线路间隔和域。检索器界面如图 4-4 所示。

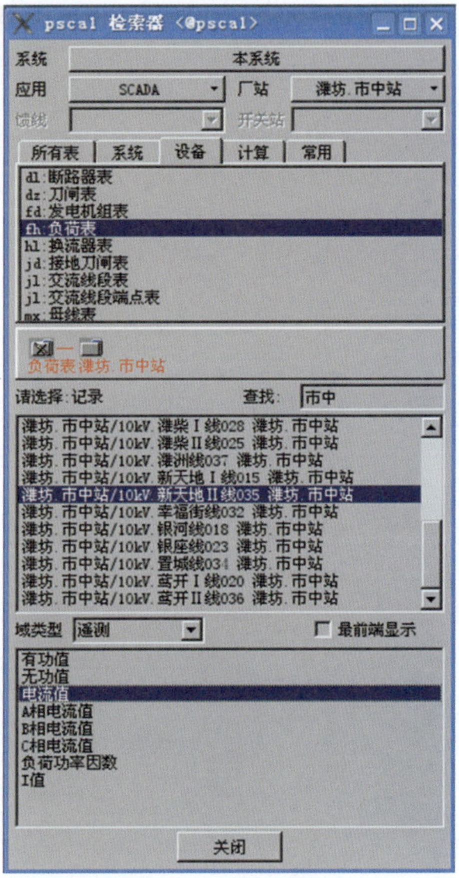

图 4-4　检索器界面

4.1.5　网络保存

维护完成后点击"网络保存" 🖫 ，关闭图形软件窗即可。

4.2　新建模型

（1）新建 10kV 馈线，打开总控台界面的数据库或在运行系统终端 ▣ ▭ 中运行 dbi，找到 DSCADA 应用下设备类的配网馈线表，新增一条记录并维护相关属性。数据库界面如图 4-5 所示。

图 4-5　数据库界面

1）必填项。

a. 馈线名称：10kV××线。

b. 所属厂站：对应变电站。

c. 投运状态：黑图。

d. 所属责任区：××直供和××直供调试。

e. 投运状态：投运。

f. 线路类型：专用线路。

g. 运维单位：（××）供电中心（例）。

2）其余项：选填。

最后保存修改，配网馈线表如图 4-6 所示。

（a）　　　　　　　　　　　（b）

图 4-6　配网馈线表

（a）配网馈线表 1；（b）配网馈线表 2

（2）新建 10kV 配网开关找到 DSCADA 应用下设备类的配网开关表，新增一条记录并维护相关属性。

1）必填项。

a. 配网开关：实际开关名称。

b. 配网开关别名：实际开关名称。

c. 所属馈线：人工新建的馈线名称。

d. 开关类型：线路开关。

e. 投运状态：投运。

f. 电压类型：10kV。

g. 开关联络类型：分段开关或联络开关。

h. 所属责任区：×× 直供和 ×× 直供调试。

2）其余项：选填。

最后保存修改，配网开关表如图 4-7 所示。

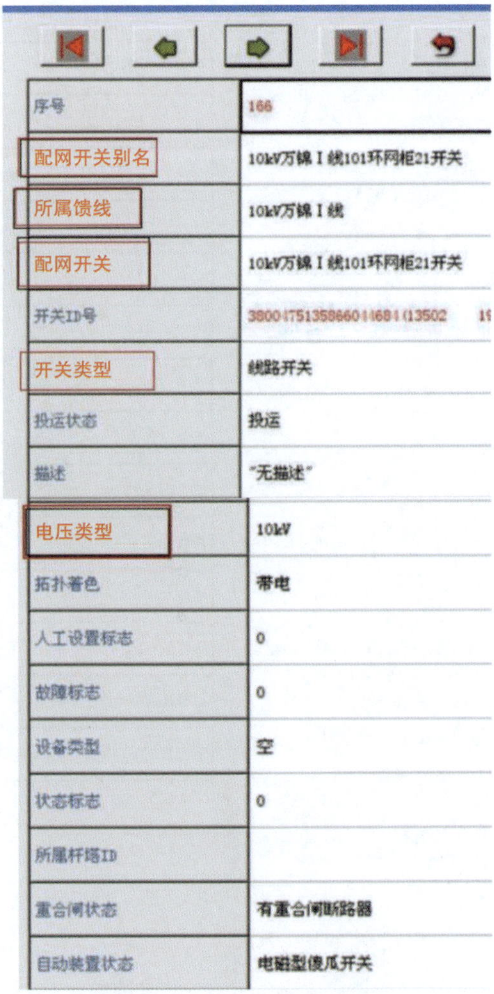

序号	166
配网开关别名	10kV万锦Ⅰ线101环网柜21开关
所属馈线	10kV万锦Ⅰ线
配网开关	10kV万锦Ⅰ线101环网柜21开关
开关ID号	38004751358660044684 (13502 19
开关类型	线路开关
投运状态	投运
描述	"无描述"
电压类型	10kV
拓扑着色	带电
人工设置标志	0
故障标志	0
设备类型	空
状态标志	0
所属杆塔ID	
重合闸状态	有重合闸断路器
自动装置状态	电箱型傻瓜开关

图 4-7　配网开关表

（3）新建 10kV 配网馈线段，找到 DSCADA 应用下设备类的配网馈线段表，新增多条记录（根据图形实际情况）并维护相关属性。

1）必填项。

a. 馈线段名称：实际名称。

b. 配网馈线段别名：实际名称。

c. 所属馈线：新建的馈线。

d. 电压类型 ID 号：10kV。

e. 所属责任区：×× 直供和 ×× 直供调试。

2）其余项：选填。

最后保存修改，配网馈线段表如图 4-8 所示。

图 4-8　新配网馈线段表

（a）配网馈线段表 1；（b）配网馈线段表 2

（4）新建 10kV 配网负荷，找到 DSCADA 应用下设备类的配网负荷表，新增多条记录（根据图形实际情况）并维护相关属性。

1）必填项。

a. 配网负荷名称：用户实际名称。

b. 配网负荷别名：用户实际名称。

c. 所属馈线：新建的馈线。

d. 电压类型 ID 号：10kV。

e. 所属责任区：×× 直供和 ×× 直供调试。

2）其余项：选填。

最后保存修改，配网负荷表如图 4-9 所示。

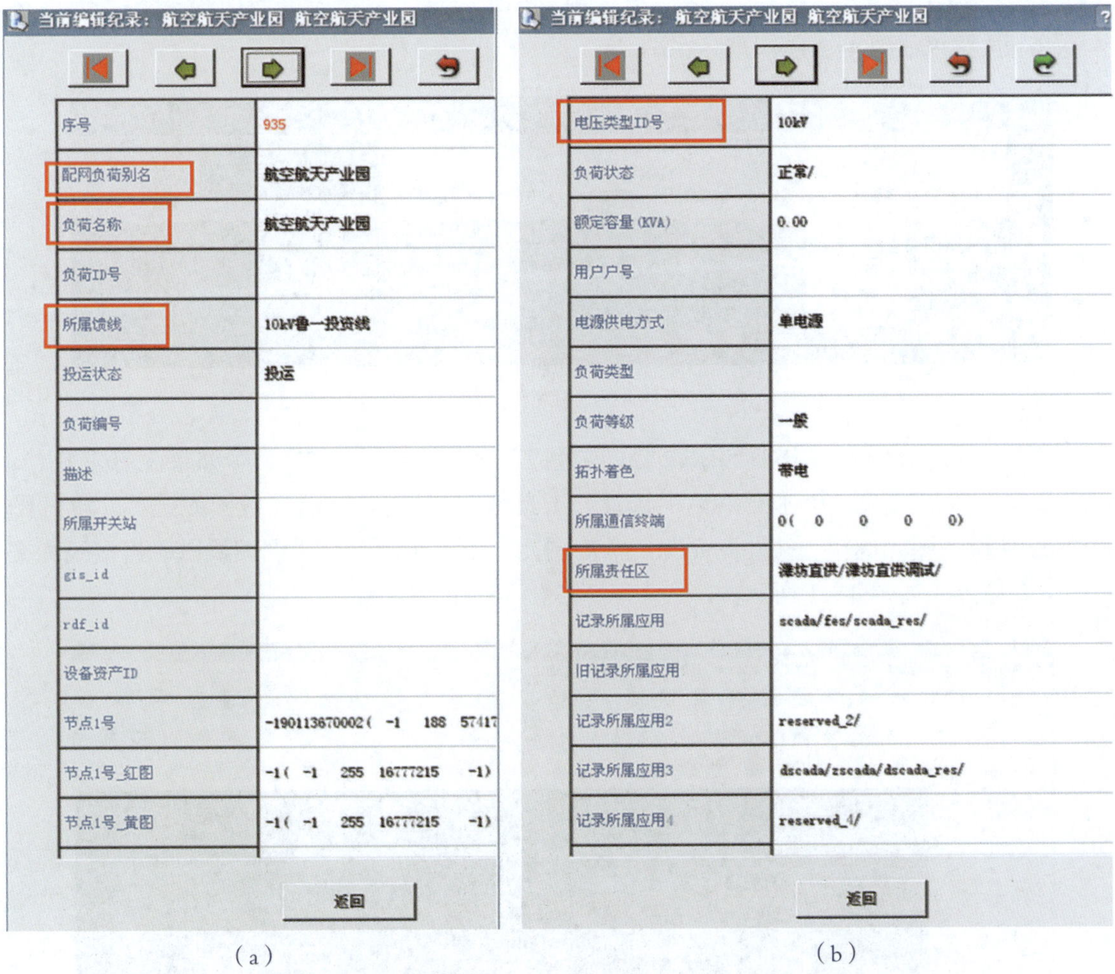

（a）

（b）

图 4-9 配网负荷表

（a）配网负荷表 1；（b）配网负荷表 2

【小技巧】

针对人工新建模型无特殊属性要求情况，可复制数据库中已有的模型，更改设备名称、别名以及所属馈线，即可基本满足需要。

4.3　新建图形

4.3.1　画图

1. 新建编辑图形

登录工作站主控台用户，在"画面显示"下拉菜单中点击"图形编辑"，或在运行系统终端（）中输入 GDesigner –login，启动图形编辑界面。主控台界面如图 4-10 所示，图形编辑下拉菜单如图 4-3（a）所示。

图 4-10　主控台界面

（1）工具箱介绍：打开图形编辑后，左侧工具箱中显示图元分类（如果没有工具箱，右击菜单栏空白区域，在弹出菜单中选择"工具箱"即可）。站内设备图元选择"电气图元"，站外设备图元选择"站外图元"。"常用图元"中本次画图只用到馈线段、连接线和文字。工具箱界面如图 4-11 所示。

图 4-11　工具箱界面

（2）图元顺序依次为：站内设备（包括母线、出线开关）—连接线—馈线段（电缆或架空线）—用户。具体图形展示界面如图 4-12 所示。

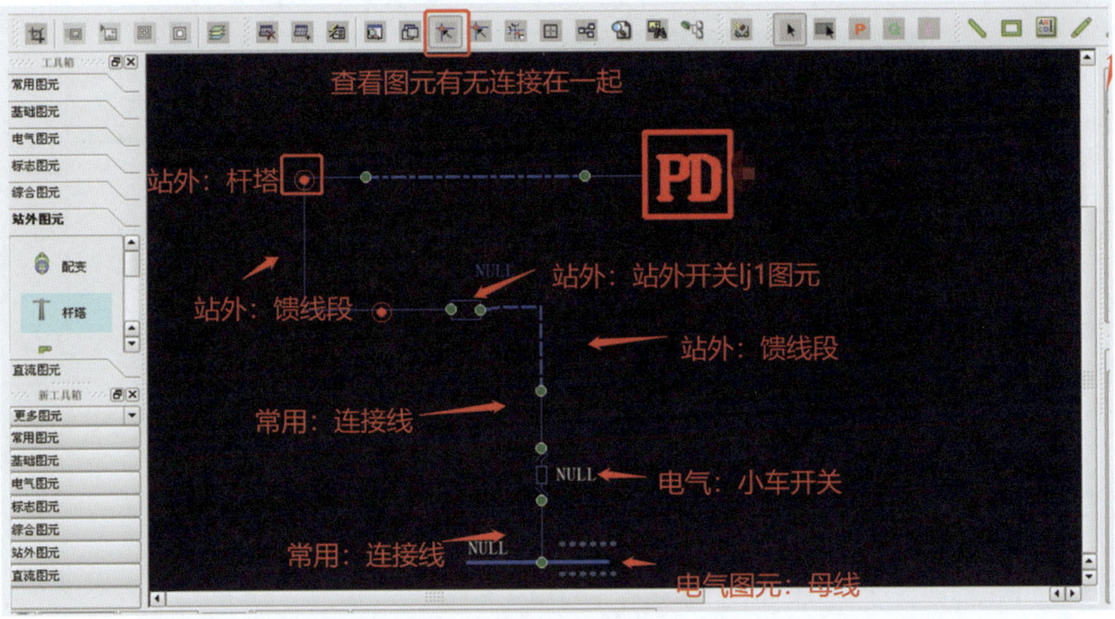

图 4-12　图形展示界面

（3）根据图纸要求在工具箱中找到相应的图元，完成全部图元的放置，图元与图元之间要通过端子连接到一起。图元连接完成后，进行属性编辑维护，如图 4-13 所示。

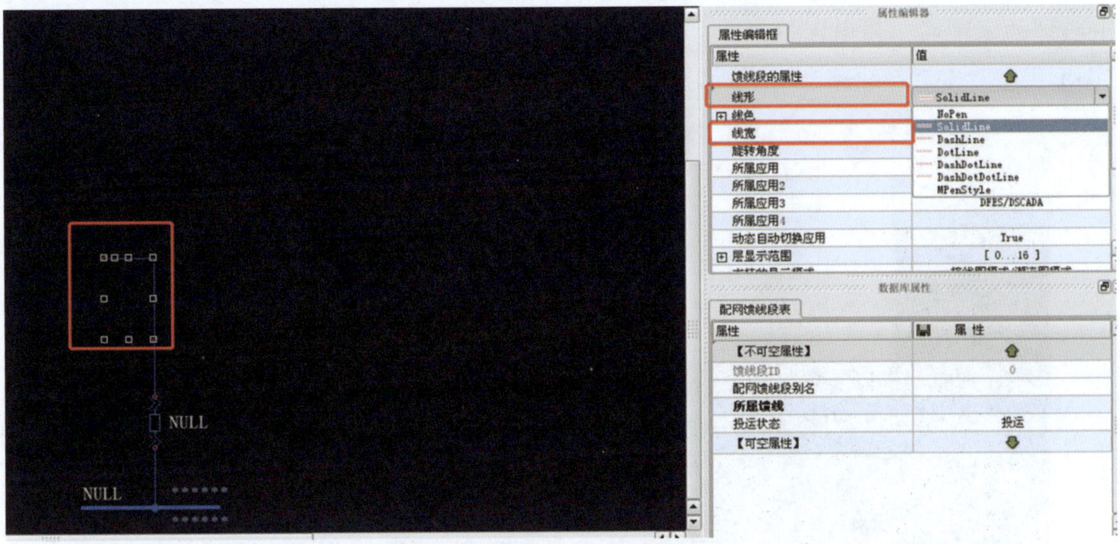

图 4-13　属性编辑维护界面

（4）复制已有线路快速绘制方式：找到相近且已有的 10kV 线路点击新建编辑图形，复制到新建图形编辑中，按照新线路图纸进行修改，可实现快速图形的快速绘制，如图 4-14

所示。

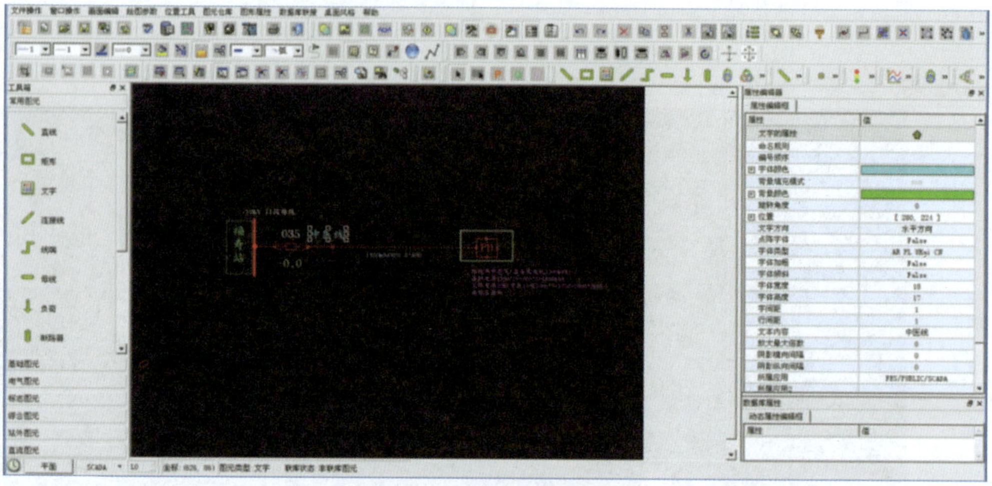

图 4-14　快速绘图界面

【注意事项】

（1）若右侧无属性编辑器，可通过菜单栏"窗口操作"中点击"属性编辑器"找到。

（2）电缆线形可按照需要在线形属性下拉中选择修改。

（3）除连接线以外，所有图元均需建模。

（4）图元与图元间端子要接在一起，防止节点不通，可通过显示焊点查看。

2. 变电站超链接

变电站名称的方框是可以在图上直接跳转到变电站单线图上的，需选中这个方框并点击右侧的属性后，弹出标志调用。在图形文件中搜索变电站，搜到所需变电站双击即可，"图形类型"中选择线路单线图。变电站超链接界面如图 4-15 所示。

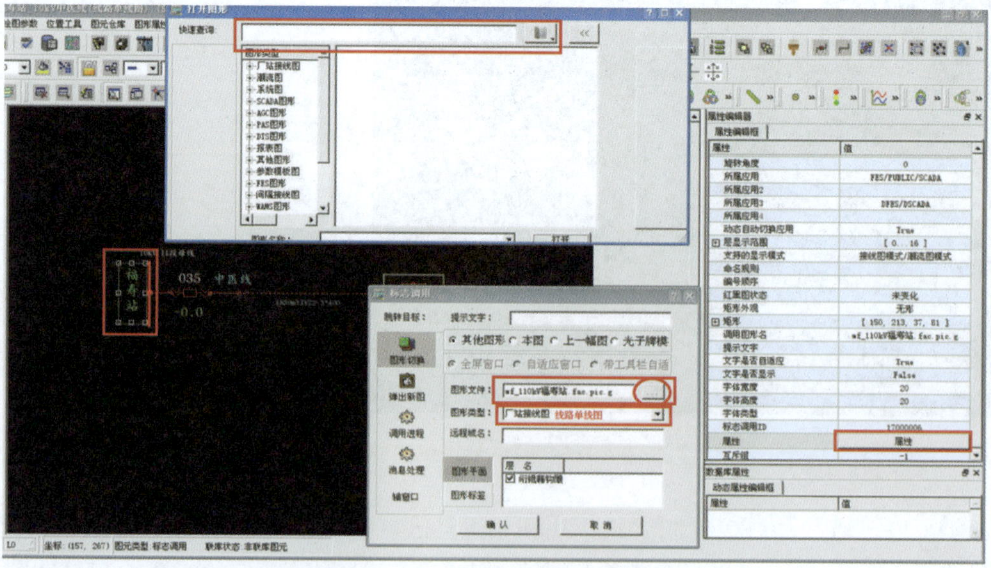

图 4-15　变电站超链接界面

4.3.2　添加遥测标签

站内开关和站外开关（三遥设备）都要有遥测标签，即常用图元里动态数据。右键点击任意作图区选择"检索器"进行动态数据关联。站内开关通过 SCADA 负荷表输入变电站后找到出线开关，在"域类型"遥测中选择的 A 相电流值，将 A 相电流值拖到遥测标签上。站外开关通过 DSCADA 配网开关表，查找线路名并双击找到开关，在"域类型"遥测中选择 A 相电流幅值，将 A 相电流幅值拖到遥测标签上遥测标签上，完成添加遥测。添加遥测标签界面如图 4-16 所示。

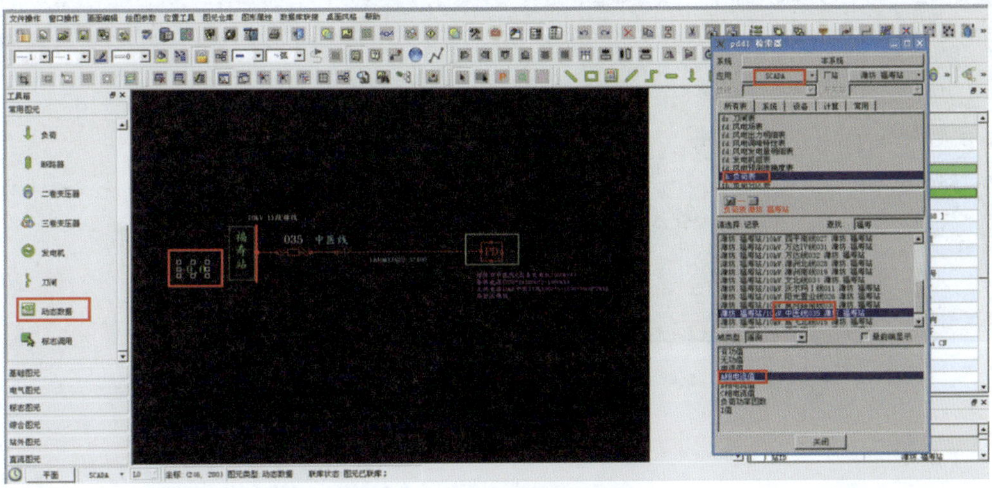

图 4-16　添加遥测标签界面

4.3.3　图模关联及节点入库

1.打开检索器

在图形编辑状态，右键点击任意作图区，在弹出的菜单中选择"检索器"，进行图形模型关联。检索器菜单如图 4-17 所示。

2.图模关联

站内母线、小车开关和出线开关在 SCADA 应用下查找。馈线段、配网开关和用户在 DSCADA 应用下查找。以站内母线为例，在 SCADA 母线表中查找对应变电站，双击找到母线，然后拖到对应图元上，完成图模关联。图模关联界面如图 4-18 所示。

作图区菜单	
选择	F2
区域选择	F3
同类全选	
非汉字字符串全选	
选择所有	Ctrl+A
复制	Ctrl+U
删除	Del
提升	Ctrl+F
后退	Ctrl+B
组合	
取消组合	
属性	
清除连接	
解除父关联	
解除子关联	
字符串替换	
全图关联馈线段	
检索器	

图 4-17　检索器菜单

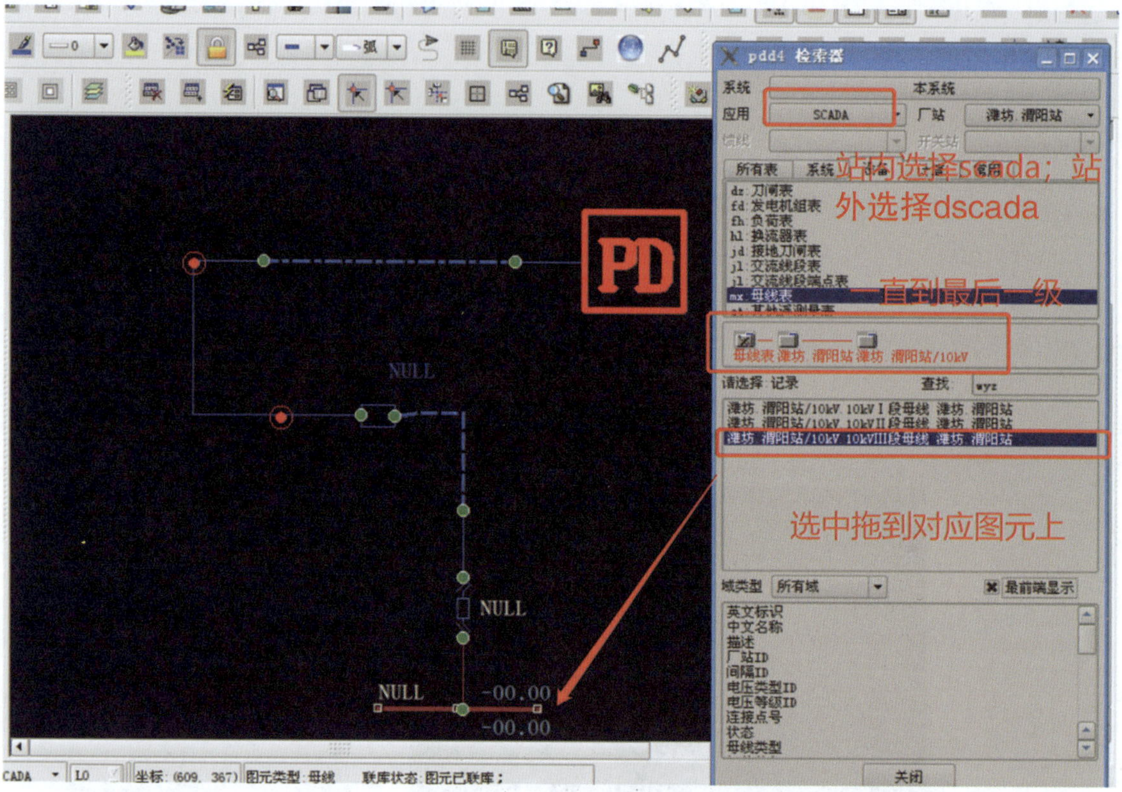

图 4-18　图模关联界面

【注意事项】

（1）检索过程中，小车开关图元既要检索断路器表，又要检索隔离开关（刀闸）表。

（2）部分图元想添加描述可选择工具箱中文字图元，双击修改。

（3）在配网设备中搜索不到，首先要查看建模中的表是否正确，再查看名字是否正确，如都确定无误，再看检索器查找一栏名字是否有误。

3. 网络保存

图模关联完毕后点击"网络保存"，文件名为"10kV×× 变电站_10kV×× 线"，文件类型为"线路单线图"，关联馈线是搜索新建的馈线，此步骤先建模再保存。网络保存图形文件界面如图 4-19 所示。

4. 节点入库

点击"节点入库"图标，勾选容器名称，点击"确定"完成节点入库，如图 4-20 所示。

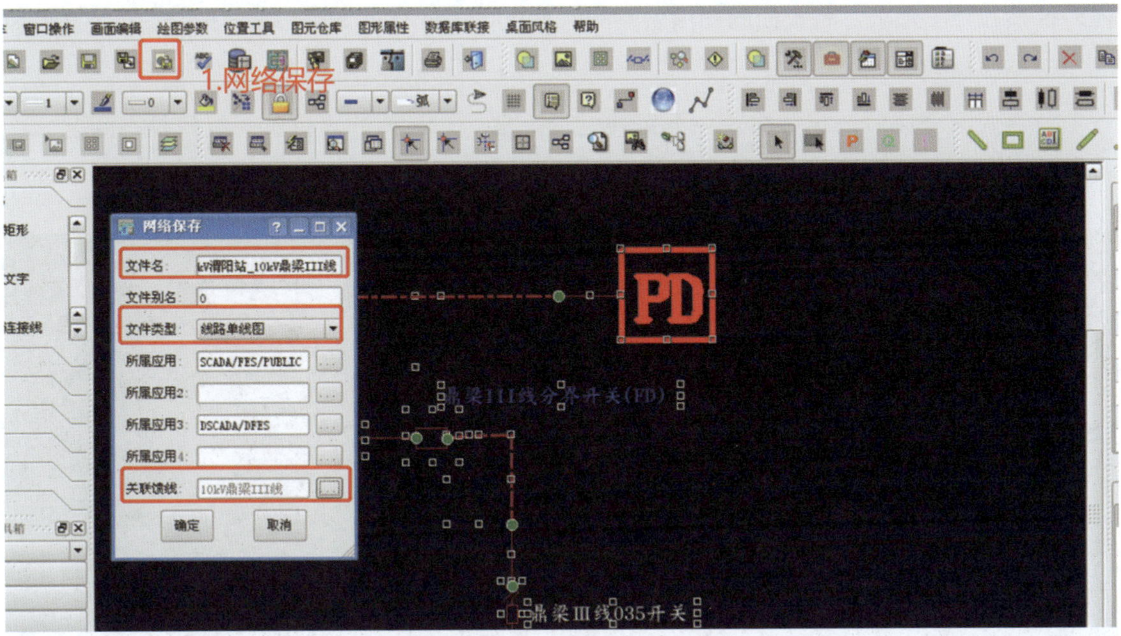

图 4-19　网络保存图形文件界面

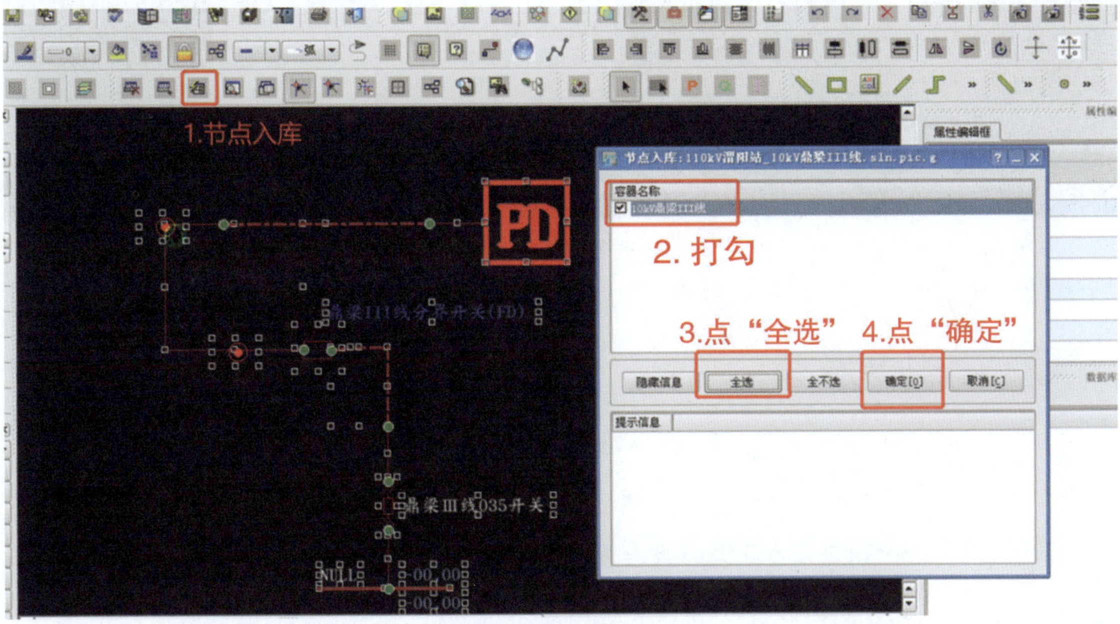

图 4-20　节点入库界面

【注意事项】

节点入库时遇到节点保存失败，可保存好图后到其他工作站再次尝试节点入库；如果遇到无法全选容器名称在提示信息中已有的情况，到 DSCADA 配网馈线表里找到此专线，往后拖拽找到图形名，将里面的图形名删除保存，再进行节点入库。

5. 拓扑检查

节点入库完成后一定要检查一下拓扑是否正常。一般拓扑着色不一致就是有问题，正常拓扑通则节点号连贯。拓扑检查正常界面如图 4-21 所示。

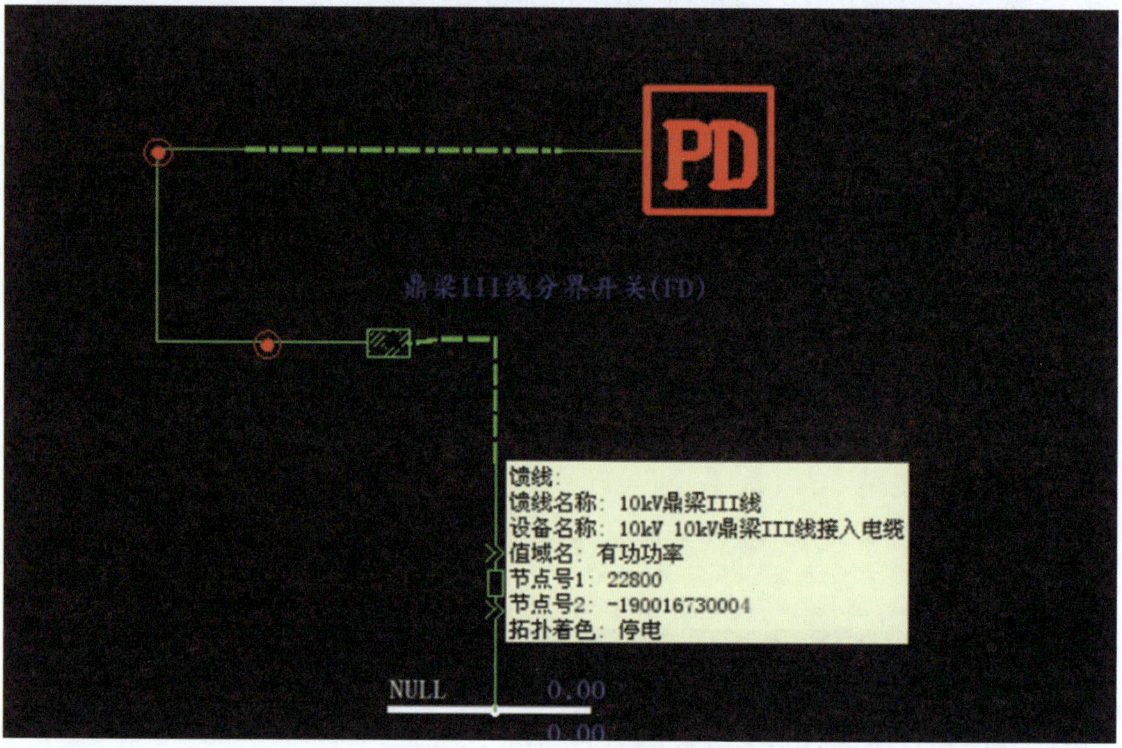

图 4-21　拓扑检查正常界面

4.4　新上光伏

4.4.1　光伏模型导入

参照 3.5 节主网模型导入相关内容。

4.4.2　光伏图形导入

参照 3.5 节主网图形导入相关内容。

以光伏福田天辰Ⅰ为例，导入后的接线图如图 4-22 所示。

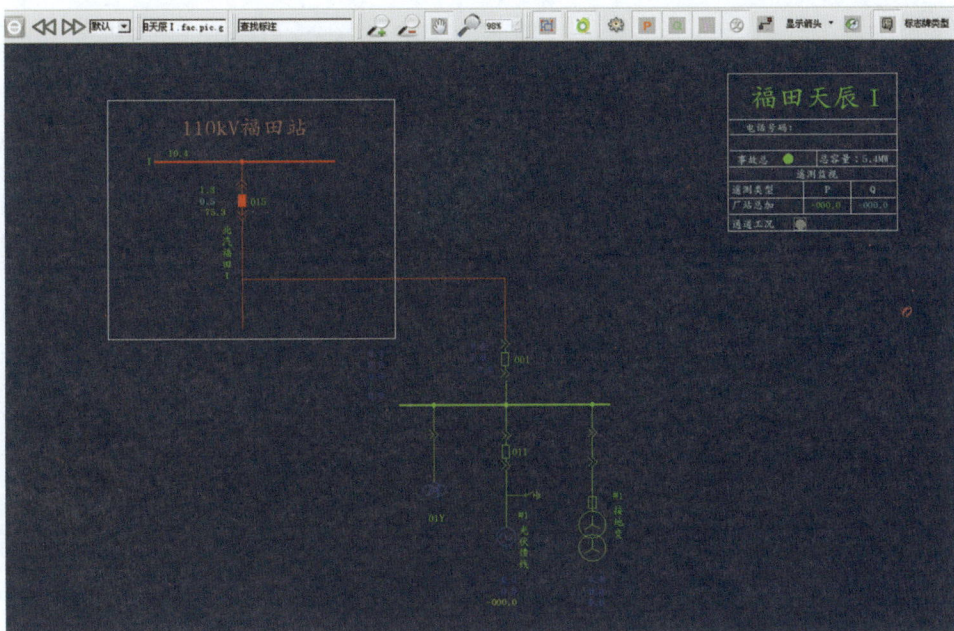

图 4–22　福田天辰Ⅰ接线图

4.4.3　光伏 FES 通道表维护

实时态数据库"SCADA"→"设备类"中双击"通道表",通道表界面如图 4–23 所示。通过"厂站查找"或通过双击"通信厂站 ID"查找要维护的光伏电站。

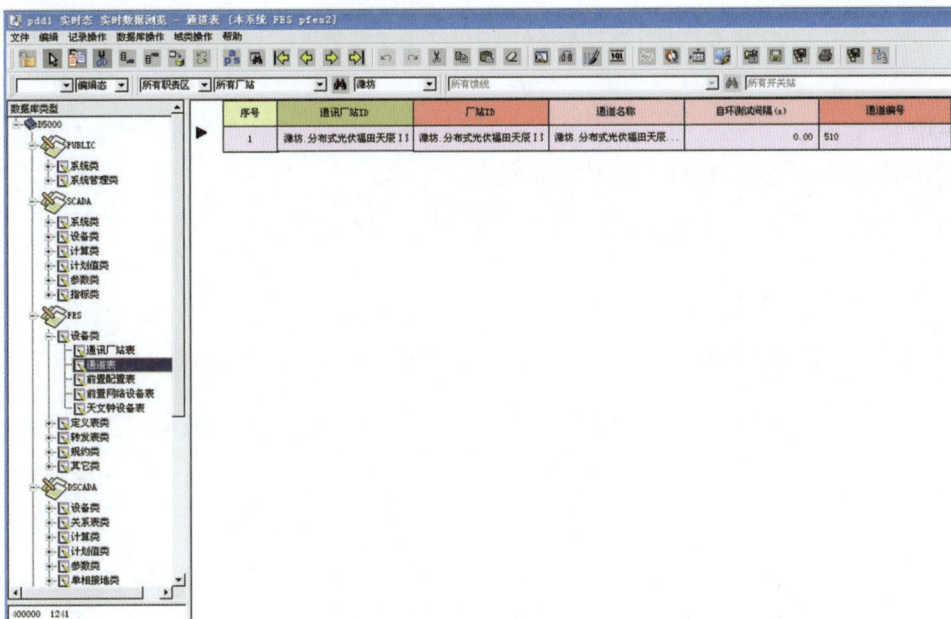

图 4–23　通道表界面

4.4.4 光伏通道表属性维护

双击"序号"区域，弹出属性编辑窗，需要维护的属性及举例如图 4-24 所示。

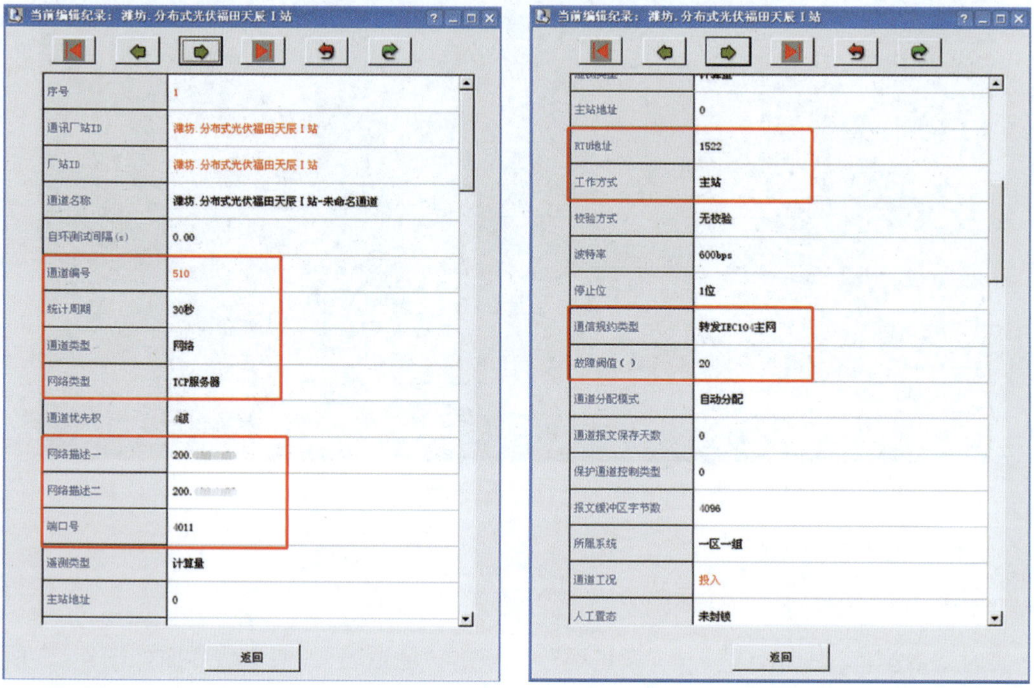

图 4-24 需要维护的属性及举例

（a）需要维护的属性及举例 1；（b）需要维护的属性及举例 2

【注意事项】

（1）RTU 地址须录入准确，否则无法在线。

（2）通信规约类型如为转发，则选择"转发 IEC104 主网"。

4.4.5 保存数据

维护完成后关闭编辑界面，点击"保存数据" 🖳，完成变电站通道表维护。

第 5 章　数据库维护

本章主要介绍主站运维阶段数据库所需进行的各种表维护工作，以支撑日常数据的离线上传、FA 的正常启动、模型的正常写入以及定值召唤需求。

本章内容包括断路器 DA 控制模式表、SCADA 保护信号表、配网馈线表以及配网开关表的维护，同时就注意事项进行了说明。

5.1　断路器 DA 控制模式表维护

5.1.1　启动实时态数据库操作界面

从主程序单击"数据库"，或在运行系统终端 ■= 中运行 dbi，启动实时态数据库操作界面，如图 3-48 所示。

5.1.2　用户登录

点击左下角"登录"，用户登录界面如图 3-2 所示，登录后的界面如图 3-49 所示。

5.1.3　打开断路器 DA 控制模式表界面

从"DSCADA"→"关系表类"中双击"断路器 DA 控制模式表"，打开断路器 DA 控制模式表界面，如图 5-1 所示。

5.1.4　断路器 DA 控制模式表配置

新增馈线，需点击"添加新记录" ■ 新增一条。新上断路器终端，点表配置时勾选"FA 配置"，并重新确认断路器 DA 控制模式表即可。断路器 DA 编辑界面如图 5-2 所示。

（1）断路器名称：通过检索器（断路器表）拖拽维护即可。

（2）故障启动条件：分闸加保护。

（3）运行状态：在线。

（4）执行模式：按照实际维护为"交互"或"自动"。

（5）图形名称：对应单线图的名称。

（6）关联馈线：馈线名称。

（7）FA 类型：按线路情况维护为"电压时间型"或"主站集中式"。

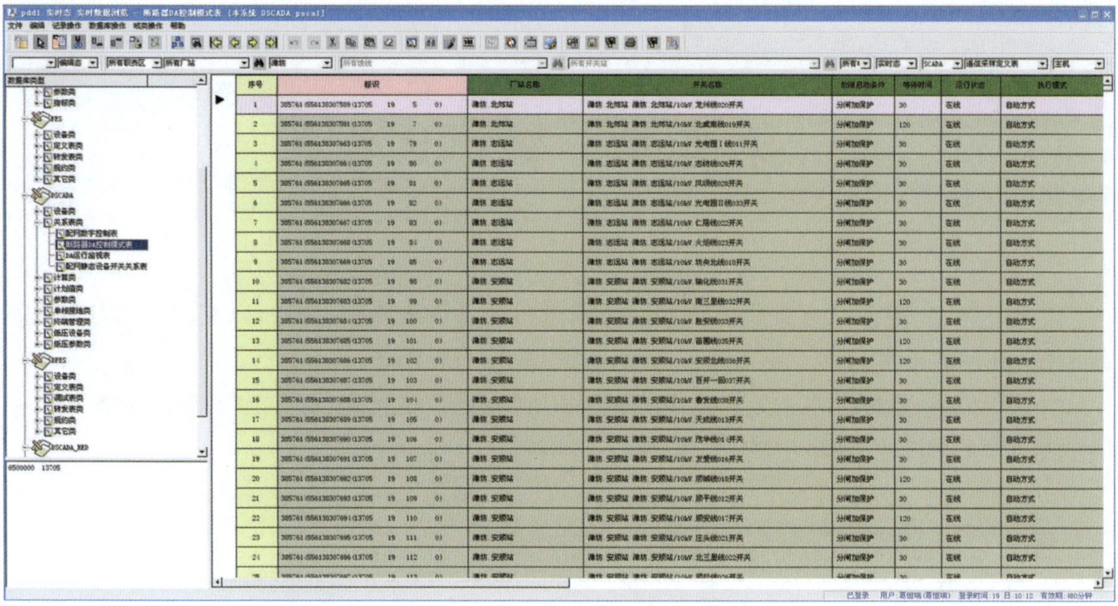

图 5-1 断路器 DA 控制模式表界面

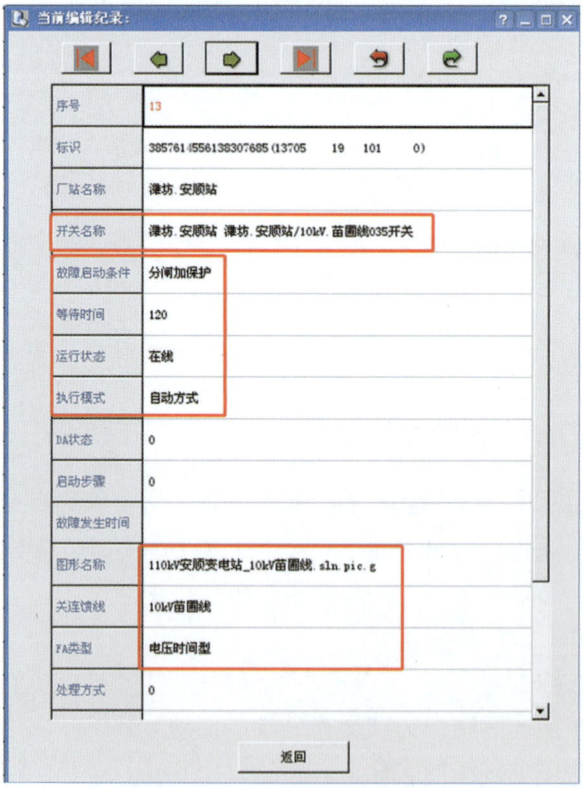

图 5-2 断路器 DA 编辑界面

【注意事项】

（1）“等待时间”要与“FA 类型”设置相吻合，一般电压时间型等待时间为 120s，主站集中式等待时间为 30s。

（2）在运的线路或设备“图形名称”不得为红图。图形名称界面如图 5-3 所示，需删除图形名称中的“_red”。

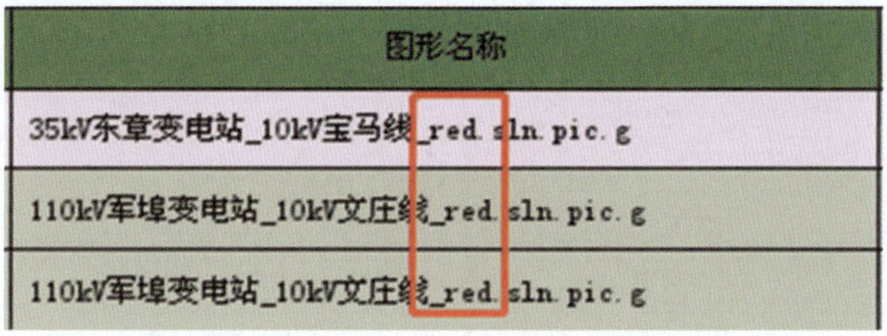

图形名称
35kV东章变电站_10kV宝马线_red.sln.pic.g
110kV军埠变电站_10kV文庄线_red.sln.pic.g
110kV军埠变电站_10kV文庄线_red.sln.pic.g

图 5-3　图形名称界面

5.1.5　保存数据

维护完成后点击“返回”，然后点击“保存数据”完成断路器 DA 控制模式表维护。

5.2　SCADA 保护信号表维护

5.2.1　启动实时态数据库操作界面

从主程序点击“数据库”，或在运行系统终端中运行 dbi，启动实时态数据库操作界面，如图 3-48 所示。

5.2.2　用户登录

点击左下角“登录”，用户登录界面如图 3-2 所示，登录后的界面如图 3-49 所示。

5.2.3　SCADA 保护信号表

从“SCADA”→“设备类”中双击“保护信号表”。以大柳站为例，在厂站查找中查找大柳站。SCADA 保护信号表界面如图 5-4 所示。

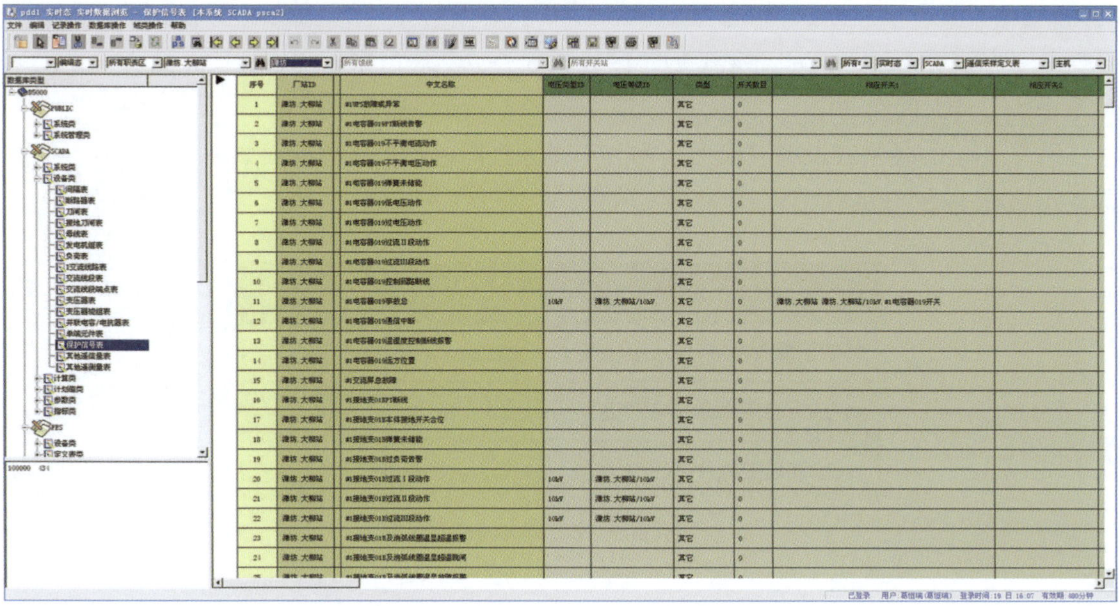

图 5-4　SCADA 保护信号表界面

5.2.4　SCADA 保护信号表维护

需维护的信号包括事故总、过电流Ⅰ段、过电流Ⅱ段、过电流Ⅲ段、接地、母线、零序保护等。保护信号表维护界面示例如图 5-5 所示。

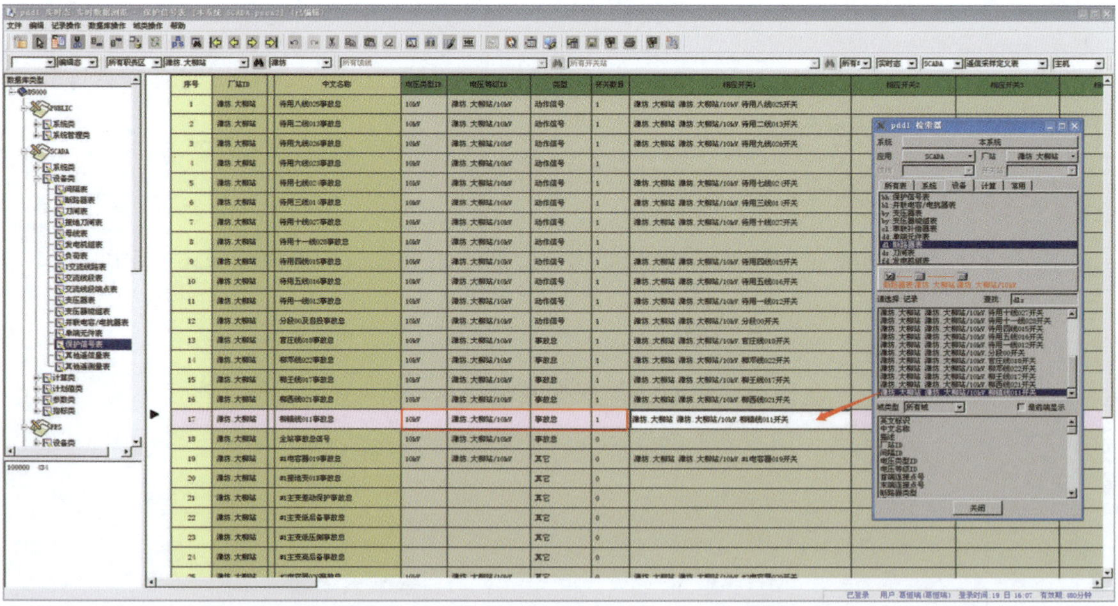

（a）

图 5-5　保护信号表维护界面示例（一）

（a）保护信号表维护界面示例 1

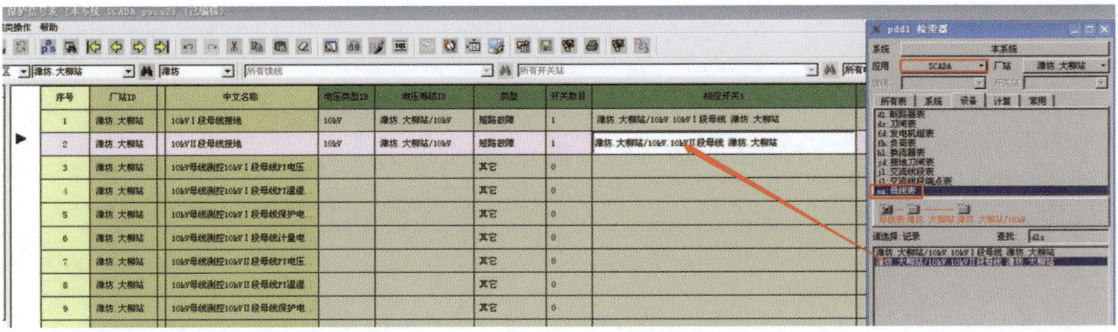

（b）

图 5-5 保护信号表维护界面示例（二）

（b）保护信号表维护界面示例 2

需维护的域如下。

（1）电压类型 ID：10kV 等级选择"10kV"。

（2）电压等级 ID：查找相应变电站下的"10kV"，如"潍坊.大柳站/10kV"。

（3）类型：不同的保护信号对应不同的类型。

（4）开关数目：1。

（5）相应开关 1：通过检索器（断路器表 / 母线表）拖拽维护即可。

【常见问题】

（1）保护信号表没有维护权限。原因分析及处理：

1）用户角色没有相应权限，添加相应用户权限即可。

2）所用工作站区域与变电站区域不在一个区域导致，可切换更高权限的工作站进行维护。

（2）"母线接地"的"相应开关 1"维护。维护方式：从检索器母线表中拖拽 10kV 母线进行维护。

（3）不同的保护信号对应的类型不确定。维护方式参考保护信号类型表，见表 5-1。

表 5-1   保护信号类型表

保护信号名称	保护信号表 / 类型
全站事故总	事故总
*间隔 *事故	事故总
*间隔 *事故总	事故总
*间隔 *过电流Ⅰ段	动作信号
*间隔 *过电流Ⅱ段	动作信号

续表

保护信号名称	保护信号表 / 类型
*间隔*过电流Ⅲ段	动作信号
*间隔*过电流保护	动作信号
*间隔*接地	接地告警
*间隔*接地告警	接地告警
*间隔*母线接地	接地故障
*间隔*零序过电流Ⅰ段	接地故障
*间隔*零序过电流Ⅱ段	接地故障
*间隔*零序过电流Ⅲ段	接地故障
*间隔*零序保护动作	接地故障
*间隔*零序保护出口	接地故障

5.2.5　保存数据

维护完成后点击"保存数据" 📑 完成 SCADA 保护信号表维护。

5.3　配网馈线表维护

5.3.1　启动实时态数据库操作界面

从主程序点击"数据库"，或在运行系统终端 ▄▄ 中运行 dbi，启动实时态数据库操作界面，如图 3-48 所示。

5.3.2　用户登录

点击左下角"登录"，用户登录界面如图 3-2 所示，登录后的界面如图 3-49 所示。

5.3.3　打开配网馈线表界面

从"DSCADA"→"设备类"中双击"配网馈线表"，打开配网馈线表界面，如图 5-6 所示。

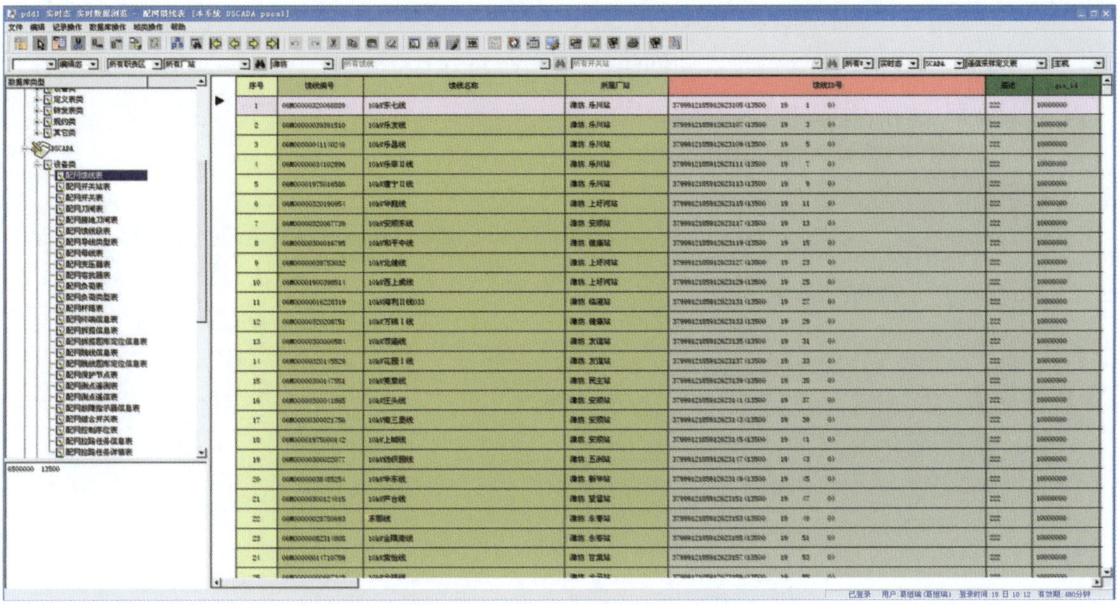

图 5-6　配网馈线表界面

5.3.4　配网馈线表维护

以新出线 10kV 豪兴Ⅰ线为例：双击"馈线名称"区域，筛选出"10kV 豪兴Ⅰ线"，双击馈线前的"序号"区域或三角形区域，弹出配网馈线表编辑界面，如图 5-7 所示。

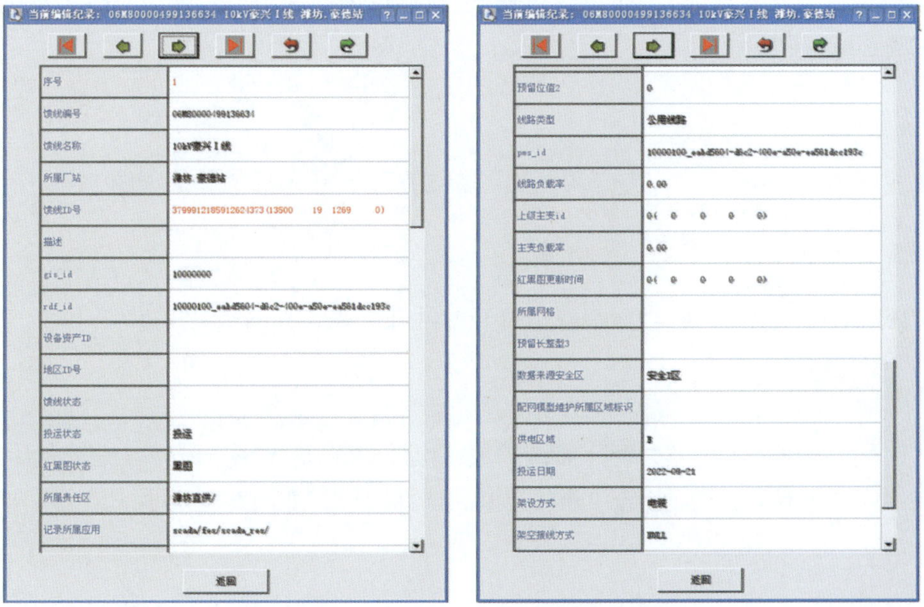

（a）

（b）

图 5-7　配网馈线表编辑界面

（a）配网馈线表编辑界面 1；（b）配网馈线表编辑界面 2

（1）馈线编号：图模导入时自动写入。

（2）馈线名称：图模导入时自动创建，或手动修改。

（3）所属厂站：图模导入时自动创建，或手动修改。

（4）rdf_id：图模导入时自动写入。

（5）图形名：图模导入时自动写入。

（6）线路类型：公备线路维护成"公用线路"，专线维护成"专用线路"。

（7）pms_id：图模导入时自动写入。

（8）运维单位：手动录入即可。

【注意事项】

（1）rdf_id 与 pms_id 必须一致。

（2）公备线路必须维护成"公用线路"，不得为空或维护成"其他"。

5.3.5　保存数据

维护完成后点击"返回"，然后点击"保存数据" 完成断路器 DA 控制模式表维护。

5.4　配网开关表

5.4.1　启动实时态数据库操作界面

从主程序点击"数据库"，或在运行系统终端 中运行 dbi，启动实时态数据库操作界面，如图 3–48 所示。

5.4.2　用户登录

点击左下角"登录"，用户登录界面如图 3–2 所示，登录后的界面如图 3–49 所示。

5.4.3　打开配网开关表

从"DSCADA"→"设备类"中双击打开配网开关表，如图 5–8 所示。

5.4.4　开关类型维护

电压时间型分段，"开关类型"需维护成"电压型开关"；用户分界开关，"开关类型"需维护成"用户分界开关"。点击"开关类型"选择即可，如图 5–9 所示。

图 5-8　配网开关表界面

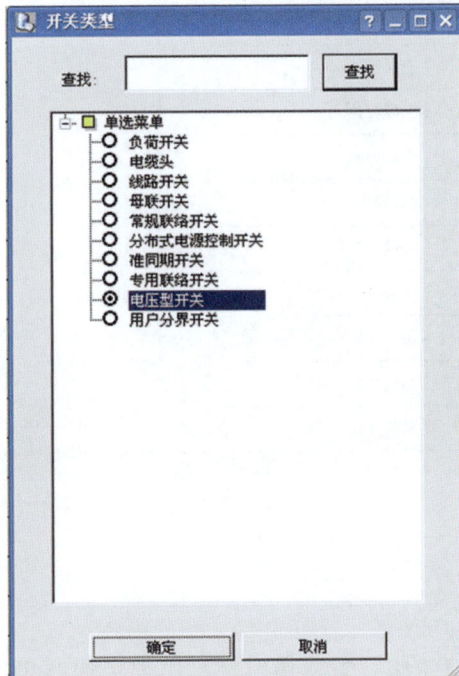

图 5-9　开关类型选择界面

【注意事项】

"电压型开关"开关类型的维护：影响电压时间型馈线自动化（FA）的区间判定及自愈，若未维护，则电压时间型事故无法判断故障区间、无法自愈。

5.4.5　开关联络类型维护

联络开关需将"开关联络类型"维护为"联络开关"。开关联络类型维护界面如图5-10所示。

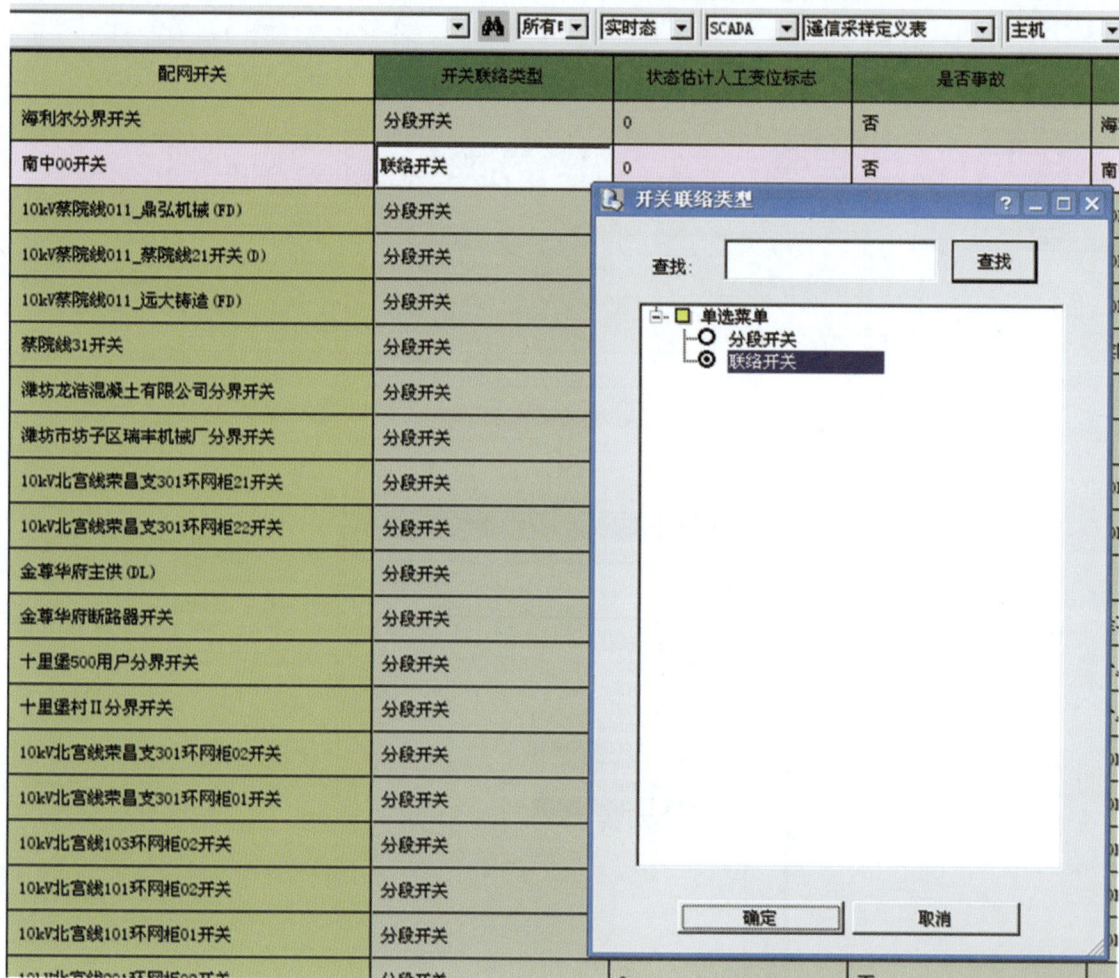

图 5-10　开关联络类型维护界面

5.4.6　微机保护线路号维护

用作区分 DTU 开关间隔使用，需要填写"微机保护线路号"。按照 1~N 的顺序写，此数字代表的每个间隔开关下发报文的顺序。FTU 也可把此字段拿来作为终端和本体的区分，写 1 后，参数召唤界面就会出现单独的开关参数和单独的终端本体参数。以环网柜开关维护为例，微机保护线路号维护界面如图 5-11 所示。

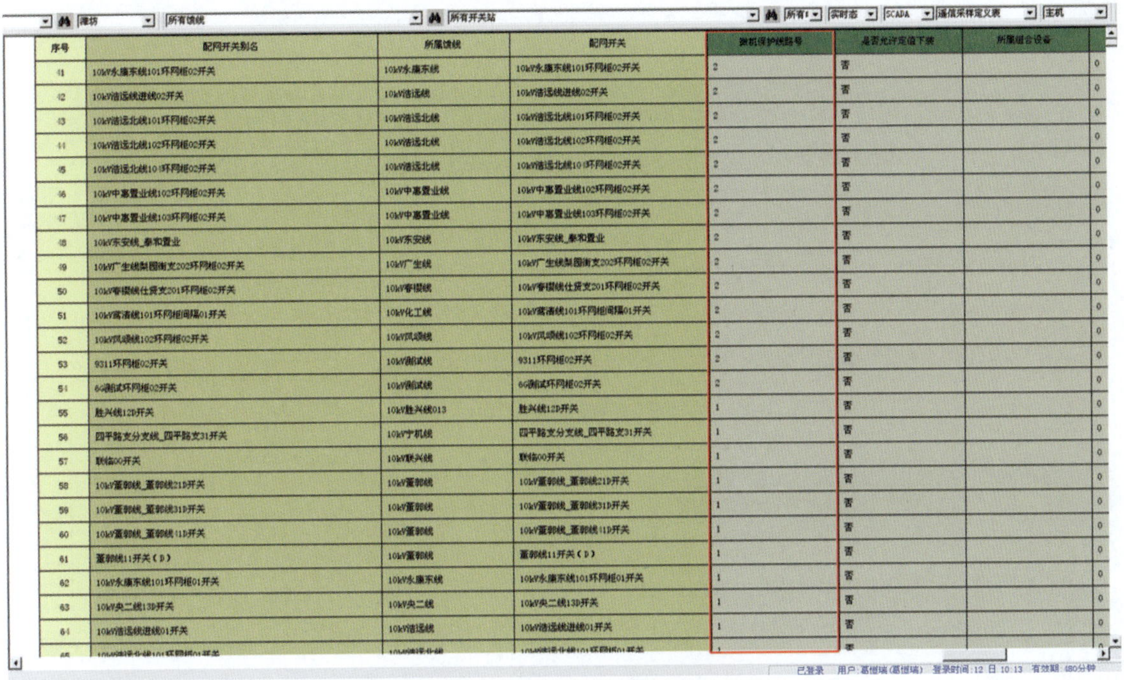

序号	配网开关别名	所属馈线	配网开关	微机保护线路号	是否允许定值下装	所属组合设备	
41	10kV永康东线101环网柜02开关	10kV永康东线	10kV永康东线101环网柜02开关	2	否		0
42	10kV浩远线进线02开关	10kV浩远线	10kV浩远线进线02开关	2	否		0
43	10kV浩远北线101环网柜02开关	10kV浩远北线	10kV浩远北线101环网柜02开关	2	否		0
44	10kV浩远北线102环网柜02开关	10kV浩远北线	10kV浩远北线102环网柜02开关	2	否		0
45	10kV浩远北线103环网柜02开关	10kV浩远北线	10kV浩远北线103环网柜02开关	2	否		0
46	10kV中惠置业线102环网柜02开关	10kV中惠置业线	10kV中惠置业线102环网柜02开关	2	否		0
47	10kV中惠置业线103环网柜02开关	10kV中惠置业线	10kV中惠置业线103环网柜02开关	2	否		0
48	10kV东安线_泰和置业	10kV东安线	10kV东安线_泰和置业	2	否		0
49	10kV广生线梨园街支202环网柜02开关	10kV广生线	10kV广生线梨园街支202环网柜02开关	2	否		0
50	10kV春楼线仕贤支201环网柜02开关	10kV春楼线	10kV春楼线仕贤支201环网柜02开关	2	否		0
51	10kV寓清线101环网柜间隔01开关	10kV化工线	10kV寓清线101环网柜间隔01开关	2	否		0
52	10kV凤凰线102环网柜02开关	10kV凤凰线	10kV凤凰线102环网柜02开关	2	否		0
53	9311环网柜02开关	10kV测试线	9311环网柜02开关	2	否		0
54	6G测试环网柜02开关	10kV测试线	6G测试环网柜02开关	2	否		0
55	胜兴线12D开关	10kV胜兴线013	胜兴线12D开关	1	否		0
56	四平路支分支线_四平路支31开关	10kV宁机线	四平路支分支线_四平路支31开关	1	否		0
57	联络00开关	10kV联兴线	联络00开关	1	否		0
58	10kV董郭线_董郭线21D开关	10kV董郭线	10kV董郭线_董郭线21D开关	1	否		0
59	10kV董郭线_董郭线31D开关	10kV董郭线	10kV董郭线_董郭线31D开关	1	否		0
60	10kV董郭线_董郭线41D开关	10kV董郭线	10kV董郭线_董郭线41D开关	1	否		0
61	董郭线11开关（D）	10kV董郭线	董郭线11开关（D）	1	否		0
62	10kV永康东线101环网柜01开关	10kV永康东线	10kV永康东线101环网柜01开关	1	否		0
63	10kV央二线13D开关	10kV央二线	10kV央二线13D开关	1	否		0
64	10kV浩远线进线01开关	10kV浩远线	10kV浩远线进线01开关	1	否		0
65	10kV浩远北线101环网柜01开关	10kV浩远北线	10kV浩远北线101环网柜01开关	1	否		0

图 5–11　微机保护线路号维护界面

【注意事项】

微机保护线路号的维护影响一、二次融合设备定值区的召唤，若未维护，则无法正常召唤定值区。

5.4.7　保存数据

维护完成后，点击“保存数据”完成配网开关表维护。

第6章 常见问题排查及处理

本章主要介绍配网图模导入失败、主网图模导入失败、环网问题、工作站无法正常使用、机房作业、配网终端接入、终端遥控失败、精准负荷控制、大面积停电等常见问题的排查思路、排查方法及处置措施，提高异常处置效率。

6.1 配网图模导入失败

图模导入是配电自动化工作中的重要工作，总结其五类常见问题，配网图模导入失败原因分析如图 6-1 所示（刀闸指隔离开关，接地刀闸指接地开关）。

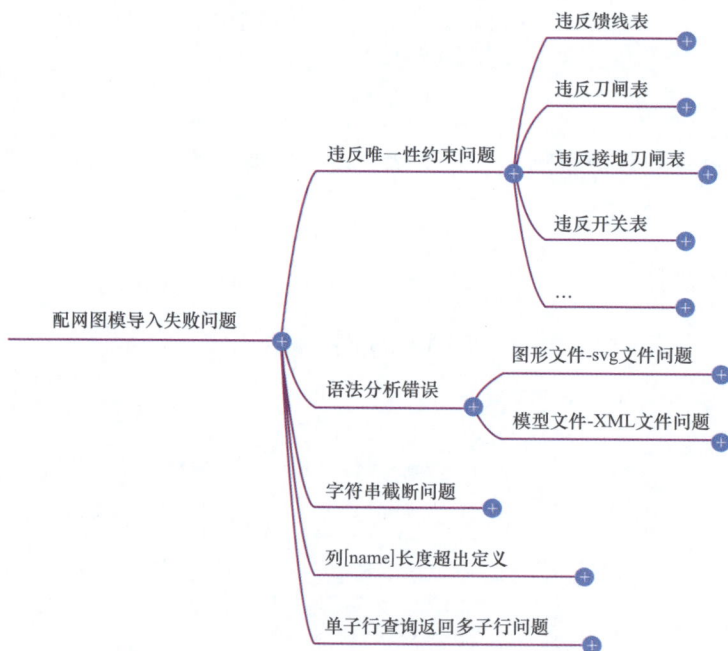

图 6-1 配网图模导入失败原因分析

6.1.1 违反唯一性约束问题

图模导入过程中"违反唯一性问题"是比较频繁的一类问题，该问题产生的原因是导入图模文件里的参数和系统里现存线路参数不一致导致，模型文件中的名称、pms_id 或者

rdf_id 跟系统中的名称、pms_id、rdf_id 冲突导致。

1. 排查思路

首先根据提示确定该问题是违反哪一类表的唯一性错误，根据导图程序的提示可以确定模型文件中参数违反表，如果不了解该表是哪个表，可以在实时数据库 PUBLIC 下系统类的表信息中搜索（在表信息中的表英文名中搜索）。违反表 [DMS_FEEDER_DEVICE] 唯一性约束如图 6-2 所示。

图 6-2　违反表 [DMS_FEEDER_DEVICE] 唯一性约束

2. 查询案例：导入东郡线导入失败

根据导图程序报错的提示"违反表 [DMS_FEEDER_DEVICE] 唯一性约束"，在实时数据库里表信息表中查到对应的表名称，如图 6-3 所示。根据查到的表名称（配网馈线表）以及导图程序报错提示的"pms_id='resx121202492'"在配网馈线表中查询对应馈线，如图 6-4 所示，查询结果如图 6-5 所示，得到这个 pms_id 跟永通线 pms_id 的相同，导致东郡线导入过程中报错，因此需要把东郡线退回并描述其退回的原因。

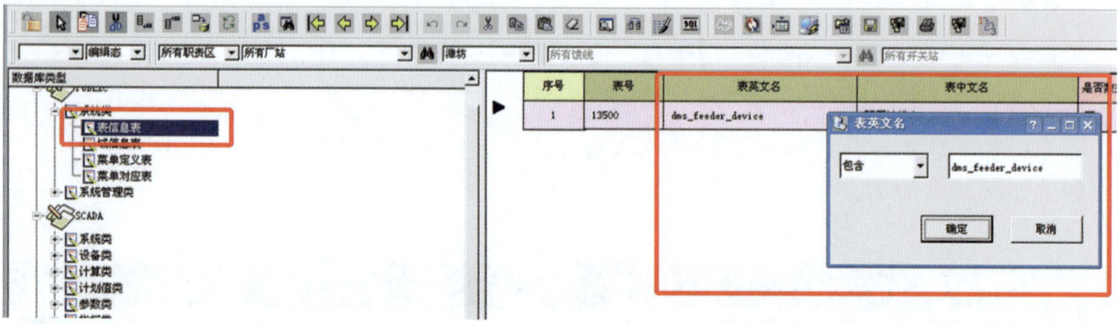

图 6-3 查询表名称

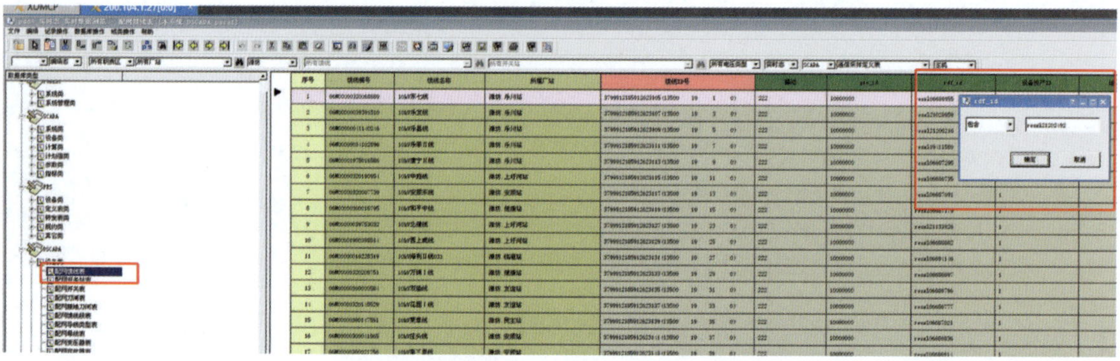

图 6-4 在馈线表根据 pms_id 查询对应馈线

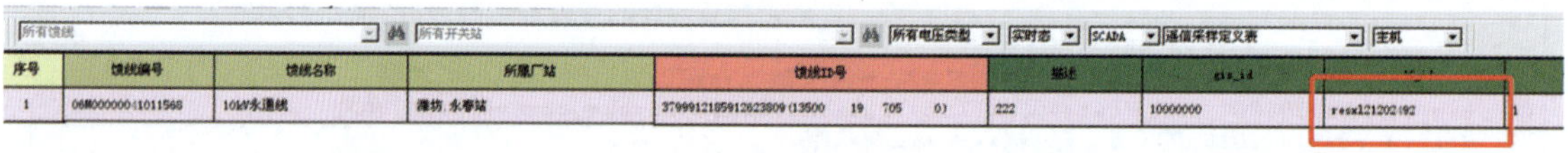

图 6-5 查询结果

3. 常见违反唯一性案例

（1）违反【DMS_FEEDER_DEVICE】唯一性（违反馈线表唯一性）。违反馈线表示例如图 6-6 所示。

（2）违反表 [DMS_GROUND_DISCONNECTOR] 唯一性约束（违反接地刀闸表）。违反接地刀闸表示例如图 6-7 所示。

（3）违反表 [DMS_DISCONNECTOR_DEVICE] 唯一性约束（违反刀闸表）。违反刀闸表示例如图 6-8 所示。

图 6-6　违反馈线表示例

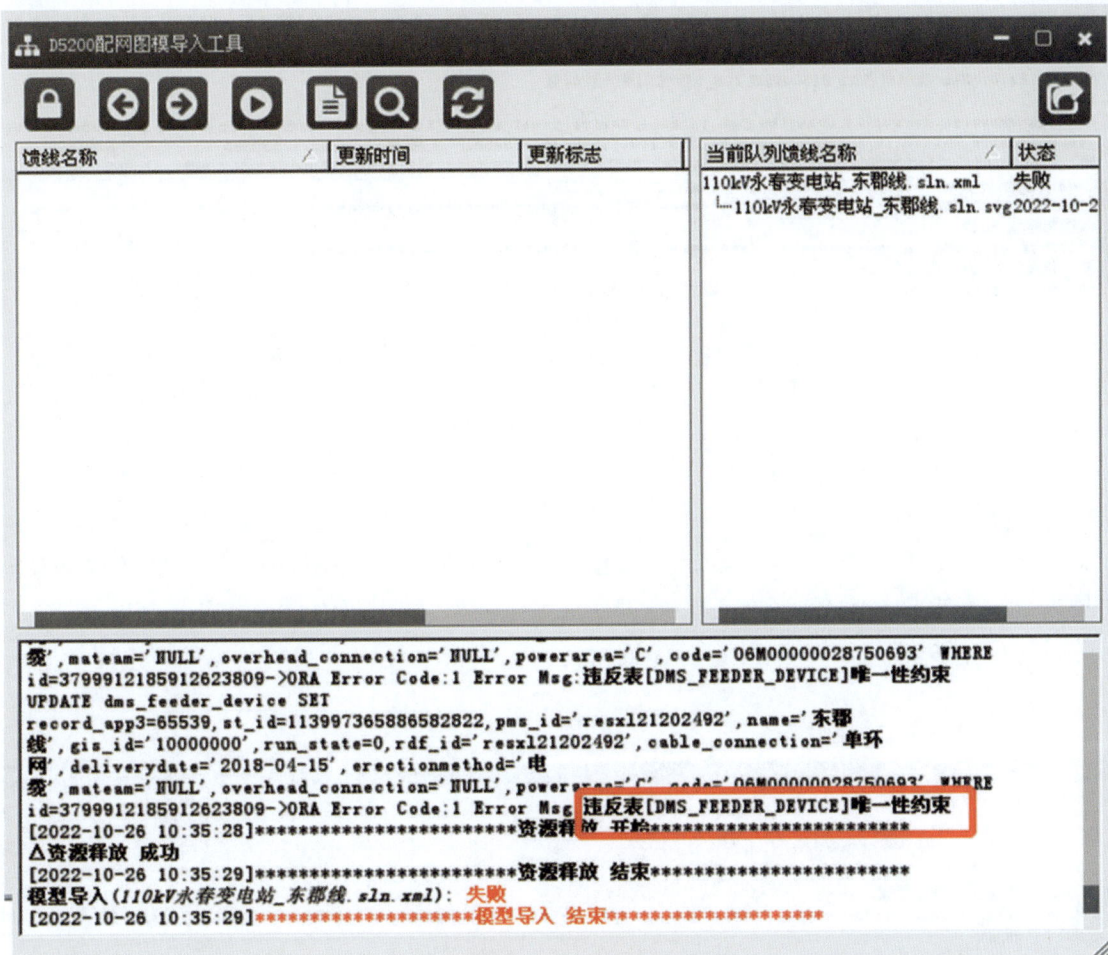

图 6-7　违反接地刀闸表示例

图 6-8　违反刀闸表示例

6.1.2　语法分析错误问题

【案例分析】

图模导入过程中会遇到提示语法错误的情况，如图 6-9 和图 6-10 所示，通常是因为导入的模型文件和图形文件里的代码存在问题，需把图模文件退回中台，重新推图。

模型文件异常，如图 6-11 所示，通常是因为图模文件本身问题造成的，也需要重新推图。

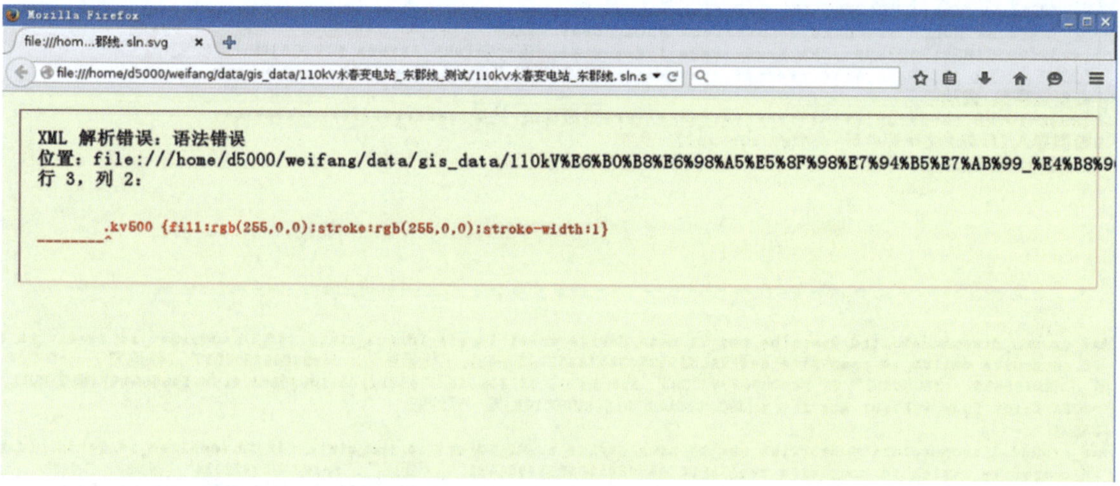

图 6-9　语法错误

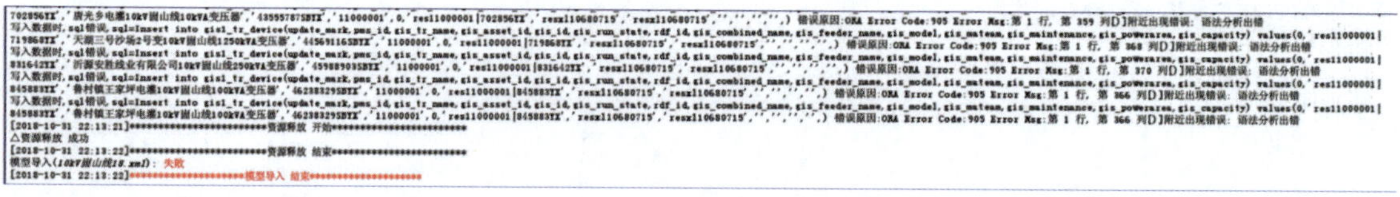

图 6-10　XML 模型文件语法分析错误

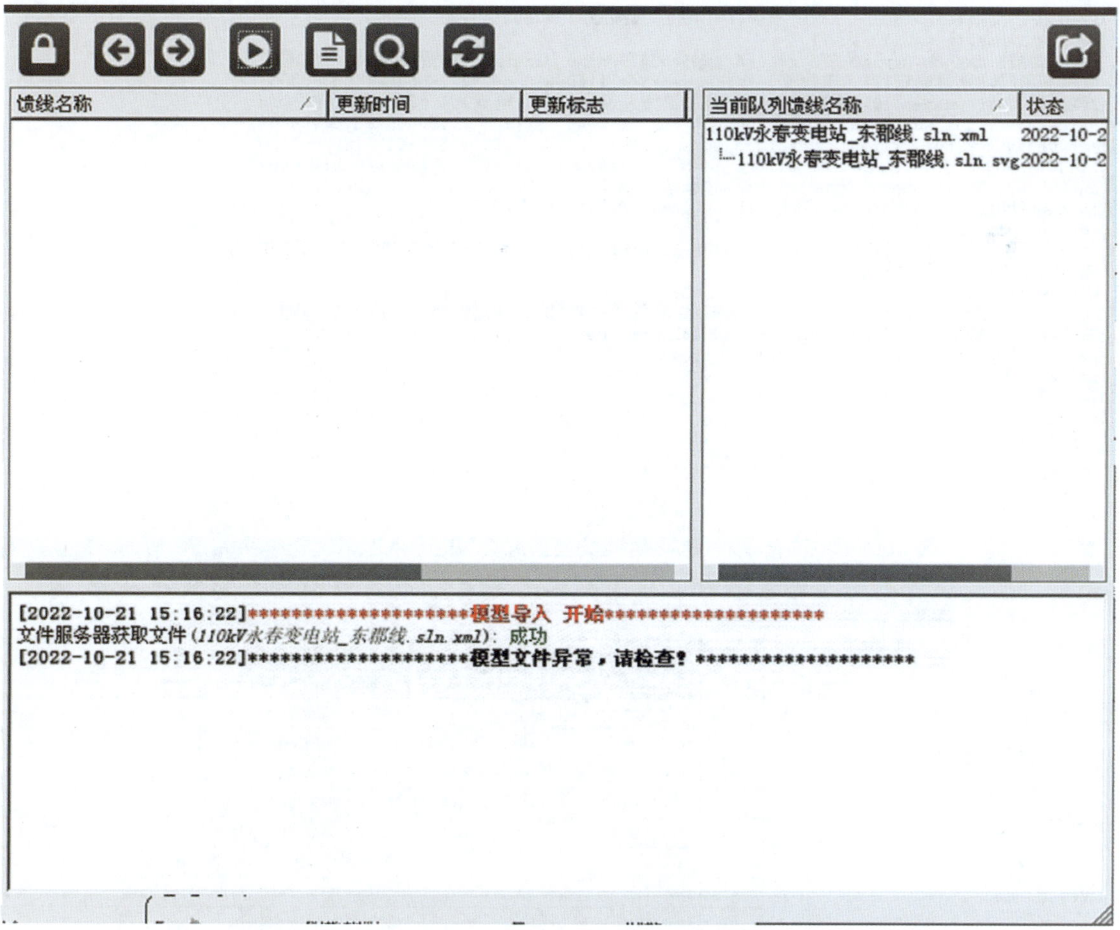

图 6–11　模型文件异常

6.1.3　字符串截断问题

图模导入过程中遇到字符串截断问题是因为终端名称过长超出规定字符数（64 个字符），如图 6–12 所示，在系统更新配网遥测定义表 / 配网遥信定义表过程中报错，需要退回图模文件，把对应的终端名称缩短后重新推图。如果不确定设备名称的字符数，则在域信息表中查询该设备的数据长度，如图 6–13 所示。

6.1.4　列 [name] 长度超出定义问题

配网遥信或者配网遥测定义表中文名称过长导致列 [name] 长度超出定义，如图 6–14 所示，需手动到配网遥信 / 遥测定义表；将对应记录的中文名称清空，如图 6–15 所示，再重新导入即可，如果还是报错，应联系运维人员操作。

```
12/630-20',mateam='NULL',maintenance='NULL' WHERE id=3800475135899600977
get in memoryip == 200.104.1.3
sql:UPDATE dms_cb_device SET record_app3=65539,name_alias='10kV贾悦线021_10kV贾
悦线王家同机井通电支12J（农牧支）开关',pms_id='11100000_cd75c476-bdee-40d3-b68d-
2f0e35977e8f',name='10kV贾悦线021_10kV贾悦线王家同机井通电支12J（农牧支）开关',d
evice_asset_id='NULL',gis_id='11100000',run_state=0,rdf_id='11100000_cd75c476-bd
ee-40d3-b68d-2f0e35977e8f',combined_id=NULL,feeder_id=379991218594617728,bv_id=
11287146566097063,composite_switch_id=NULL,composite_seq=0,nom_state=0,delivery
date='2022-01-12',manufacturer='浙江时通电气制造有限公司',model='SOV-12/630-20',
mateam='NULL',maintenance='NULL' WHERE id=3800475135899603783
get in memoryip == 200.104.1.3
语句执行错误原因为:ORA Error Code:-6108 Error Msg:[DMS_TRIGGER_PKG.UPDATE_YC_DEF
INE_WITH_NAME] 字符串截断
资源释放test
/home/d5000/weifang/data/gis_data/诸城110kV贾悦变电站_10kV贾悦线020/诸城110kV贾
悦变电站_10kV贾悦线020.sln.xml----120545220681006_0
get in memory+++ current m_HostName: pscal
ip == 200.104.1.3
######## req_size = 155
simply_xtp(ret):1
资源释放成功
```

图 6-12　字符串截断问题

图 6-13　查询设备数据长度界面

```
urer='山东电工配网科技发展有限公
司',model='RL-27',mateam='NULL',maintenance='NULL',pms_id='res011103585448',name='10kV五龙Ⅱ线青北支
13-19-青龙Ⅱ线联线支40-12-01L开关',device_asset_id='400303537',gis_id='11100000',run_state=0 WHERE
id=3800475135564086020->ORA Error Code:-6169 Error Msg:[DMS_TRIGGER_PKG.INSERT_YC_DEFINE_WITH_NAME]
列[NAME]长度超出定义
[2020-07-30 17:31:15]*************************资源释放 开始*************************
△资源释放 成功
[2020-07-30 17:31:15]*************************资源释放 结束*************************
-模型导入(110kV良庄变电站_10kV青龙Ⅱ线.sln.xml)：失败
[2020-07-30 17:31:15]*************************模型导入 结束*************************
```

图 6-14　列 [name] 长度超出定义

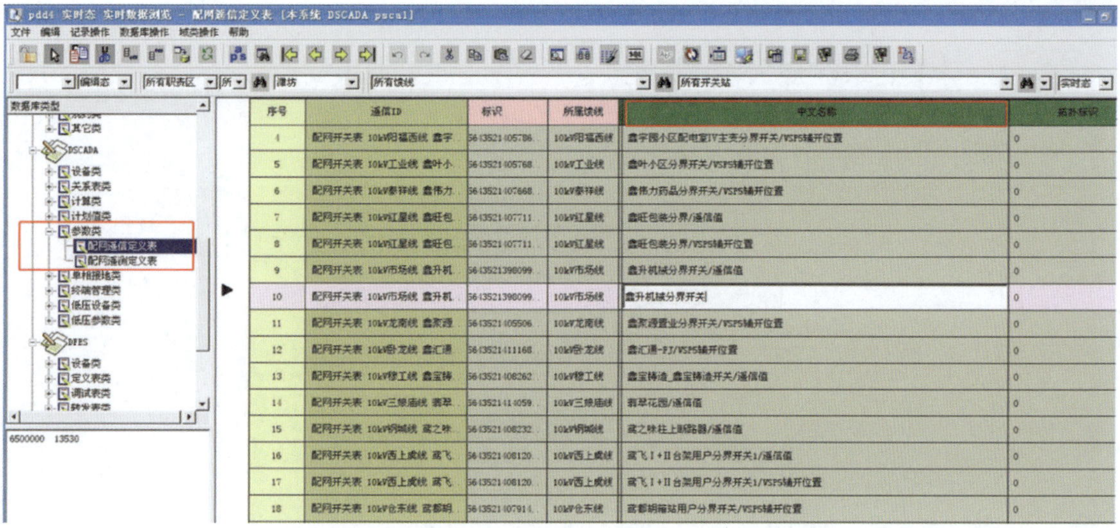

图 6-15　清空中文名称界面

6.1.5　单行子查询返回多行问题

【案例分析】

系统中存在两个相同的 rdf_id / pms_id 导致单行子查询返回多行，如图 6-16 和图 6-17 所示。解决方法是退回线路，修改对应的 rdf_id/pms_id 后重新推图。

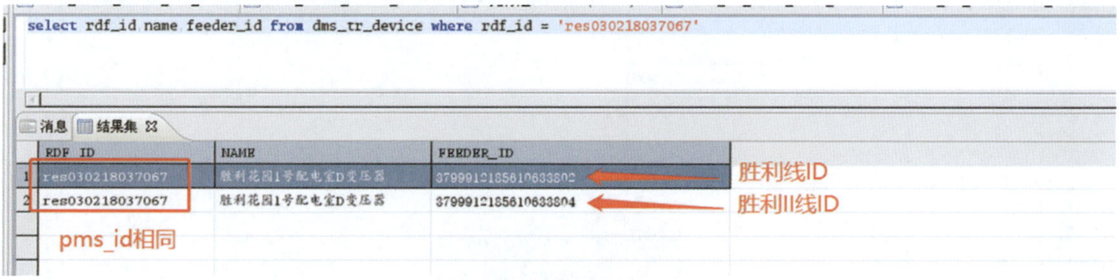

图 6-16　相同的 rdf_id/pms_id

图 6-17　单行子查询返回多行

6.2　主网图模导入失败

主网图模导入失败原因分析如图 6–18 所示。

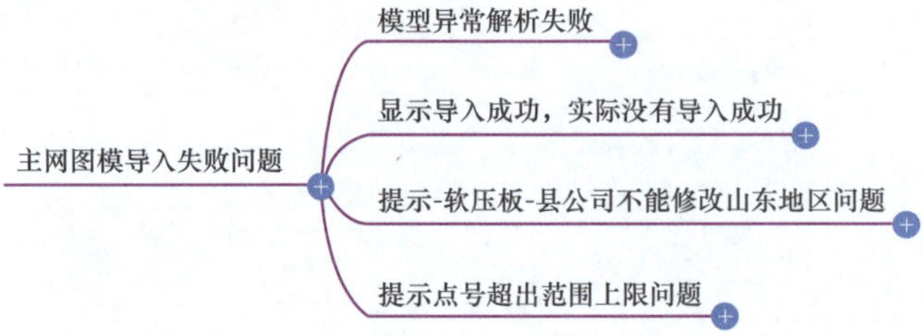

图 6-18　主网图模导入失败原因分析

6.2.1　模型异常解析失败

厂站模型导入遇到报错提示"解析模型文件出错"，如图 6–19 所示，通常是模型文件本身问题导致。把模型文件从 data/model_imp 路径中拿出来，打开该文件查询，例如模型文件包含特殊字符，如图 6–20 所示，需要联系主网，重新节点入库。

图 6-19　"解析模型文件出错"提示

```
        <cim:Naming.name>泸功.音乐-北石站/10kV.#2电容器U18</cim:Naming.name>
        <cimNC:ShuntCompensator.RdfID rdf:resource="#117938017036927472"/>
    </cim:Compensator>
⊟<cim:ConnectivityNode rdf:ID="&">
        <cim:ConnectivityNode.MemberOf_EquipmentContainer rdf:resource="#113152942432847394"/>
        <cim:Naming.name>&amp;</cim:Naming.name>
    </cim:ConnectivityNode>
⊟<cim:ConnectivityNode rdf:ID="107000060004026">
```

图 6-20　模型文件包含特殊字符

6.2.2　显示导入成功，实际没有导入成功

厂站导入程序提示"导入模型成功"，如图 6-21 所示，但是在库里对应的表里没有找到该信息；经重新对比，如图 6-22 所示，该信息重新在程序里显示；则在保护信号表中找到该终端的信息并删除，如图 6-23 所示，然后重新导入厂站模型来解决此问题。

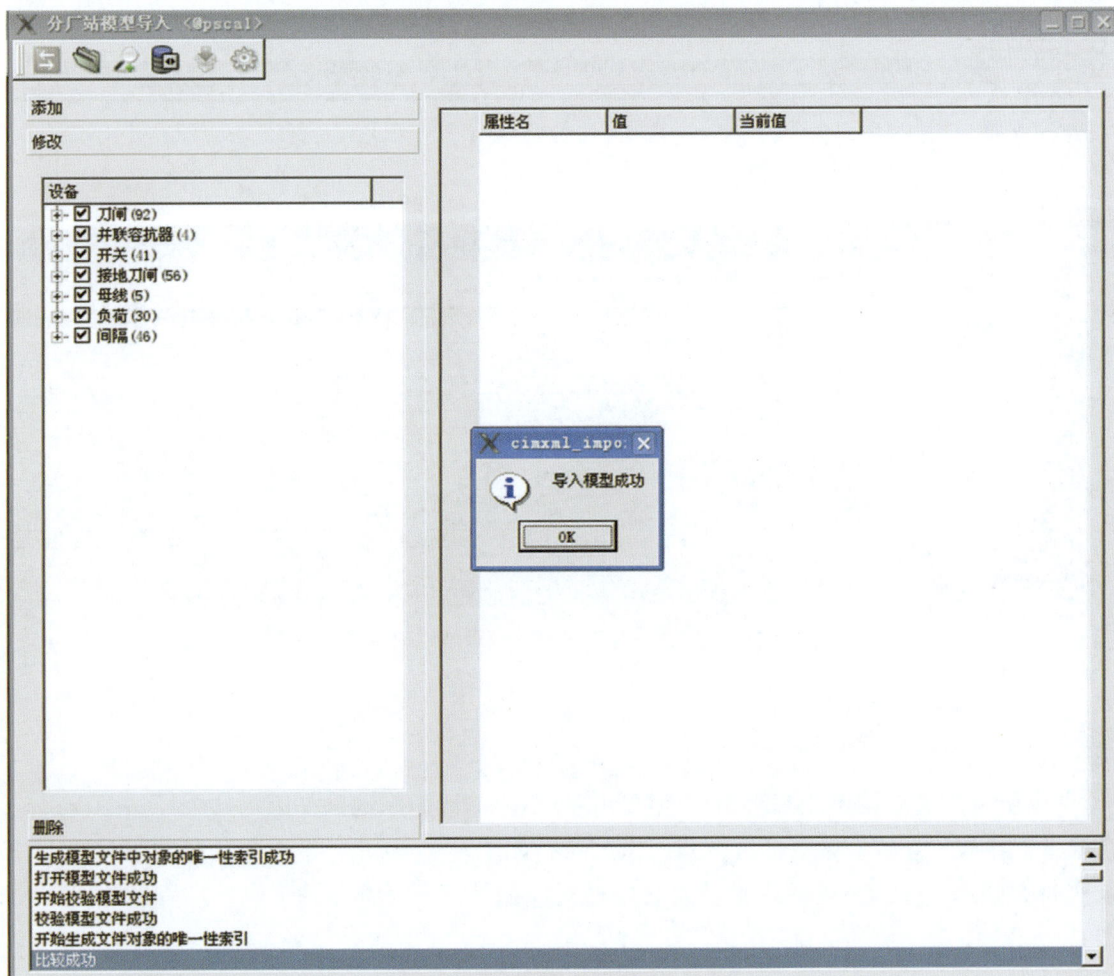

图 6-21　"导入模型成功"提示

图 6-22　重新对比

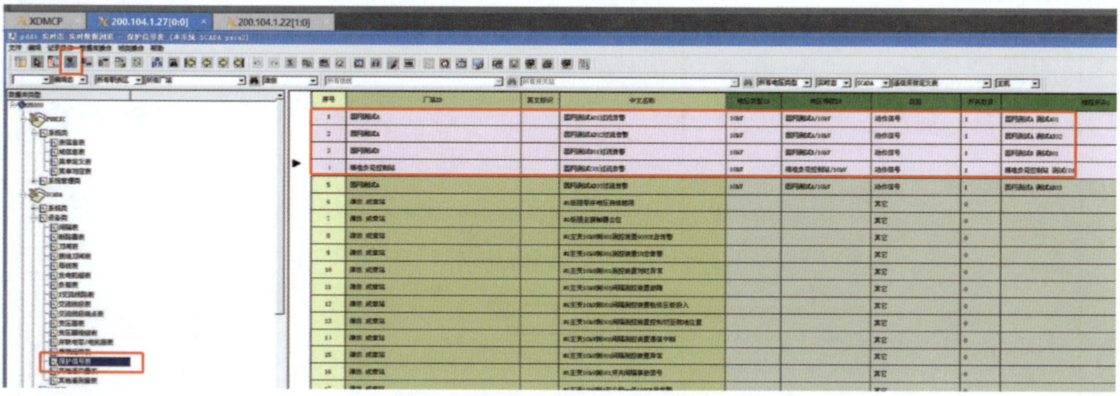

图 6-23　保护信号表里删除终端信息

6.2.3　主网图模导入失败提示

"软压板 – 县公司不能修改山东地区问题"不能修改山东地区是因为这个厂站图模之前在服务器导入，导致厂站责任区变成山东区域，如图 6-24 所示。解决方法是在服务器上登录实时数据库，在 SCADA– 保护信息表中把对应的软压板（连接片）删掉后重新导入，如图 6-25 所示。

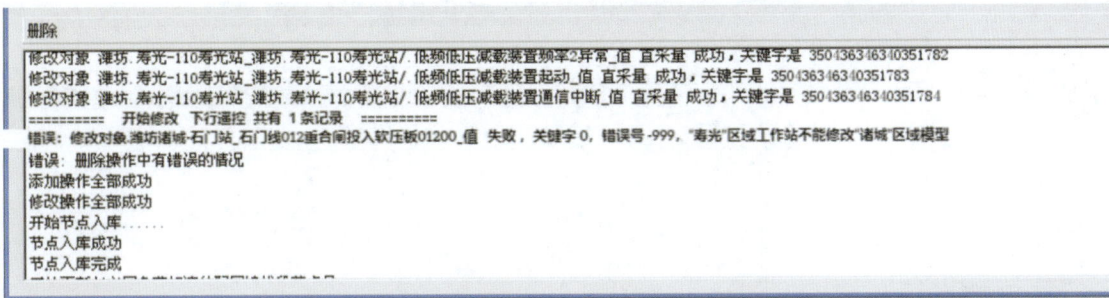

图 6–24　报错提示

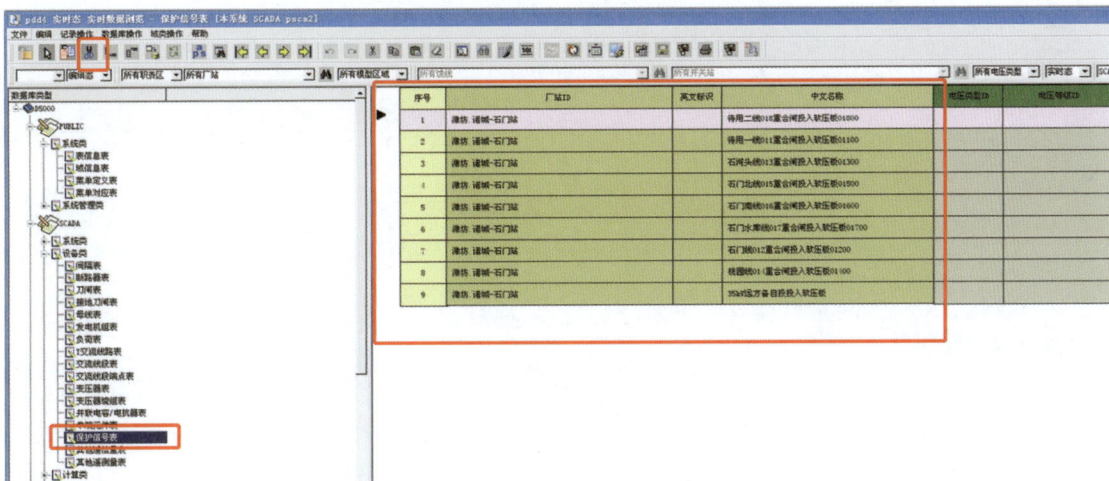

图 6–25　保护信号表删除软压板

6.2.4　厂站图模导入失败提示点号超出范围上限问题

"点号超出范围上限"提示如图 6–26 所示，该问题是因为该变电站在系统里允许记录的遥测数量小于模型文件需要导入的遥测数量。解决方法：在实时数据库通信厂站表中修改对应最大遥测数，如图 6–27 所示。

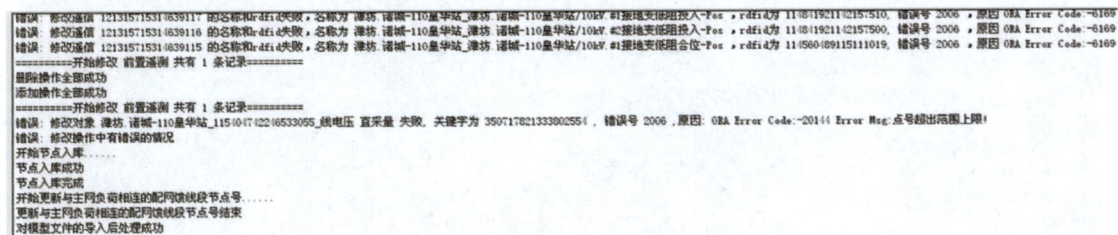

图 6–26　"点号超出范围上限"提示

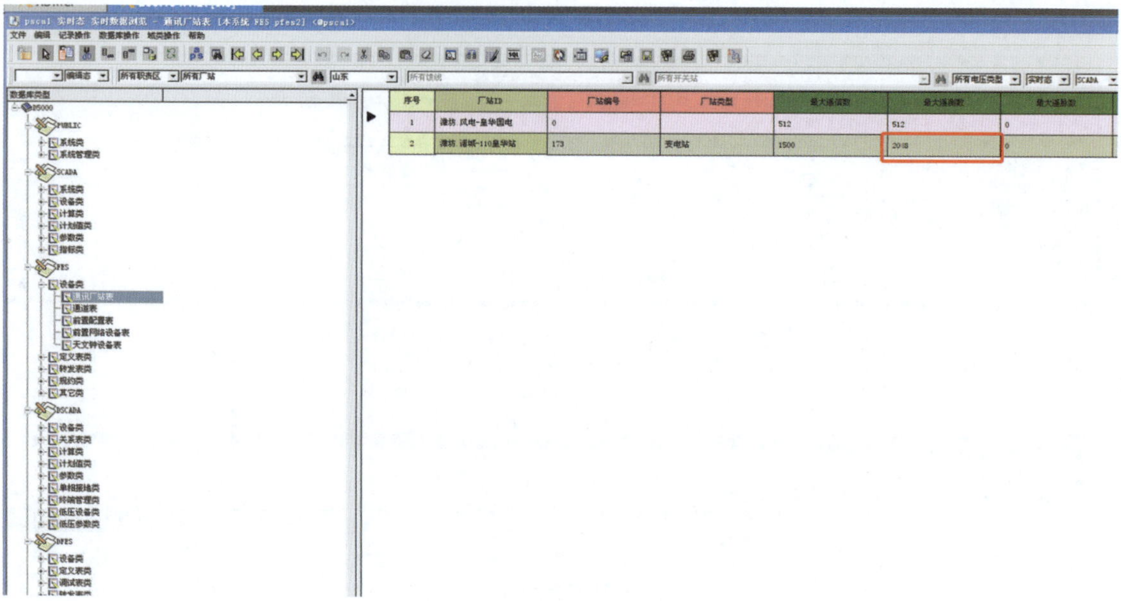

图 6-27　修改最大遥测数

6.3　环网问题

6.3.1　环网问题简述

现场线路未合环，主站拓扑着色为环网色（浅蓝色）。单线图拓扑着色为浅蓝色代表线路环网，环网线路拓扑着色如图 6-28 所示。

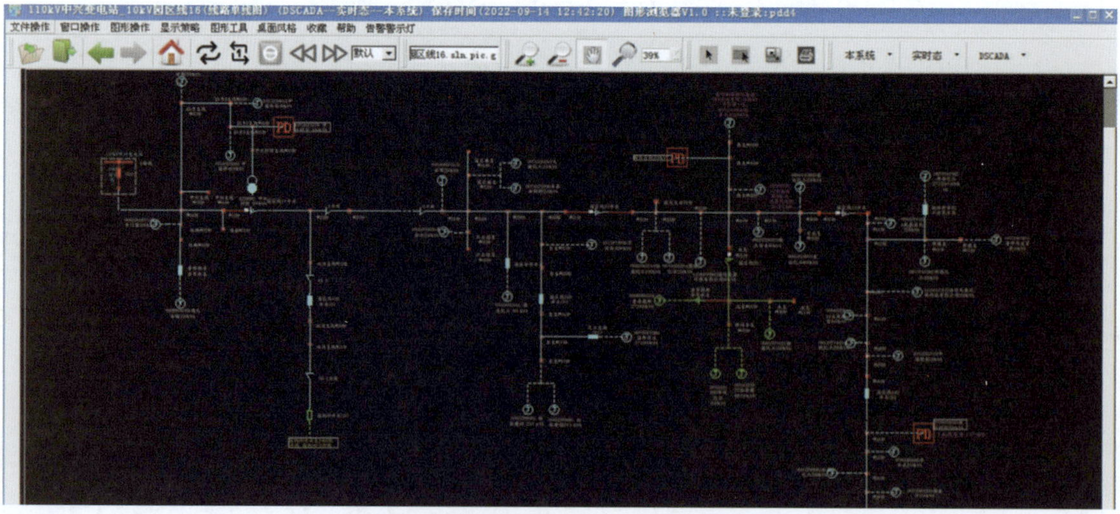

图 6-28　环网线路拓扑着色示意图

造成线路环网的原因有两个方面：

（1）节点号相同造成线路环网；

（2）联络开关在合位造成的线路环网。

1. 排查方法

（1）打开图形浏览器，点击图 6-29 所示位置条形框，弹出对应的环网线路明细如图 6-30 所示。

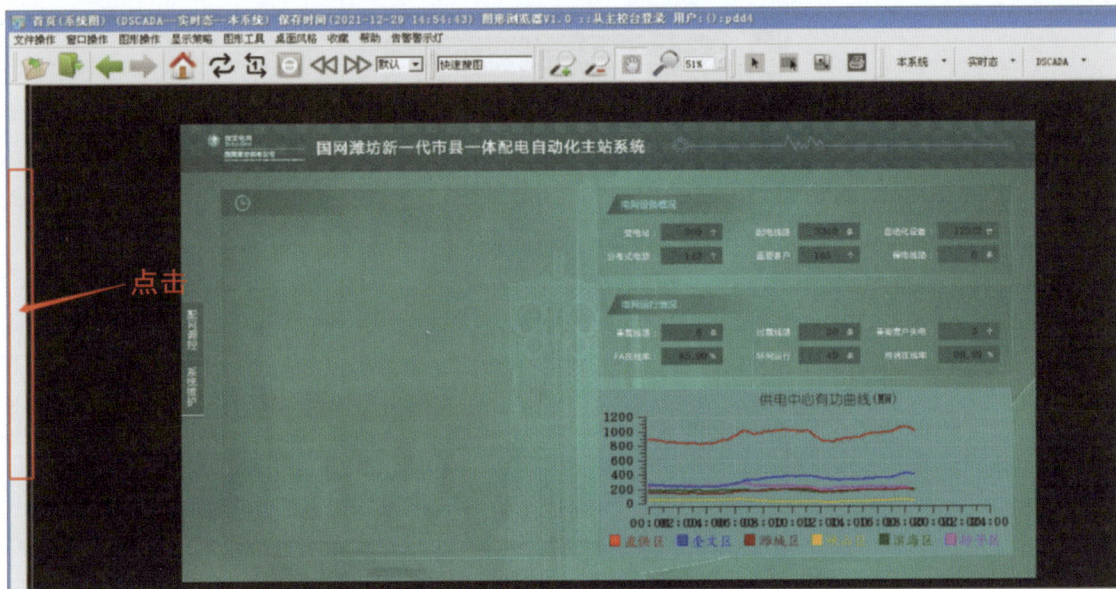

图 6-29　环网排查程序打开位置

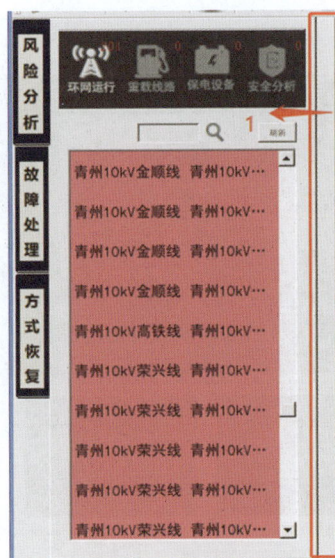

图 6-30　环网线路明细

（2）在图 6-31 中选中对应线路双击"2"，然后选择风险定位"3"，程序会定位到对应的形成环网的区域，程序分析后的拓扑着色如图 6-32 所示。把箭头放到对应设备上可以弹出该设备的信息，包含节点号。

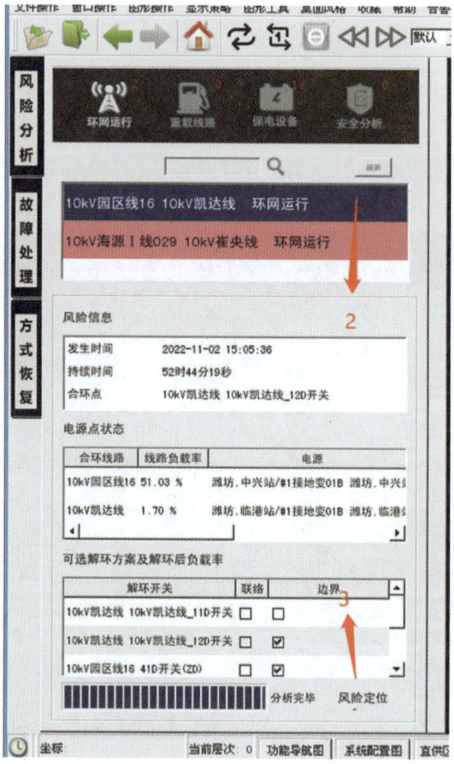

图 6-31　程序使用步骤

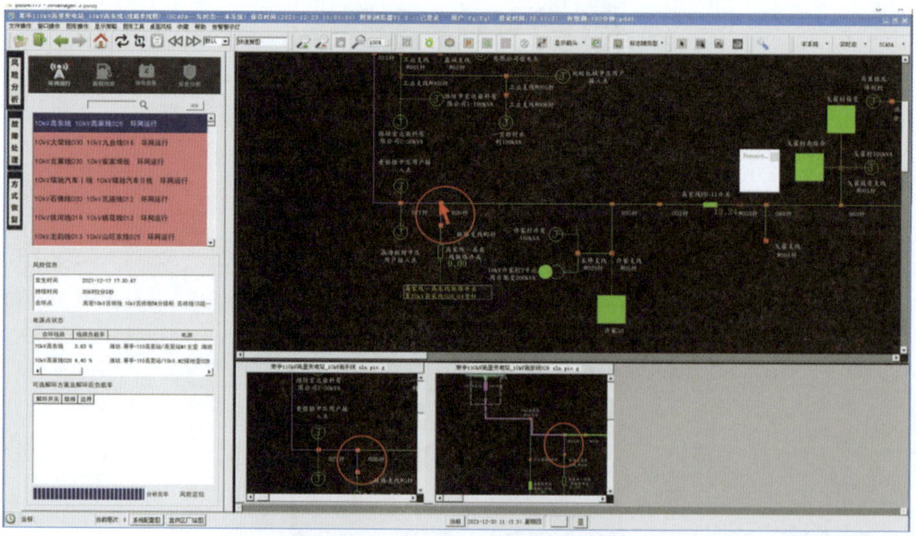

图 6-32　程序分析后的拓扑着色

2. 节点链接原理

节点链接原理如图 6-33 所示，正常的设备链接逻辑如下：a2=b1；b2=c1。即 A 设备节点号 a2 和 B 设备的节点号 b1 相同，B 设备的节点号 b2 和 C 设备的节点号 c1 相同；如果 A 设备的节点号 a1 和 B 设备的节点号 b2、C 设备的节点号 c1 相同，则会导致非正常环网。

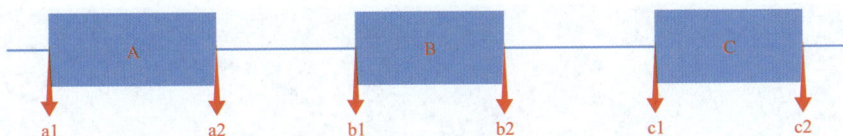

图 6-33　节点链接原理图

6.3.2　点号相同造成环网

排查方法：点击"风险分析"按钮后，会弹出对应环网线路的图模，根据粉色的区域提示可以查询区域内设备的节点号是否正常、是否连续；节点号相同的设备如图 6-34 所示，图中高东线联络支杆节点号 1 和高家线联络支杆节点号 1 相同，这种情况让两条线路直接跳过联络开关连接到一起，造成线路环网；遇到节点号跳过中间设备链接起来时可以让重新推图。

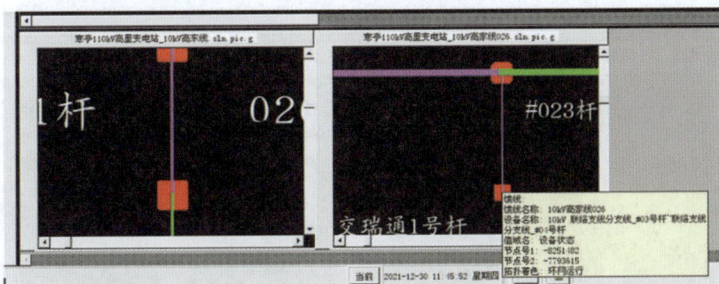

（a）

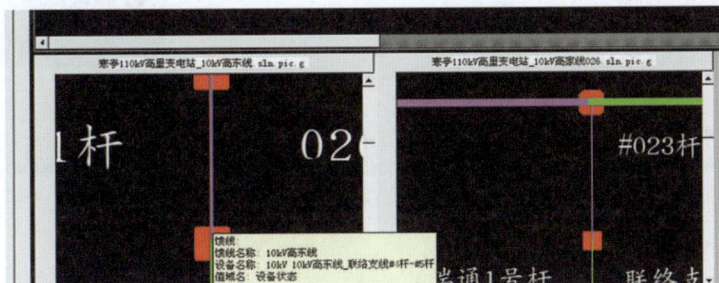

（b）

图 6-34　节点号相同的设备（杆节点号 1；支杆节点号 1）

（a）高家线联络支线分支线杆；（b）高东线联络支线杆

6.3.3 联络开关合位造成环网

排查方法：联络开关的遥信值为合，如图 6-35 所示，主站显示两条线路环网、实际未合环。

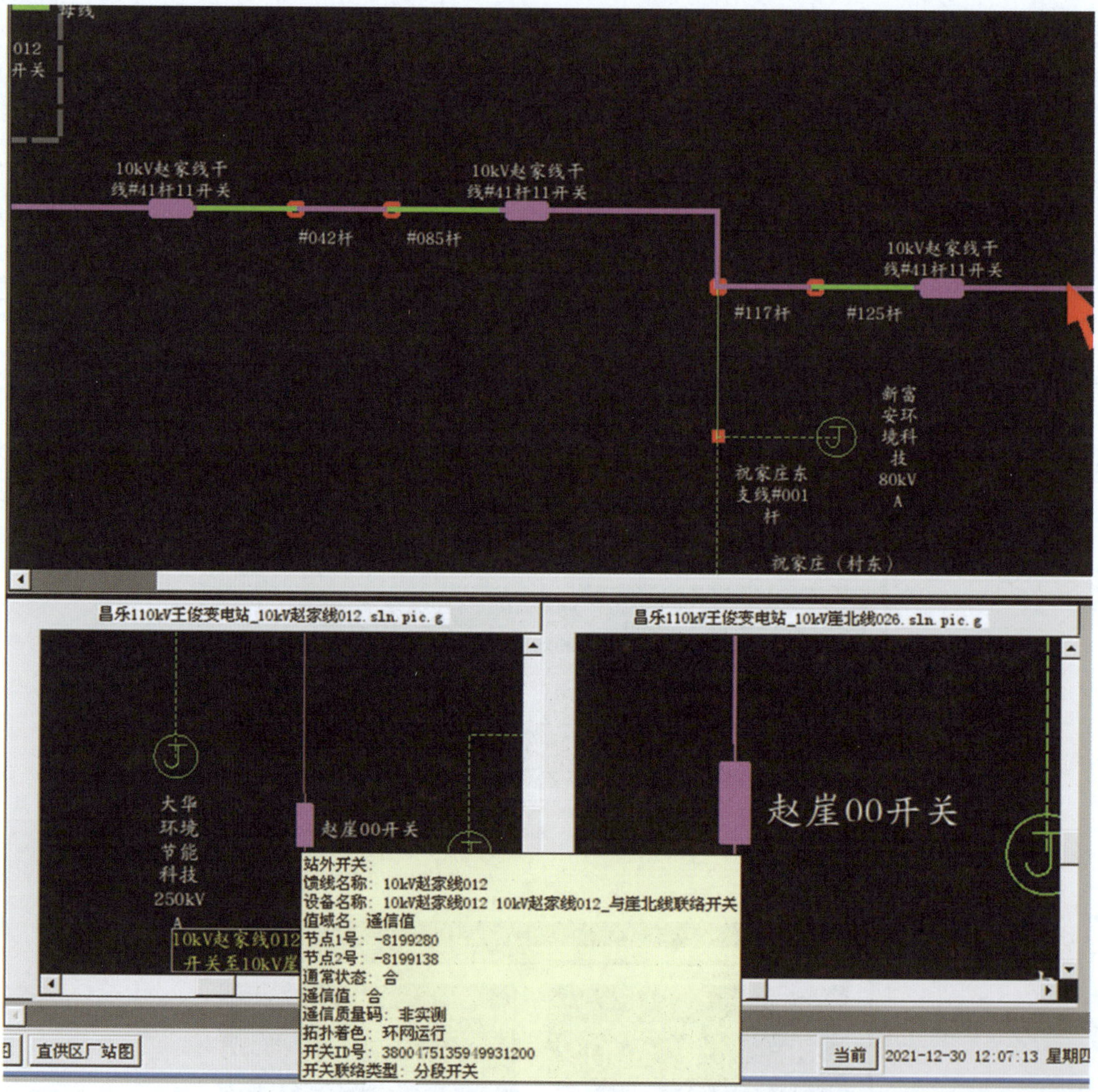

图 6-35 联络开关遥信值为合

第一种情况是现场已通过拆塔或拆杆解环，主站可以在对应杆、塔处设置拆塔；第二种情况是联络开关终端上送的报文是合，但是现场开关是分，这种情况下需要跟现场人员沟通，排查终端问题。

6.4　工作站无法正常使用

工作站无法正常使用原因分析如图 6-36 所示。

图 6-36　工作站无法正常使用原因分析

6.4.1　工作站重启后没有进入到图形界面

1. 问题分析

开机后无法进入图形界面，只显示的是命令界面，通常是因为 kdm 服务异常导致。无法进入图形界面如图 6-37 所示。

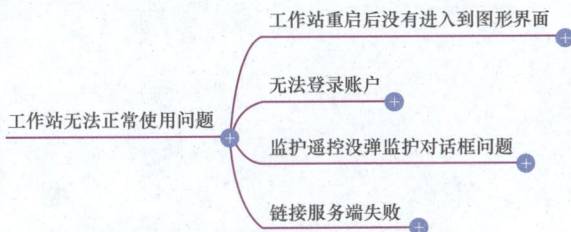

图 6-37　无法进入图形界面

2. 解决方法

（1）遇到这种情况需要在 root 用户下执行"/etc/init.d/kdm restart"，重启 kdm 服务如图 6-38 所示。

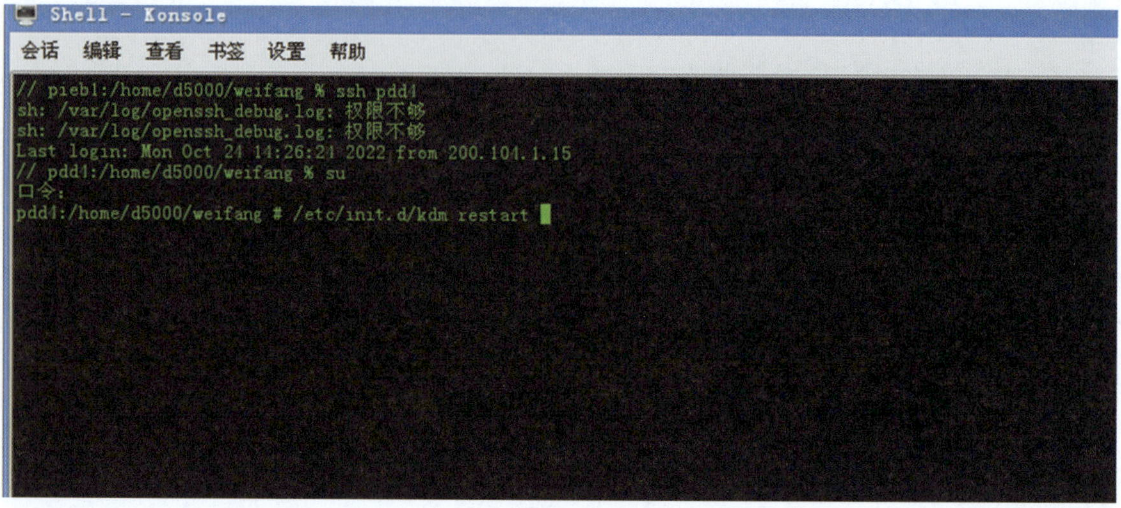

图 6-38　重启 kdm 服务

（2）在 /etc/rc.d/rc.local 中写入 /etc/init.d/kdm restart，写入 rc.local 如图 6-39 所示。在 root 用户下输入 vi /etc/rc.d/rc.local，按 i 键后输入 /etc/init.d/kdm restart，按 esc 键后输入：wq，保存退出后执行 reboot 重启工作站（这种方法可以在每次重启工作站时重启 kdm 服务）。

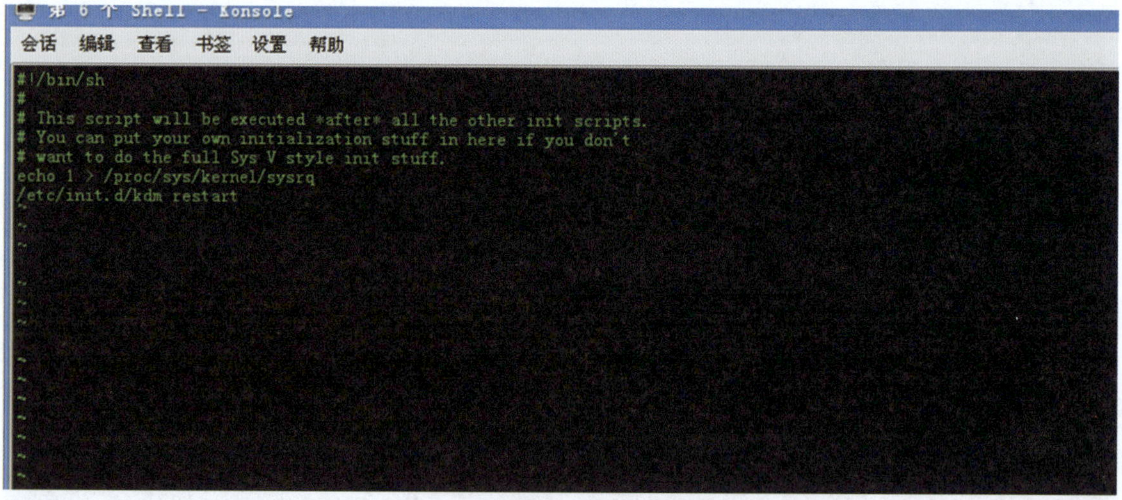

图 6-39　写入 rc.local

6.4.2　无法登录账户

账号登录时提示无法登录，如图 6-40 所示，通常是因为账号密码频繁输入错误导致；可以登录 root 用户，在终端程序输入 faillog –r，重新用原用户账号登录即可。执行 faillog –r 如图 6-41 所示。

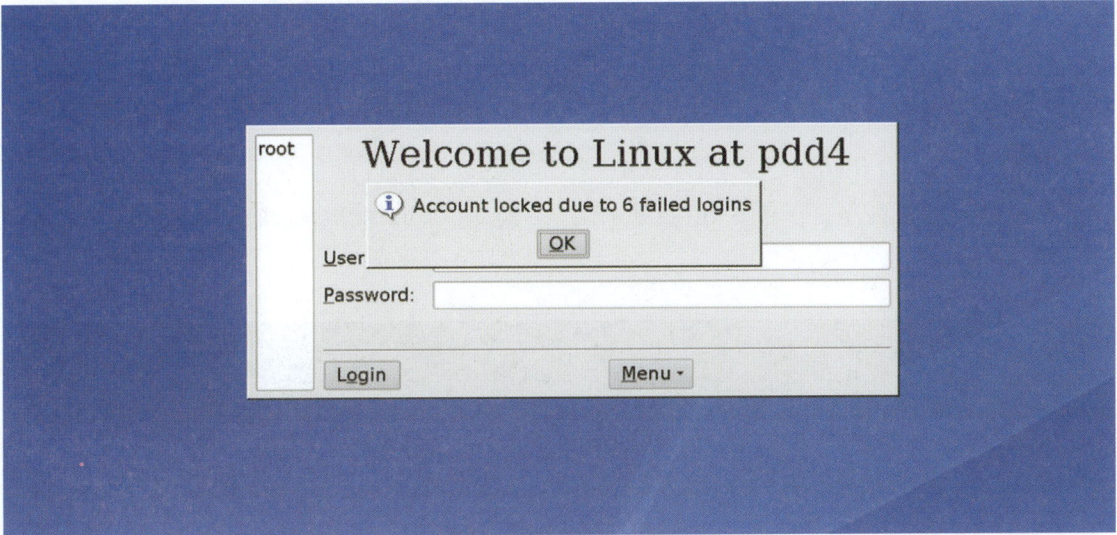

图 6-40　无法登录

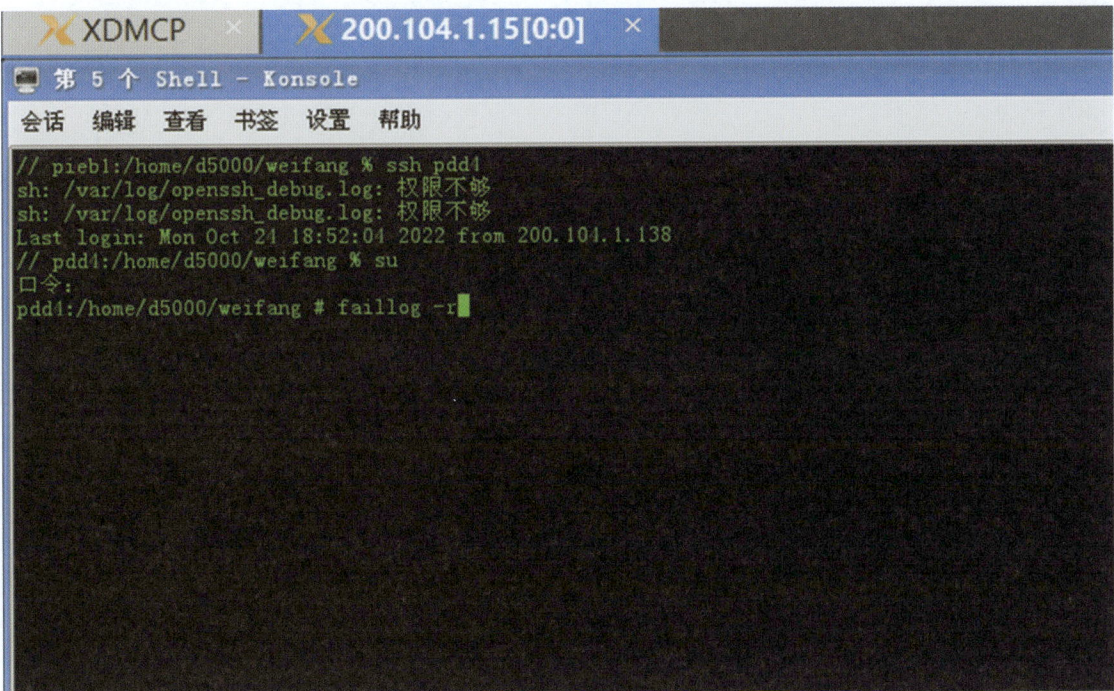

图 6-41　执行 faillog –r

6.4.3　监护遥控没弹对话框问题

1. 程序未启动

查看未弹窗工作站 dms_sca_guard 程序是否在后台运行，通过命令 see dms_sca_gurd 查

133

看是否在后台运行，若未运行，则在 bin 目录下执行 dms_sca_gurad &（实时态）和 dms_sca_gurad –app_no 6100000 &（未来态）。

2. 程序已启动

若 dms_sca_guard 程序已开启到后台，仍未弹窗，则执行命令 see dms_sca_gurd 查看进程号，重新启动该程序，执行“kill–9 进程号”，例如“kill–9 3816/144136”。查看 dms_sca_gurd 进程如图 6–42 所示。

```
// pdd2:/home/d5000/weifang/bin % see dms_sca
d5000      3816       1  0 Apr24 ?        00:00:05 /home/d5000/weifang/bin/dms_sca_guard -app 6510000
d5000    144136 142861  0 10:57 pts/2     00:00:00 dms_sca_guard
d5000    142841       1  0 May21 ?        00:00:00 dms_sca_realshow -combined_id 3800475135866059535 -app_no 6500000
// pdd2:/home/d5000/weifang/bin %
```

图 6–42 查看 dms_sca_guard 进程

6.4.4 链接服务端失败

图形浏览器和实时数据库无法正常使用时，检查工作站和服务器之间的网络是否正常，如果网络不正常，则检查网络问题；如果网络正常，则在工作站上执行 showtask 命令查看节点状态，如图 6–43 所示；通常会显示离线状态，则执行 kp area_task_serv 命令，如图 6–44 所示。

```
第 5 个 Shell - Konsole
会话 编辑 查看 书签 设置 帮助
// pdd4:/home/d5000/weifang % showtask
----------------------------------分布式scada状态信息----------------------------------
态名       应用名   节点名      主区域          备区域  故障区域  节点状态  刷新时间        刷新状态
realtime   dscada   psca1       ,3              .1.2              在线      16时2[illegible]分12秒   刷新     0
realtime   dscada   psca2       ,1,2            .3                在线      16时2[illegible]分12秒   刷新     0
// pdd4:/home/d5000/weifang %
```

离线

图 6–43 查看节点状态

```
// pwh5:/home/d5000/weifang % see area
d5000     2936      1  0 Aug09 ?        00:09:25 /home/d5000/weifang/bin/area_task_trans_serv -app 3400000
// pwh5:/home/d5000/weifang % kp area_task_trans_serv
to be killed:
  2936 /home/d5000/weifang/bin/area_task_trans_serv -app 3400000
the proc status warn str:2022年11月07日15时20分09秒      pwh5    area_task_trans_serv -app 3400000       Killed by kp
begin ...send  msg num 1,actual  message num 1
AP_PUBLIC  host name is  psca1
send alarm message to host psca1, buf_size 232...
use one packet...
service_name is warnserver...
send alarm to server!ret=1

// pwh5:/home/d5000/weifang %
```

图 6–44 kp 程序 area_task_serv

6.5　机房常见问题

机房常见问题原因分析如图 6-45 所示。

图 6-45　机房常见问题原因分析

6.5.1　光纤硬加密终端批量离线

1. 思路分析

（1）光纤终端批量离线时，首先确认光纤终端到主站之间的网络是否正常，再查看掉线终端存在什么共性问题；例如在配网通道表里，可以筛选出掉线终端是否同一端口、网段、加密方式是否一样等。通道表查看掉线终端的共性问题如图 6-46 所示。

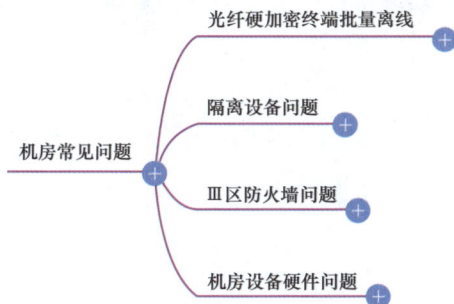

图 6-46　通道表查看掉线终端的共性问题

（2）查看前置服务器上的硬加密的配置文件，如图 6-47 所示；在服务器上执行 "cat conf/enc_hsm.conf 文件名"，该文件记录硬加密设备的 IP 地址和端口号；根据配置文件信息，在对应前置服务器上执行 ping 和 telnet 命令，如图 6-48 所示，查看设备和主站之间通信是否正常。

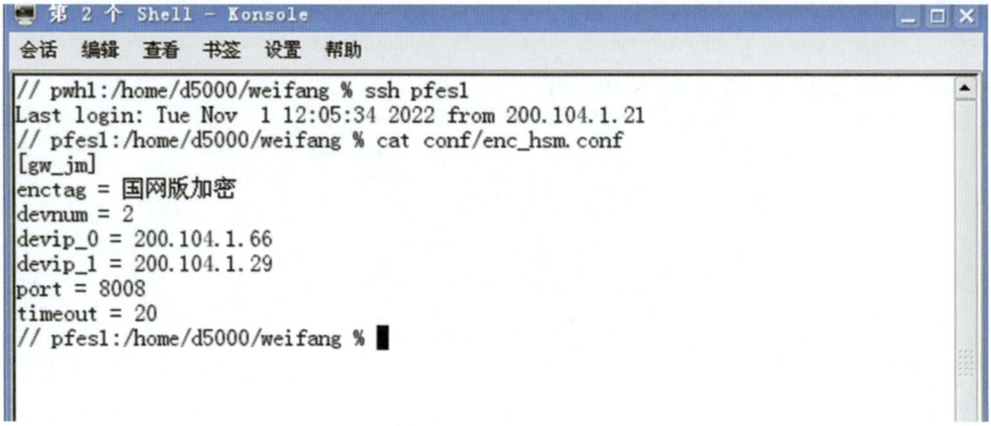

图 6-47 硬加密的配置文件

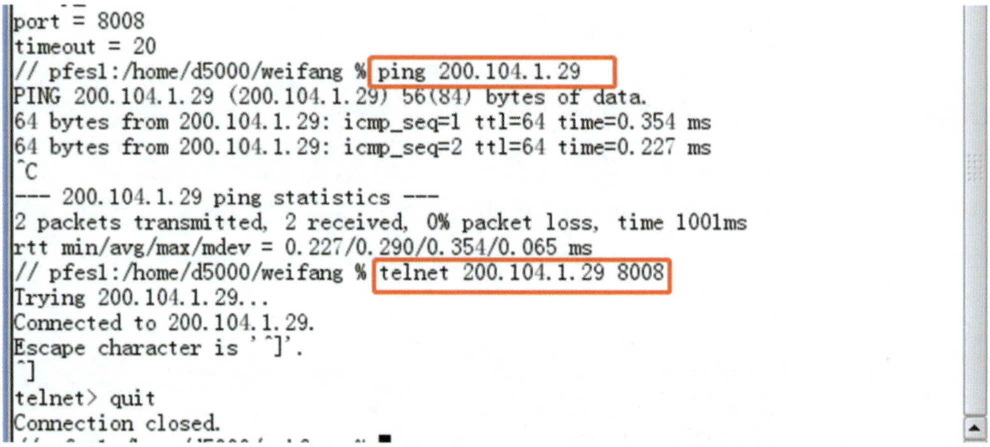

图 6-48 执行 ping 和 telnet 命令

2. 案例分析

硬加密批量掉线，首先确认掉线设备是否存在共性问题，确认加密机跟服务器的网络是否正常；通过"ping 硬加密机的 IP 地址"，如图 6-48 中的 IP 地址，若"ping IP 地址"不通，到机房排查网络不通的原因；若无法登录加密机后台，重启设备；若设备无法正常运行，则判定该设备硬件存在问题。

6.5.2 隔离设备问题

1. 思路分析

隔离设备的作用是传输数据，隔离两侧的设备收不到和发送不了文件时，需要确认隔离是否存在问题，可以在隔离程序目录下查看隔离设备的日志记录是否存在问题。例如，日志存在发送失败等字样，查看发送端对应的文件的路径是否有文件大量缓存。前置 – 反向隔离的日志路径如图 6–49 所示。

```
-rw-rw-r-- 1 d5000 d5000       480 10月 27 09:55 audit_20221027.log.tSM4
-rw-rw-r-- 1 d5000 d5000       998 10月 27 09:56 error_20221027.log
-rw-rw-r-- 1 d5000 d5000 216255872 10月 27 18:13 system_20221027.log
-rw-rw-r-- 1 d5000 d5000     74730 10月 27 18:13 result_20221027.log
-rw-rw-r-- 1 d5000 d5000       113 10月 28 08:36 monitor_20221028.log
-rw-rw-r-- 1 d5000 d5000       499 10月 28 08:39 error_20221028.log
-rw-rw-r-- 1 d5000 d5000 145211631 10月 28 15:34 system_20221028.log
-rw-rw-r-- 1 d5000 d5000     63261 10月 28 15:34 result_20221028.log
// pfes1:/home/d5000/weifang/var/send1主网/log/administrator %
Shell
```

图 6–49　前置 – 反向隔离的日志路径

2. 案例分析

主网收不到配网某段时间发送的遥测文件。

第一步确认隔离程序是否正常运行，在服务器上执行 see java 命令，查看发送端程序是否在线，如图 6–50 所示（send_503.jar 是发送端，recv_503.jar 是接收端）。

```
Last login: Tue Nov  1 14:43:31 2022 from 200.104.1.21
// pfes1:/home/d5000/weifang % see java
d5000     56321     1  0 Sep01 ?     03:23:23 /home/d5000/java-x86_64-80/bin/java -jar recv_503.jar
d5000    100149     1 42 Oct28 ?   1-19:50:09 /home/d5000/java-x86_64-80/bin/java -jar send_503.jar
// pfes1:/home/d5000/weifang %
```

图 6–50　查看发送端是否在线

第二步查看发送端的隔离日志，如图 6–51 所示。查看记录里是否有“失败、出错”等字样，在日志提示的路径中查看是否有大量文件堆积；通常是程序卡死造成的，重启程序即可。发送文件的备份路径如图 6–52 所示。

```
[2022/11/01 13:50:02] 0 /home/d5000/weifang/var/dms_ordinal_ctl/dms_exp_ordinal_ctrl/WF_DMS_YC_DATA_20221101135000.DT 文件正在发送中 ....
[2022/11/01 13:50:02] 0 /home/d5000/weifang/var/dms_ordinal_ctl/dms_exp_ordinal_ctrl/WF_DMS_YC_DATA_20221101135000.DT 文件正在发送中 ....
[2022/11/01 13:50:02] 0 /home/d5000/weifang/var/dms_ordinal_ctl/dms_exp_ordinal_ctrl/WF_DMS_YC_DATA_20221101135000.DT 文件正在发送中 ....
[2022/11/01 13:50:02] 0 /home/d5000/weifang/var/dms_ordinal_ctl/dms_exp_ordinal_ctrl/WF_DMS_YC_DATA_20221101135000.DT 文件正在发送中 ....
[2022/11/01 13:50:02] 任务名为：【精准切负荷】文件[/home/d5000/weifang/var/dms_ordinal_ctl/dms_exp_ordinal_ctrl/WF_DMS_YC_DATA_20221101135000.DT]已经被成功发送到200.104.1.33.
[2022/11/01 13:50:02] 精准切负荷 文件[/home/d5000/weifang/var/dms_ordinal_ctl/dms_exp_ordinal_ctrl/WF_DMS_YC_DATA_20221101135000.DT]写记录文件成功!
[2022/11/01 13:50:03] 0 /home/d5000/weifang/var/WFGF/WF_YC_20221101135000.DT 文件正在发送中 ....
[2022/11/01 13:50:03] 0 /home/d5000/weifang/var/WFGF/WF_YC_20221101135000.DT 文件正在发送中 ....
[2022/11/01 13:50:03] 0 /home/d5000/weifang/var/WFGF/WF_YC_20221101135000.DT 文件正在发送中 ....
```

```
[2022/11/04 00:16:15] 3 成功
[2022/11/04 00:16:43] 3 成功
[2022/11/04 00:17:33] 3 成功
[2022/11/04 00:18:26] 3 失败 接收数据包出错
[2022/11/04 00:18:29] 3 失败 接收数据包出错
[2022/11/04 00:18:32] 3 失败 接收数据包出错
[2022/11/04 00:19:02] 3 成功
[2022/11/04 00:19:13] 3 成功
[2022/11/04 00:19:57] 3 成功
```

图 6–51　查看隔离日志（一）

[2022/11/04 19:41:02] 0 /home/d5000/weifang/var/WFGF/WF_YC_20221104194050.DT 文件正在发送中 ....
[2022/11/04 19:41:02] 0 /home/d5000/weifang/var/WFGF/WF_YC_20221104194050.DT 文件正在发送中 ....
[2022/11/04 19:41:02] 0 /home/d5000/weifang/var/WFGF/WF_YC_20221104194050.DT 文件正在发送中 ....
[2022/11/04 19:41:02] 0 /home/d5000/weifang/var/WFGF/WF_YC_20221104194050.DT 文件正在发送中 ....
[2022/11/04 19:41:02] Link-1 文件 [/home/d5000/weifang/var/WFGF/WF_YC_20221104194050.DT]经链路Link-1发送失败三次，重新寻找可发送路径！
[2022/11/04 19:41:02] 0 /home/d5000/weifang/var/WFGF/WF_YC_20221104194050.DT 文件正在发送中 ....
[2022/11/04 19:41:02] 0 /home/d5000/weifang/var/WFGF/WF_YC_20221104194050.DT 文件正在发送中 ....
[2022/11/04 19:41:02] 0 /home/d5000/weifang/var/WFGF/WF_YC_20221104194050.DT 文件正在发送中 ....
[2022/11/04 19:41:02] 0 /home/d5000/weifang/var/WFGF/WF_YC_20221104194050.DT 文件正在发送中 ....

图 6-51　查看隔离日志（二）

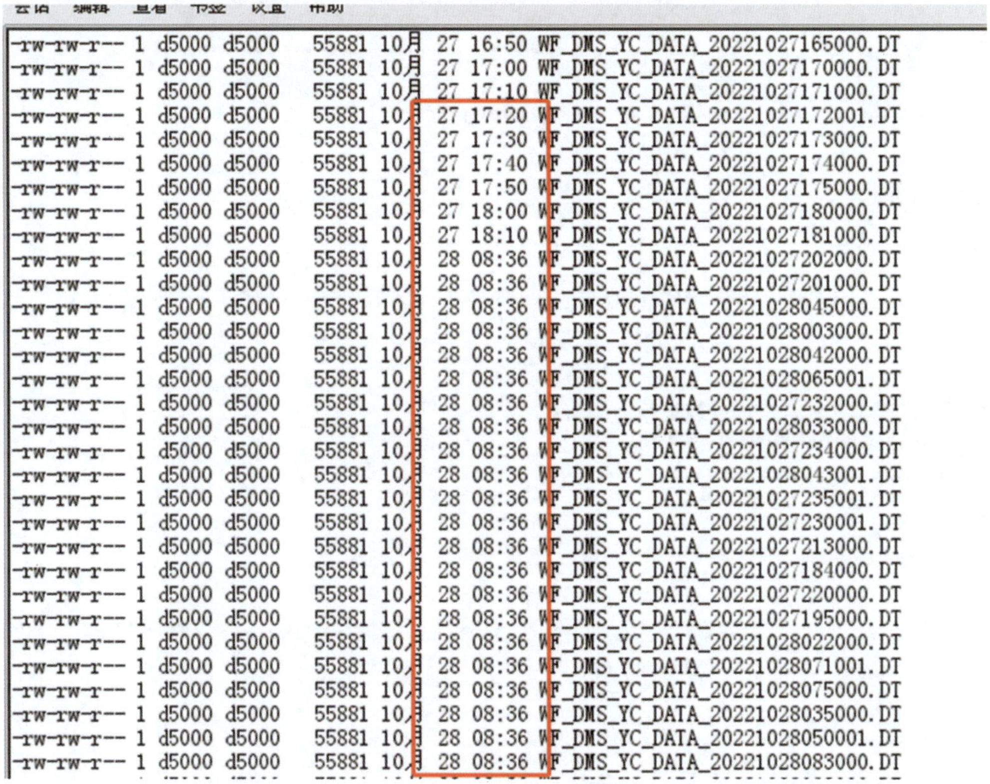

图 6-52　发送文件的备份路径

6.5.3　Ⅲ区防火墙问题

　　Ⅲ区防火墙现运行的业务有透明化指标业务、供服指挥系统业务、电科院数据、办公网、透明化图模传输，新增防火墙策略要确认网络、端口、访问方向，以确保策略正常。

　　解决方法：新增防火墙策略时，首先确认新增策略的两端网络是否正常，可先在防火墙配置一个全通策略，如图 6-53 所示；然后用一侧设备 ping 对侧的 IP 地址，查看网络是否正常，网络正常后可以根据需求配置防火墙策略。

图 6-53　全通策略

6.5.4　机房设备硬件问题

机房设备硬件出现问题时，先通过外观和声音去判断设备本体是否正常，设备正常运行时，设备指示灯通常是绿色，正常运行设备如图 6-54 所示。若硬盘有问题，硬盘设备指示灯的颜色会变成别的颜色（如红色）；遇到网络问题时，在开关位置的网络指示灯会变成其他颜色（如红色）；若设备是双电源，缺少一路电源会有报警声音。

图 6-54　正常运行设备

6.6　配网终端异常问题排查

配网终端常见异常为数据接入采集异常，其原因分析如图 6-55 所示。

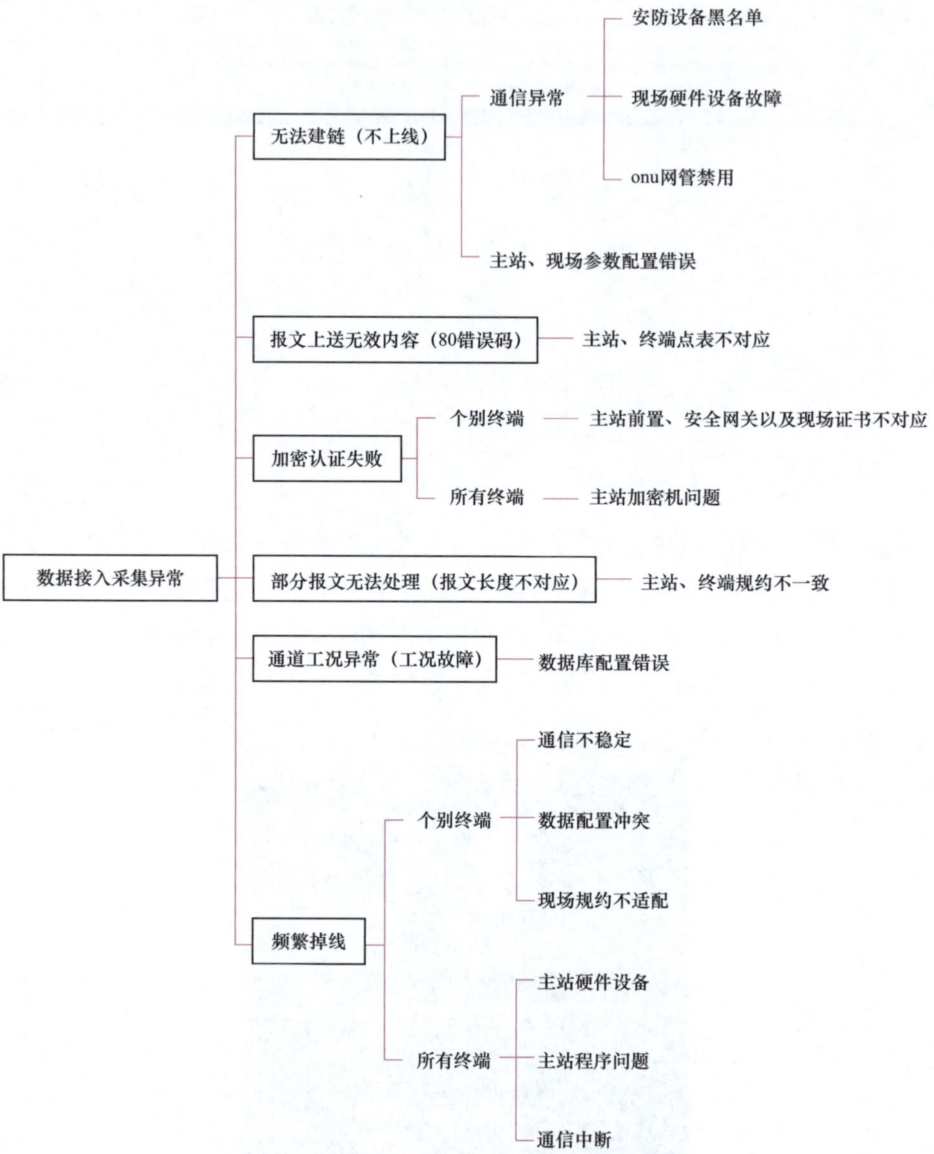

图 6-55 数据接入采集异常原因分析

6.6.1 现象 1：无法建链

现场终端在线，但现场终端的实时数据与主站侧无法交互（主站侧显示终端离线），即存在无法建链的情况，如图 6-56 所示。

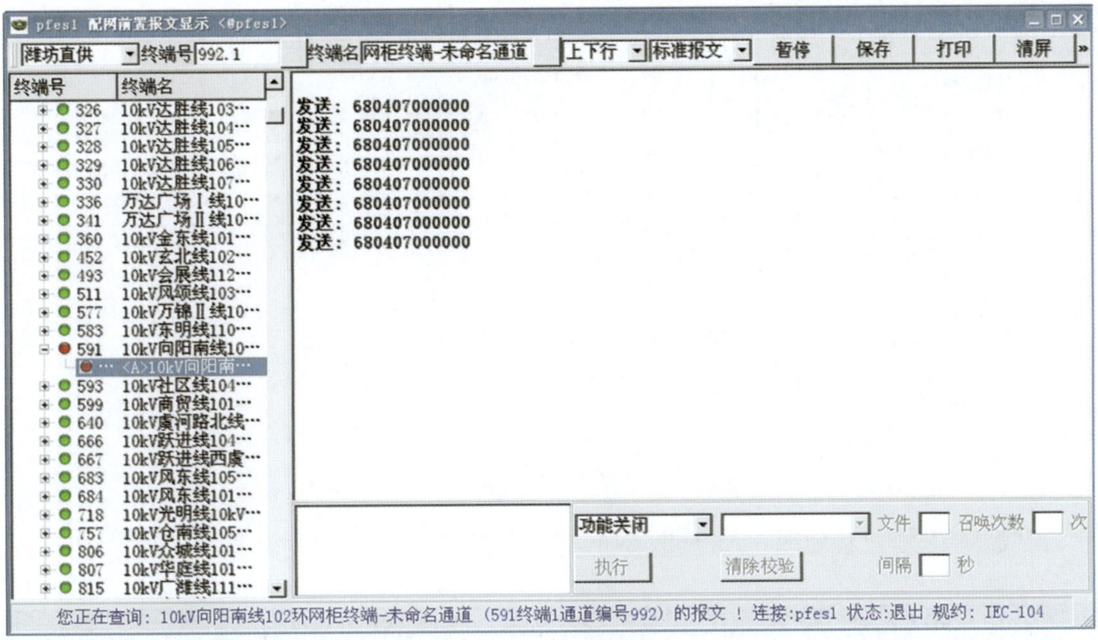

图 6-56　无法建链

1. 排查思路

（1）若是首次接入系统，需要全面检查涉及的网络设备配置情况和Ⅰ区系统、安全接入区系统的程序运行和网卡配置情况等。

（2）系统投运后新接入同网段终端时，排查网络通信是否正常，若不通则需要确认安全网关装置和防火墙装置是否对此IP地址添加白名单放行策略。检查无误后，须确认数据库配网通道表配置中端口号、IP地址、RTU地址、通信规约、通信方式、所属系统等是否配置正常。检查均无误后，须联系终端人员确认现场是否具备接入条件，相关配置是否正确，必要时需现场人员监视报文收发判断是否存在问题。

2. 主站侧问题排查方法

光纤终端排查方法：主站作为客户端，到对应的采集服务器中，通过 ping 终端 IP 和 telnet 终端 IP 端口号的方式，若无法 ping 通，须联系终端人员核实现场配置情况。主站和终端两侧检查无误后还存在问题时，须联系公司信通人员排查 onu 两侧网络。

无线终端排查方法：主站作为服务端，到对应的采集服务器中，通过查询 dfes_udp_server_multi 日志查看终端是否来连接以及对应通道编号是否正确；若不正确，需要执行 dfes_read_fac_chan 重新读取通道信息。

【示例】光纤终端排查过程（ping 和 telnet 终端）如图 6-57 所示。

```
root    111312   8622  0 Oct23 pts/1    00:00:44 dfes_tcp_client_pub 20.17.11.122 6987 2404 A
root    111735   8622  0 Oct25 pts/1    00:00:26 dfes_tcp_client_pub 20.17.82.151 6222 2404 A
root    112011   8622  0 11:26 pts/1    00:00:02 dfes_tcp_client_pub 20.17.80.29 6586 2404 A
root    112924   8622  0 Oct21 pts/1    00:01:15 dfes_tcp_client_pub 20.17.32.140 8820 2404 A
root    113032   8622  0 11:30 pts/1    00:00:02 dfes_tcp_client_pub 20.17.96.134 10479 2404 A
root    113377   8622  0 Oct05 pts/1    00:04:10 dfes_tcp_client_pub 20.17.19.126 11031 2404 A
root    113540   8622  0 Oct24 pts/1    00:00:40 dfes_tcp_client_pub 20.17.111.5 8739 2404 A
root    113542   8622  0 Oct25 pts/1    00:00:19 dfes_tcp_client_pub 20.17.82.131 7656 2404 A
root    113866   8622  0 11:33 pts/1    00:00:01 dfes_tcp_client_pub 20.17.80.48 6519 2404 A
root    114105   8622  0 11:34 pts/1    00:00:02 dfes_tcp_client_pub 20.17.32.123 6584 2404 A
root    114542   8622  0 Oct15 pts/1    00:02:11 dfes_tcp_client_pub 20.17.98.19 8727 2404 A
root    114627   8622  0 Oct14 pts/1    00:02:23 dfes_tcp_client_pub 20.17.28.132 8837 2404 A
// pcj1:/home/d5000/weifang % ping 20.17.28.55
PING 20.17.28.55 (20.17.28.55) 56(84) bytes of data.
^C
--- 20.17.28.55 ping statistics ---
6 packets transmitted, 0 received, 100% packet loss, time 4999ms

// pcj1:/home/d5000/weifang % telnet 20.17.28.55 2404
Trying 20.17.28.55...
```

图 6-57　ping 和 telnet 终端

无线终端排查过程如图 6-58 和图 6-59 所示。

图 6-58　查看无线终端连接情况

```
// psca1:/home/d5000/weifang % ssh pfes3
Last login: Tue Nov 15 09:11:08 2022 from 200.104.1.27
// pfes3:/home/d5000/weifang % dfes_read_fac_chan
```

图 6-59　dfes_read_fac_chan 重新读取通道信息

6.6.2　现象 2：报文上送无效内容

通信报文上送无效（终端上送报文中含 80 错误码，则对应点号的数据无效），部分报文无效如图 6-60 所示。

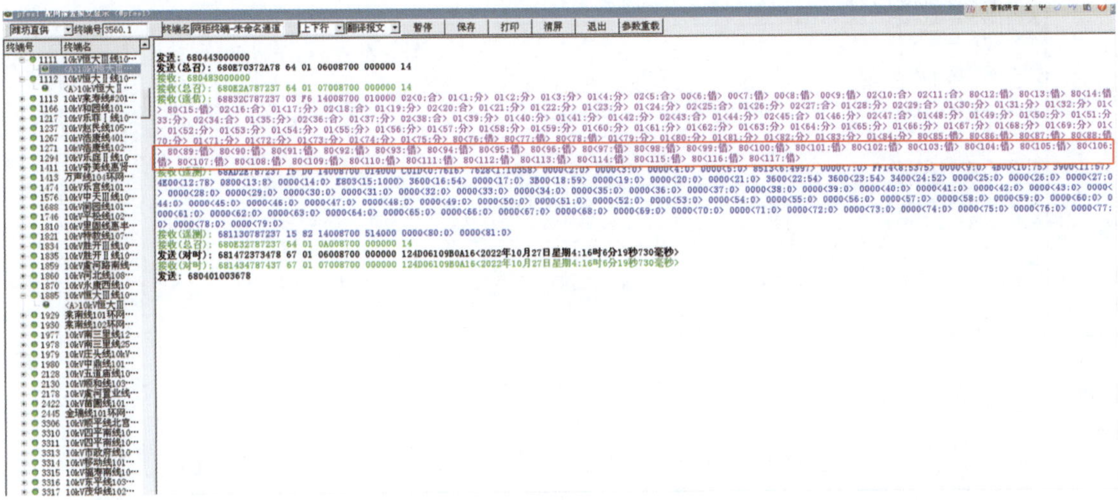

图 6-60　部分报文无效

1. 排查思路

主要原因为主站点表与终端点表不一致。

2. 主站侧问题排查方法

点号较小出现"错"字样，需与终端确认点表是否匹配；点号较大出现"错"字样，还要查看配网通信终端表最大遥信数、最大遥测数是否够用。

【示例】排查过程（数据库最大遥信遥测）如图 6-61 所示。

序号	终端ID	通道个数	最大遥信数	最大遥测数
1	青州测试5G环网柜终端 青州0622测试馈线 青州一二次融合终端	1	512	512
2	高密环网柜调试2K4G 高密调试馈线 高密普通终端	1	512	512
3	10kV邓家庄线祥云支线1号环网柜 高密10kV邓家庄线 高密普通终端	1	512	512
4	10kV邓家庄线祥云支线2号环网柜 高密10kV邓家庄线 高密普通终端	1	512	512
5	青州测试2K4G环网柜终端 青州0622测试馈线 青州普通终端 青州测试2K4G环网柜	1	512	512
6	营子线01环网柜终端 青州10kV营子线 青州一二次融合终端 10kV营子线01柜	1	512	512
7	国网测试环网柜01 精准负荷控制板2	1	128	128
8	国网测试环网柜03 精准负荷控制板1 测试环网柜03	1	128	128
9	国网测试环网柜04 精准负荷控制板1 测试环网柜04	1	128	128
10	国网测试环网柜05 国网测试B线 测试环网柜05	1	128	128

图 6-61　数据库最大遥信遥测

6.6.3　现象 3：加密认证失败

加密认证失败如图 6-62 所示。

图 6-62　加密认证失败

1. 排查思路

若是个别终端，考虑为单独的证书问题；若是全部终端，则考虑加密机问题。

2. 主站侧问题排查方法

个别终端认证失败排查方法：加密认证失败时，首先确认主站前置服务器证书是否以此终端通道编号命名，并用 md5sum 检验证书是否与安全网关装置证书一致；其次确认加密证书与现场终端是否对应，通常加密证书编号是以现场终端设备序列号命名。

【示例】排查过程（加密证书核验）如图 6-63 所示。

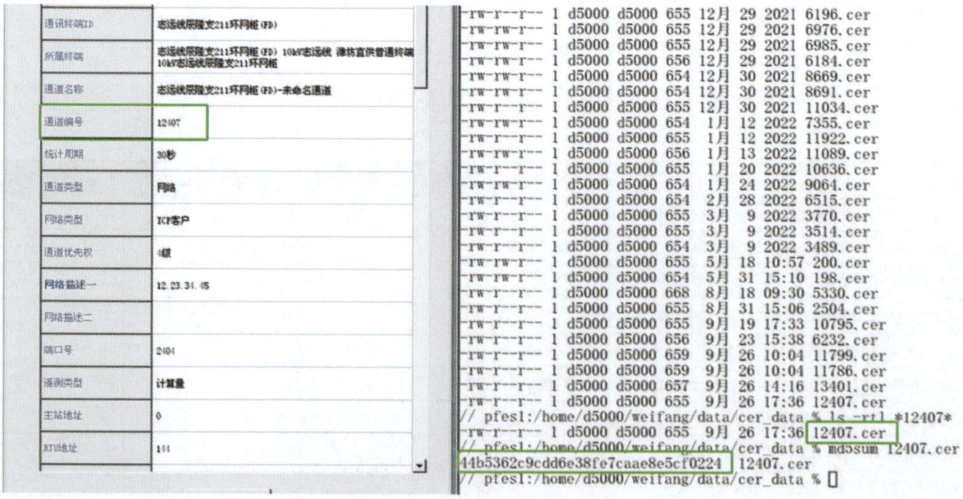

图 6-63　加密证书核验

全部终端认证失败排查方法：测试加密机网络是否正常，若网络正常则需联系设备厂商处理。

6.6.4　现象 4：链路地址字节数不一致

部分报文无法处理，链路地址字节数不一致如图 6-64 所示。

图 6-64　链路地址字节数不一致

1. 排查思路

链路地址字节数不一致的主要原因为主站与终端规约参数配置不匹配。

2. 主站侧问题排查方法

规约表遥信、遥测、遥控的起始地址和地址数须与现场一致，遥控类型单双命令也应保持一致。

【示例】排查过程（配网 104/101 规约表）如图 6-65 所示。

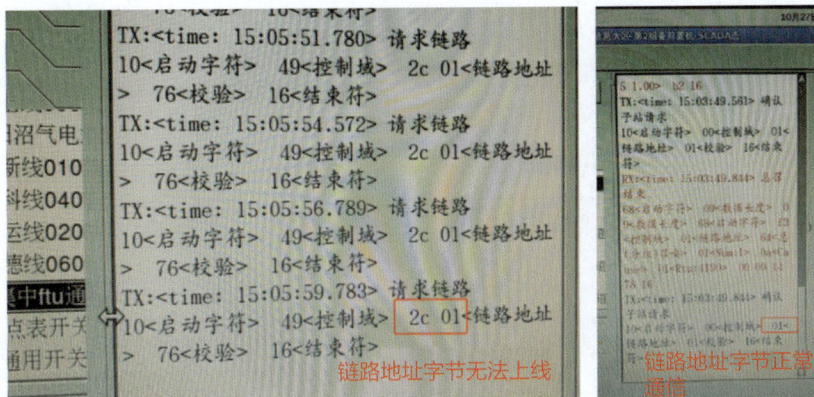

图 6-65　配网 104/101 规约表

6.6.5 现象 5：通道工况异常

通道故障如图 6-66 所示。

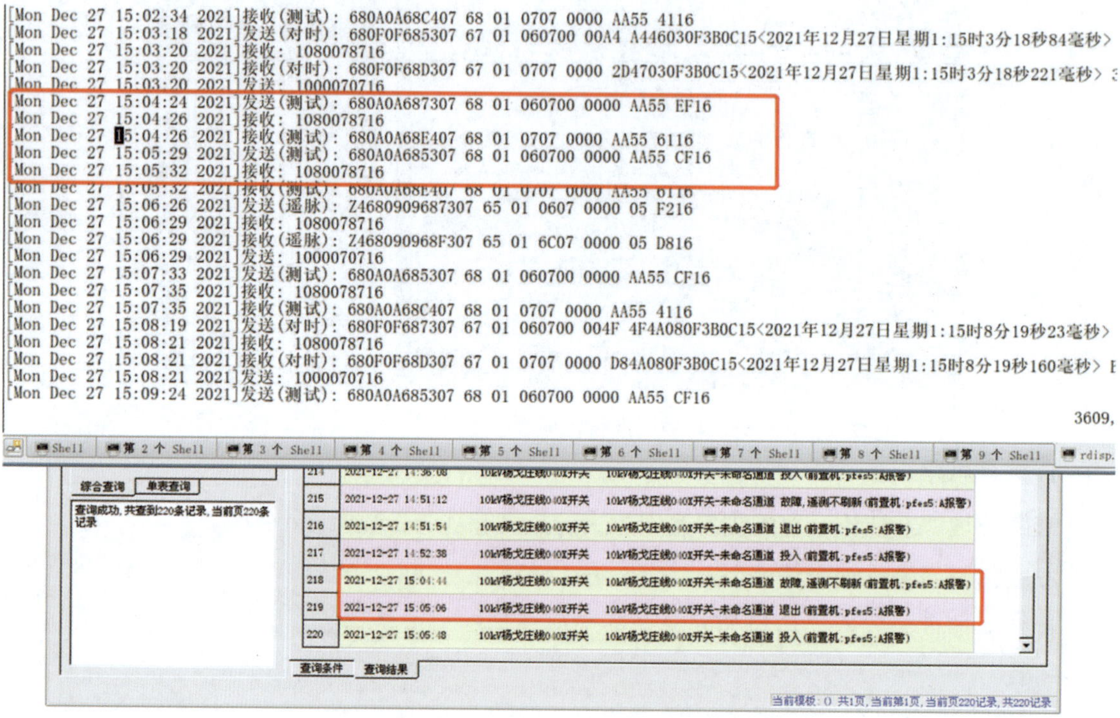

图 6-66 通道故障

1. 排查思路

通道故障的主要原因为主站数据库配置错误。

2. 主站侧问题排查方法

检查内容包括：配网通道表、配网终端信息表是否存在重复编号；所属系统是否选择正确；故障阈值是否设置为 0；是否存在重复 IP 配置等情况。

【示例】排查过程（配网通道表故障阈值）如图 6-67 所示。

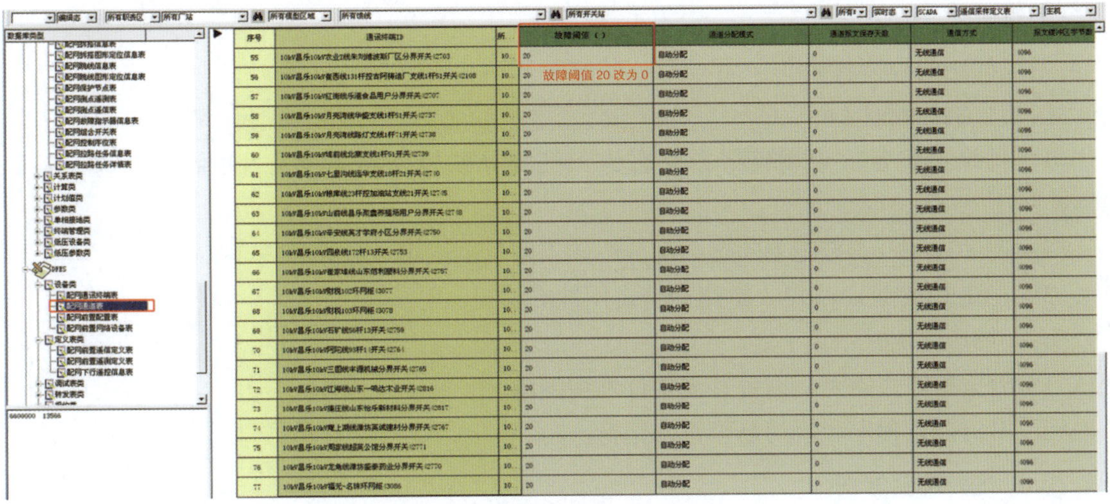

图 6-67　配网通道表故障阈值

6.6.6　现象 6：配网终端频繁掉线

配网终端频繁掉线如图 6-68 所示。

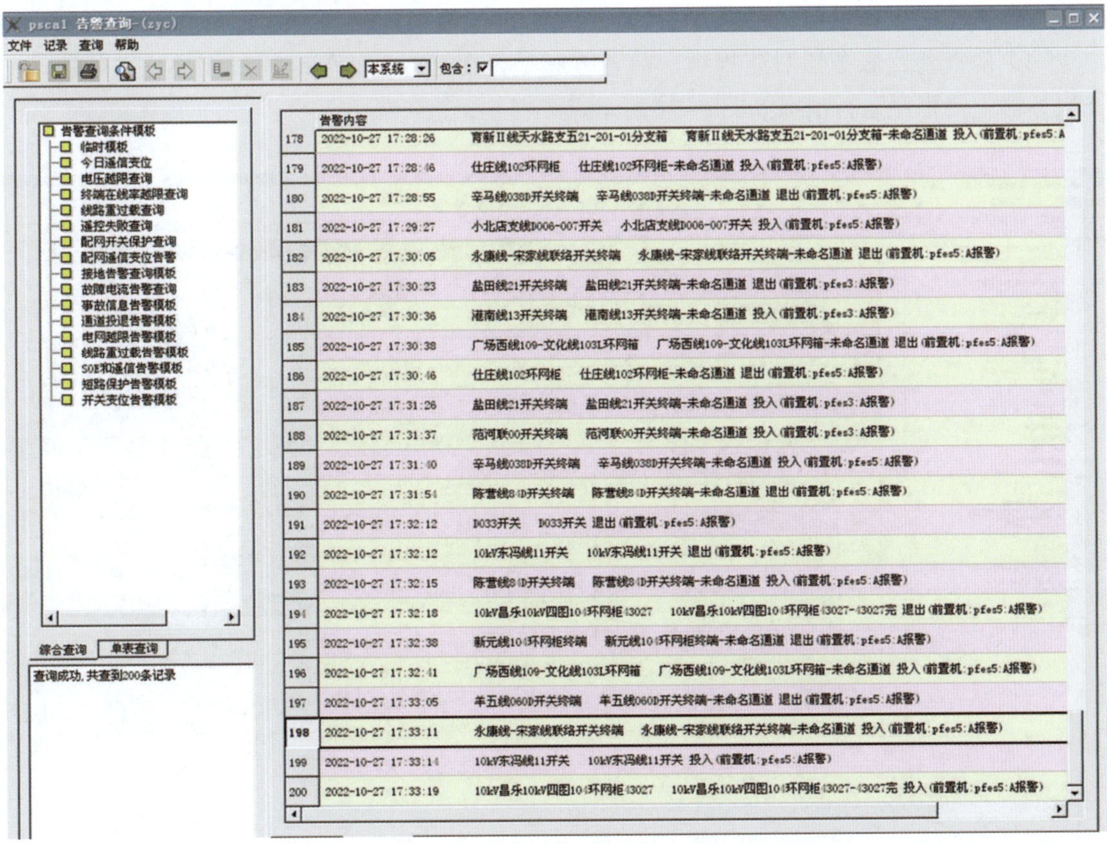

图 6-68　配网终端频繁掉线

1. 排查思路

常见问题两种情况如下。

（1）个别终端时：

1）网络不稳定、现场信号差、恶劣天气等导致现场终端无法及时回复报文，终端离线。

2）现场规约、参数配置问题，部分终端不回复测试帧导致终端离线。

3）存在 IP 地址、端口、链路地址占用冲突情况。

（2）批量终端时：

1）着重检查主站隔离设备有无文件堆积问题。

2）对应前置程序和规约是否正常运行。

2. 主站侧排查方法

（1）在相应采集服务器检查网络，确认是否能 ping 通终端，不通则需要逐级排查网络设备是否存在网口接触不良情况或者设备故障的情况。

（2）数据库配网通道表检查个别终端 IP 地址、端口号、链路地址是否冲突。检查主站配置是否冲突如图 6-69 所示。

（3）检查安全接入区服务器隔离发送和接收路径是否有文件堆积未解析情况。检查隔离是否有文件堆积如图 6-70 所示。

（4）检查前置服务器对应规约、前置程序是否在运行，必要时通过相关日志分析。检查服务器主要程序运行情况如图 6-71 所示。

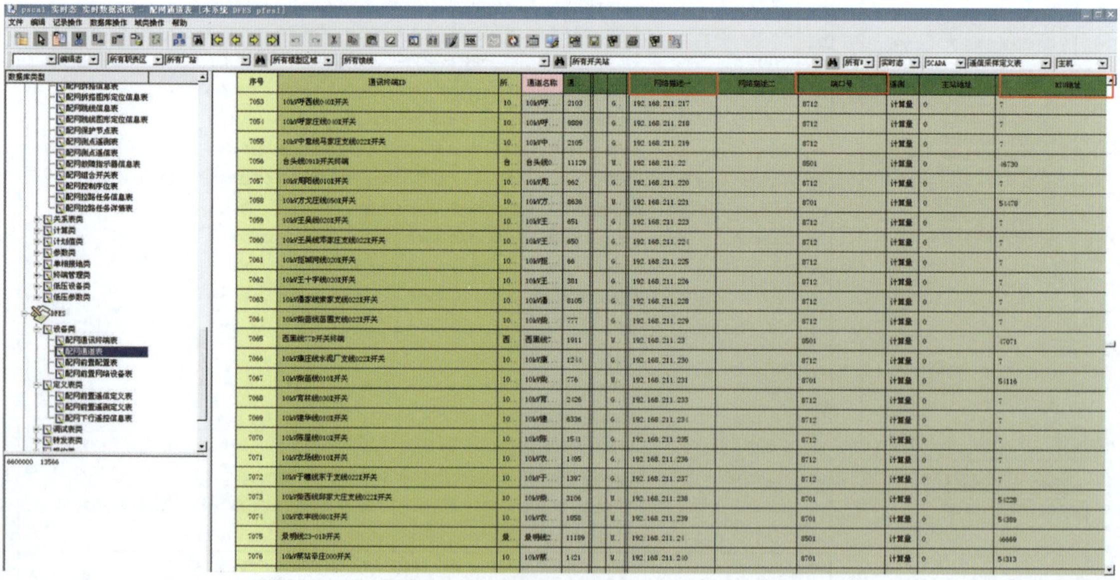

图 6-69　检查主站配置是否冲突

```
-r--r--r-- 1 d5000 d5000    295 10月 27 18:07 fes_status_file_pcjl_pfes1_20221027180455_365.DT
-r--r--r-- 1 d5000 d5000 127791 10月 27 18:07 channal_status_file_pcjl_pfes1_20221027180457_299.DT
// pfes1:/home/d5000/weifang/var/saa_edata/inter_imp.bak % ll
总用量 528
-r--r--r-- 1 d5000 d5000    295 10月 27 18:06 fes_status_file_pcjl_pfes1_20221027180410_365.DT
-r--r--r-- 1 d5000 d5000 127791 10月 27 18:06 channal_status_file_pcjl_pfes1_20221027180412_299.DT
-r--r--r-- 1 d5000 d5000    295 10月 27 18:06 fes_status_file_pcjl_pfes1_20221027180425_365.DT
-r--r--r-- 1 d5000 d5000 127791 10月 27 18:06 channal_status_file_pcjl_pfes1_20221027180427_299.DT
-r--r--r-- 1 d5000 d5000    295 10月 27 18:07 fes_status_file_pcjl_pfes1_20221027180440_365.DT
-r--r--r-- 1 d5000 d5000 127791 10月 27 18:07 channal_status_file_pcjl_pfes1_20221027180442_299.DT
-r--r--r-- 1 d5000 d5000    295 10月 27 18:07 fes_status_file_pcjl_pfes1_20221027180455_365.DT
-r--r--r-- 1 d5000 d5000 127791 10月 27 18:07 channal_status_file_pcjl_pfes1_20221027180457_299.DT
// pfes1:/home/d5000/weifang/var/saa_edata/inter_imp.bak % ll
总用量 528
-r--r--r-- 1 d5000 d5000    295 10月 27 18:06 fes_status_file_pcjl_pfes1_20221027180410_365.DT
-r--r--r-- 1 d5000 d5000 127791 10月 27 18:06 channal_status_file_pcjl_pfes1_20221027180412_299.DT
-r--r--r-- 1 d5000 d5000    295 10月 27 18:06 fes_status_file_pcjl_pfes1_20221027180425_365.DT
-r--r--r-- 1 d5000 d5000 127791 10月 27 18:06 channal_status_file_pcjl_pfes1_20221027180427_299.DT
-r--r--r-- 1 d5000 d5000    295 10月 27 18:07 fes_status_file_pcjl_pfes1_20221027180440_365.DT
-r--r--r-- 1 d5000 d5000 127791 10月 27 18:07 channal_status_file_pcjl_pfes1_20221027180442_299.DT
-r--r--r-- 1 d5000 d5000    295 10月 27 18:07 fes_status_file_pcjl_pfes1_20221027180455_365.DT
-r--r--r-- 1 d5000 d5000 127791 10月 27 18:07 channal_status_file_pcjl_pfes1_20221027180457_299.DT
// pfes1:/home/d5000/weifang/var/saa_edata/inter_imp.bak % ll
总用量 528
-r--r--r-- 1 d5000 d5000    295 10月 27 18:06 fes_status_file_pcjl_pfes1_20221027180410_365.DT
-r--r--r-- 1 d5000 d5000 127791 10月 27 18:06 channal_status_file_pcjl_pfes1_20221027180412_299.DT
-r--r--r-- 1 d5000 d5000    295 10月 27 18:06 fes_status_file_pcjl_pfes1_20221027180425_365.DT
-r--r--r-- 1 d5000 d5000 127791 10月 27 18:06 channal_status_file_pcjl_pfes1_20221027180427_299.DT
-r--r--r-- 1 d5000 d5000    295 10月 27 18:07 fes_status_file_pcjl_pfes1_20221027180440_365.DT
-r--r--r-- 1 d5000 d5000 127791 10月 27 18:07 channal_status_file_pcjl_pfes1_20221027180442_299.DT
-r--r--r-- 1 d5000 d5000    295 10月 27 18:07 fes_status_file_pcjl_pfes1_20221027180455_365.DT
-r--r--r-- 1 d5000 d5000 127791 10月 27 18:07 channal_status_file_pcjl_pfes1_20221027180457_299.DT
// pfes1:/home/d5000/weifang/var/saa_edata/inter_imp.bak % ll
总用量 528
-r--r--r-- 1 d5000 d5000    295 10月 27 18:06 fes_status_file_pcjl_pfes1_20221027180410_365.DT
-r--r--r-- 1 d5000 d5000 127791 10月 27 18:06 channal_status_file_pcjl_pfes1_20221027180412_299.DT
-r--r--r-- 1 d5000 d5000    295 10月 27 18:06 fes_status_file_pcjl_pfes1_20221027180425_365.DT
-r--r--r-- 1 d5000 d5000 127791 10月 27 18:06 channal_status_file_pcjl_pfes1_20221027180427_299.DT
-r--r--r-- 1 d5000 d5000    295 10月 27 18:07 fes_status_file_pcjl_pfes1_20221027180440_365.DT
-r--r--r-- 1 d5000 d5000 127791 10月 27 18:07 channal_status_file_pcjl_pfes1_20221027180442_299.DT
-r--r--r-- 1 d5000 d5000    295 10月 27 18:07 fes_status_file_pcjl_pfes1_20221027180455_365.DT
-r--r--r-- 1 d5000 d5000 127791 10月 27 18:07 channal_status_file_pcjl_pfes1_20221027180457_299.DT
// pfes1:/home/d5000/weifang/var/saa_edata/inter_imp.bak %
```

图 6-70　检查隔离是否有文件堆积

```
// pfes3:/home/d5000/weifang % see ph
d5000      7096    7082  5 Aug05 ?        4-23:17:58 dfes_prot_ph101_single
d5000     64574    7082 14 Oct12 ?        2-04:48:27 dfes_prot_ph101
d5000     67920    7082  6 Oct12 ?        22:13:05 dfes_prot_ph101_xjold
// pfes3:/home/d5000/weifang % see jm
d5000      7095    7082  3 Aug05 ?        2-17:44:27 dfes_prot_jm101_n
d5000     85502    7082  1 Aug29 ?        17:01:59 dfes_prot_jm101
d5000    105799    7082  6 Aug31 ?        3-13:27:02 dfes_prot_jm101xjold_n
// pfes3:/home/d5000/weifang %
// pfes3:/home/d5000/weifang % see see dfes_ne
// pfes3:/home/d5000/weifang % see dfes_net
d5000     17108       1  0 Aug31 ?        03:47:35 dfes_net
// pfes3:/home/d5000/weifang % see dfes_assign
d5000     41429       1 26 Jul15 ?        27-13:48:32 dfes_assign
// pfes3:/home/d5000/weifang % see dfes_ex
d5000     41490       1  0 Jul15 ?        09:38:10 dfes_exchange
// pfes3:/home/d5000/weifang %
```

图 6-71　检查服务器主要程序运行情况

【示例】排查过程如图 6-69 ~ 图 6-71 所示。

6.7　终端遥控失败常见问题分析

6.7.1　预置失败

6.7.1.1　现象 1：预置失败，否定确认

预置失败“否定确认”如图 6-72 所示，原因分析如图 6-73 所示。

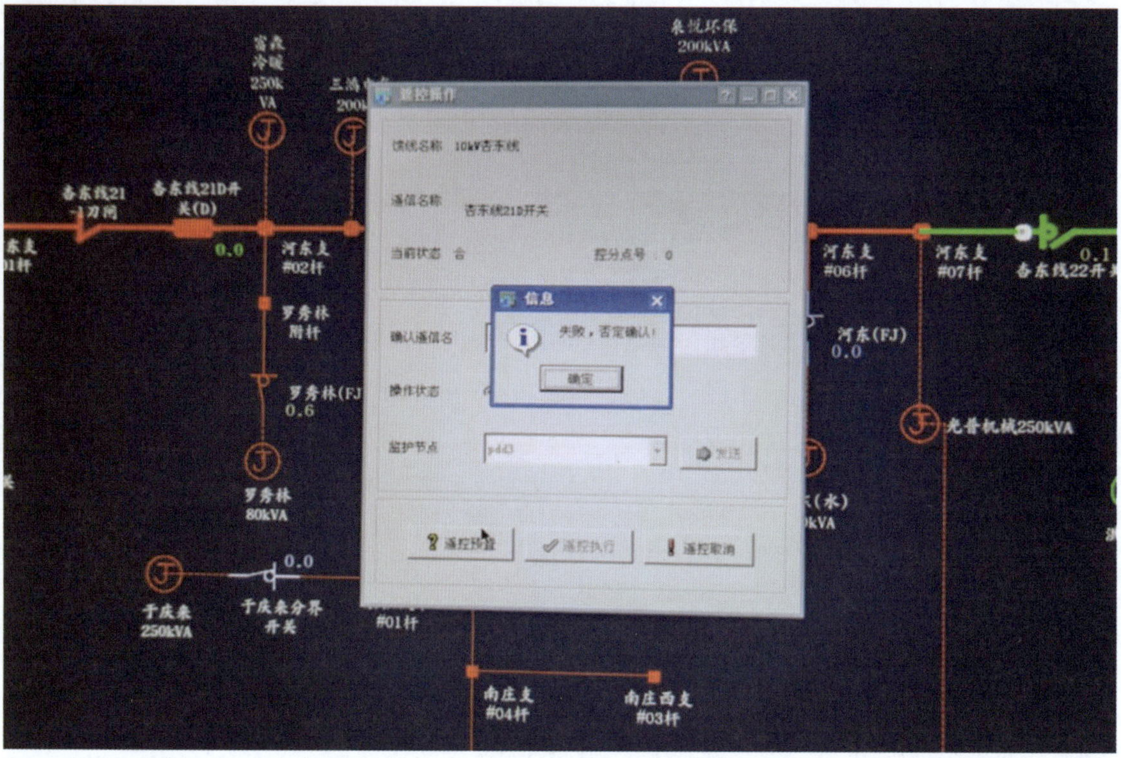

图 6-72　预置失败"否定确认"

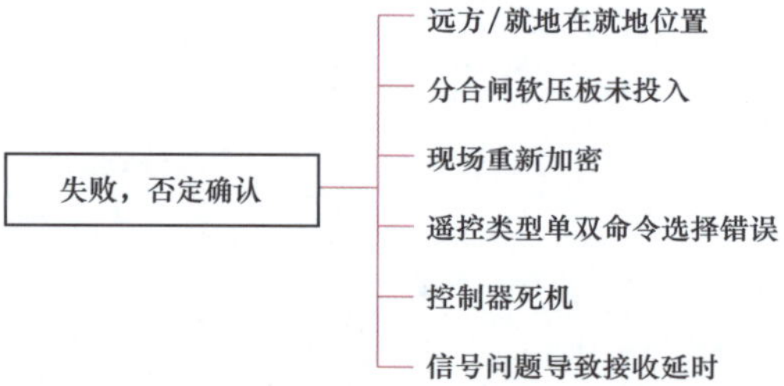

图 6-73　否定确认原因分析

1. 排查思路

（1）主站侧核对内容。

1）现场遥控手把位置是否在远方。

2）遥控类型是单点遥控还是双点遥控。

（2）终端侧核对内容。

1）一次拉杆状态是否在强合。

2）控制器死机。

3）通信问题信号接收延时。

4）软、硬加密不对。

5）一、二次设备故障等情况是否存在。

2. 主站侧问题排查方法

（1）前置实时数据工具中，查看远方 / 就地信号是否在远方。

（2）配网 104/101 规约表遥控类型选择单点还是双点需与现场一致。

【示例】排查过程（远方 / 就地信号）如图 6-74 所示。

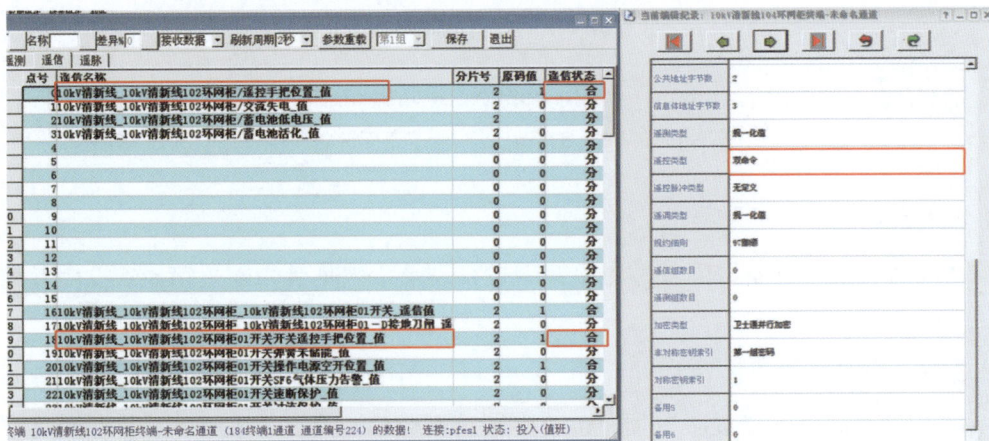

图 6-74　远方 / 就地信号

6.7.1.2　现象 2：工况退出，不可控

"工况退出，不可控"提示如图 6-75 所示，原因分析如图 6-76 所示。

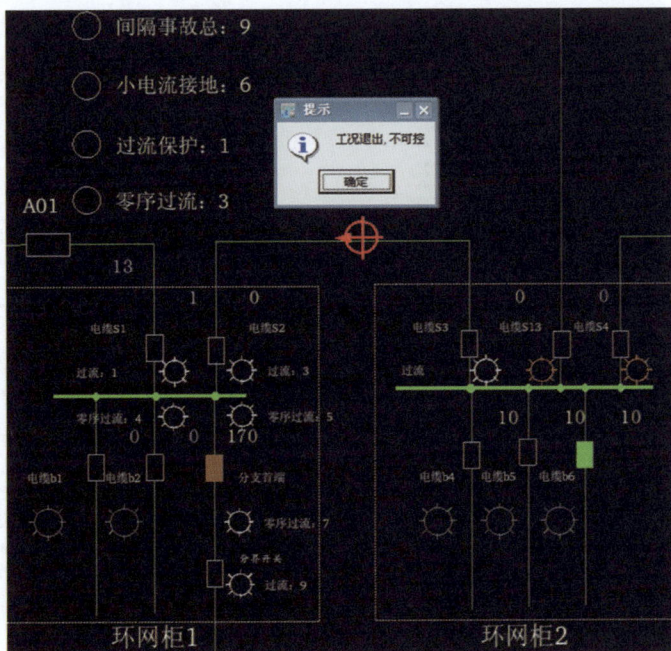

图 6-75　"工况退出，不可控"提示

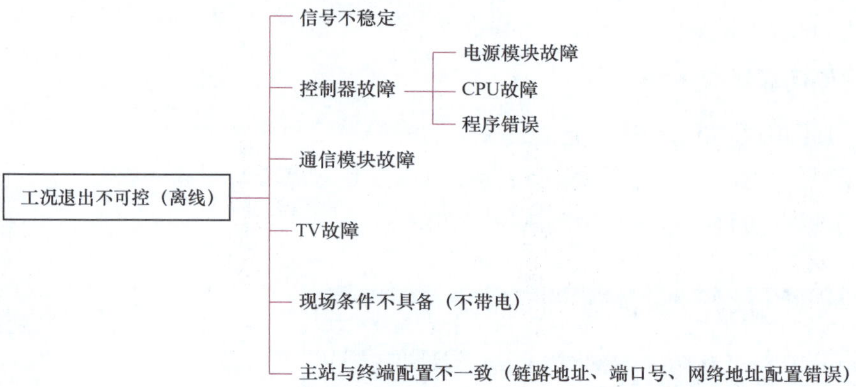

图 6-76　工况退出不可控原因分析

1. 排查思路

除现场排查硬件设备故障外，主站侧需检查终端接入是否因配置错误或变更导致终端离线。

2. 主站侧问题排查方法

（1）首先到对应的采集服务器，ping 终端是否通信正常（可参考 6.6 节配网终端异常问题排查）。

（2）若可以 ping 通则检查主站规约、IP 地址、端口、链路地址等配置，不通时通常需现场排查。

【示例】排查过程如图 6-77 所示。

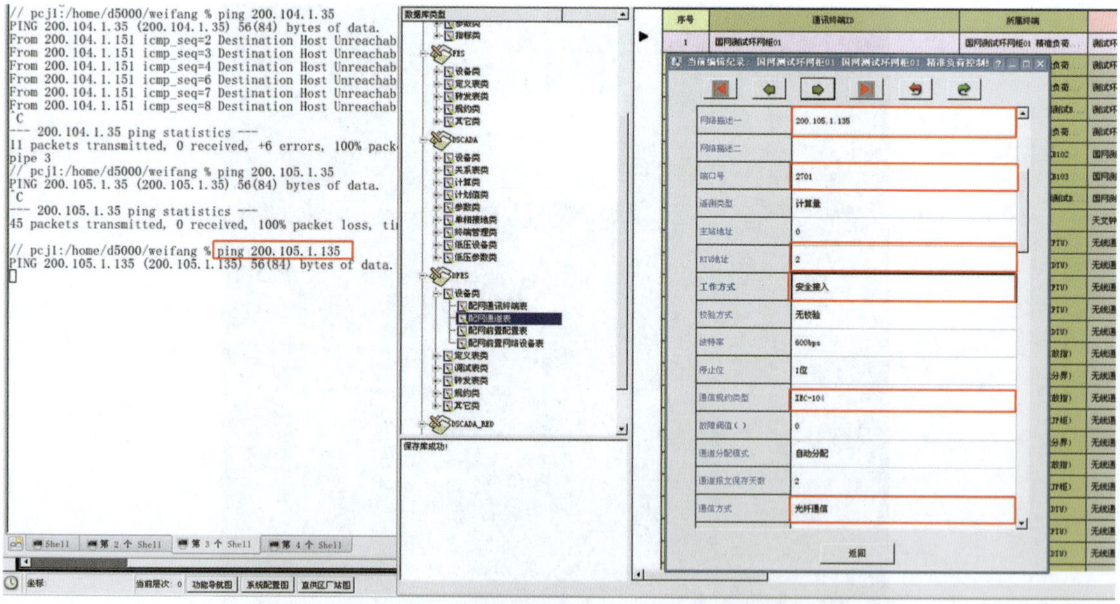

图 6-77　终端接入参数配置、ping 终端内容

6.7.1.3　现象 3：预置超时

"预置超时"提示如图 6-78 所示，原因分析如图 6-79 所示。

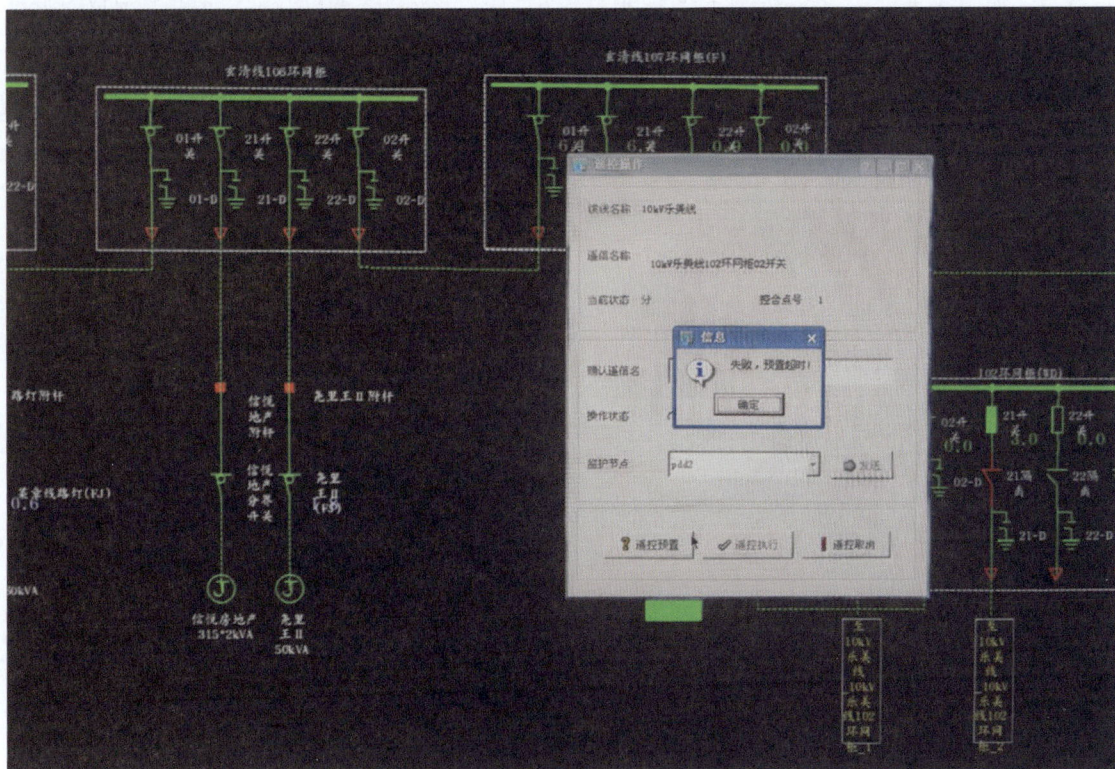

图 6-78　"预置超时"提示

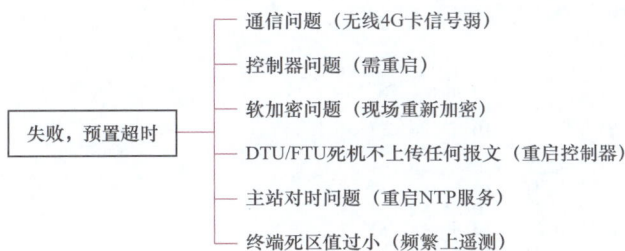

图 6-79　预置超时原因分析

1. 排查思路

（1）排查主站遥控报文下发是否延时，若延时则排查：

1）检查工作站与服务器对时是否正常；

2）确认终端是否存在死区值过小问题。

（2）主站下发正常时，需查看终端是否回复预置报文：若终端未回复预置报文，则需现场确认终端软硬件设备是否故障；若终端回复预置报文，须确认回复的报文是否延时上送，若延时上送则需现场排查是否存在通信质量差等问题。

2. 主站侧问题排查方法

（1）服务器与工作站分别与天文钟装置进行对时，如图 6-80 所示；时间不一致时 root 用户通过修改 ntp.conf 文件中 server IP 为对时服务器的 IP 并重启 ntp 服务，工作站重新对时如图 6-81 所示。

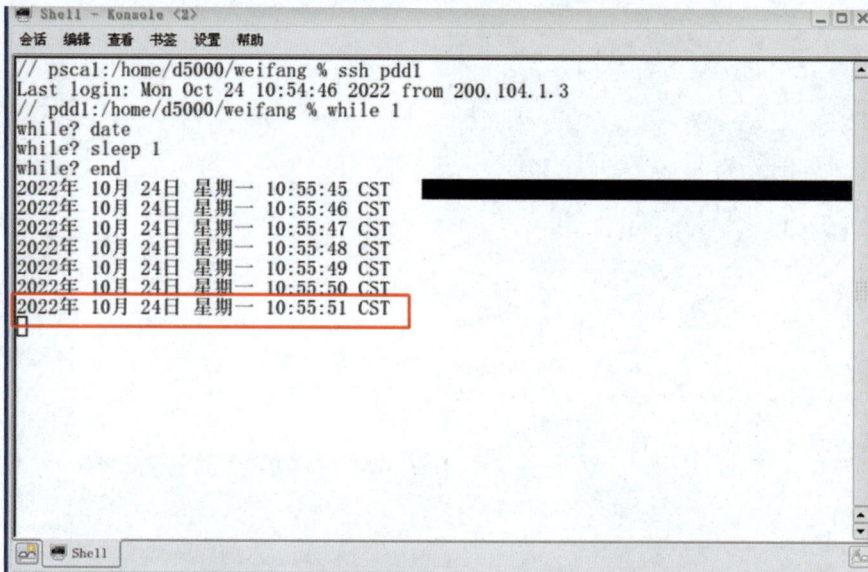

（a）

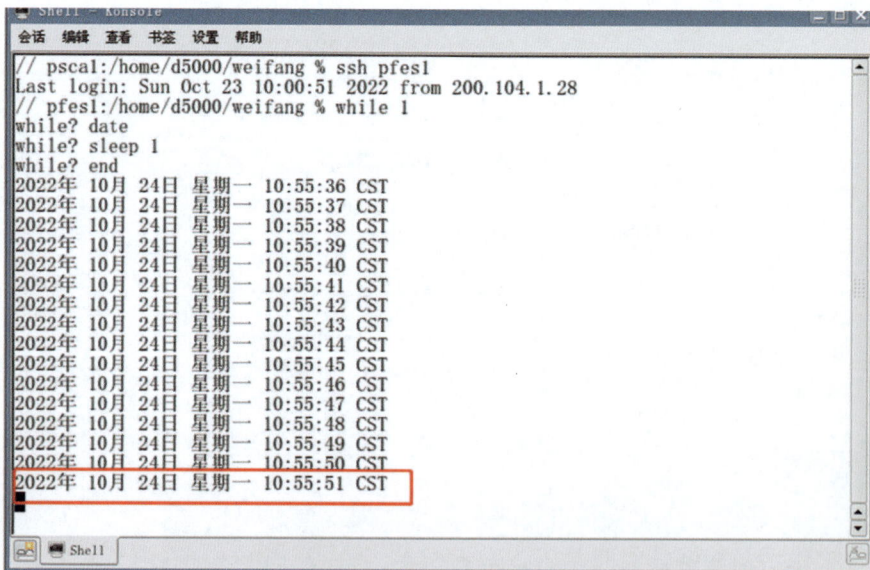

（b）

图 6-80　工作站与对时服务器对时

（a）工作站与对时服务器对时 1；（b）工作站与对时服务器对时 2

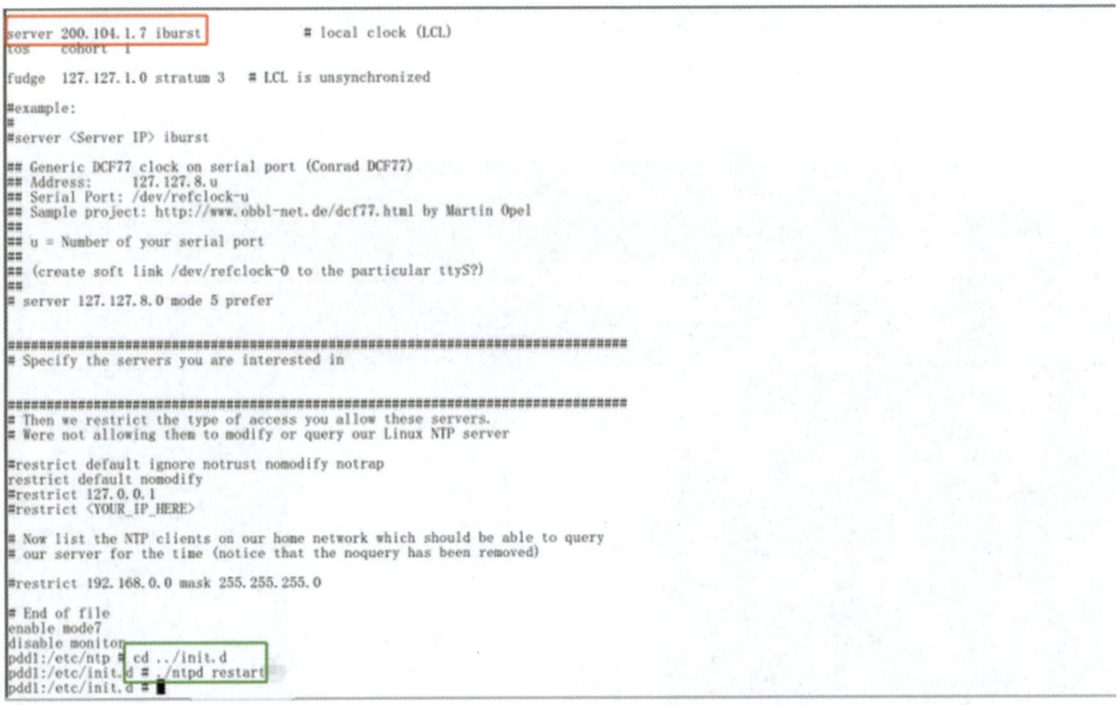

```
server 200.104.1.7 iburst              # local clock (LCL)
tos      cohort 1

fudge 127.127.1.0 stratum 3   # LCL is unsynchronized

#example:
#
#server <Server IP> iburst

## Generic DCF77 clock on serial port (Conrad DCF77)
## Address:     127.127.8.u
## Serial Port: /dev/refclock-u
## Sample project: http://www.obbl-net.de/dcf77.html by Martin Opel
##
## u = Number of your serial port
##
## (create soft link /dev/refclock-0 to the particular ttyS?)
##
# server 127.127.8.0 mode 5 prefer


#############################################################
# Specify the servers you are interested in


#############################################################
# Then we restrict the type of access you allow these servers.
# Were not allowing them to modify or query our Linux NTP server

#restrict default ignore notrust nomodify notrap
restrict default nomodify
restrict 127.0.0.1
#restrict <YOUR_IP_HERE>

# Now list the NTP clients on our home network which should be able to query
# our server for the time (notice that the noquery has been removed)

#restrict 192.168.0.0 mask 255.255.255.0

# End of file
enable mode7
disable monitor
pdd1:/etc/ntp # cd ../init.d
pdd1:/etc/init.d # ./ntpd restart
pdd1:/etc/init.d #
```

图 6-81　工作站重新对时

（2）确认终端是否回复报文以及报文是否上送延时，也可通过主站侧查询历史报文确认。历史报文存放条件：配网通道表域报文保存天数已维护。历史报文存放路径：光纤 / 无线终端对应的前置服务器 /var/dfes/dfes_rdisp.log/* 日期 – 通道编号 *。历史报文存放路径如图 6–82 所示。

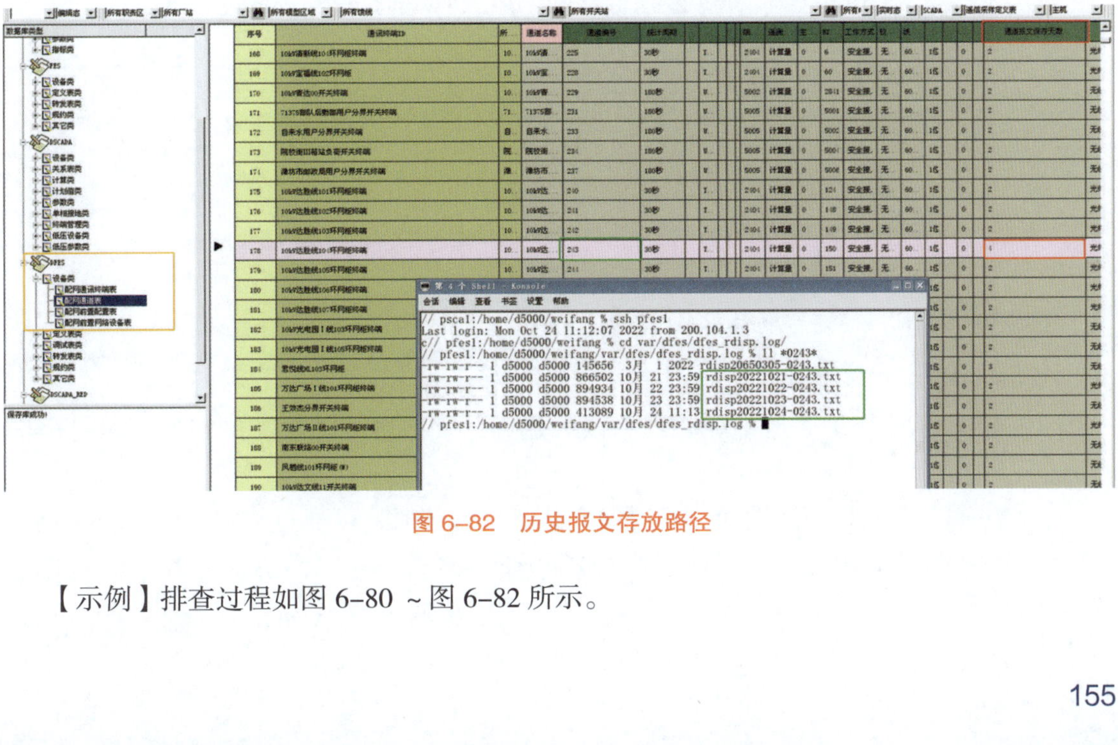

图 6-82　历史报文存放路径

【示例】排查过程如图 6–80 ~ 图 6–82 所示。

6.7.1.4　现象 4：未知应用服务数据单元公共地址

未知应用服务数据单元公共地址如图 6–83 所示，原因分析如图 6–84 所示。

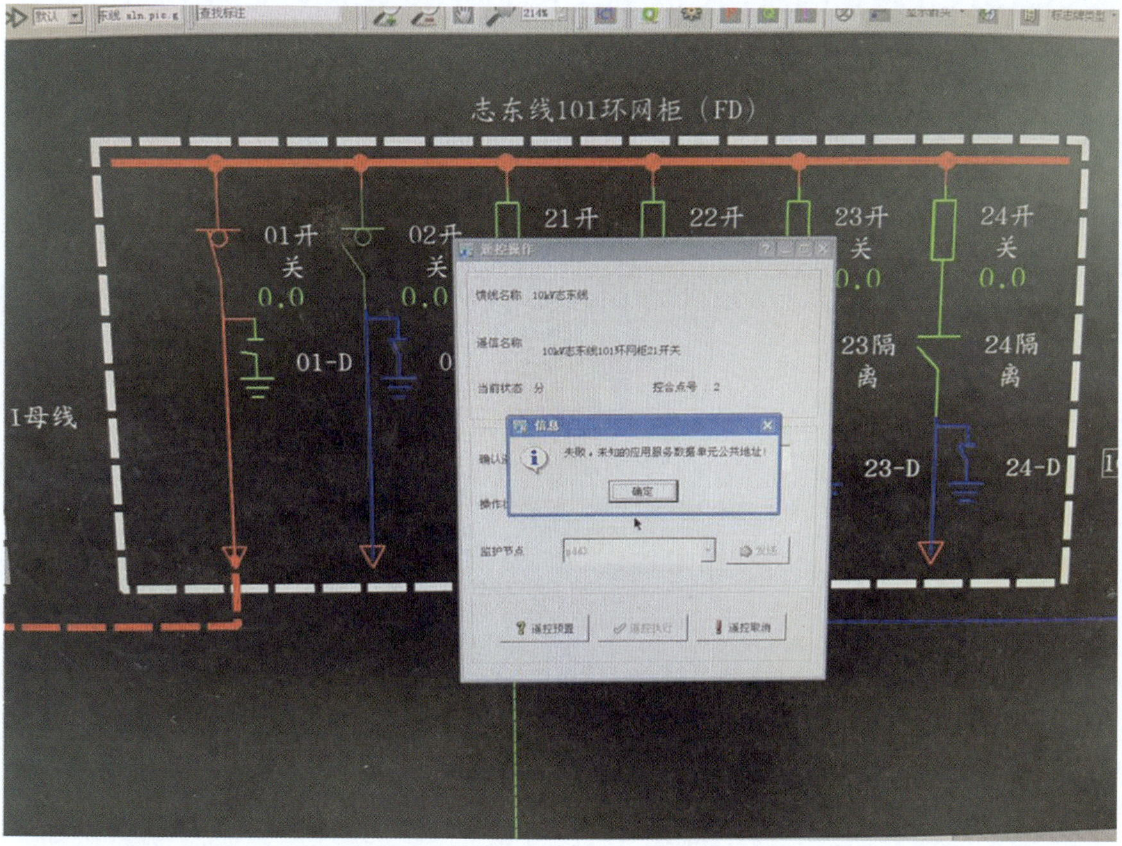

图 6–83　未知应用服务数据单元公共地址

失败，未知应用服务数据单元公共地址错误 —— 主站与现场 RTU 地址不对应

图 6–84　未知应用服务数据单元公共地址原因分析

1. 排查思路

造成主要原因为主站与终端 RTU 地址不一致。

2. 主站侧问题排查方法

（1）配网通道表 RTU 地址域和现场核对是否一致。配网通道表 RTU 地址如图 6–85 所示。

（2）注意：情况紧急终端人员短时间到达不了现场时，可通过终端上送的报文字节来计算终端配置的 RTU 地址。临时修改，保证遥控正常下发。计算方法参考图 6–93 内容（需评估风险）。

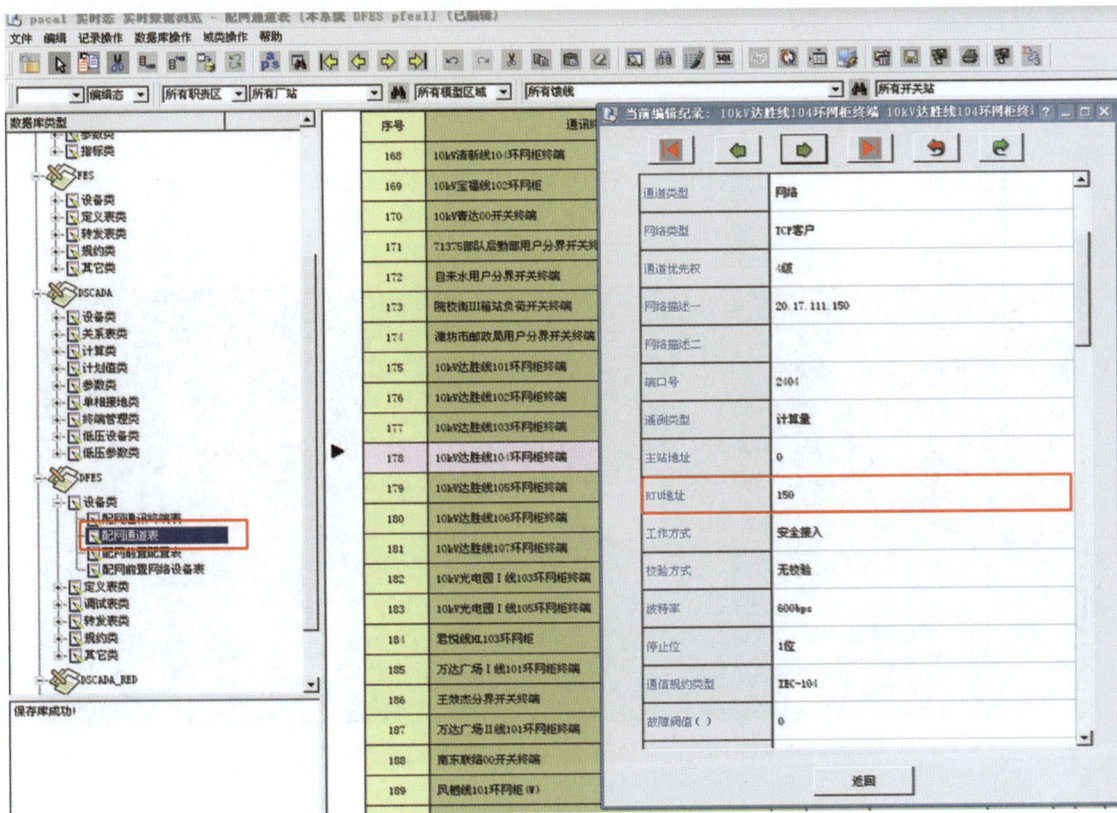

图 6-85　配网通道表 RTU 地址

【示例】排查过程，如图 6-85 所示。

6.7.1.5　现象 5：前置返校其他原因（错误码）

前置返校其他原因（错误码）如图 6-86 所示。

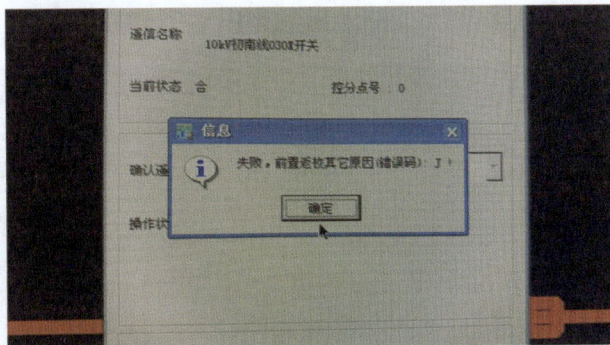

图 6-86　前置返校其他原因（错误码）

1. 排查思路

造成该问题的主要原因为现场上送报文格式错误。

2. 排查方法

原因不在主站侧，需终端侧检查参数配置及规约版本。

6.7.1.6　现象 6：控制参数未定义完整

"控制参数未定义完整"提示如图 6-87 所示。

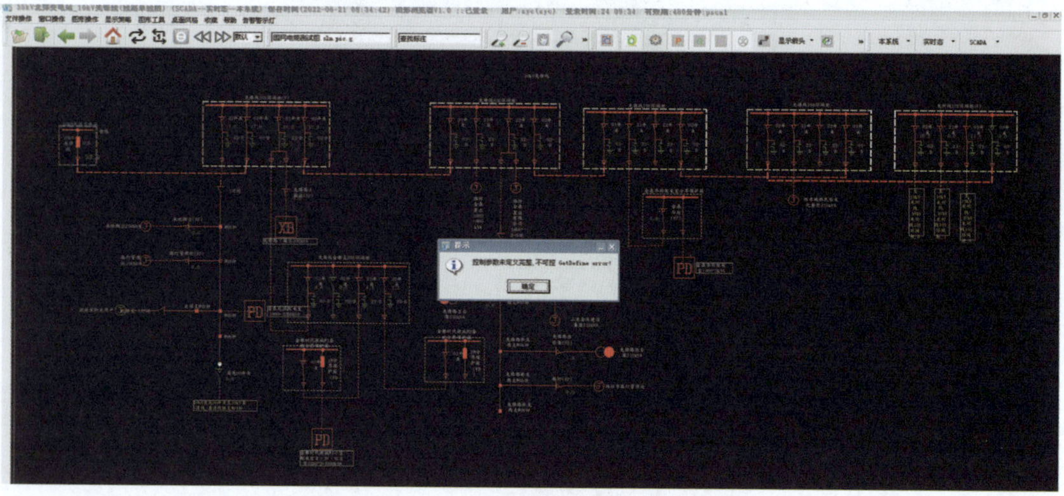

图 6-87　"控制参数未定义完整"提示

1. 排查思路

此问题主要原因为主站图形界面所属应用类型错误。

2. 主站侧排查方法

（1）图形浏览器中右上角应选择应用为 DSCADA。站内设备遥控时需选择 SCADA。图形浏览器选择应用界面如图 6-88 所示。

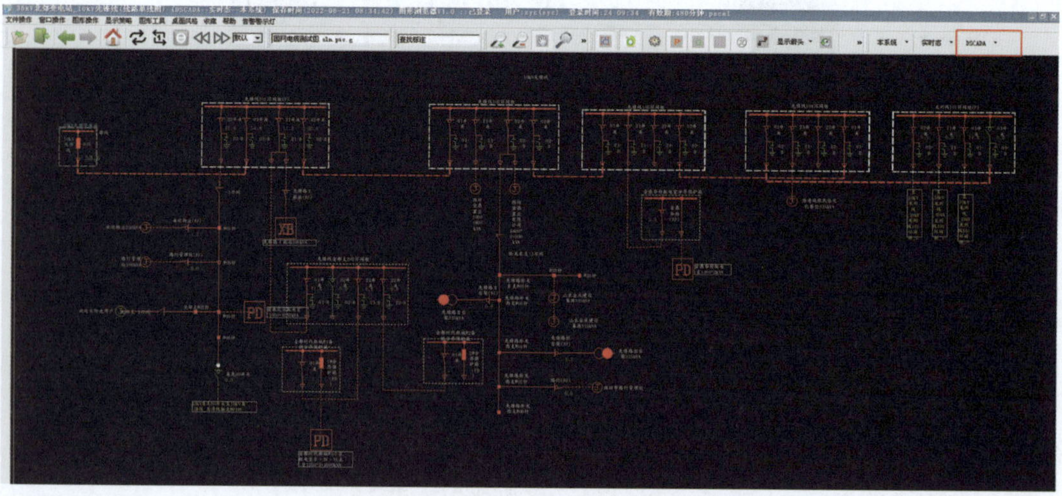

图 6-88　图形浏览器选择应用界面

（2）可通过固定图形所属应用避免问题再次发生。具体操作如下：在图形浏览器中找到该图形，找到窗口操作 – 打开编辑图形 – 右侧属性编辑框中 – 初始应用类型选择"DSCADA" – 初始应用是否优先选择"true"。固定图形所属应用界面如图 6-89 所示。

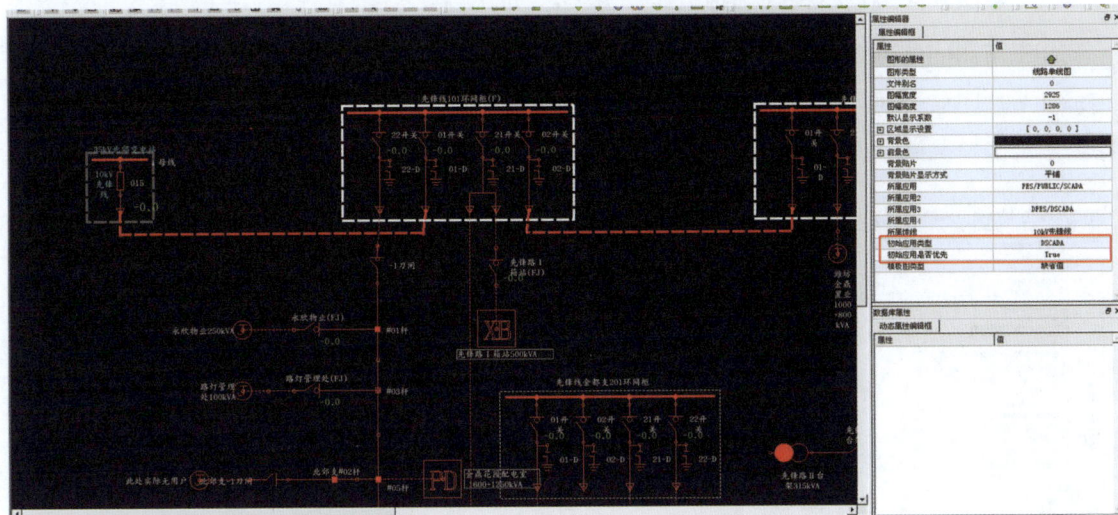

图 6-89　固定图形所属应用界面

【示例】排查过程如图 6-88 所示。

6.7.2　执行失败

6.7.2.1　现象 1：现场开关实际变位主站判定遥控执行失败

现场开关实际变位主站判定遥控执行失败，原因分析如图 6-90 所示。

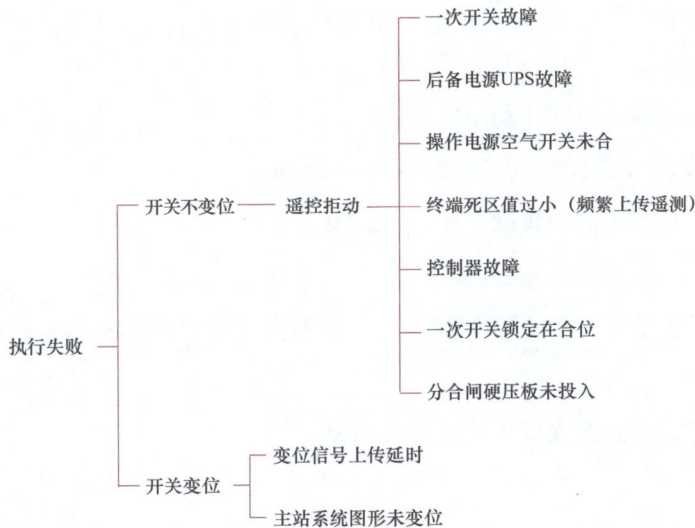

图 6-90　遥控执行失败原因分析

1. 排查思路

该问题主要有以下两点原因：

（1）终端侧信号延时上送，超过执行时间的有效期；

（2）主站侧终端运行模式选择错误。

2. 主站侧问题排查方法

（1）红图联调时：需要打开前置实时数据查看开关的分片是否为 63，以及配网终端信息表是否选择调试。终端运行模式与分片对应关系如图 6-91 所示。

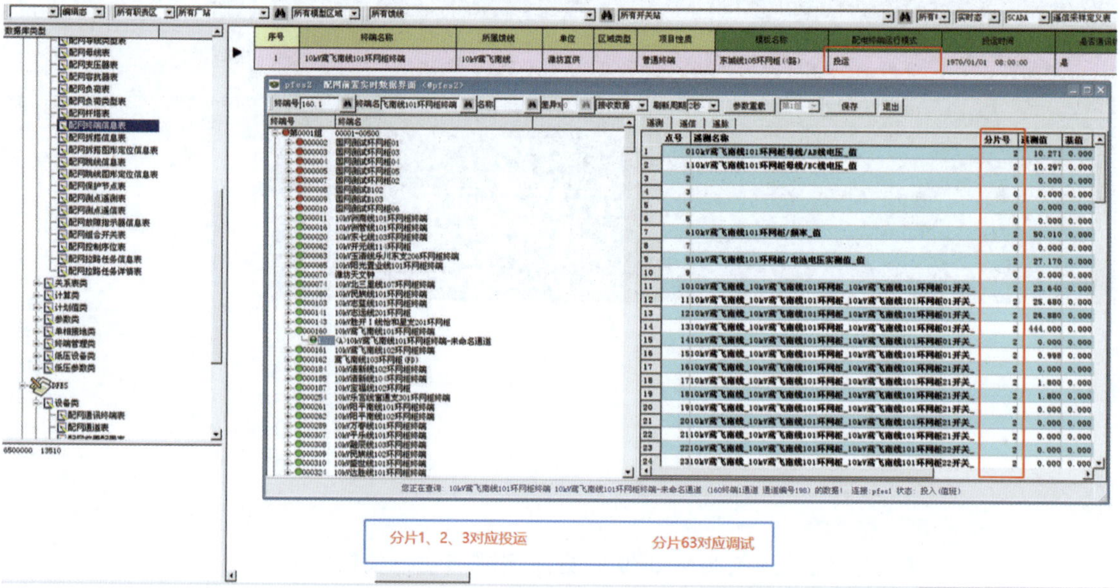

图 6-91　终端运行模式与分片对应关系

（2）调度员遥控时：需要打开前置实时数据查看开关的分片是否对应投运分片（该系统 1、2、3 为投运分片），以及配网终端信息表是否选择投运。

【示例】排查过程如图 6-91 所示。

6.7.2.2　现象 2：现场未变位主站判定遥控失败

现场未变位主站判定遥控失败如图 6-92 所示。

1. 排查思路

遥控报文交互正常时，开关不变位的主要原因为现场软硬件设备故障导致开关拒动。

2. 排查方法

主站侧无，终端侧需检查现场软硬件设备问题。

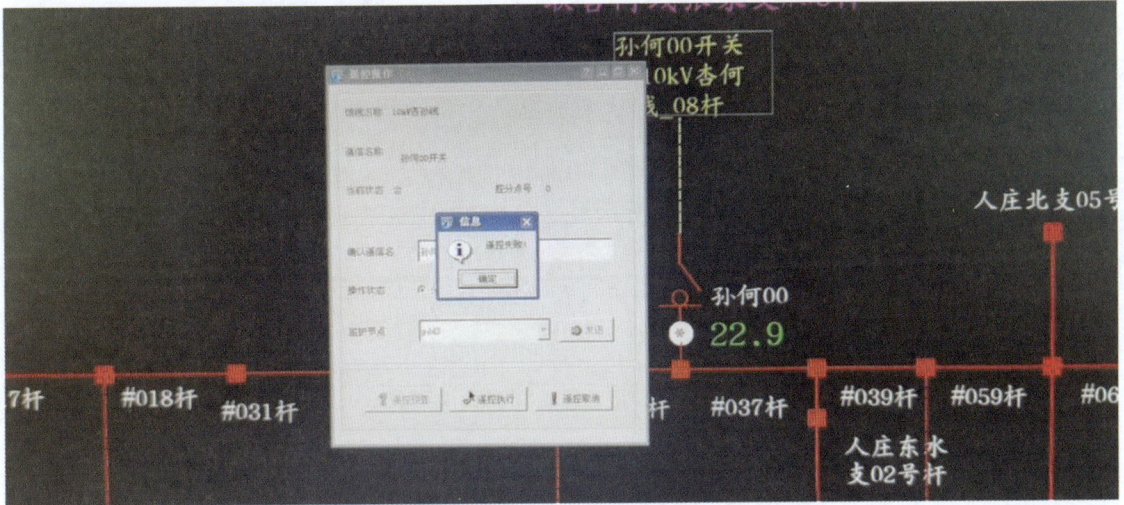

图 6-92　遥控失败

6.7.3　基础报文解析

6.7.3.1　RTU 地址计算

1.104 规约总召

104 规约解析 RTU 地址如图 6-93 所示。

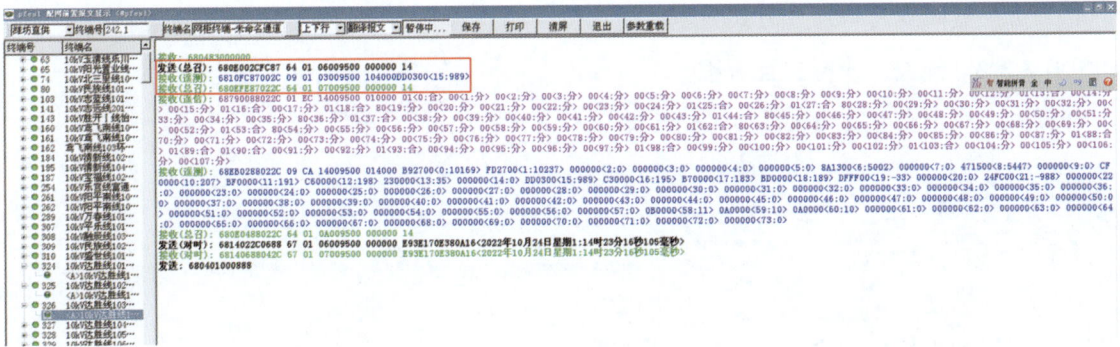

图 6-93　104 规约解析 RTU 地址

（1）主站下发总召 680E002CFC87 64 01 06009500 000000 14 报文解分：68（启动符）；0E（长度）；002C（发送序号）；FC87（接收序号）；64（类型标识）；01（可变结构限定词）；0600（传输原因）；9500（公共地址）；000000（信息体地址）；14（总召唤）。

根据报文解分可见，此终端主站下发报文中 RTU 地址为 ABCD（9500）。报文下发为十六进制在计算时需转换十进制。并且计算格式为 CDAB，故 0095 通过十六进制转换为十进制为 149。

（2）终端回复总召 680EFE87022C 64 01 07009500 000000 14 报文解分：68（启动符）；

0E（长度）；FE87（发送序号）；022C（接收序号）；64（类型标识）；01（可变结构限定词）；0700（传输原因）；9500（公共地址，即 RTU 地址）；000000（信息体地址）；14（总召唤）。

根据报文解分可见，此终端上送 RTU 地址也是 9500（转换后也是 149）。

2.101 规约总召

101 规约解析 RTU 地址如图 6-94 所示。

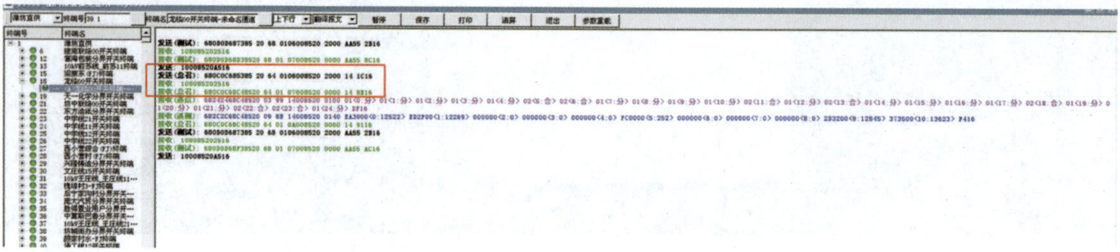

图 6-94　101 规约解析 RTU 地址

（1）主站下发总召 680C0C685385 20 64 0106008520 2000 14 1C16 报文解分：68(帧头)；0C（长度）；0C（长度）；68（帧头）；53（控制域）；8520（地址域）；64（类型标识）；01（可变结构限定词）；0600（传输原因）；8520（公共地址即 RTU 地址）；2000（信息体地址）；14（总召唤）；1C（校验和）；16（帧尾）。

根据报文解分可见，该终端上送 RTU 地址也是 8520，转换格式同样为 CDAB，十六进制转十进制为 8325。

（2）终端回复总召计算方式与 104 规约总召相同。

6.7.3.2　预置、执行交互流程

预置、执行交互流程如图 6-95 所示。

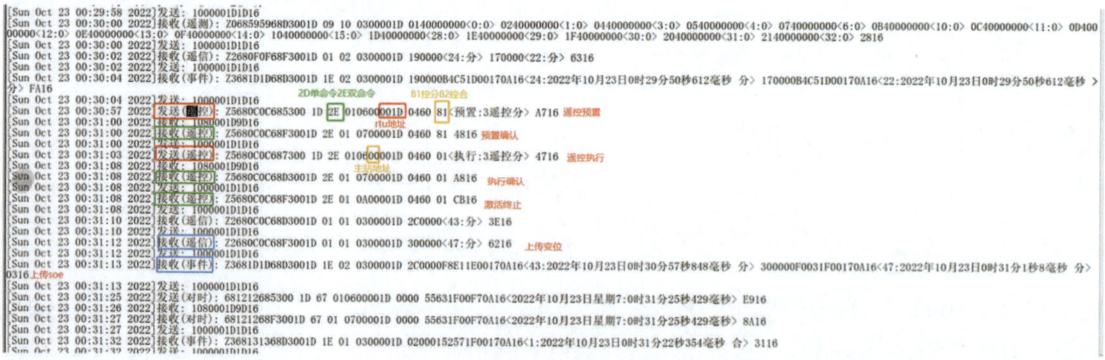

图 6-95　遥控预置、执行交互流程图

1.预置成功时

（1）主站下发 0600（发送遥控预置）。

（2）终端回复 0700（接收遥控预置），如果在 45s 时间内回复即为预置成功。

2. 预置失败时

（1）如果未接收到终端回复 0700 或超过 45s 时，主站下发 0800（撤销报文）。

（2）正常情况下，终端会回复 0900（返回撤销消息）。

6.8　精准负荷控制常见问题分析

在电网发生严重故障导致电力平衡不足、设备过载等情况下，通过对主网和配网各类可遥控设备的批量遥控分闸，实现全网及局部电网非民生可控负荷的精准、快速切除，在确保电网安全稳定运行的同时，将对民生用电的影响降至最低。

省、地调交互流程如图 6-96 所示。

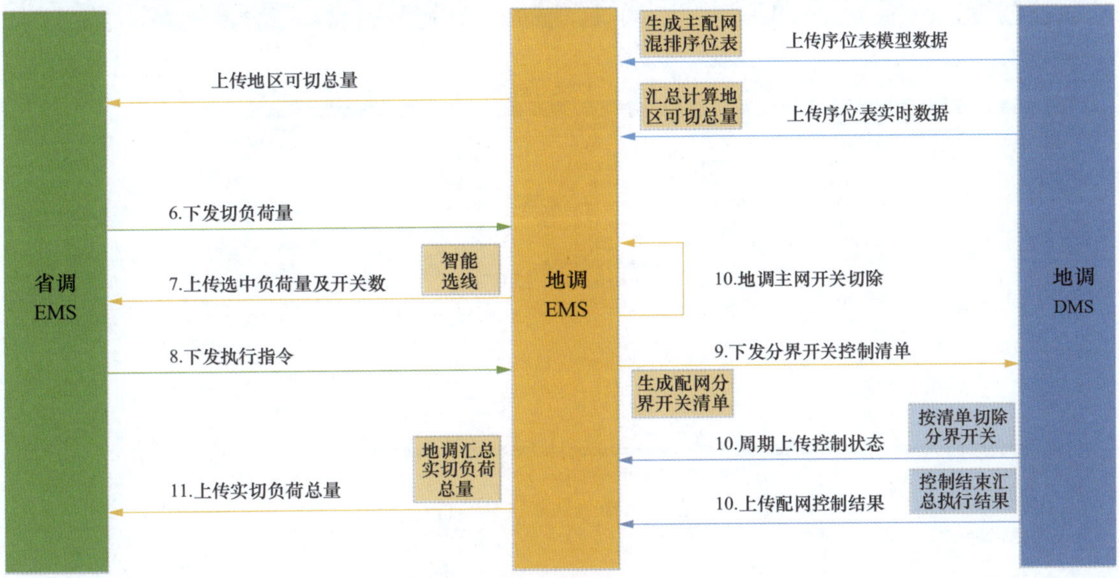

图 6-96　省、地调交互流程图

6.8.1　DMS 系统收到任务不弹操作界面问题

1. 排查思路

需确认监听狗程序是否未启动，或未在本机启动而是通过远程登录方式启动。

2. 排查方法

通过命令查看监听狗是否在后台运行，如未运行需手动启动。重启监听狗程序内容如图 6-97 所示。

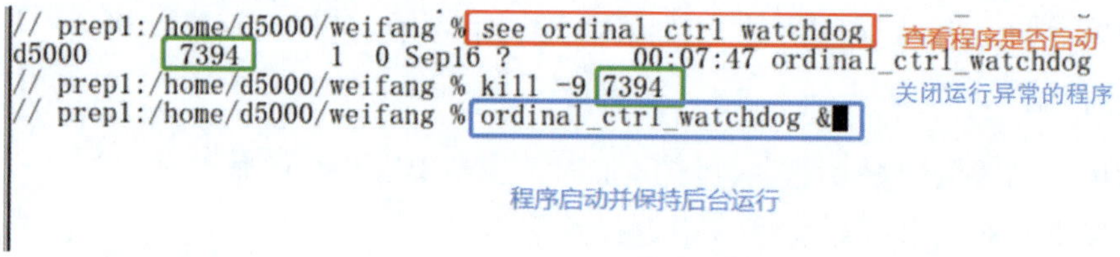

图 6-97　重启监听狗程序内容

【示例】排查过程如图 6-97 所示。

6.8.2　实际控制成功导出结果返回地调 EMS 系统显示未控制

实际控制界面如图 6-98 所示。

图 6-98　实际控制界面

1. 排查思路

需确认是个别公司问题还是全部都有问题，若全部都有问题则需要排查与主网 EMS 系统交互的服务器是否未启动控制结果导出程序（dms_exp_ctrl_result），个别问题需要确认界面程序（preciseLoadCutting）是否运行最新版本。

2. 排查方法

（1）全部问题时：DMS 交互服务器通过命令查看控制结果导出程序是否在后台运行。

（2）个别问题时：查看界面启动时间是否在最新程序更新时间后启动。

控制结果导出程序、界面程序核验界面如图 6-99 所示。

```
// pscal:/home/d5000/weifang % ssh pfes1
Last login: Wed Oct 19 11:06:21 2022 from 200.104.1.28
s// pfes1:/home/d5000/weifang % see dms_exp_ctrl_result    控制结果导出程序是否启动
d5000      84866     1  0 Sep29 ?     00:01:45 dms_exp_ctrl_result
// pfes1:/home/d5000/weifang % ssh cypwh1
Last login: Fri Oct 14 09:46:57 2022 from 200.104.1.11
// cypwh1:/home/d5000/weifang % bin
// cypwh1:/home/d5000/weifang/bin % ll preciseLoadCutting
-rwxrwxr-x 1 d5000 d5000 10006880 8月 26 6:18 preciseLoadCutting
// cypwh1:/home/d5000/weifang/bin %
                                          界面程序时间大小是否和最新程序版本一致
```

图 6-99　控制结果导出程序、界面程序核验界面

【示例】排查过程如图 6-99 所示。

6.8.3　弹出操作界面不显示任务

1. 排查思路

问题产生的主要原因为两次任务下发间隔不足 30min 或存在未归档的任务。

2. 排查方法

（1）任务未归档：查看数据库配网拉路任务信息表和配网拉路任务详情表是否存在历史记录，若存在需清除表内数据，重启控制结果汇总导出程序（参考图 6-99 和图 6-100）。

（2）任务间隔时间小于 30min：每个任务有效期为 30min，若任务时间小于 30min 则会造成两次任务执行内容冲突，影响正常执行。

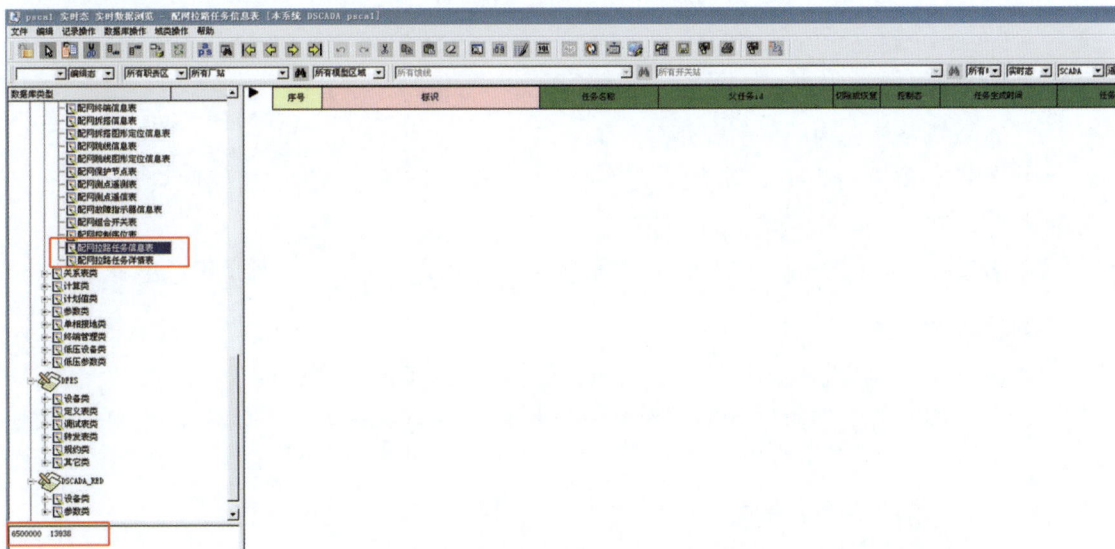

图 6-100　配网拉路任务信息/详情表界面

【示例】排查过程如图 6-100 所示。

6.9　大面积停电常见问题分析

6.9.1　预案无法生成

预案无法生成如图 6-101 所示。

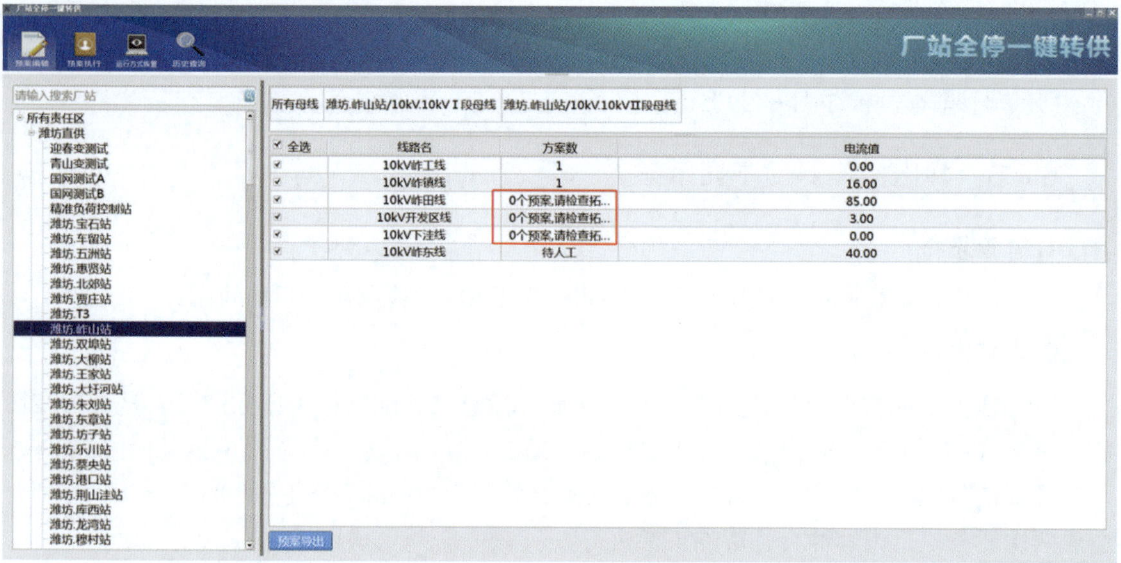

图 6-101　预案无法生成

1. 排查思路

（1）查看线路是否为单辐射线路。

（2）若不是单辐射线路，需确认联络开关两侧节点号是否连续，以及联络开关是否挂有禁止控制、30°相角差等类型的标志牌。

（3）若节点号连续，确认对侧线路是否带电（站内是否合位，工况是否退出等）。

2. 排查方法

（1）打开图形浏览器找到该图形，观察该线路是否有联络开关。

（2）观察联络开关两侧馈线段一侧节点号与联络开关一侧节点号是否一致，是否挂禁止控制类牌子。

（3）观察对侧线路是否带电。

【示例】排查过程（挂牌导致无法生成预案）如图 6-102 所示。

图 6–102　挂牌导致无法生成预案

6.9.2　预案校验失败

预案校验失败如图 6–103 所示。

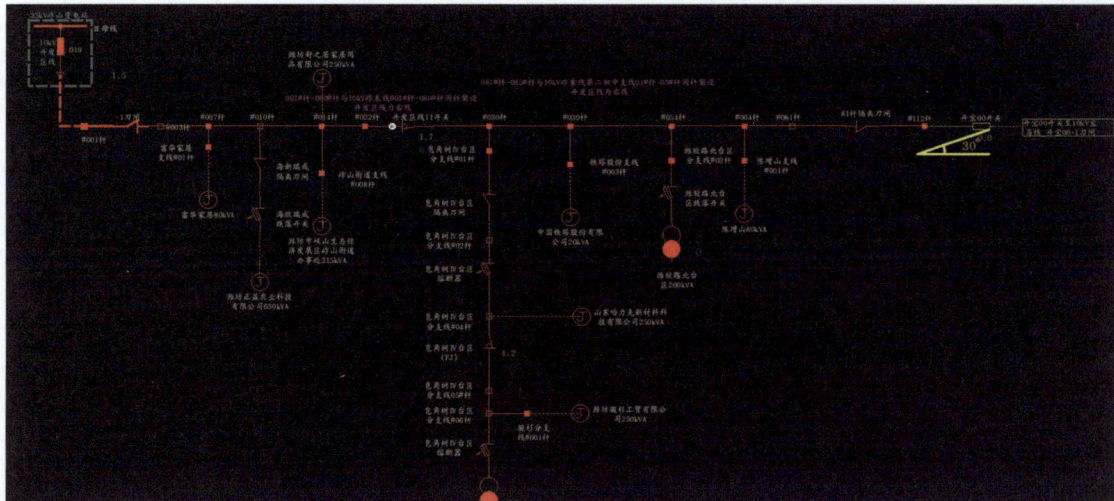

图 6–103　预案校验失败

1.排查思路

该问题的产生主要有以下两点原因：

（1）操作开关位置与实际不符；

（2）开关工况退出、遥控点号为 –1 或禁止遥控。

2. 排查方法

（1）结合校验失败原因分析对应图形上所操作的设备遥信值是否正确、开关是否在线、是否挂禁止操作类标志牌等。

（2）打开数据库，查找相关设备对应的遥控表是否存在记录，并且数据点号大于 –1。查看遥控点号界面如图 6–104 所示。

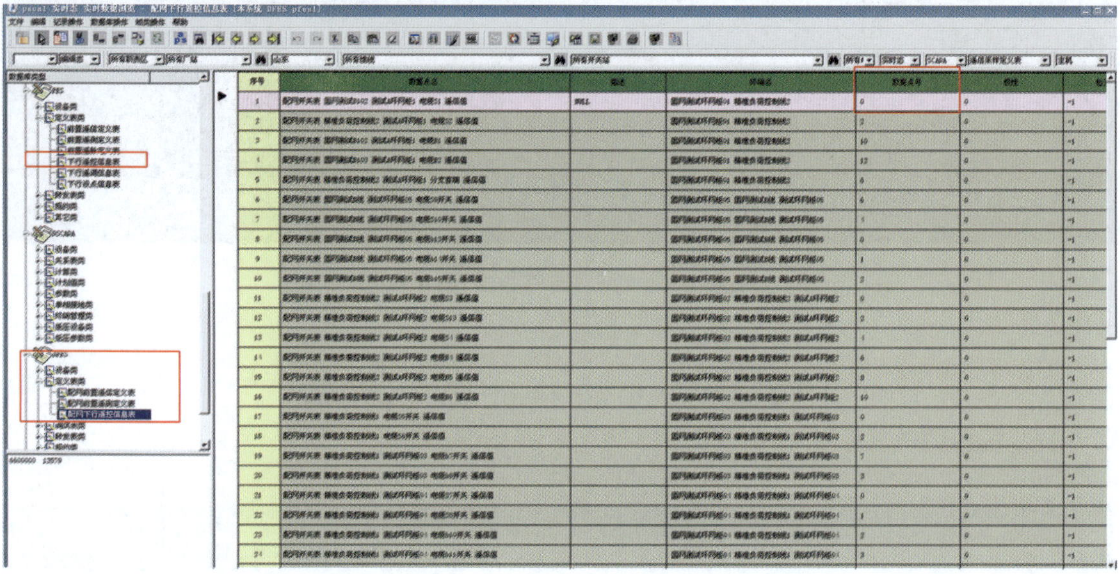

图 6–104　查看遥控点号界面

【示例】排查过程如图 6–104 所示。

第二部分

功能应用

第 7 章 常见功能应用

本章主要介绍告警查询、终端的定值管理。告警查询可查询遥信变位、遥控失败、配网开关保护、接地告警、SOE 记录以及故障电流等多种信息，为查找缺陷原因提供有力的支撑；定值管理可实现一、二次融合终端定值和检测时间参数（二次值）的配置；重过载监视可查看线路负载率，为线路安全运行提供监测保障。

7.1 告警查询

7.1.1 启动告警查询界面

在总控台菜单栏中点击"告警查询"，或在运行系统终端（■≡）中输入 alarm_query，启动告警查询界面，如图 7-1 所示。

图 7-1 启动告警查询界面

7.1.2 告警查询

在左侧告警查询条件模板栏中双击选择需要查询的模板，并选择需要查询的时间节点，点击"查询"，告警查询界面如图 7-2 所示，查询结果如图 7-3 所示。

【小技巧】

（1）查询结果当前页只显示 1000 条记录，可以点击"下一页"按钮跳转，如图 7-4 所示。

（2）点击"前一天""后一天"按钮可快速跳转到前一天、后一天的查询结果，跳转下一天界面如图 7-5 所示。

（3）快速查询某变电站、某线路、某开关的告警信息，在菜单栏勾选"包含"并输入需要查询的信息，再点击"查询"即可精确查询该设备的告警信息。快速查询界面如图 7-6 所示。

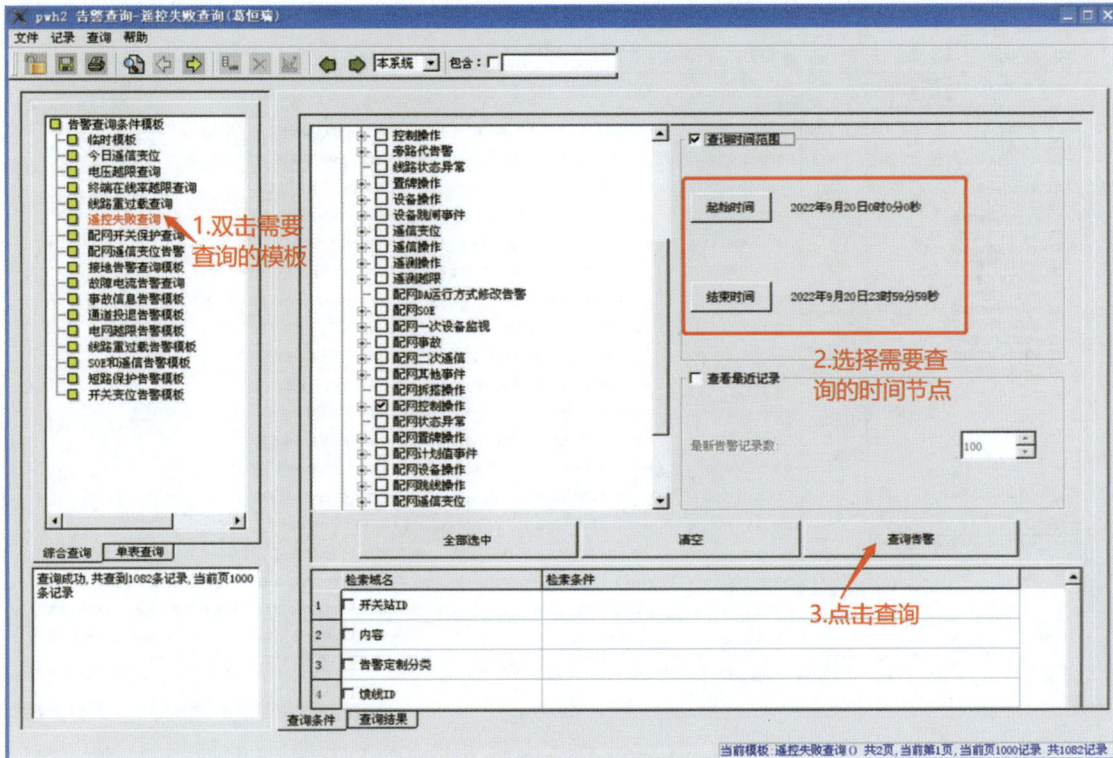

图 7-2　告警查询界面

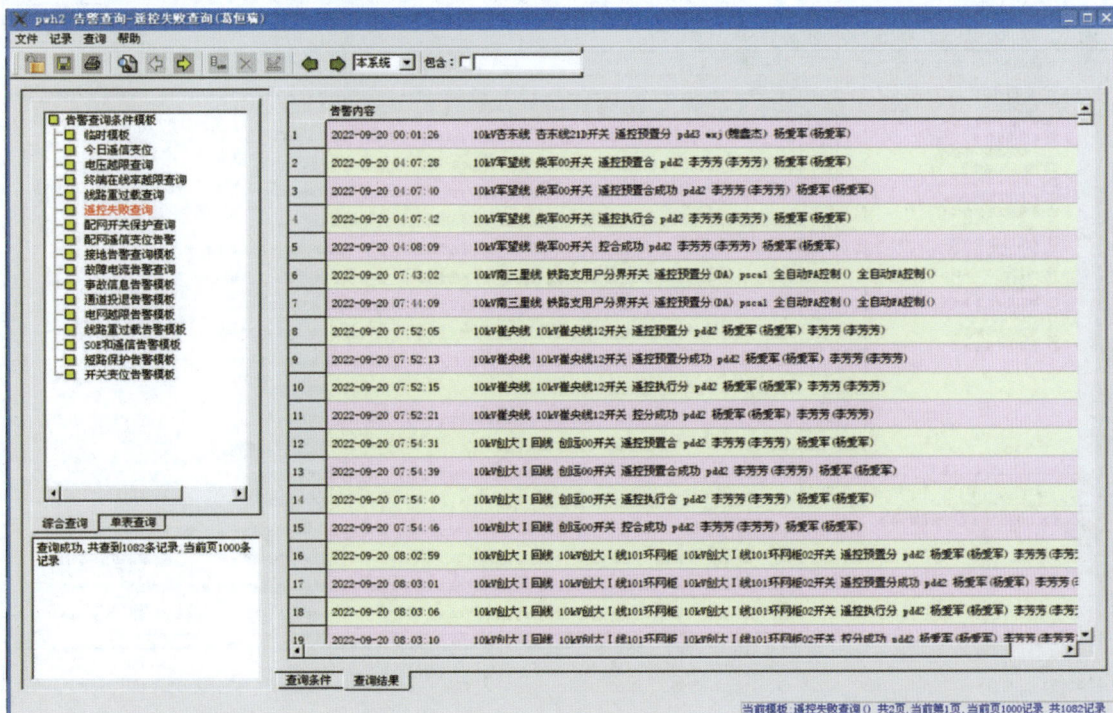

图 7-3　告警查询结果

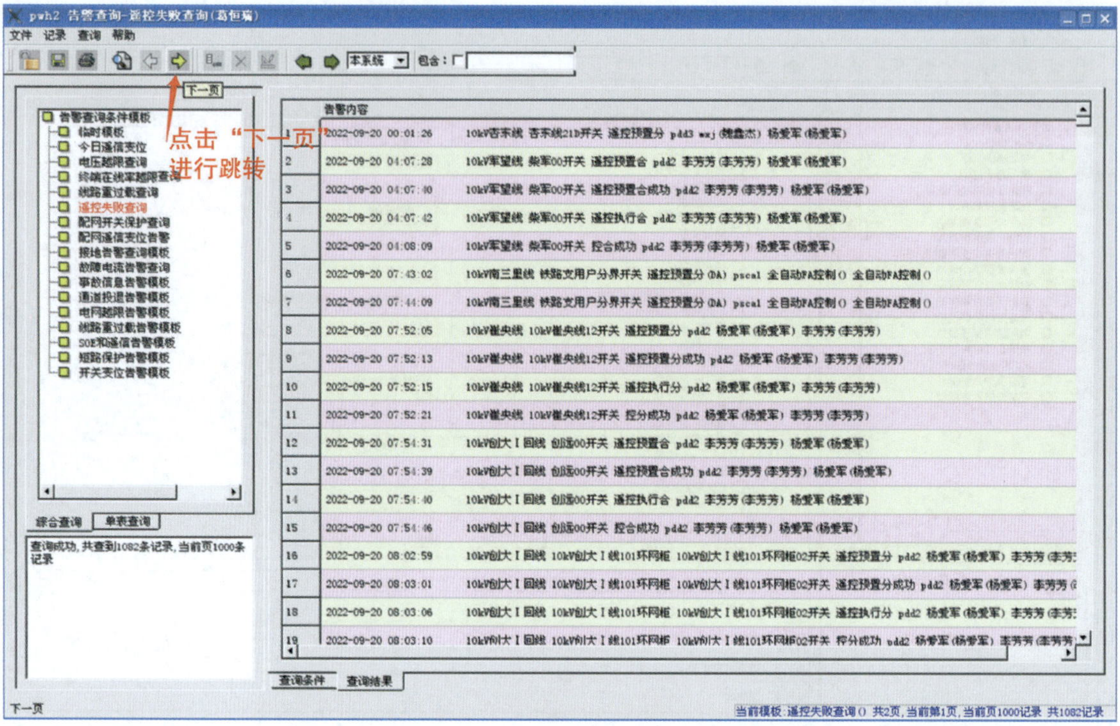

图 7-4   跳转下一页界面

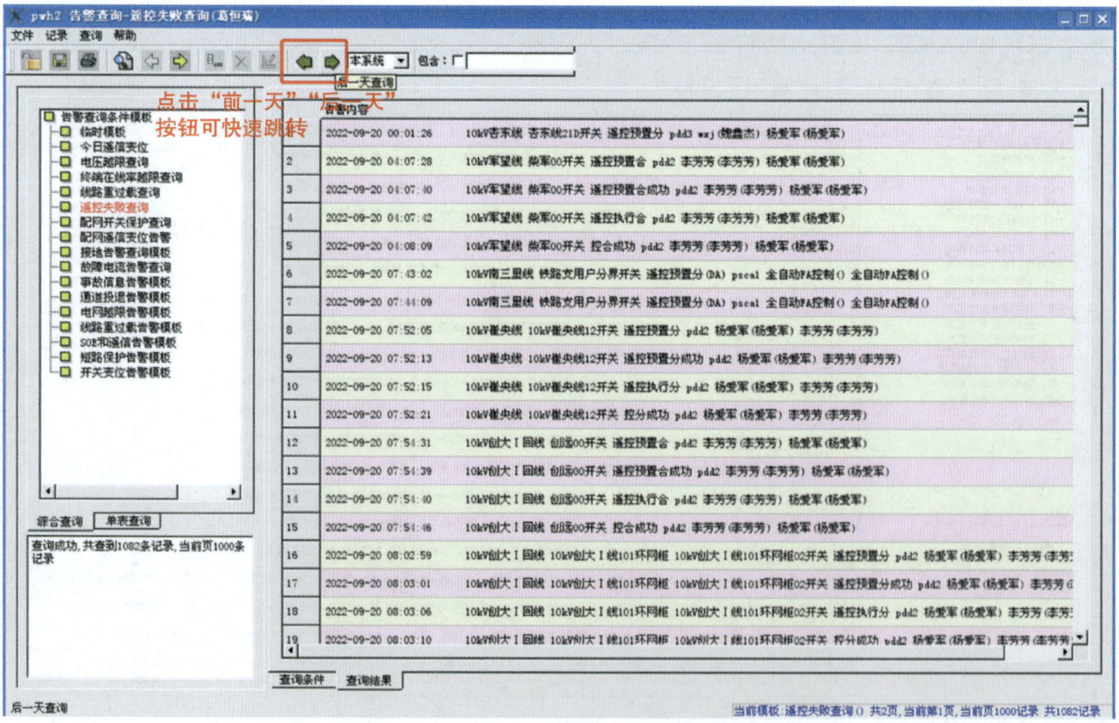

图 7-5   跳转下一天界面

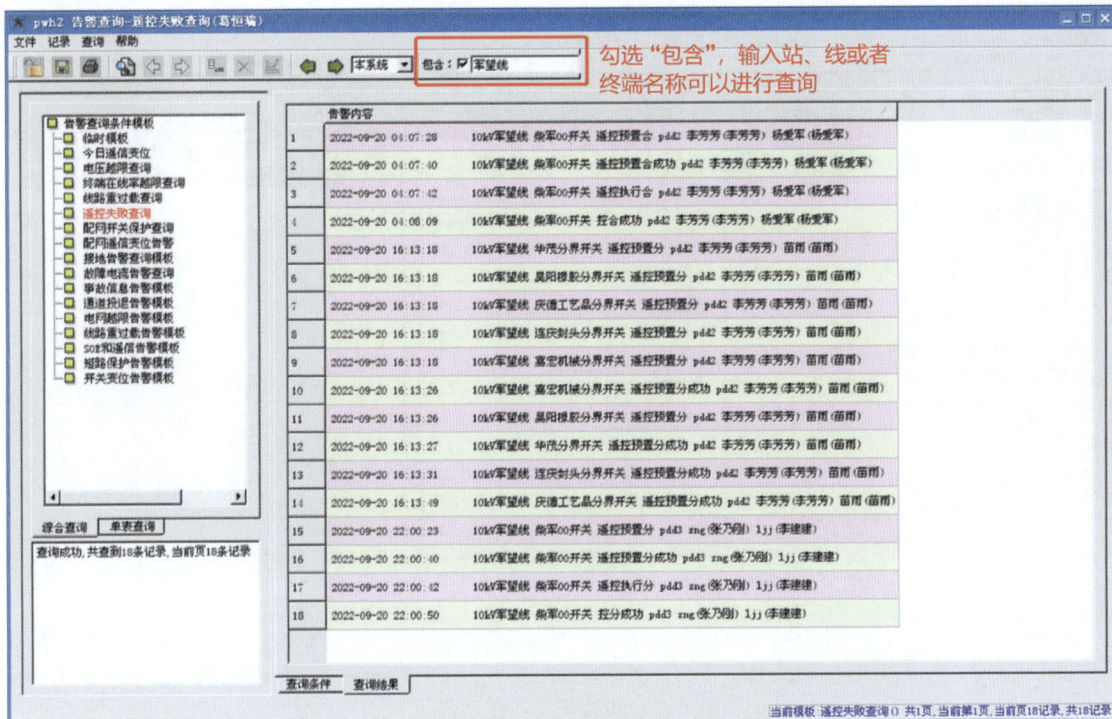

图 7-6　快速查询界面

7.2　定值管理

7.2.1　维护数据表

打开数据库，在 DSCADA_RED 设备类中的配网开关表中找到需要配置的开关，将微机保护线路号改为"1"，是否允许定值下装改为"是"。修改开关数据表界面如图 7-7 所示。

在 SCADA 设备类中的配网终端信息表中找到需要配置的开关，将终端型号改为相对应的保护定值统一模板。修改终端信息表界面如图 7-8 所示。

在 DSCADA 终端管理类中的微机保护信息表中新建一条记录，添加需要配置的开关。修改微机保护信息表界面如图 7-9 所示。

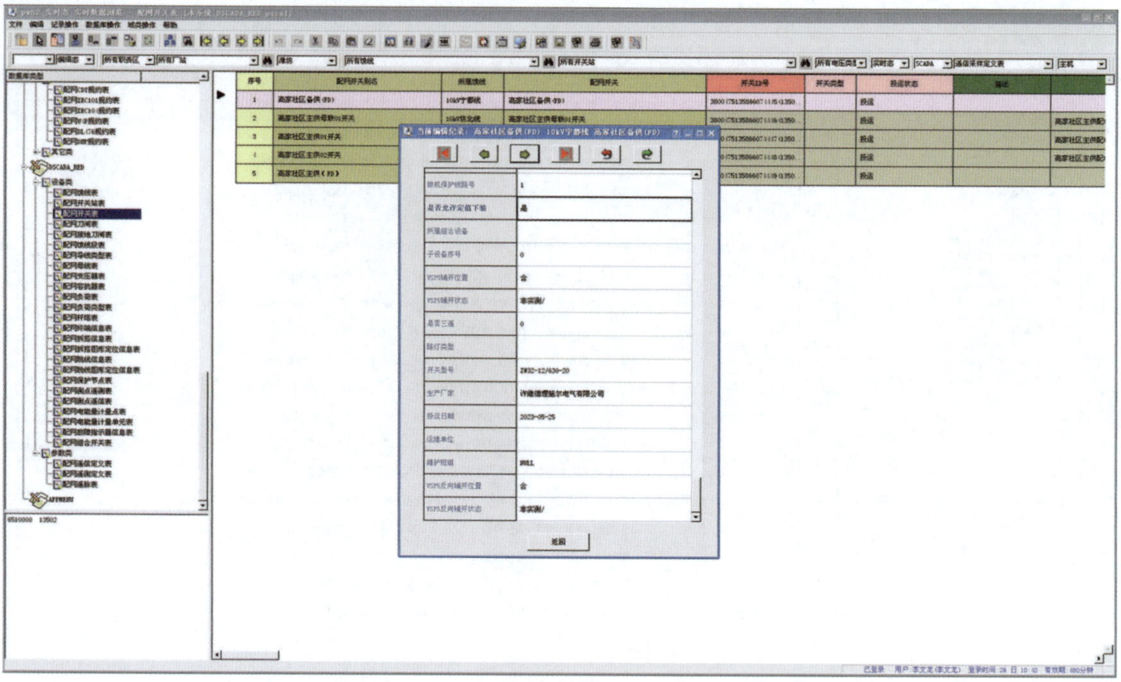

图 7-7　修改开关数据表界面

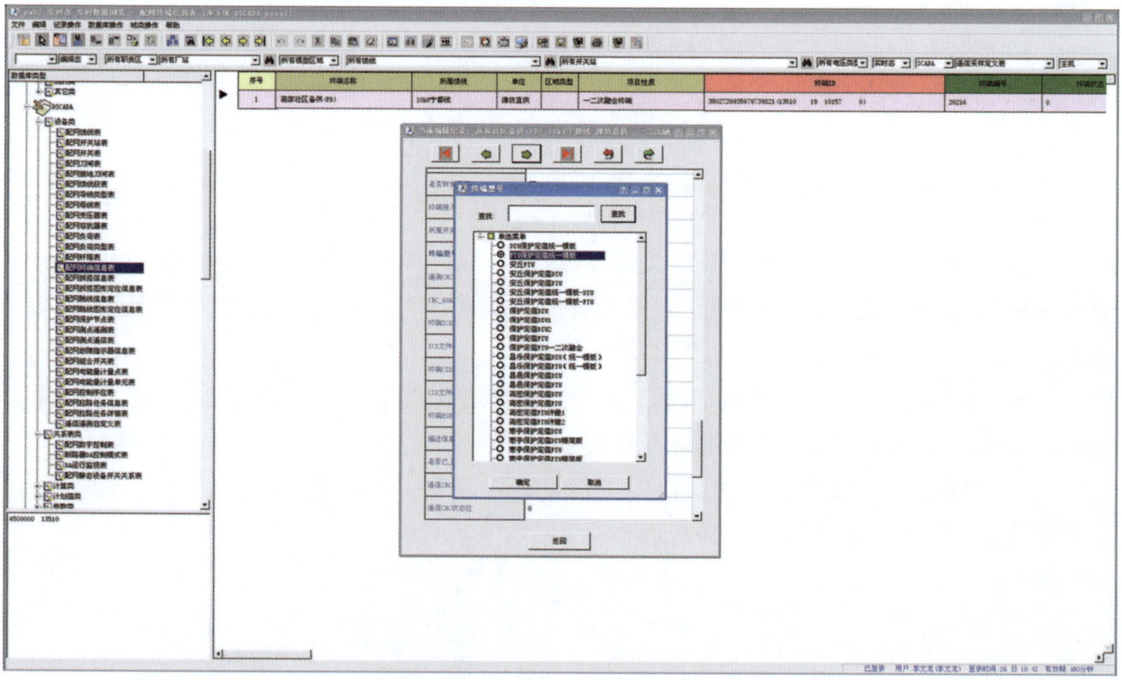

图 7-8　修改终端信息表界面

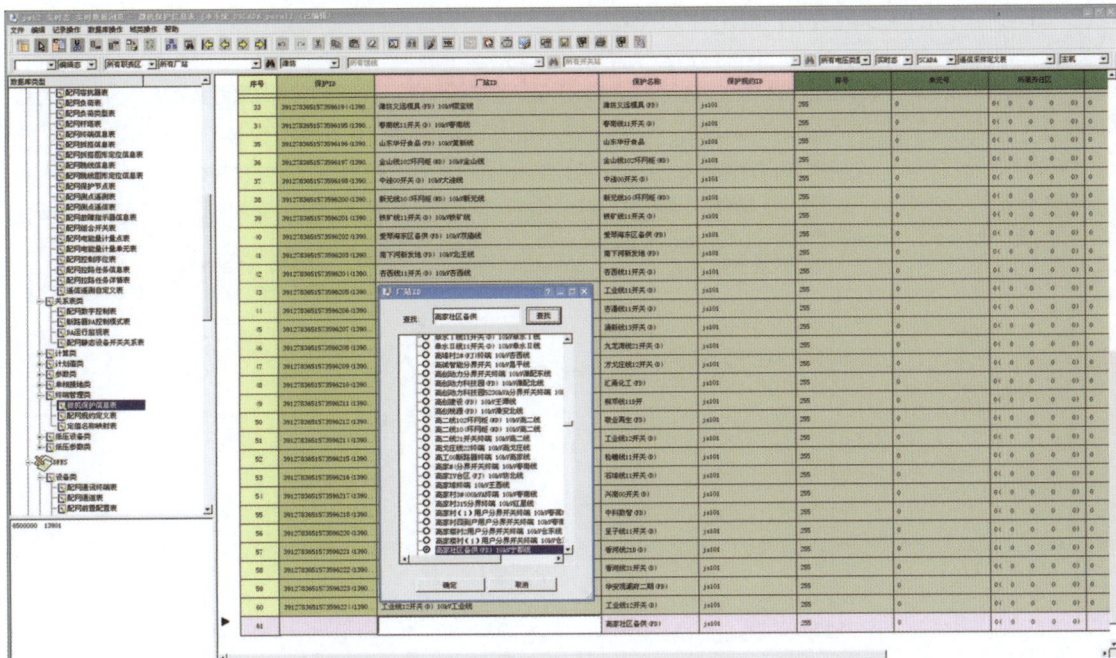

图 7-9　修改微机保护信息表界面

7.2.2　启动配网终端管理

从主页点击"配网调控"→"配网应用"→"定值管理"，启动定值管理。配网应用主页如图 7-10 所示。

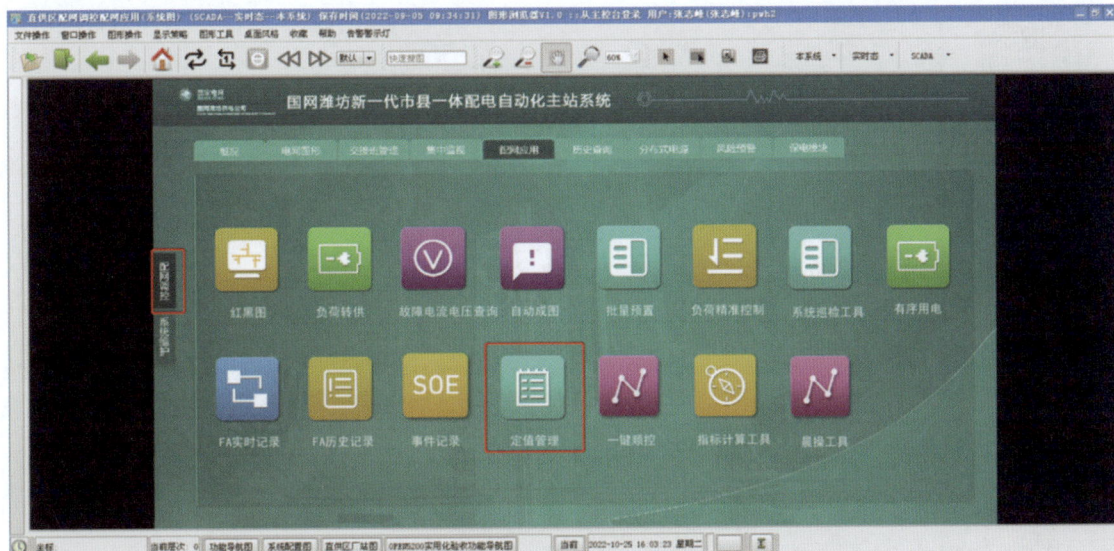

图 7-10　配网应用主页

启动后的定值管理界面如图 7-11 所示。

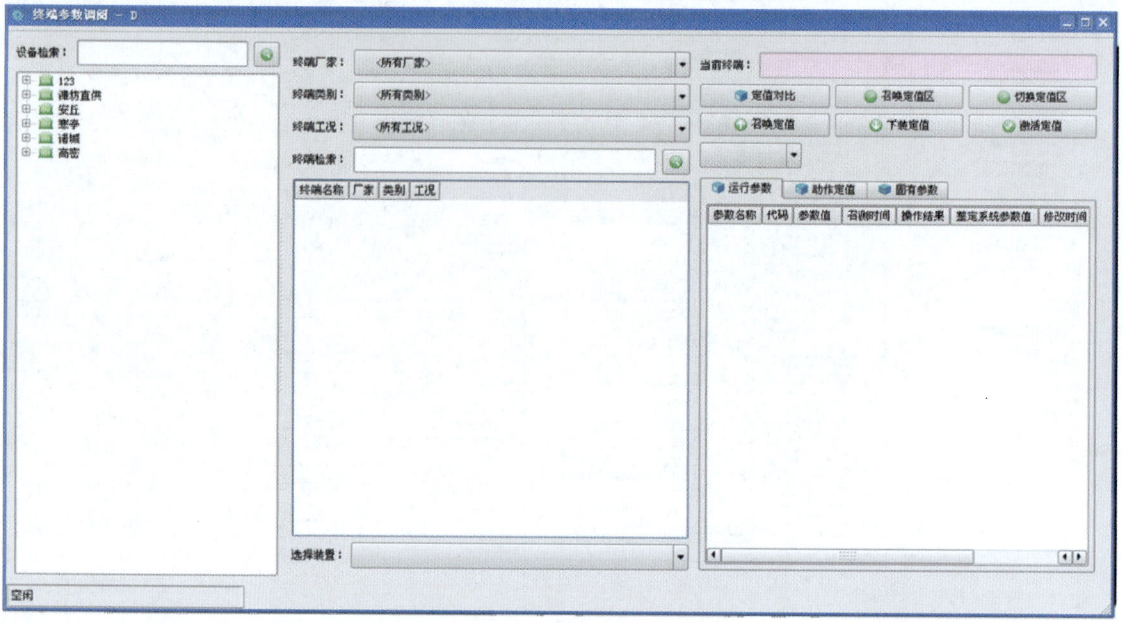

图 7-11　定值管理界面

在设备检索栏中输入线路名称关键词，按回车或者搜索按钮，定位到对应线路。检索线路界面如图 7-12 所示。

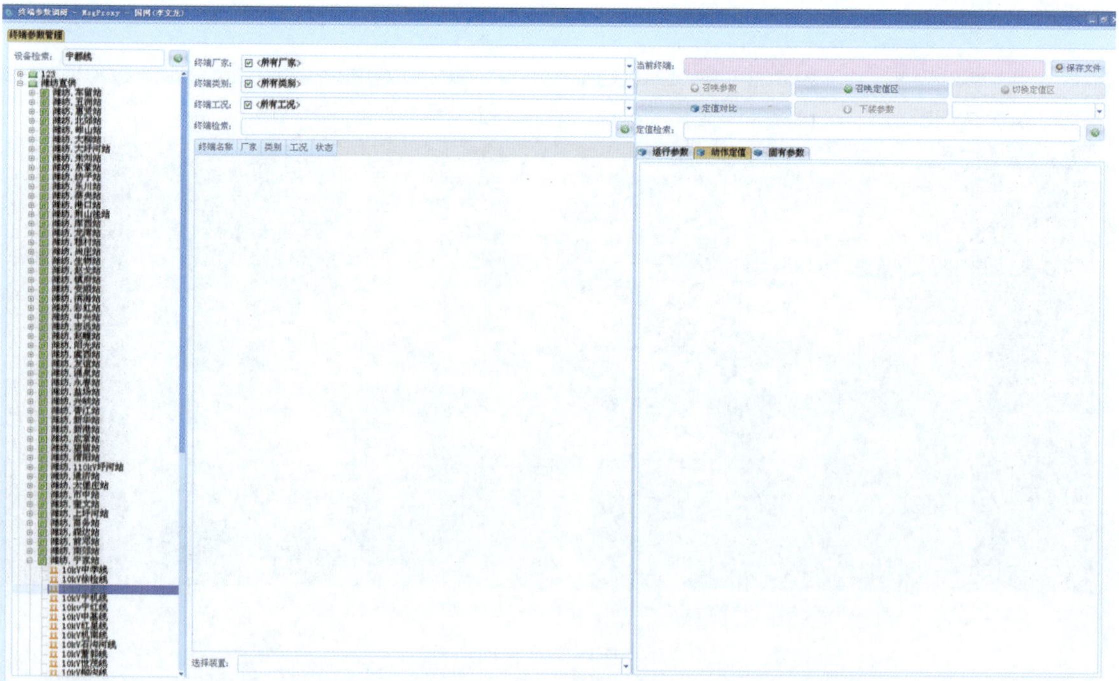

图 7-12　检索线路界面

双击线路名称，在中间栏中展示线路上所有自动化终端。自动化终端展示界面如图 7-13 所示。

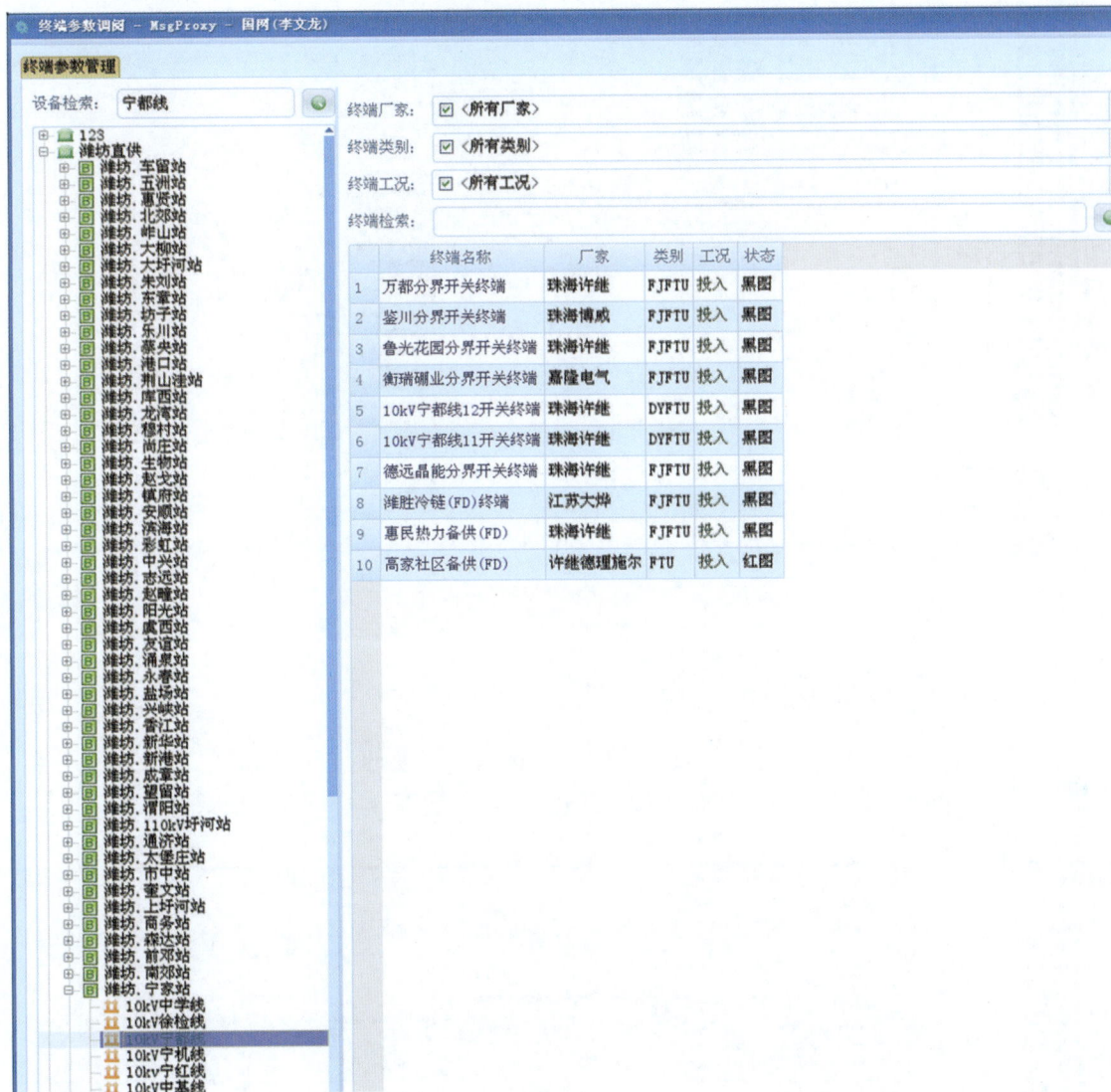

图 7-13　自动化终端展示界面

双击自动化终端，在下拉框中选择需要遥调的设备，之后在右边栏中展示该设备的定值列表，如图 7-14 所示。

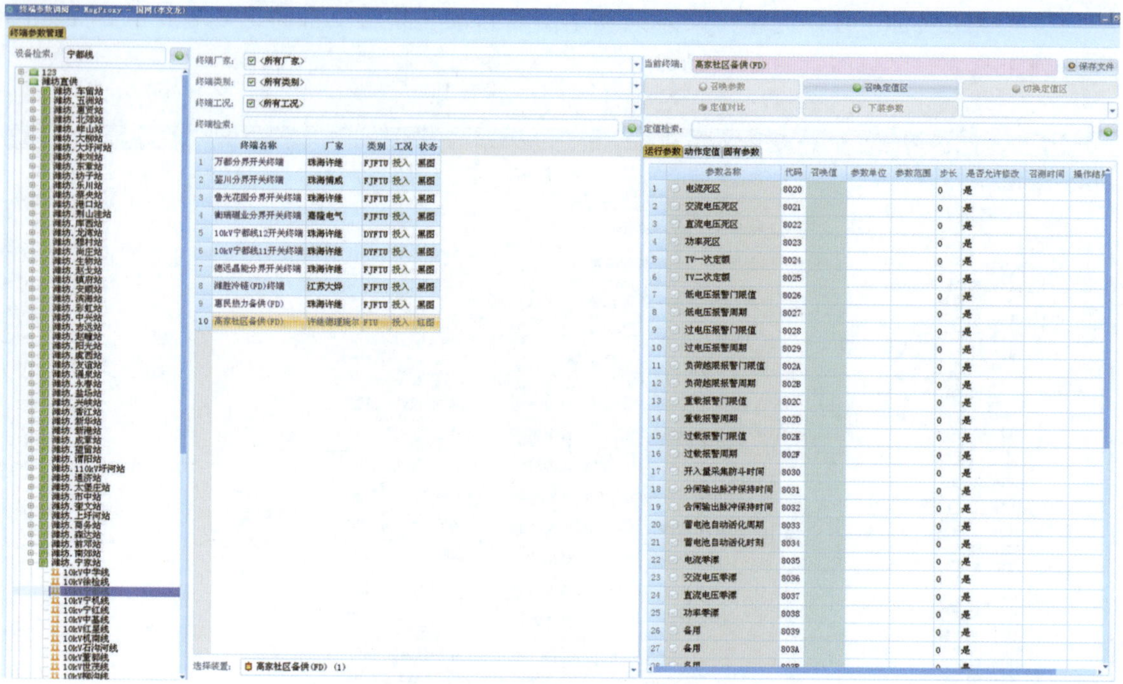

图 7-14　定值列表展示界面

7.2.3　定值召唤

点击"召唤定值区"按钮，召唤成功后，勾选需要召唤的参数，点击"召唤定值"后，会展示本次召唤的参数值以及召测时间。召唤定值界面如图 7-15 所示。

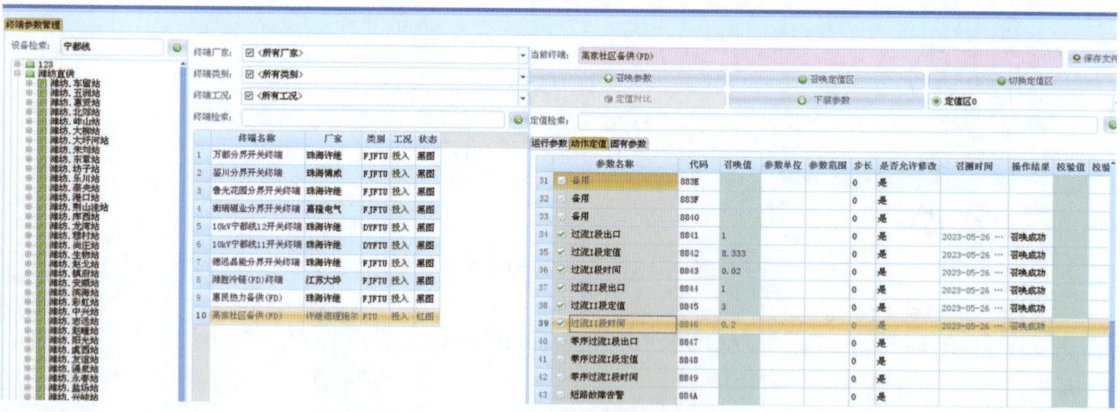

图 7-15　召唤定值界面

7.2.4　定值修改

修改参数后，点击"下装参数"会弹出确认窗口，再点击"确定"。下装参数定值界面如图 7-16 所示。

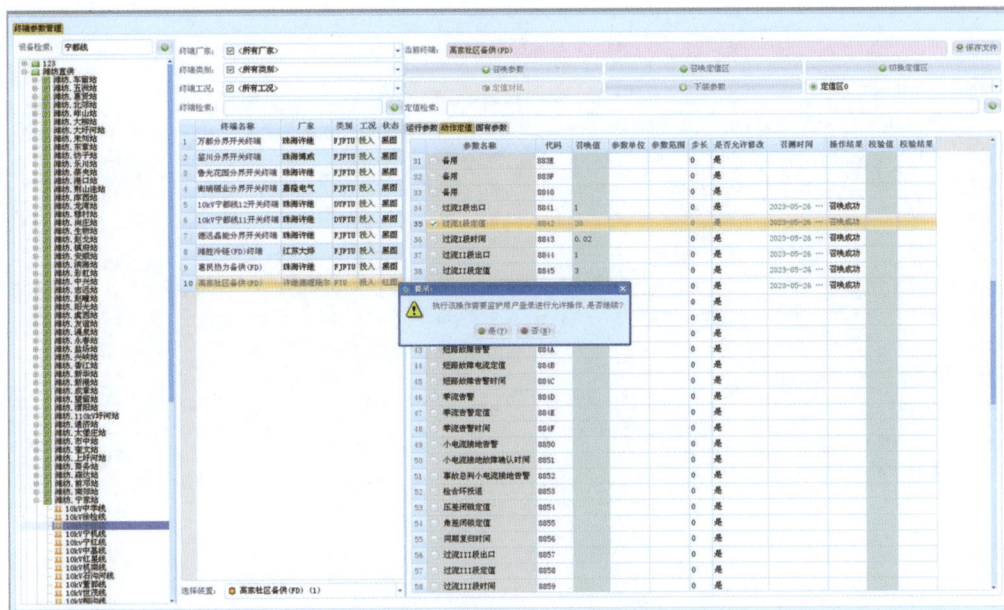

图 7-16　下装参数定值界面

弹出激活参数倒计时界面后，点击"激活参数"，执行成功会自动召唤定值。激活参数倒计时界面如图 7-17 所示。

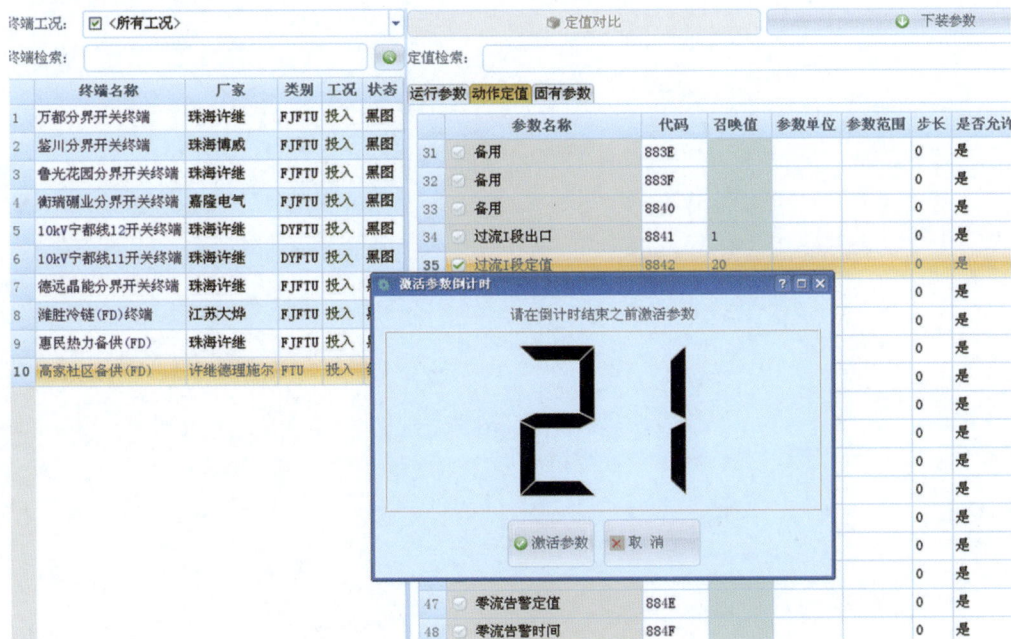

图 7-17　激活参数倒计时界面

操作结果显示"激活成功",校验结果返回"校验成功"。参数校验界面如图7-18所示。

		参数名称	代码	召唤值	参数单位	参数范围	步长	是否允许修改	召测时间	操作结果	校验值	校验结果
31	☑	备用	883E				0	是				
32	☑	备用	883F				0	是				
33	☑	备用	8840				0	是				
34	☑	过流I段出口	8841	1			0	是	2023-05-26 …			
35	☑	过流I段定值	8842	20			0	是	2023-05-26 …	激活成功	20	校验成功
36	☑	过流I段时间	8843	0.02			0	是	2023-05-26 …			
37	☑	过流II段出口	8844	1			0	是	2023-05-26 …			
38	☑	过流II段定值	8845	3			0	是	2023-05-26 …			
39	☑	过流II段时间	8846	0.2			0	是	2023-05-26 …			
40	☑	零序过流I段出口	8847				0	是				
41	☑	零序过流I段定值	8848				0	是				

图 7-18　参数校验界面

第8章 馈线自动化

馈线自动化（FA）指利用自动化装置或系统，监视配电线路或馈线的运行状态，及时发现线路故障，迅速诊断出故障区域并将其隔离，快速恢复非故障区域的供电。馈线自动化主要采用就地、集中两种方式实现。

本章主要介绍配电自动化主站系统 FA 启动条件、FA 动作策略、大面积停电处理以及接地故障动作逻辑，同时，还就故障前的 FA 仿真、故障后的事故反演进行说明和介绍。

8.1 FA 全自动仿真

8.1.1 启动 FA 全自动仿真功能测试工具

从主页点击"系统维护"→"系统配置"→"FA 仿真测试"，或在运行系统终端中运行 faAutoTestTool，启动 FA 全自动仿真功能测试工具界面，如图 8-1 所示。

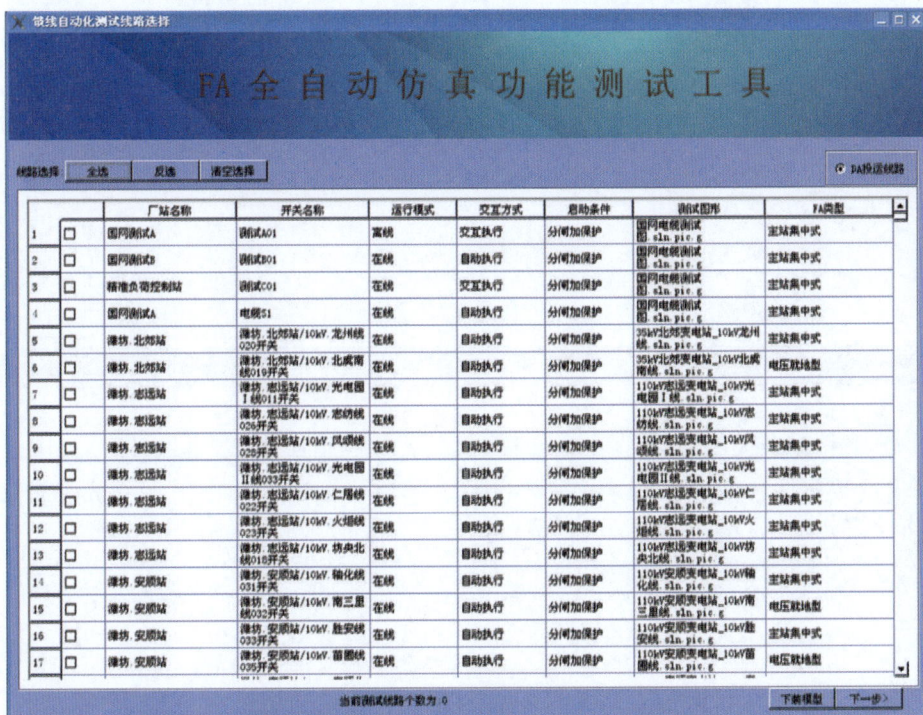

图 8-1 FA 全自动仿真功能测试工具界面

【注意事项】

（1）仿真前首先确认线路拓扑、拓扑着色（线路是否转供出去）及台账名称是否正确。

（2）每台工作站只能打开一个仿真工具。

8.1.2　选择仿真线路或开关

通过双击表头筛选仿真线路，所有表头均可作为筛选条件，可进行变电站、线路名、图形名等筛选。以 10kV 成胶线为例，筛选开关名称，在筛选项中勾选"10kV 成胶线"。筛选界面如图 8-2 所示。

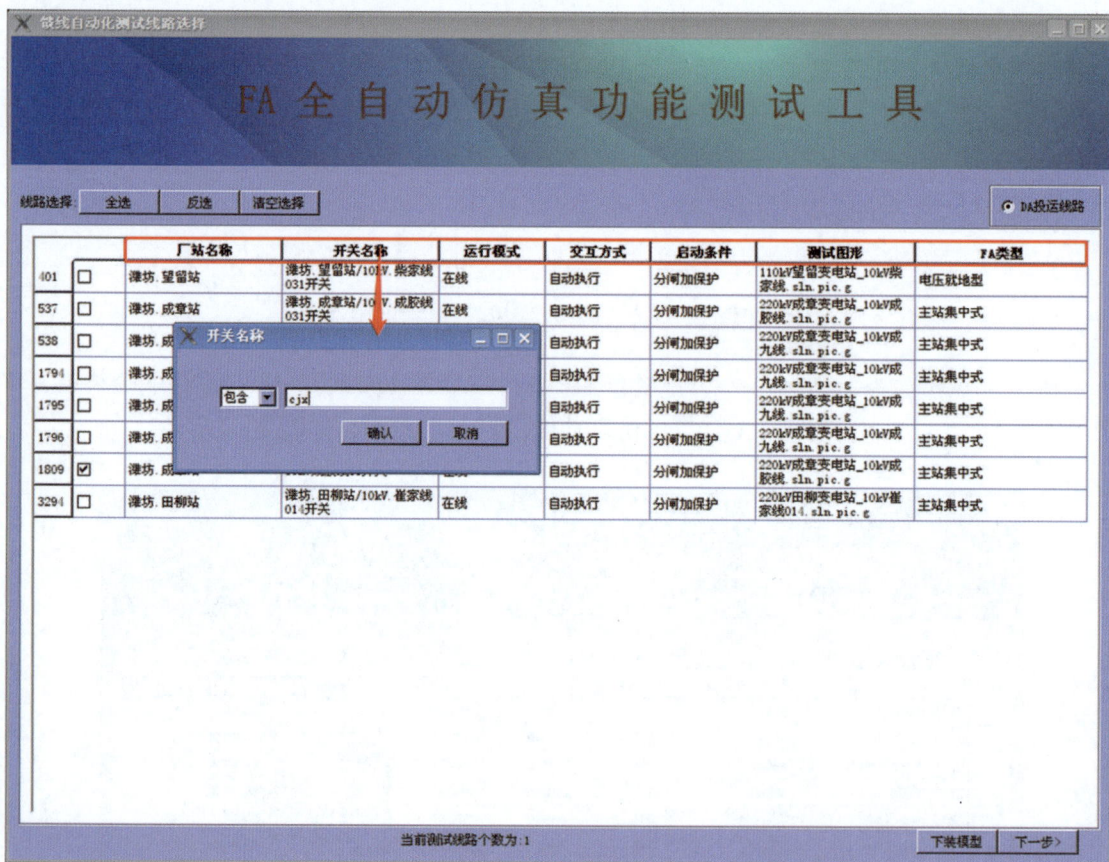

图 8-2　筛选界面

选择测试线路，如图 8-3 所示，可以通过点击第一列勾选框选择，也可以通过左上角的"全选""反选"和"清空选择"进行选择。

图 8-3　选择测试线路界面

【注意事项】

（1）需检查厂站名称、开关名称、测试图形是否对应。

（2）需核查 FA 类型是否正确，线路上只要有智能电压型开关则为电压就地型（联络开关除外）。如 FA 类型错误，需重新维护"断路器 DA 控制模式表"。同时，电压型开关需将"配网开关表"中的"开关类型"设置为"电压时间型开关"。

（3）线路上配网智能开关均需配置 FA，包括分支开关、分段开关、环网柜开关间隔。

8.1.3　下装模型

点击"下装模型"，根据需要选择模型、方式同步模式。数据源同步方式界面如图 8-4 所示，数据同步成功提示如图 8-5 所示。

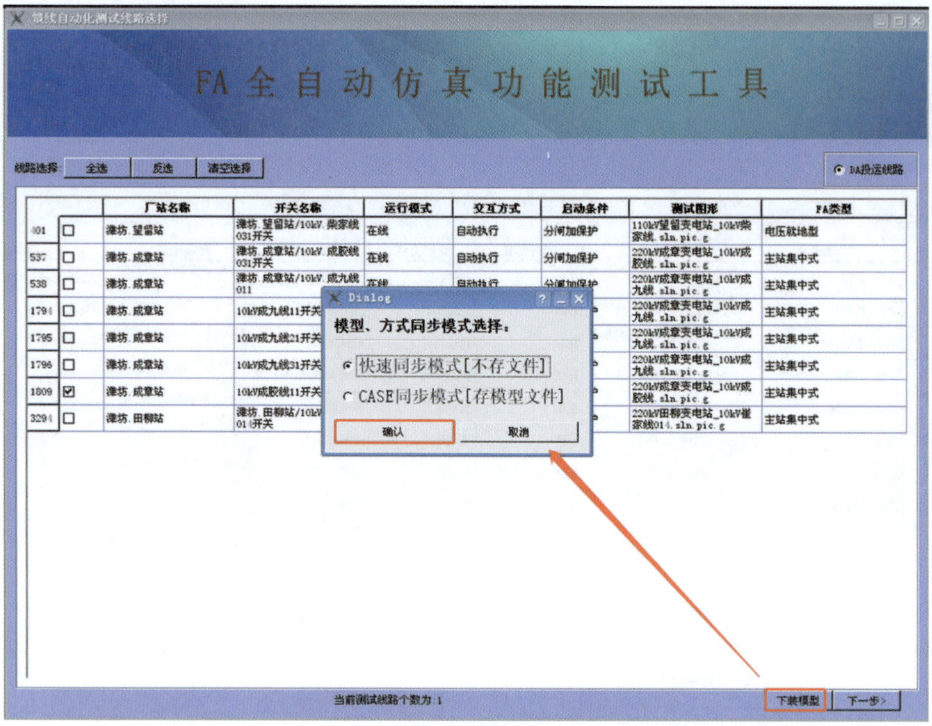

图 8-4　数据源同步方式界面

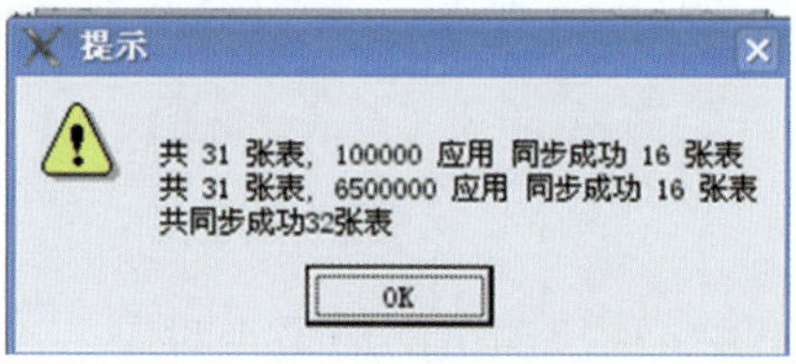

图 8-5　数据同步成功提示

【注意事项】

第一次打开仿真工具或者数据库发生变化，均需重新下装。

8.1.4　线路校验

点击"下一步"进行线路校验，如图 8-6 所示。

点击"线路校验"，对线路进行分析。在校验过程中可以点击"暂停校验"按钮中断校验，程序将在完成当前校验任务后暂停。点击"继续校验"将完成剩余校验任务。线路校验结束界面如图 8-7 所示。

图 8-6　线路校验界面

图 8-7　线路校验结束界面

【注意事项】

图 8-7 左下角"接地故障",根据实际需要进行选择。

右键点击待校验确认线路,点击"校验结果查询",校验结果查询界面如图 8-8 所示。

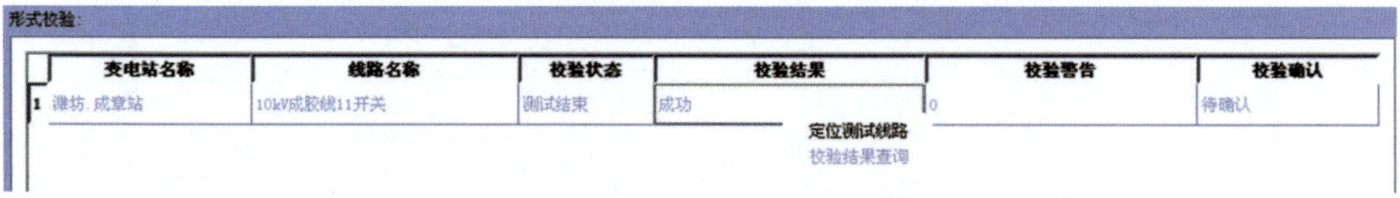

图 8-8　校验结果查询界面

打开校验结果详情界面,如图 8-9 所示,需对跳闸开关配置、联络开关情况以及保护配置情况进行确认;确认无误后,点击"确认"。

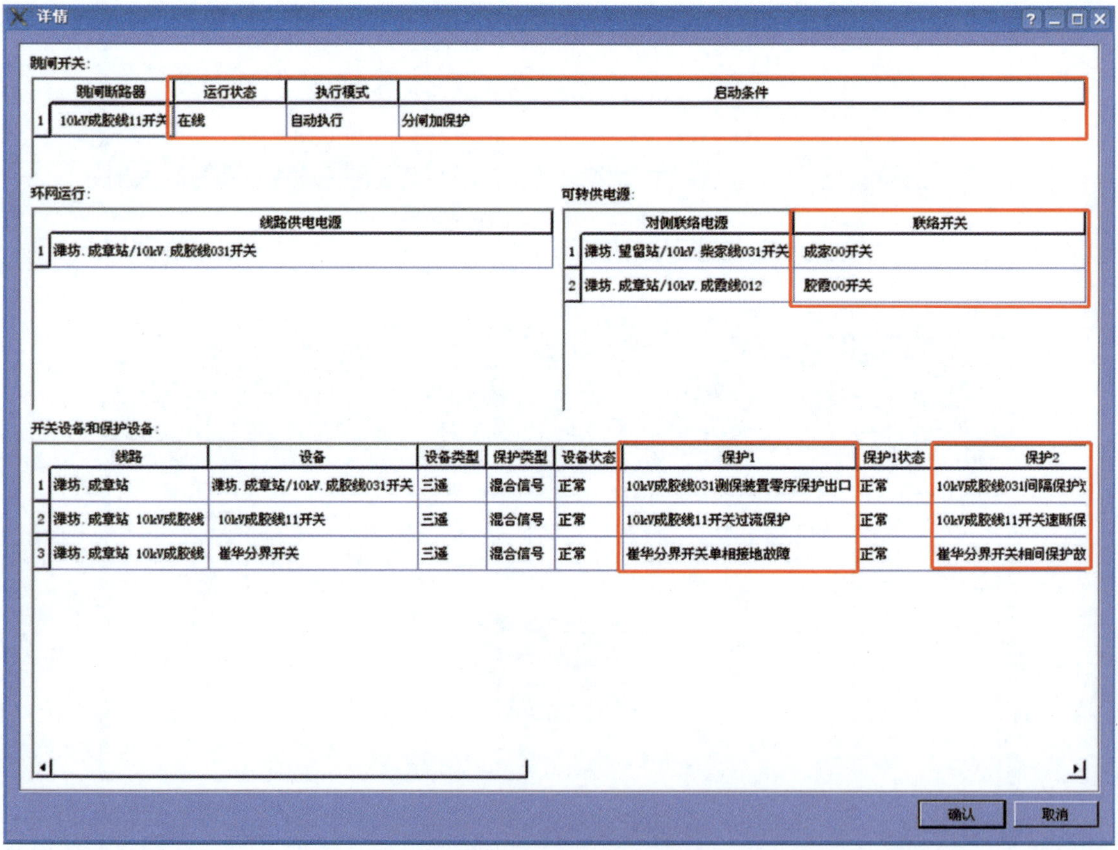

图 8-9　校验结果详情界面

【注意事项】

需核对智能设备、联络开关数量,如数量与实际不相符,则有可能为配置错误或线路拓扑异常导致。

8.1.5　FA 启动测试

点击"下一步"进入 FA 测试界面。

FA 逐点测试界面将列出线路供电范围内所有的开关区段作为故障区域，点击"FA 启动测试"按钮后测试工具将逐点进行 FA 测试，通过对比 FA 定位的故障区域与设定的故障区域得出测试结论。FA 启动测试界面如图 8-10 所示。

图 8-10　FA 启动测试界面

点击"FA 启动测试"开始分析，点击"暂停测试"停止测试。FA 测试界面如图 8-11 所示。

测试结束后提示"所有线路测试结束"，如图 8-12 所示。

图 8-11 FA 测试界面

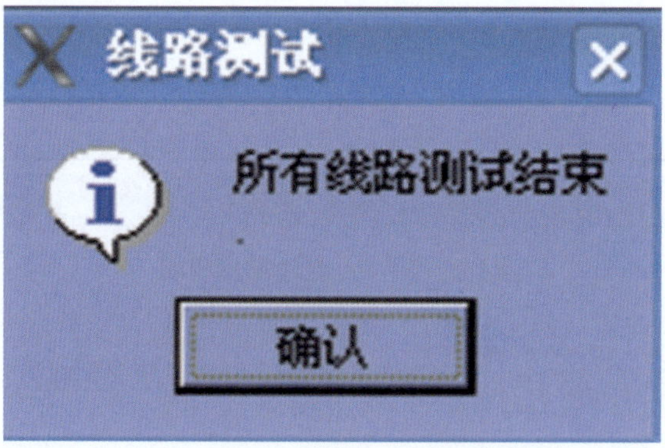

图 8-12 测试结束提示

8.1.6 查看 FA 分析结果

右键菜单选择"测试结果",查看单个故障的测试报告。测试结果查询界面如图 8-13 所示,测试结果确认界面如图 8-14 所示。

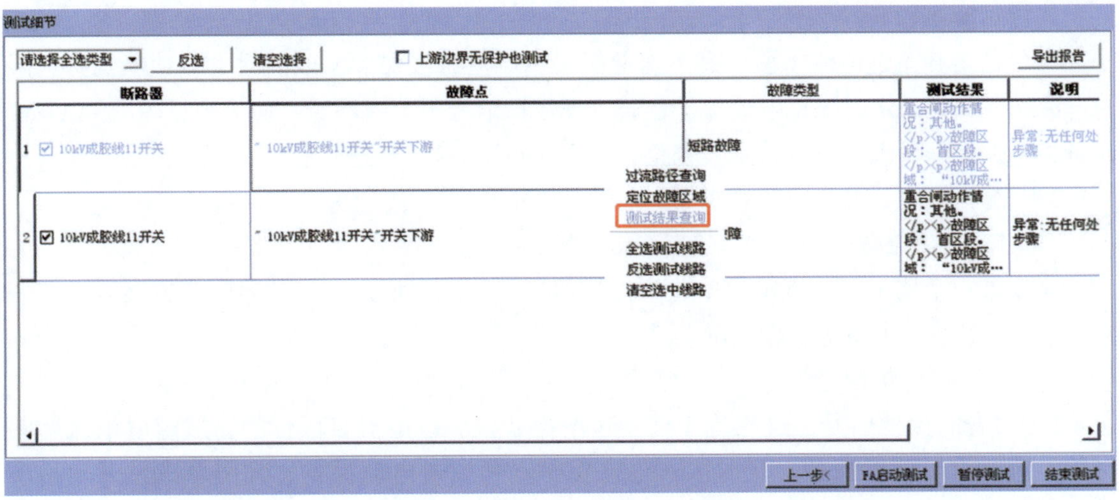

断路器	故障点	故障类型	测试结果	说明
1 ☑ 10kV成胶线11开关	"10kV成胶线11开关"开关下游	短路故障	重合闸动作情况：其他。 故障区段：首区段。 故障区域："10kV成…	异常:无任何处步骤
2 ☑ 10kV成胶线11开关	"10kV成胶线11开关"开关下游	障	重合闸动作情况：其他。 故障区段：首区段。 故障区域："10kV成…	异常:无任何处步骤

过流路径查询
定位故障区域
测试结果查询
全选测试线路
反选测试线路
清空选中线路

上一步< ｜ FA启动测试 ｜ 暂停测试 ｜ 结束测试

图 8-13　测试结果查询界面

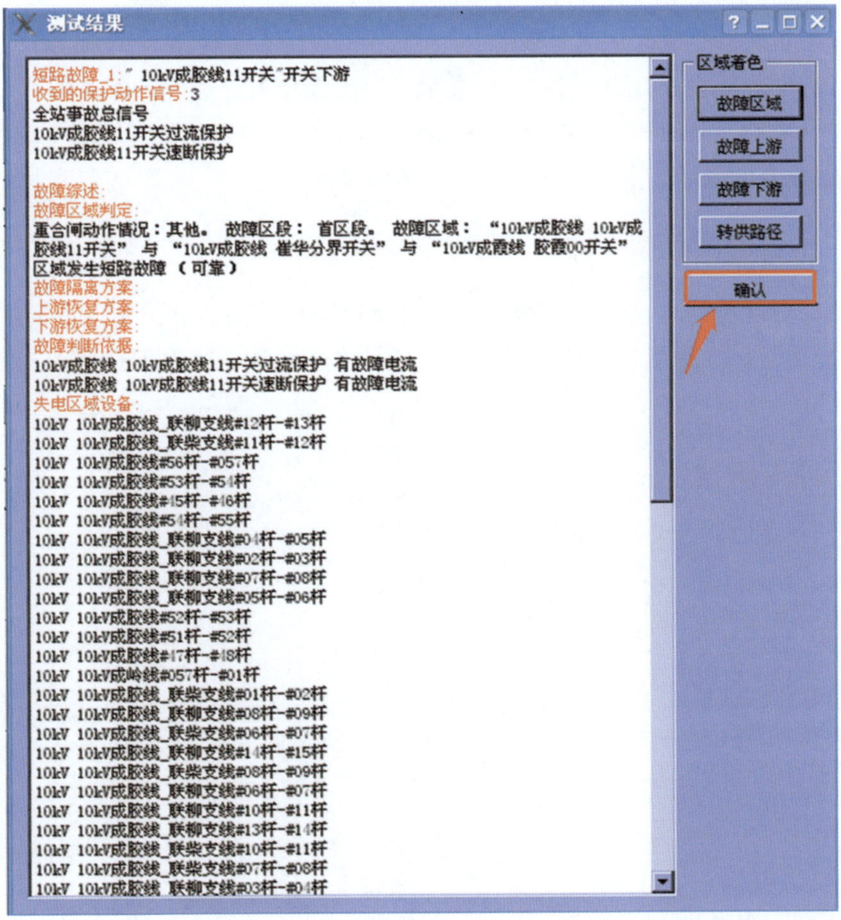

测试结果

短路故障_1："10kV成胶线11开关"开关下游
收到的保护动作信号：3
全站事故总信号
10kV成胶线11开关过流保护
10kV成胶线11开关速断保护

故障综述：
故障区域判定：
重合闸动作情况：其他。　故障区段：首区段。故障区域："10kV成胶线 10kV成胶线11开关" 与 "10kV成胶线 崔华分界开关" 与 "10kV成霞线 胶霞00开关" 区域发生短路故障（可靠）
故障隔离方案：
上游恢复方案：
下游恢复方案：
故障判断依据：
10kV成胶线 10kV成胶线11开关过流保护 有故障电流
10kV成胶线 10kV成胶线11开关速断保护 有故障电流
失电区域设备：
10kV 10kV成胶线_联柳支线#12杆-#13杆
10kV 10kV成胶线_联柴支线#11杆-#12杆
10kV 10kV成胶线#56杆-#057杆
10kV 10kV成胶线#53杆-#54杆
10kV 10kV成胶线#45杆-#46杆
10kV 10kV成胶线#54杆-#55杆
10kV 10kV成胶线_联柳支线#04杆-#05杆
10kV 10kV成胶线_联柳支线#02杆-#03杆
10kV 10kV成胶线_联柳支线#07杆-#08杆
10kV 10kV成胶线_联柳支线#05杆-#06杆
10kV 10kV成胶线#52杆-#53杆
10kV 10kV成胶线#51杆-#52杆
10kV 10kV成胶线#47杆-#48杆
10kV 10kV成岭线#057杆-#01杆
10kV 10kV成胶线_联柴支线#01杆-#02杆
10kV 10kV成胶线_联柴支线#08杆-#09杆
10kV 10kV成胶线_联柴支线#06杆-#07杆
10kV 10kV成胶线_联柳支线#14杆-#15杆
10kV 10kV成胶线_联柳支线#08杆-#09杆
10kV 10kV成胶线_联柳支线#06杆-#07杆
10kV 10kV成胶线_联柳支线#10杆-#11杆
10kV 10kV成胶线_联柴支线#13杆-#14杆
10kV 10kV成胶线_联柴支线#10杆-#11杆
10kV 10kV成胶线_联柴支线#07杆-#08杆
10kV 10kV成胶线_联柳支线#03杆-#04杆

区域着色
故障区域
故障上游
故障下游
转供路径

确认

图 8-14　测试结果确认界面

需核对事项如下：

（1）站内开关过电流Ⅰ段、过电流Ⅱ段、过电流Ⅲ段保护，或瞬时电流速断保护、限时电流速断保护、定时限过电流保护；若出现保护信号不全或不对，应去数据库"SCADA–设备类–保护信号表"里查看是否完整，如不完整则需维护完整。

（2）配网智能开关三遥及对应保护信号是否正常。

（3）FA 故障点数是否正确。

（4）每一个测试点测试结果中收到保护信号、故障区域判定、故障隔离方案、上游恢复方案、下游恢复方案等是否正确。

（5）收到的保护信号。

1）站内的保护信号：过电流Ⅰ段、过电流Ⅱ段、过电流Ⅲ段保护，或瞬时电流速断保护、限时电流速断保护、定时限过电流保护动作、过电流保护、间隔事故总、全站事故总。

2）故障对应的电压型开关应有闭锁信号。

3）集中型的保护信号包含速断、过电流、相间保护、线路故障总等。

4）信号不正确需要改保护信号表。

（6）故障区域判定：有重合闸的，会显示"一次重合失败（首区段故障）、二次重合成功"；未投重合闸的，显示其他。线路上电压型开关必须与重合闸配合完成 FA。

测试结果没有问题后，点击"确认"返回测试界面。

8.1.7　仿真测试数据保存

FA 测试完成后可以点击"导出报告"按钮保存测试结果，导出报告界面如图 8–15 所示。报告导出成功后，提示导出路径及自动生成的文件名称，报告保存路径提示如图 8–16 所示。

8.1.8　结束测试

全部测试结束后，点击"结束测试"，界面将自动关闭。

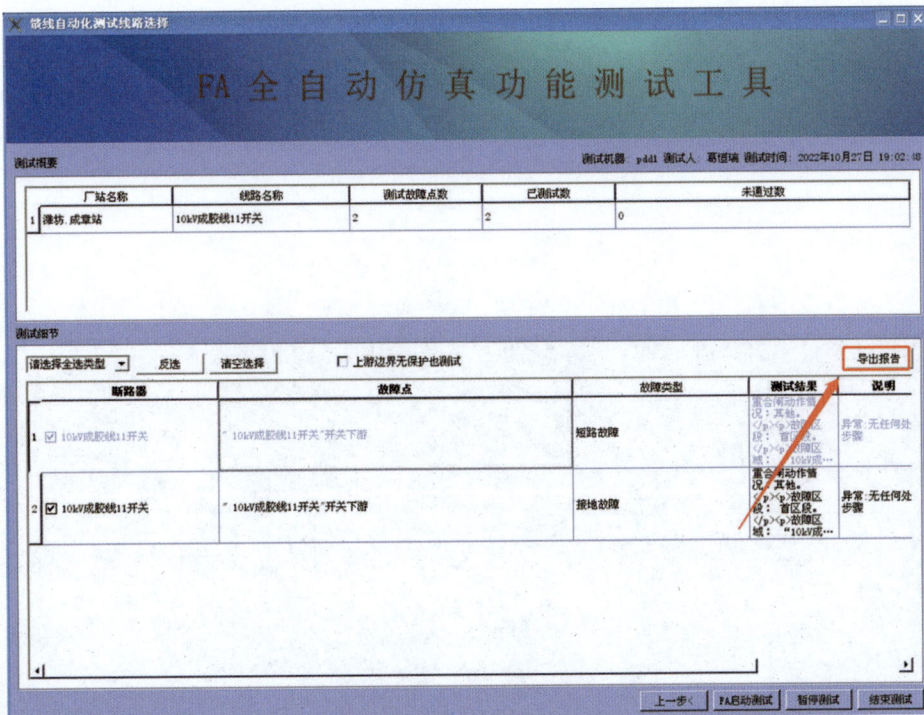

图 8-15　导出报告界面

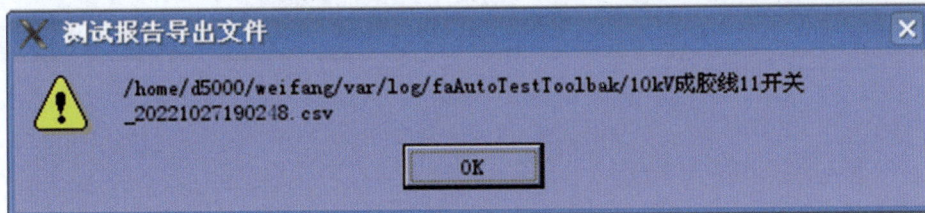

图 8-16　报告保存路径提示

8.2　培训态快速仿真

8.2.1　打开图形程序

选取需要做快速仿真的配网单线图，切换应用为"DSCADA"，切换态为"培训态"，如图 8-17 所示，进入快速仿真状态，如图 8-18 所示。

图 8-17　配网单线图切换培训态

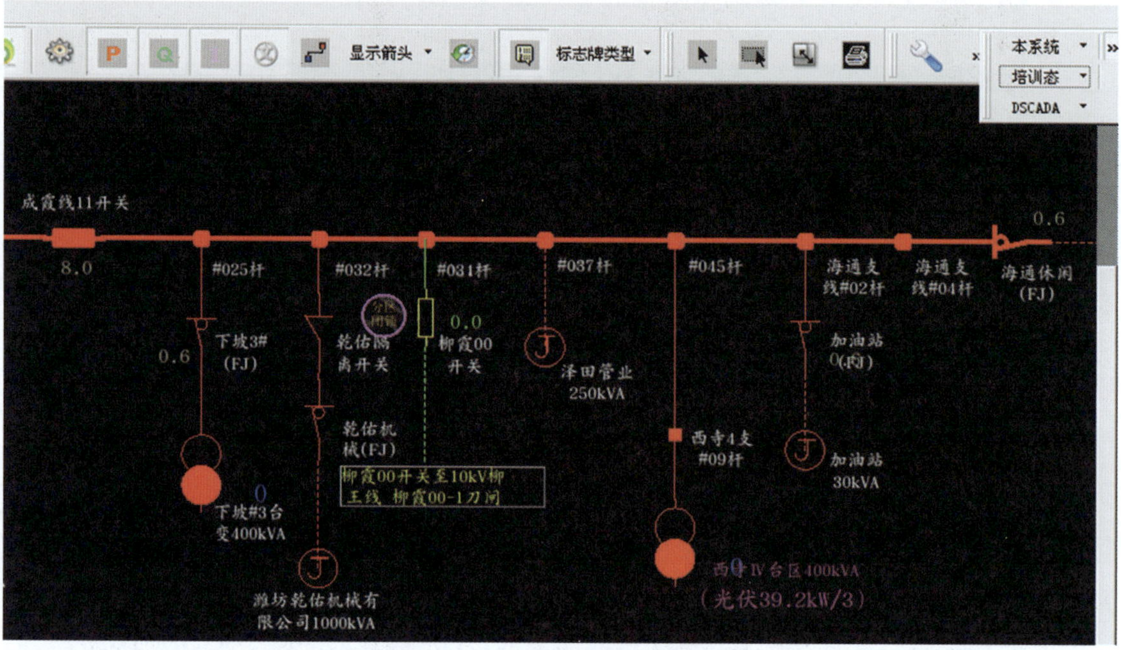

图 8-18　配网单线图快速仿真状态

8.2.2　打开模型同步界面

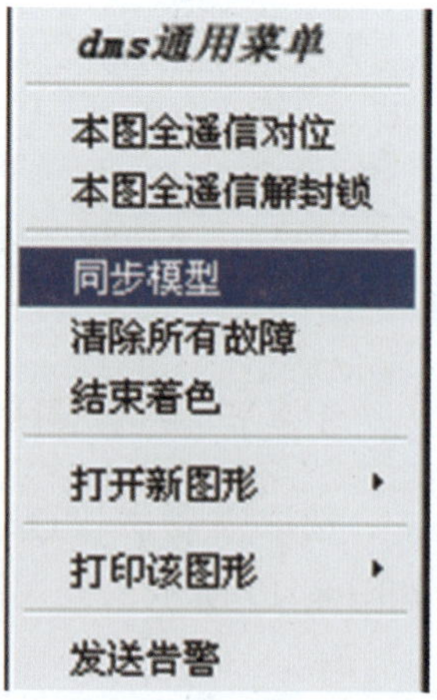

右键在空白处点击，选择"同步模型"，同步模型菜单如图8-19所示。

选择好模型、方式同步模式后，点击"确认"开始同步，模型同步模式选择界面如图8-20所示。默认使用的是"快速同步模式"，同步后提示同步成功，如图8-5所示。

【注意事项】

由于同步需要打包实时态数据并在培训态下解压，可能耗时较长，需耐心等待。

8.2.3　人工置数与设备故障设置

在培训态下，可以对开关位置及遥信、遥测数据进行人工置数，模拟不同的运行状态。此外，还可以在配网开关上设置设备

图 8-19　同步模型菜单

故障，如开关拒动、保护漏报等，设备故障设置界面如图 8-21 所示。

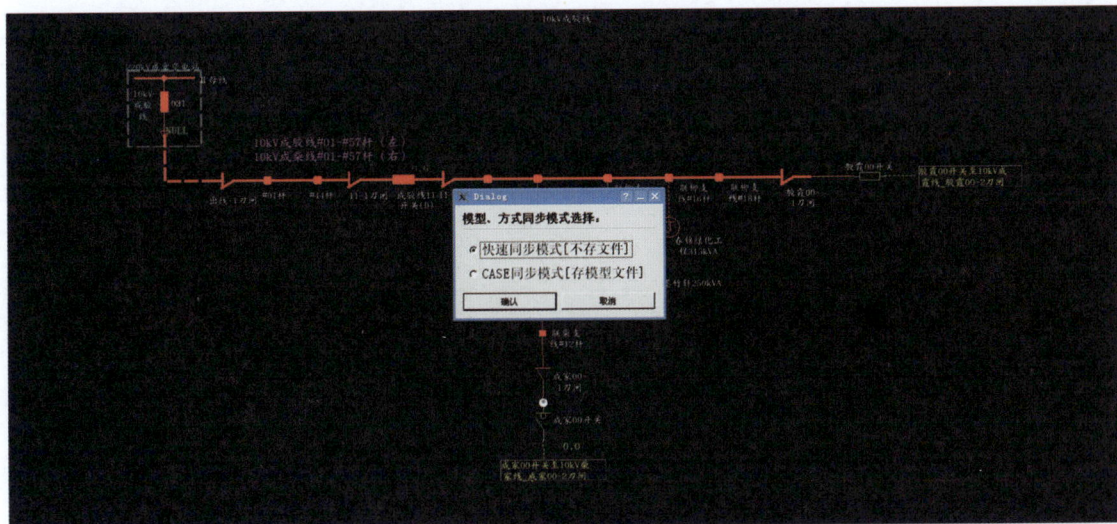

图 8-20　模型同步模式选择界面

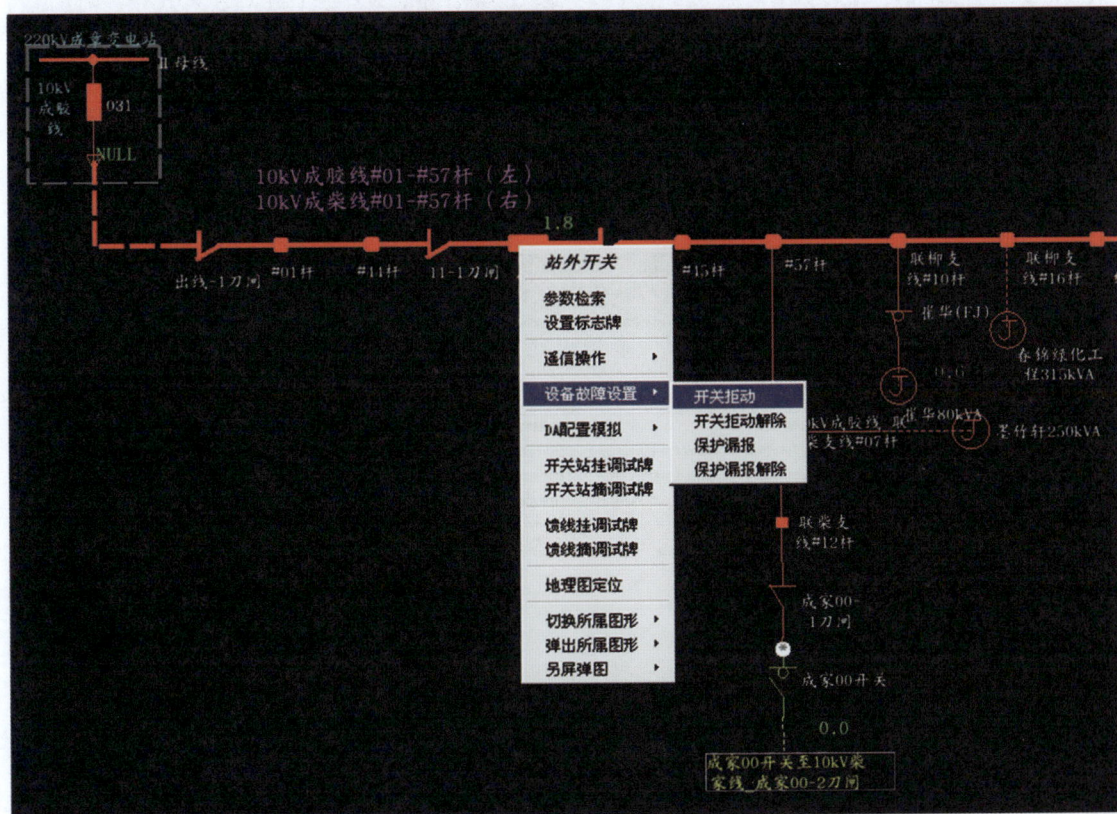

图 8-21　设备故障设置界面

8.2.4　设置故障点

在馈线段或开关设备上点击右键，选择"故障点设置"，弹出故障类型选择界面，如图 8-22 所示。设置故障类型后，提示"确认增加故障点"，点击"确定"，故障点类型设置界面如图 8-23 所示。

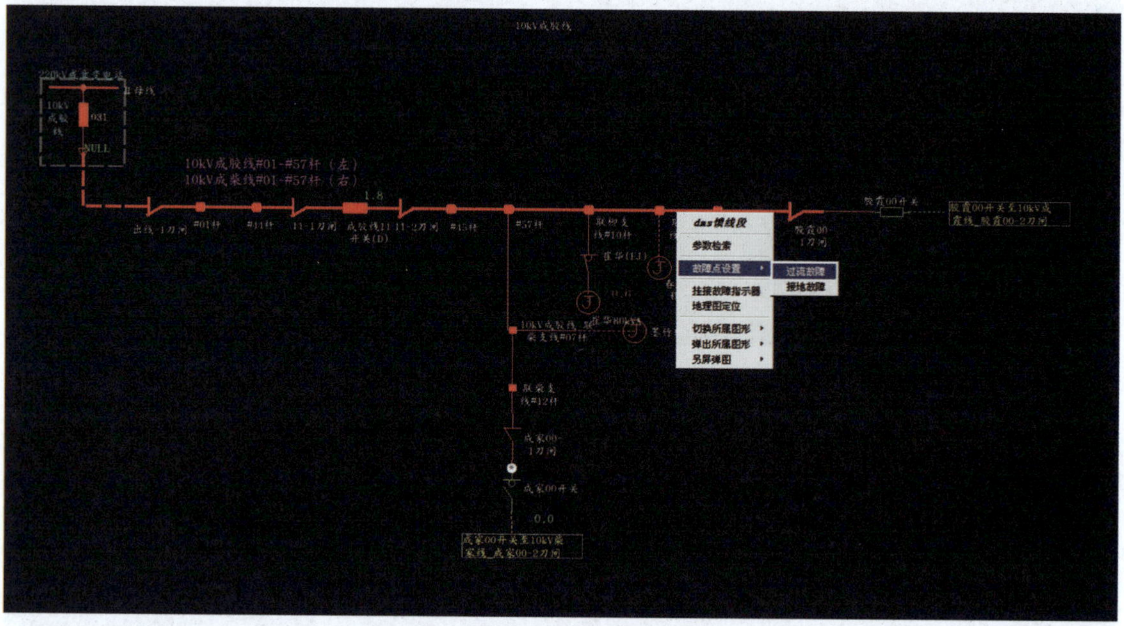

图 8-22　故障类型选择界面

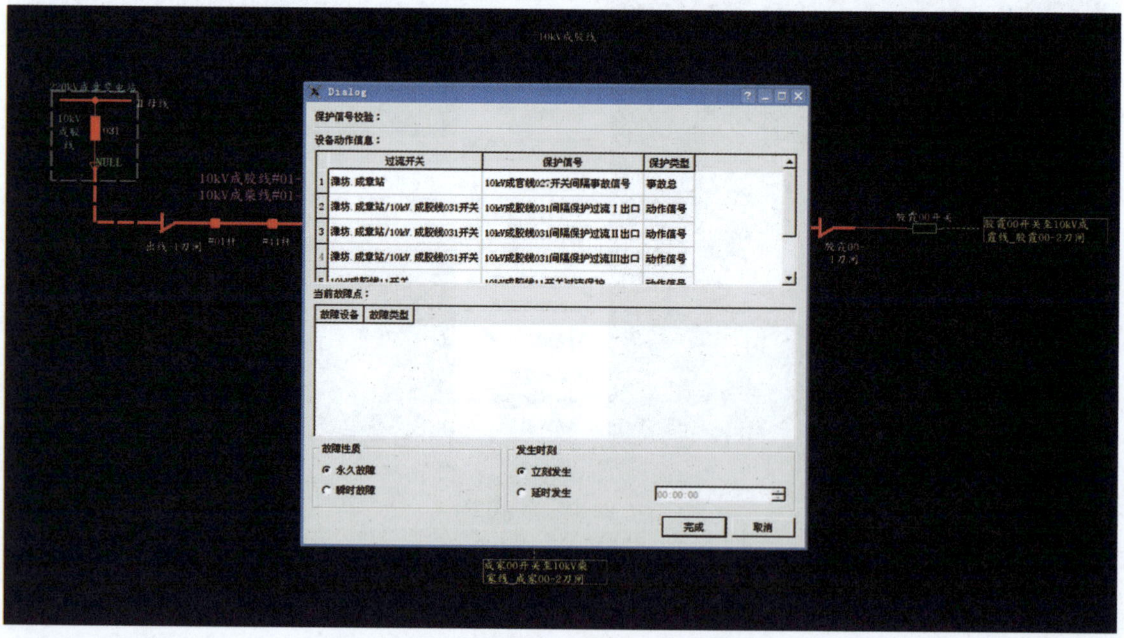

图 8-23　故障点类型设置界面

【注意事项】

可根据需要，进行故障性质（永久故障、瞬时故障）和发送时刻（立刻发生、延时发生）设置。

8.2.5　故障发生

点击"完成"后可触发 faAutoTopoServer 程序计算，跳开开关，并定位故障区域。保护信号校验界面如图 8-24 所示。

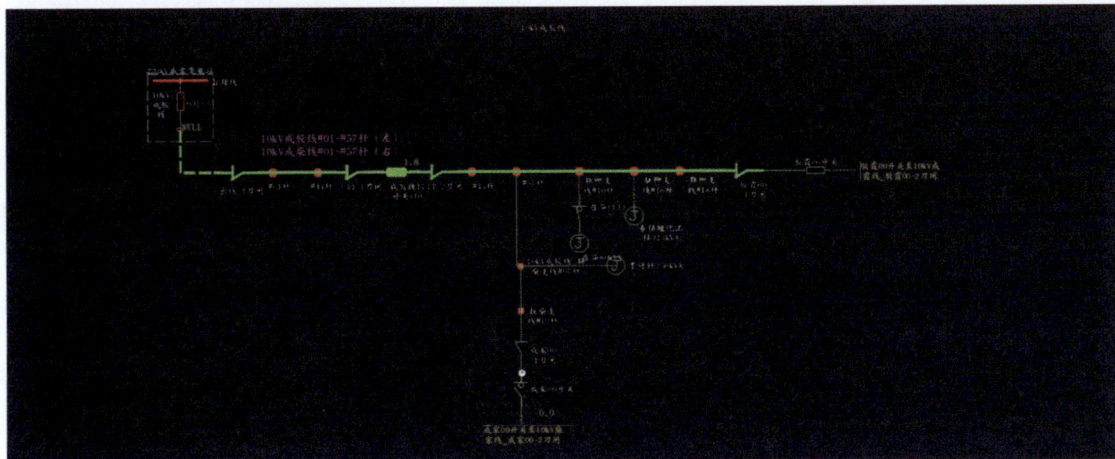

图 8-24　保护信号校验界面

8.2.6　分析结果

分析完成后弹出仿真态下的 da_assistant 界面，如图 8-25 所示，供查看分析结果及处理方案。

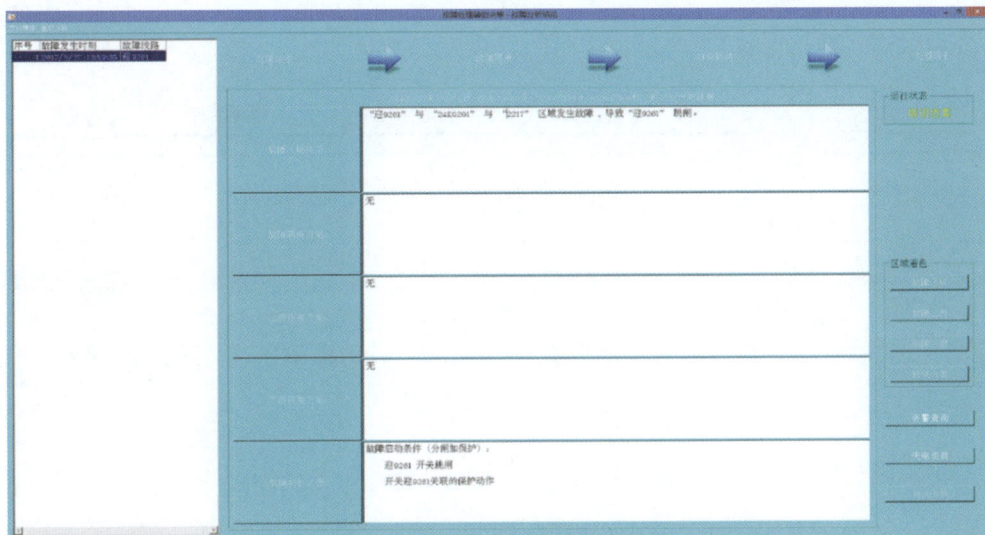

图 8-25　da_assistant 界面

8.3　事故反演

8.3.1　变电站事故反演启动

从总控台菜单栏中点击"告警查询"下拉框（见图 8-26），选择"事故反演"，或在运行系统终端（▣）输入 sca_pdrctrl，启动事故反演界面。

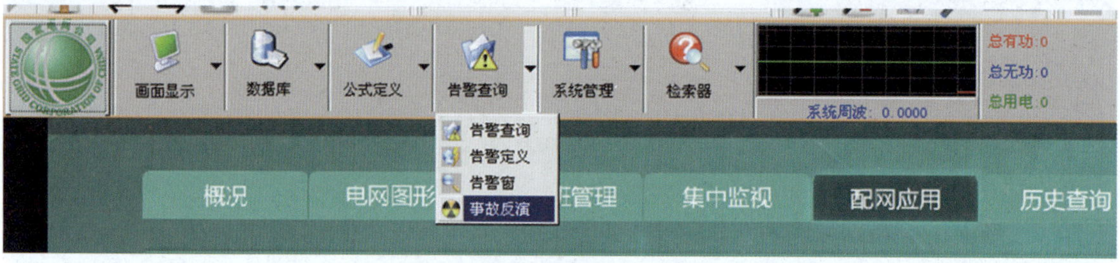

图 8-26　"告警查询"下拉框

事故反演界面启动后进入选择案例界面，如图 8-27 所示。

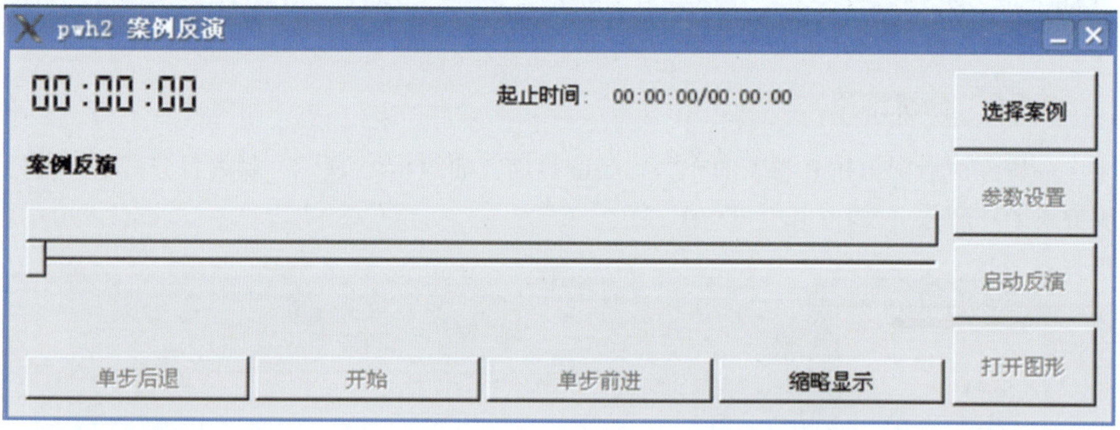

图 8-27　选择案例界面

8.3.2　变电站案例反演

点击"选择案例"，选择需要反演的案例，点击"启动反演"进入事故反演界面，如图 8-28 所示。

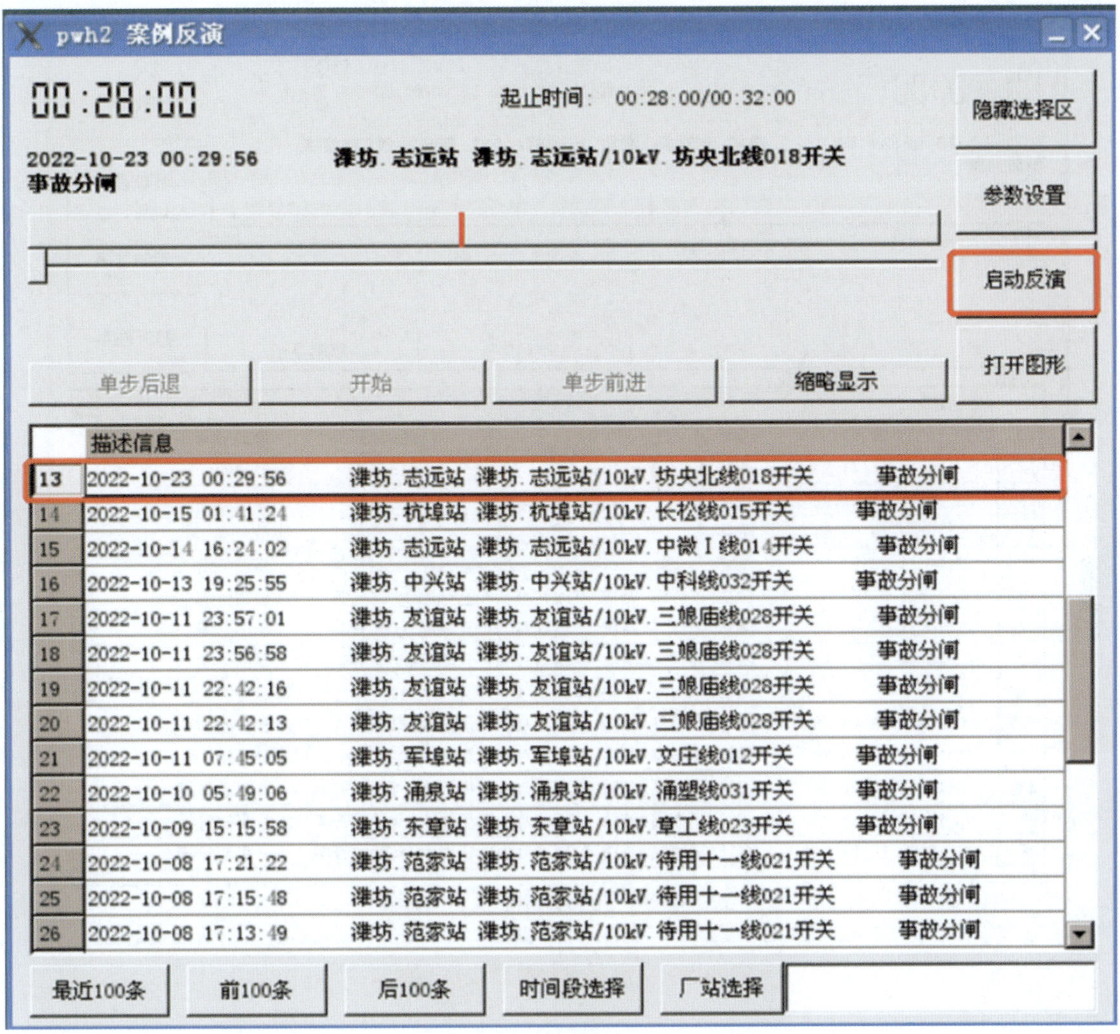

图 8-28　事故反演界面

　　系统会自动下装模型，等待模型下装好后会提示"启动事故反演成功"，如图 8-29 所示。

　　点击"OK"后，系统会自动打开图纸及实时告警界面，如图 8-30 所示。

　　点击"开始"，系统开始反演事故过程，等待反演时间结束可查看该案例的事故发生及处理情况，如图 8-31 所示。

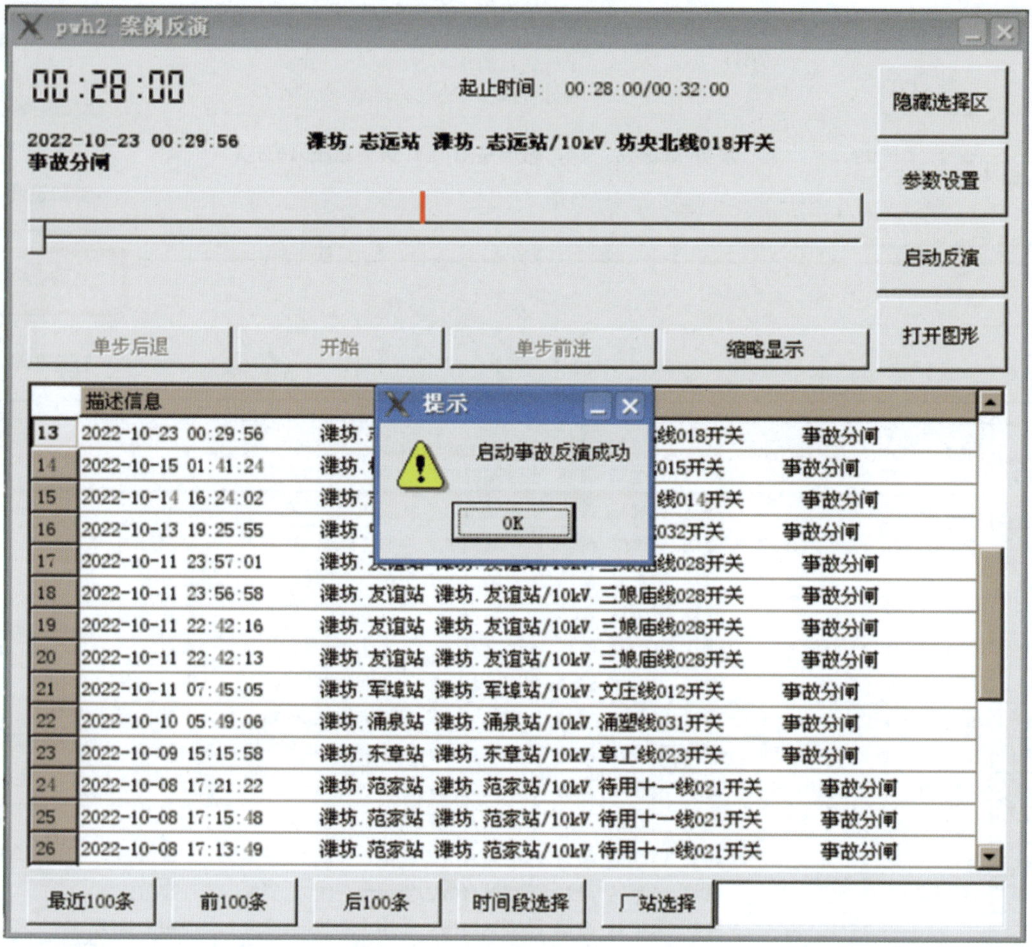

图 8-29　"启动事故反演成功"提示

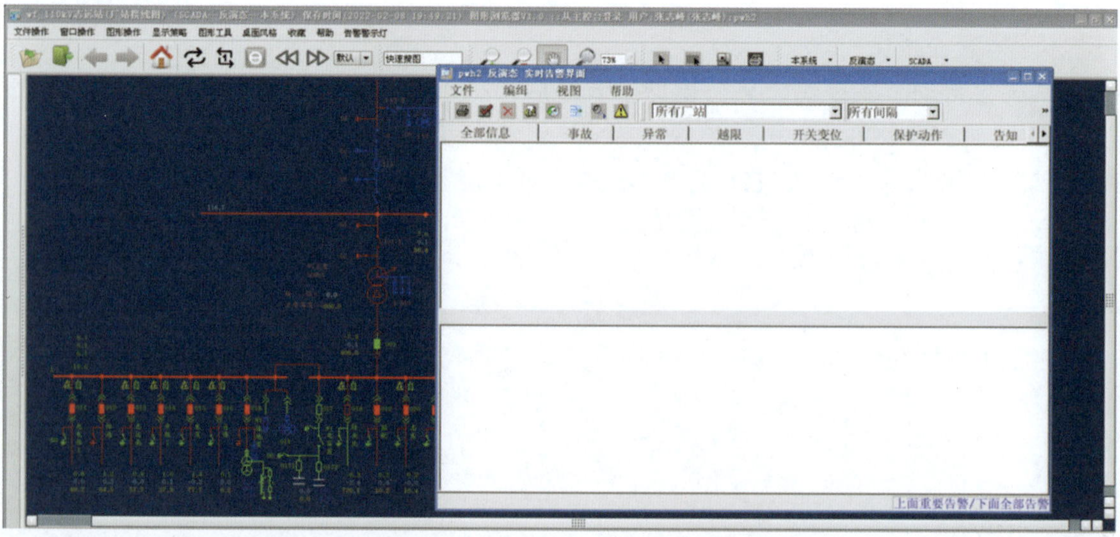

图 8-30　事故反演－图纸及实时告警界面

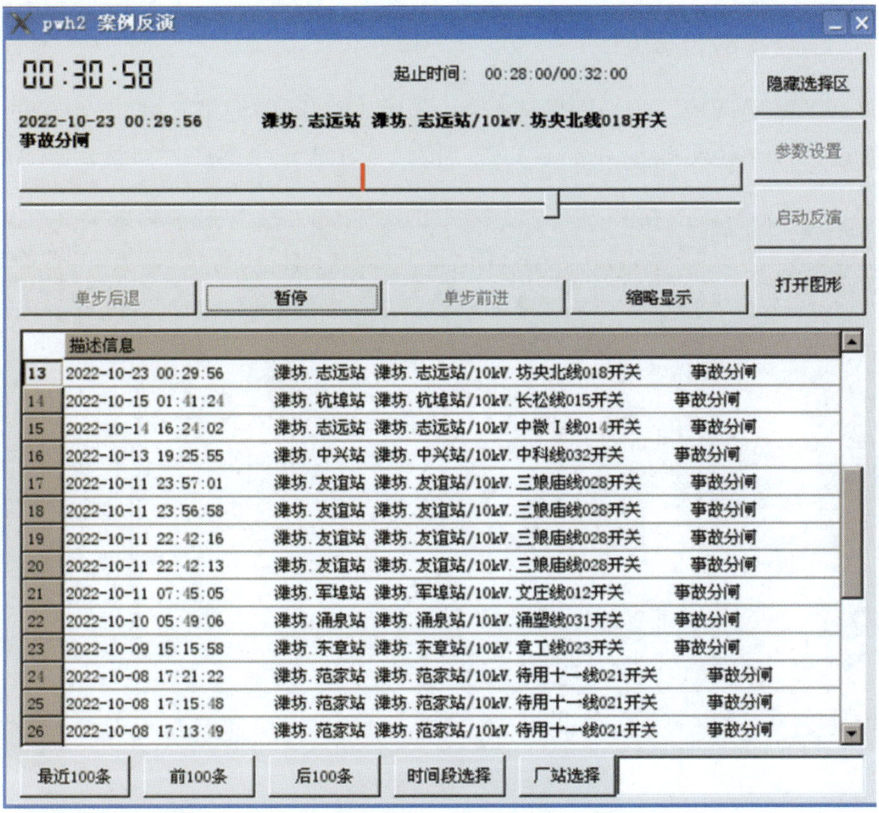

（a）

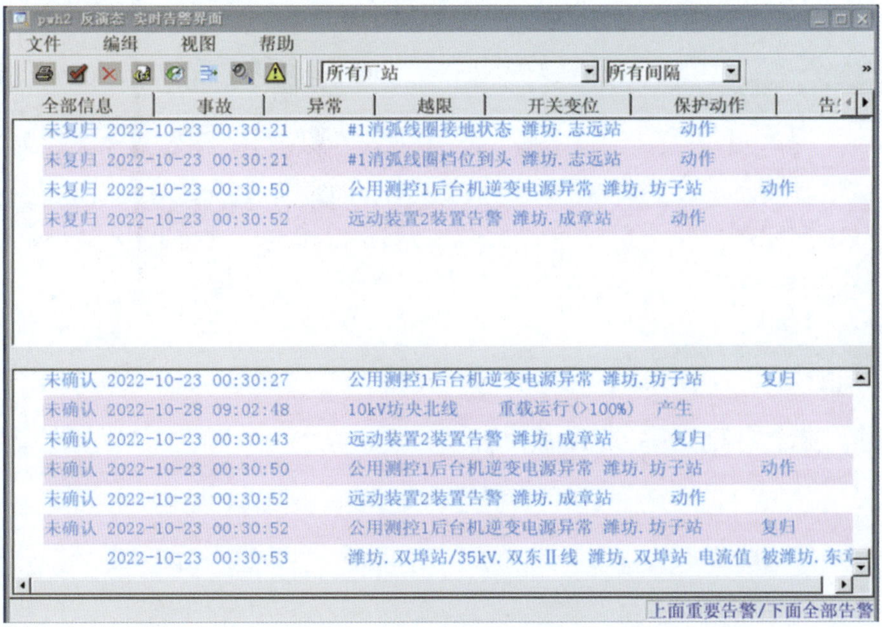

（b）

图 8-31　事故反演 - 事故发生及处理情况界面

（a）事故发生情况；（b）事故处理情况

8.3.3　线路事故反演启动

从主页→"配网调控"→"配网应用"，选择"FA 历史记录"，如图 8-32 所示；或在运行系统终端（ ▬ ▭ ）输入 da_assistant –his，启动 FA 历史记录界面，如图 8-33 所示。

图 8-32　配网应用界面

图 8-33　FA 历史记录界面

8.3.4　线路事故反演

　　找到需要反演的故障，切换到事故反演界面点击播放键（见图 8-34），系统会提示下装模型，如图 8-35 所示。

图 8-34　事故反演界面

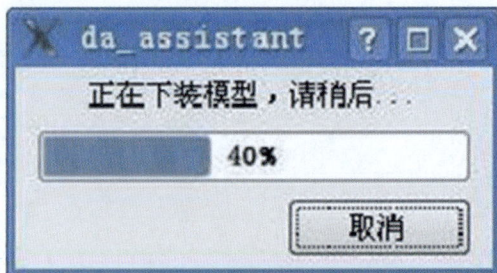

图 8-35　下装模型界面

等待系统下装完成，会自动弹出线路图，对事故过程进行反演，可详细查看事故的处理过程。事故反演线路图如图 8-36 所示。

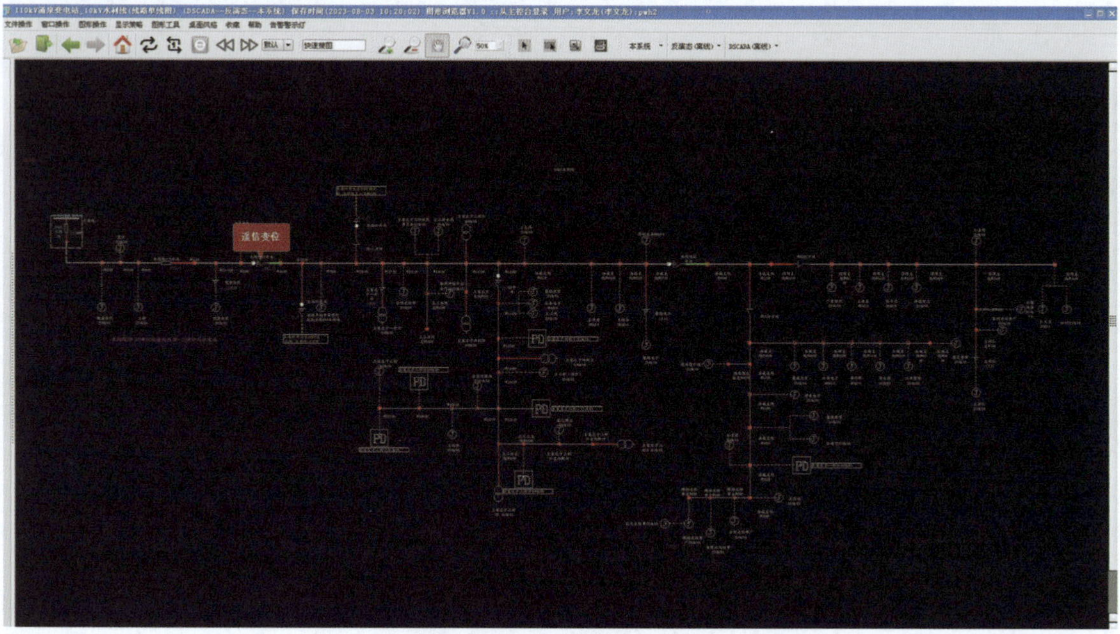

图 8-36　事故反演线路图

第9章 调度操作

本章主要介绍大面积停电、DA 运行方式设定、终端的挂 / 摘牌与遥信封锁 / 解封、遥控操作、批量预置、晨操工具、厂站全停一键转供、负荷精准控制以及常见类型终端投入远方查看方式等功能的具体操作。在对终端进行操作时挂相应的工作牌或进行遥信封锁，封锁后该终端的遥信、遥测信息都不会上传，以防止误报遥信、FA 启动等情况出现。

遥控是为了使自动化运维人员及调度人员实现对终端的远程控制；批量预置可最大效率实现终端的预置操作；晨操工具用于检验终端遥控正常与否；一键转供是针对大面积停电厂站全停的功能；负荷精准控制是为保证全省负荷安全稳定运行的省地配一体化。

9.1 大面积停电

9.1.1 启动配网终端管理

从主页点击"配网调控"→"配网应用"→"一键顺控"，或在运行系统终端（█▀）输入 dimds_large_reform，启动一键顺控功能，如图 9-1 所示。

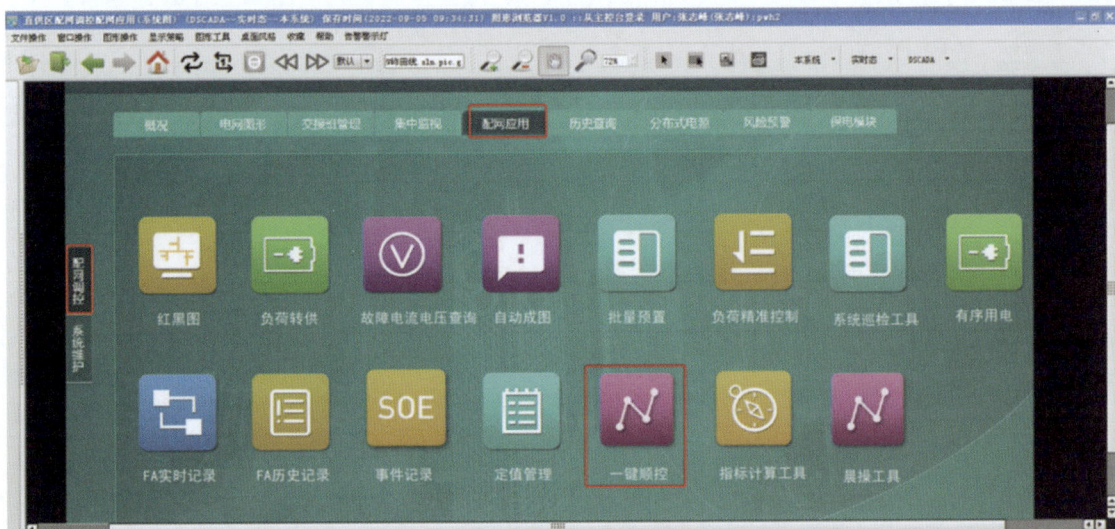

图 9-1 启动一键顺控界面

9.1.2　用户登录

登录一键顺控用户，登录界面如图 9-2 所示。

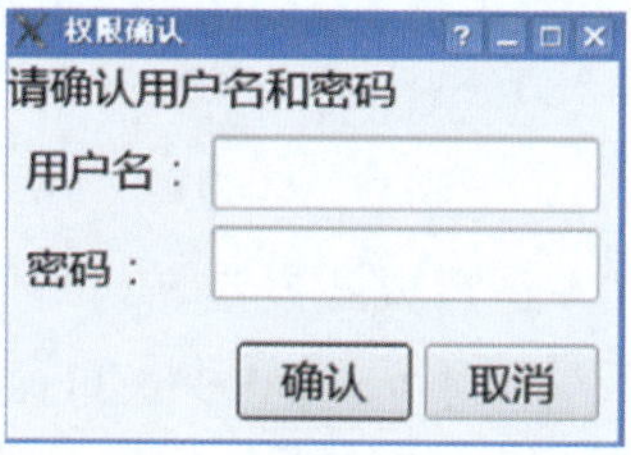

图 9-2　用户登录界面

9.1.3　预案编辑

预案编辑功能界面可根据变电站所属区域对所有变电站进行分类。点击选择变电站区域，在界面下方会列出所有属于该区域的变电站，点击需要编制电子预案的变电站，进入预案编制线路选择界面，如图 9-3 所示。

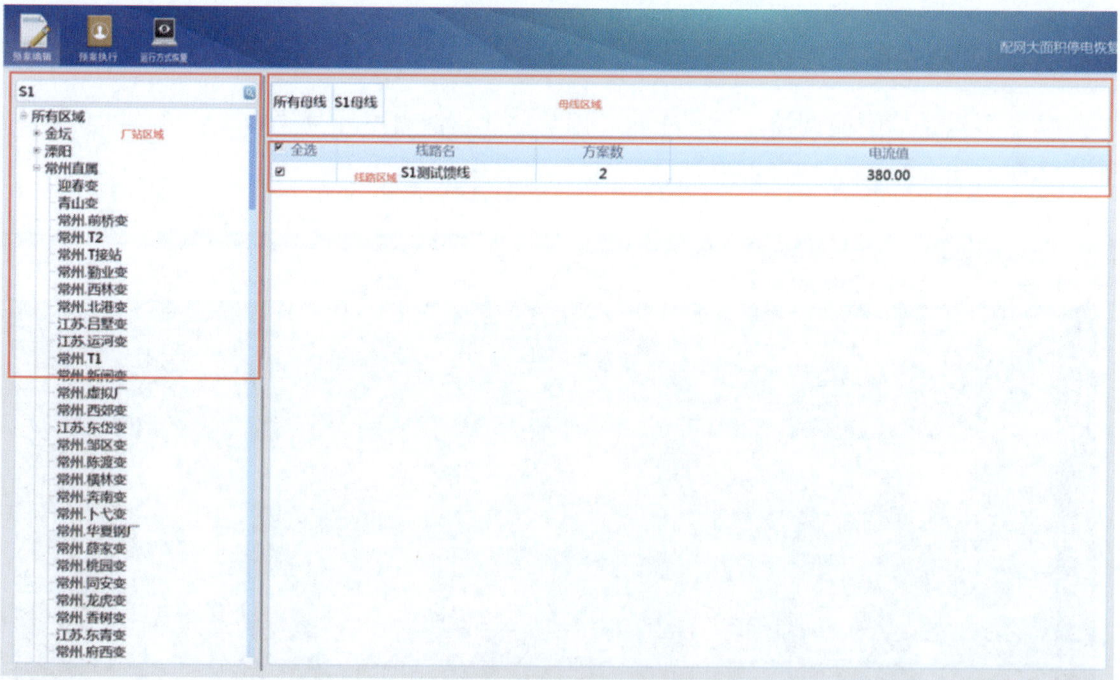

图 9-3　预案编制线路选择界面

在线路区域部分，可总体查看变电站下所有线路及其方案个数和电流值。生成预案界面如图 9-4 所示，可以右键对某条线路重新生成预案或者全站重新生成预案，然后对全站的预案进行保存。预案默认保存在系统主路径下，命名格式为 S1 测试厂站事故预案 _2020_

08_26.txt。

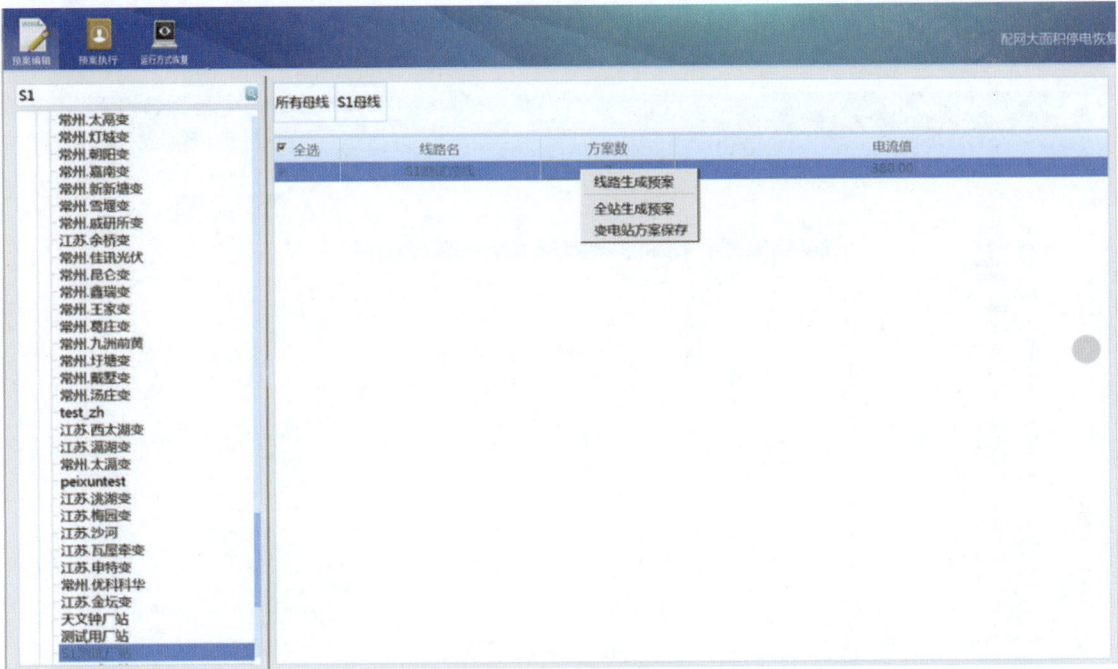

图 9-4　生成预案界面

点击某条线路，查看该线路的所有详细操作步骤，如图 9-5 所示。

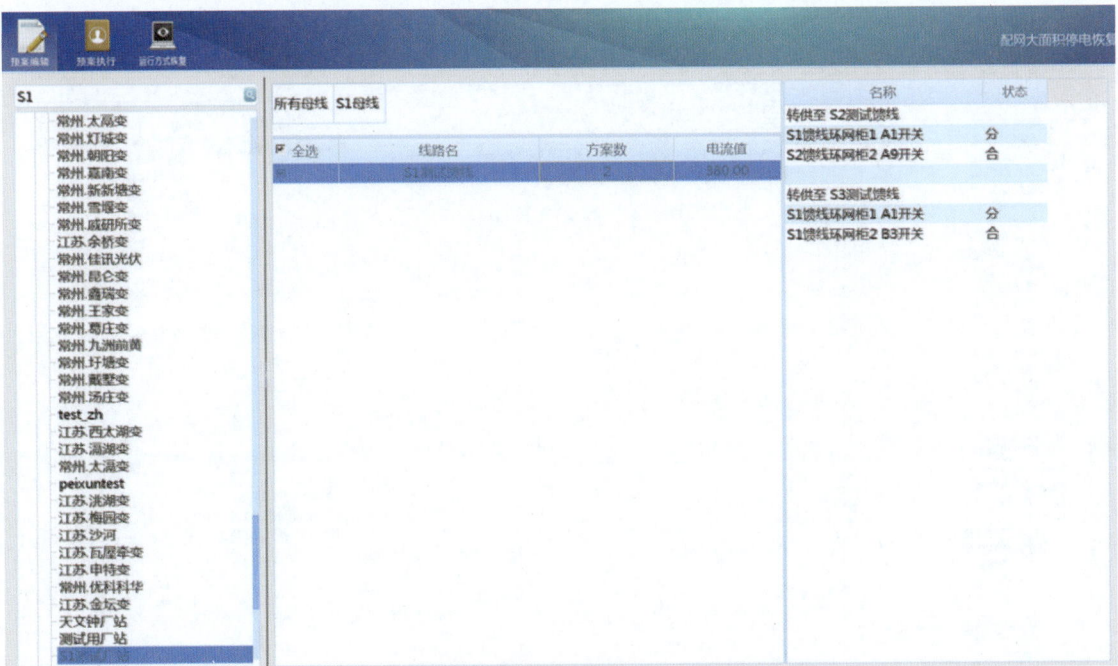

图 9-5　查看线路详细操作步骤界面

双击某条线路，界面右侧显示该线路的所有详细操作步骤，并可对弹出的方案进行预案编辑或删除、提升或降低优先级等操作。双击查看线路详细操作步骤界面如图9-6所示，预案编辑界面如图9-7所示。

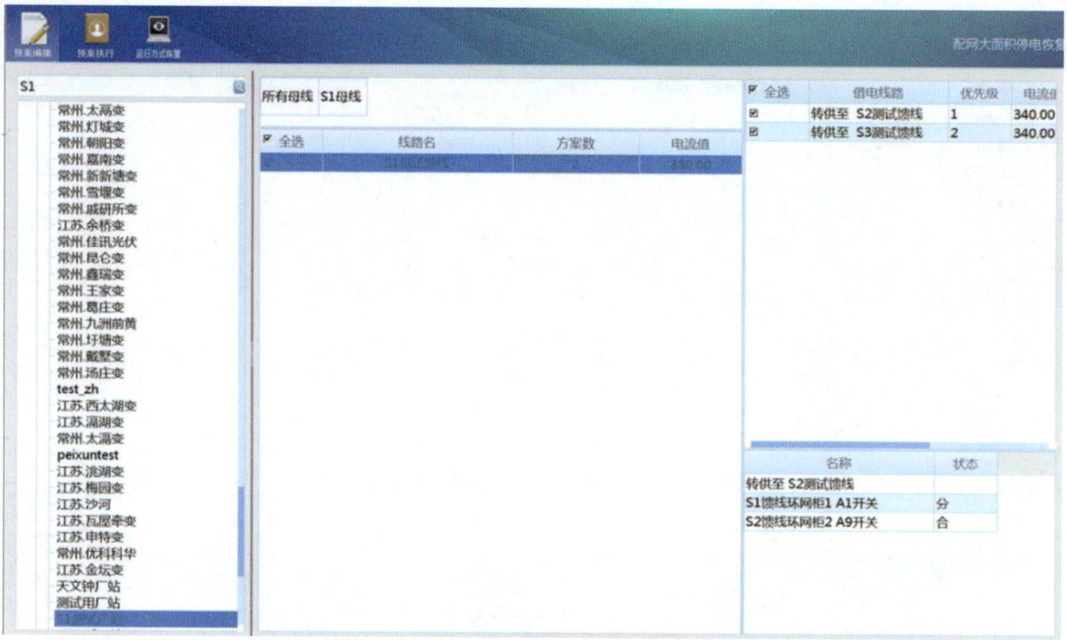

图9-6　双击查看线路详细操作步骤界面

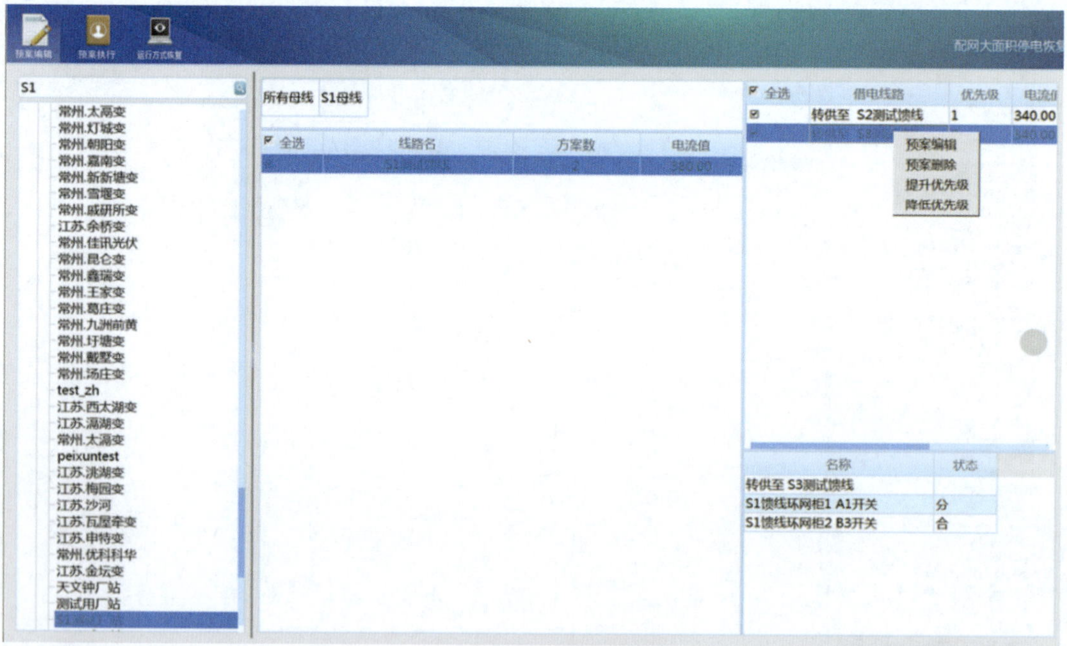

图9-7　预案编辑界面

点击"预案编辑"后，输入用户名和密码，弹出对具体操作步骤的"上移"记录、"下移"记录、"添加"记录（两种方式）：

（1）在图形上对配网开关右键点击进行预案操作合和预案操作分。

（2）以检索器的方式进行开关的拖拽、删除和保存。

预案操作界面如图 9-8 所示。

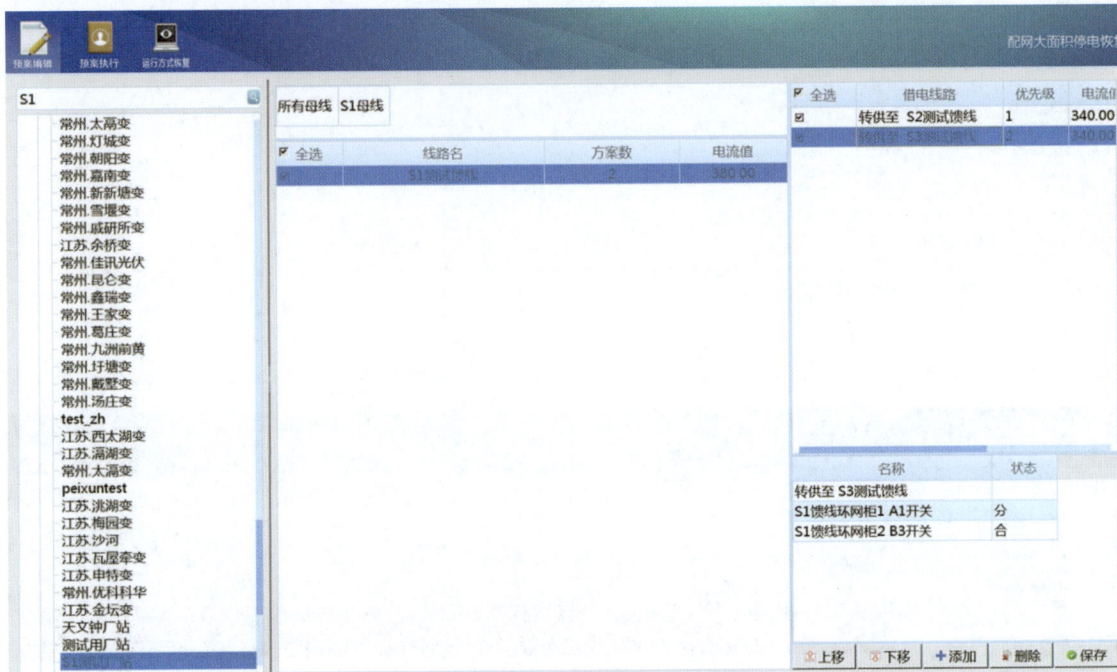

图 9-8　预案操作界面

9.1.4　预案执行

预案执行模块分为校验预案和执行预案两部分。

1. 校验预案

在执行预案的遥控操作命令前，配网变电站全停功能模块会对预案进行最终校验，校验内容包括遥信质量码校验、供电能力校验（判断转供对侧线路是否发生重载）、运行方式校验（开关状态是否满足要求）以及安全性校验（转供后是否会导致检修设备带电）。

在预案校验部分，先进行模式的选择，可以"先分后合"或"先合后分"两种模式。如果某条线路有多个方案，用"⊙！"进行标识，当进行校验的时候，如果第一条方案校验不成功，会继续校验第二条方案，校验成功的方案用绿色标识，失败的方案以红色标识。校验预案界面如图 9-9 所示。

对校验不成功的线路，可以选择某个方案右键点击"强制校验通过"。只有通过校验的方案才能显示在执行预案页面。

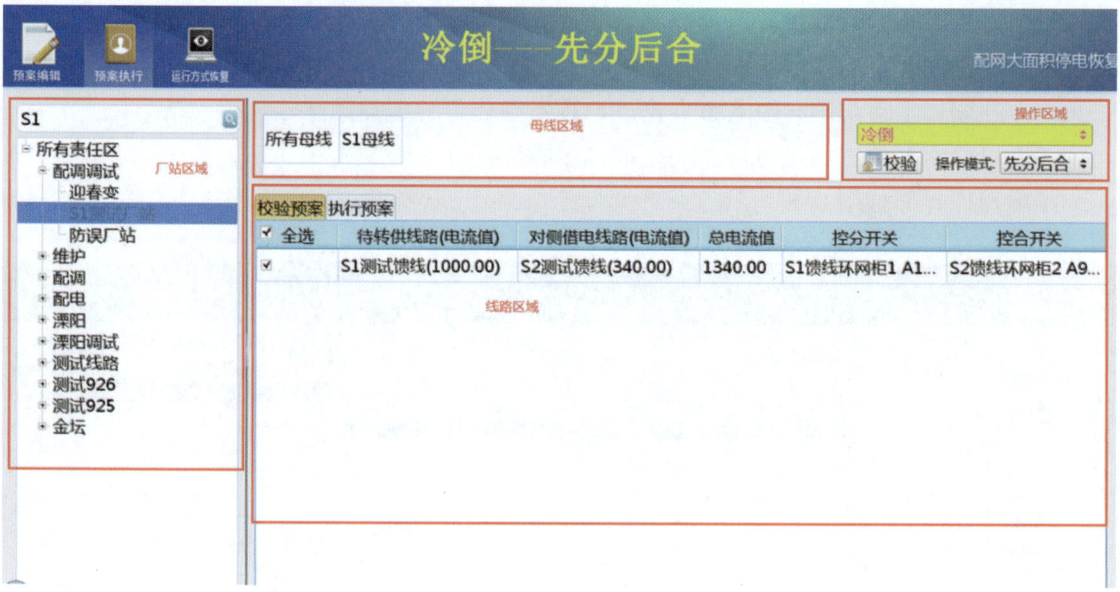

（a）

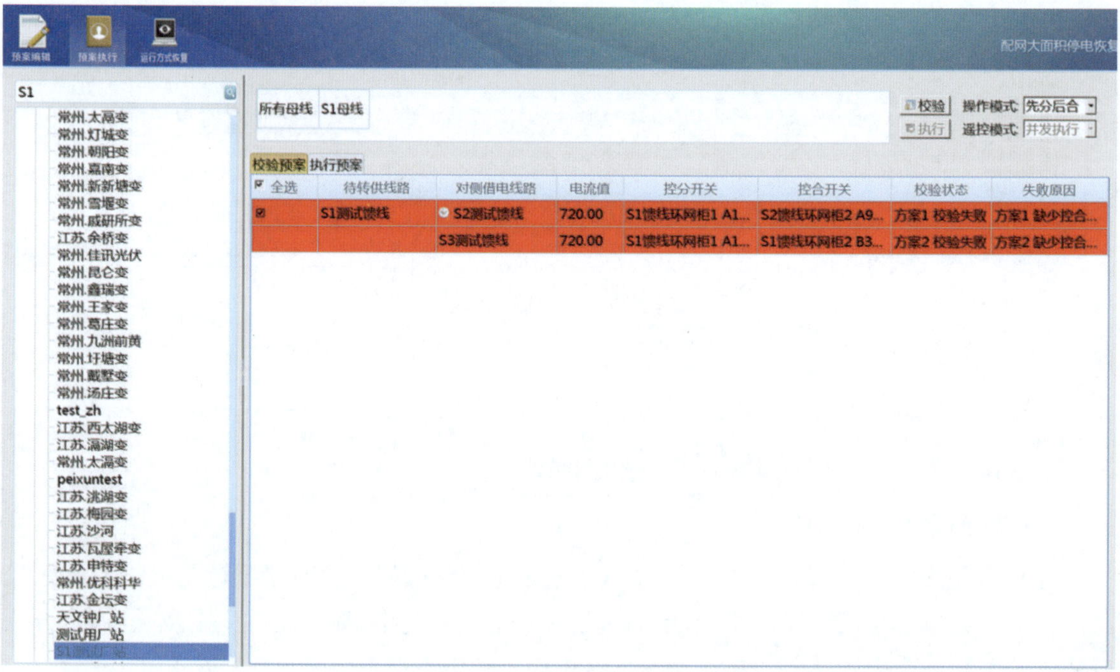

（b）

图 9-9　校验预案界面（一）

（a）校验有多个方案的线路；（b）校验失败方案标识

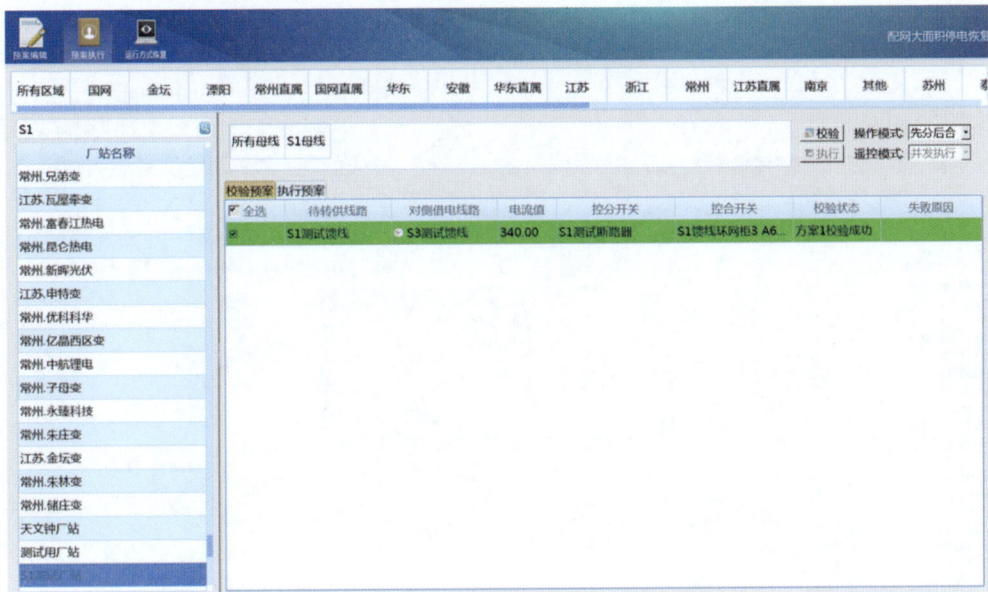

（c）

图9-9 校验预案界面（二）

（c）校验成功方案标识

2.执行预案

在预案执行部分，先进行遥控模式的选择，可以选择单步执行、顺序执行和并发执行三种模式。执行成功的步骤用绿色标识，失败则以红色标识。执行预案界面如图9-10所示。

（a）

图9-10 执行预案界面（一）

（a）预案执行设置

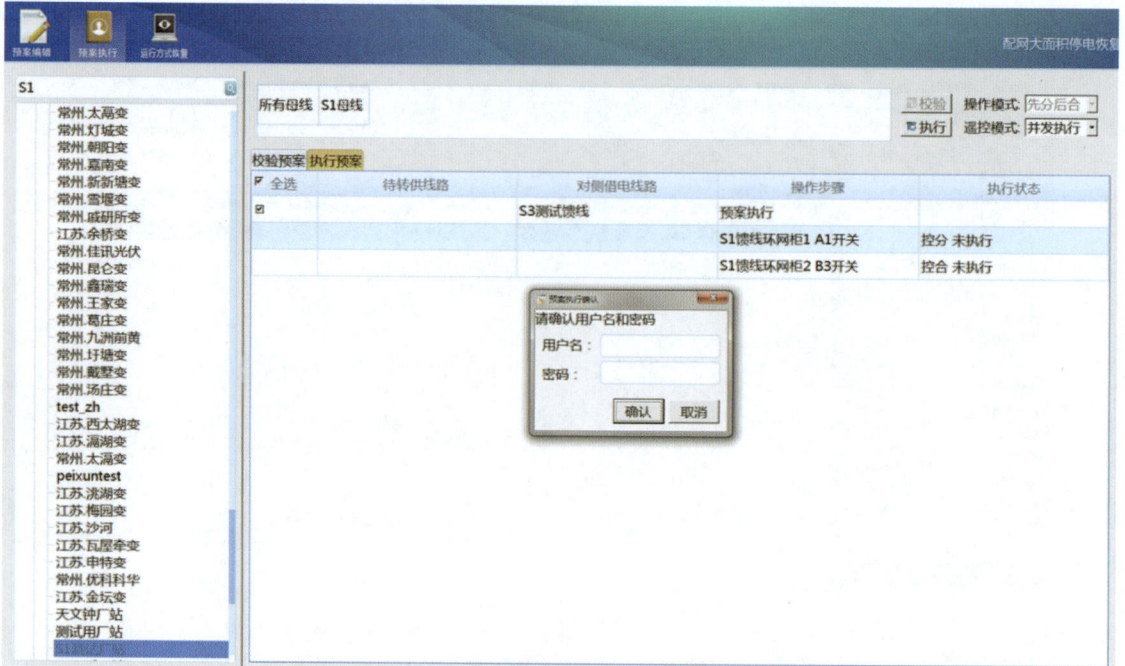

（b）

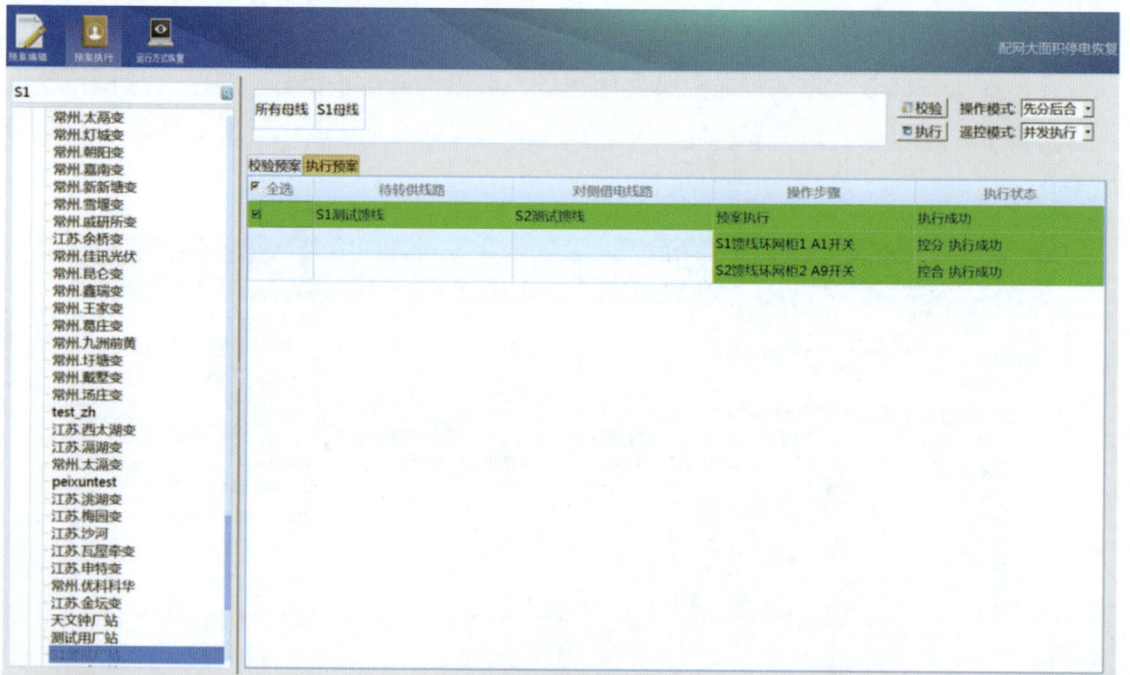

（c）

图 9-10　执行预案界面（二）

（b）预案执行确认；（c）步骤执行成功

9.1.5　运行方式恢复

运行方式恢复与预案执行模块类似，左侧为待恢复的变电站区域，右侧可以对待恢复的变电站进行遥控操作。恢复阶段遥控模式有单步执行和顺序执行两种。运行方式恢复界面如图 9-11 所示。

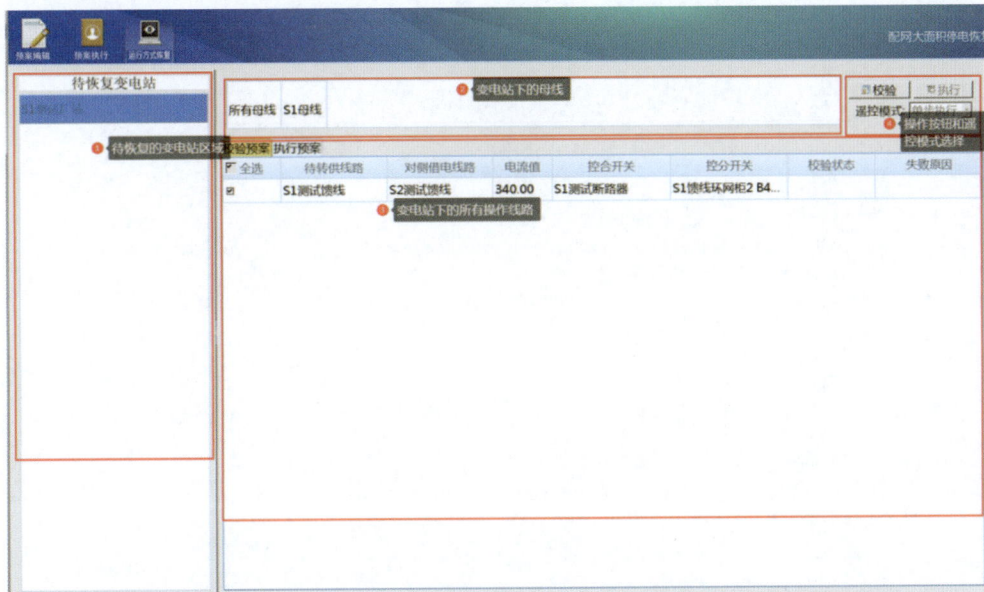

（a）

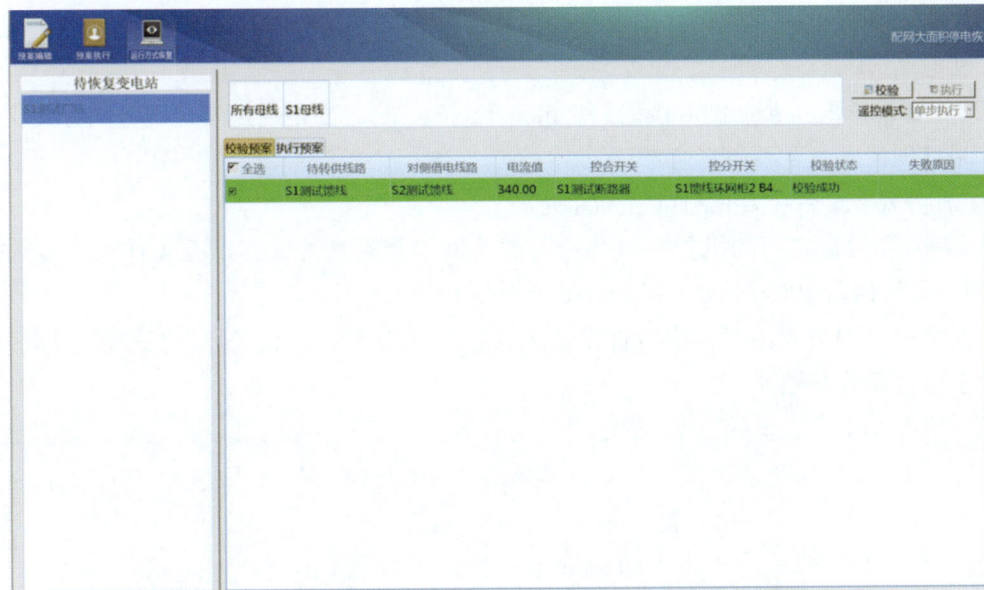

（b）

图 9-11　运行方式恢复界面（一）
（a）恢复界面 1；（b）恢复界面 2

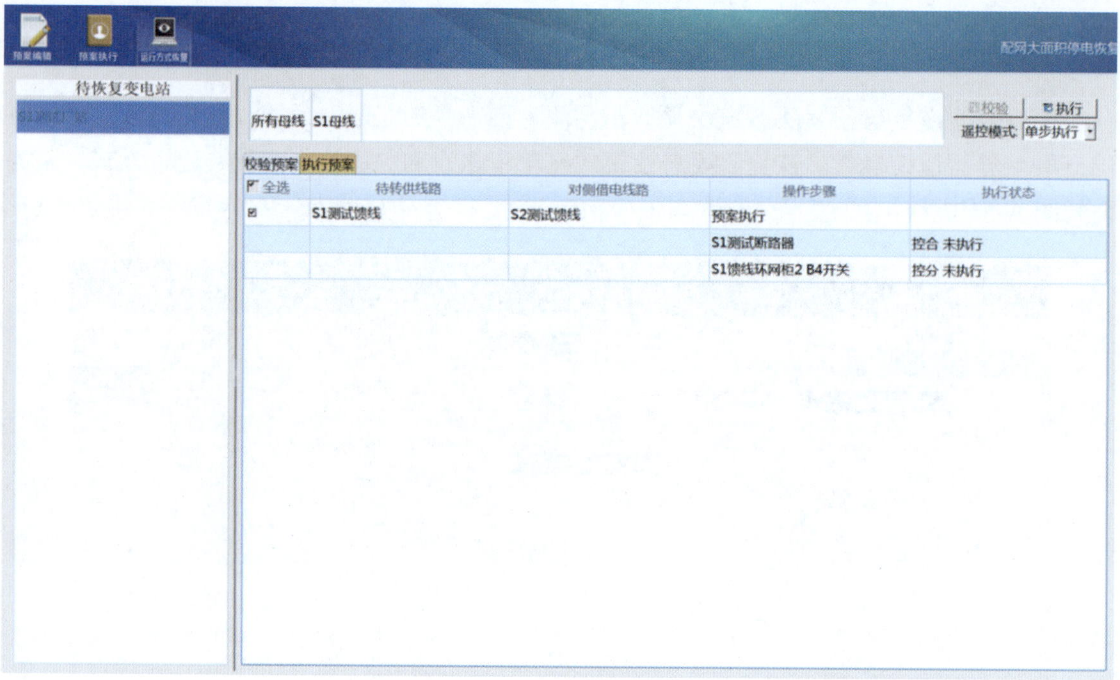

（c）

图 9-11　运行方式恢复界面（二）

（c）恢复界面 3

【常见问题】

（1）大面积停电时左侧树状图责任区如果厂站少，应检查在厂站表里是否将厂站类型选为"变电站"。

（2）界面 dimds_large_reform 和后台 dimdsTopoServer 之间是通过发送服务的方式交互消息，如果发现消息交互不通应检查：

1）后台服务是否在 DSCADA 主机上运行；

2）界面和后台之间的机器端口是否开放、网络是否被关闭，即在工作站上输入命令 telnet 服务器机器名 19001（如 telnet huzsca2 19001）。

（3）如果发现方案不对，应检查模型拓扑结构是否正确、节点号是否连贯、馈线段是否连接多个负荷节点号等。

（4）检查 401 号表里的 10kV 电压类型是否有多条记录，如 10kV 的电压基准值是否在 10~10.5 之间；如果有 2 条及以上记录，即既存在 10，又存在 10.5 的电压基准值，会存在问题。

（5）查看表结构是否与插入的域记录一致，主要是 single_line_reform_coach、single_line_reform_op、station_exec_coach_his、station_exec_step_his 四张表。

（6）数据取值：取的是负荷的电流值，限值取的是断路器表的 amprating 域。

9.2 DA 运行方式设定

从主界面搜索栏中输入线路或者线路所属变电站名称，打开该线路或变电站，在线路出线开关处点击右键，选择"配网高级应用"→"DA 运行方式设定"，根据需要在线执行、离线执行、仿真运行、自动式执行或者交互式执行。变电站界面如图 9-12 所示，线路图界面如图 9-13 所示。

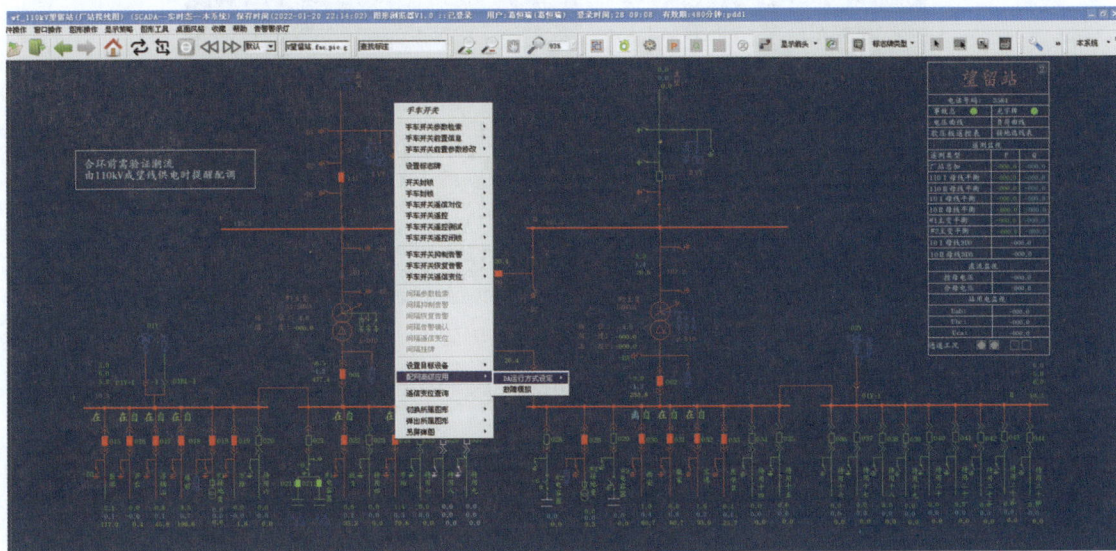

图 9-12 变电站界面

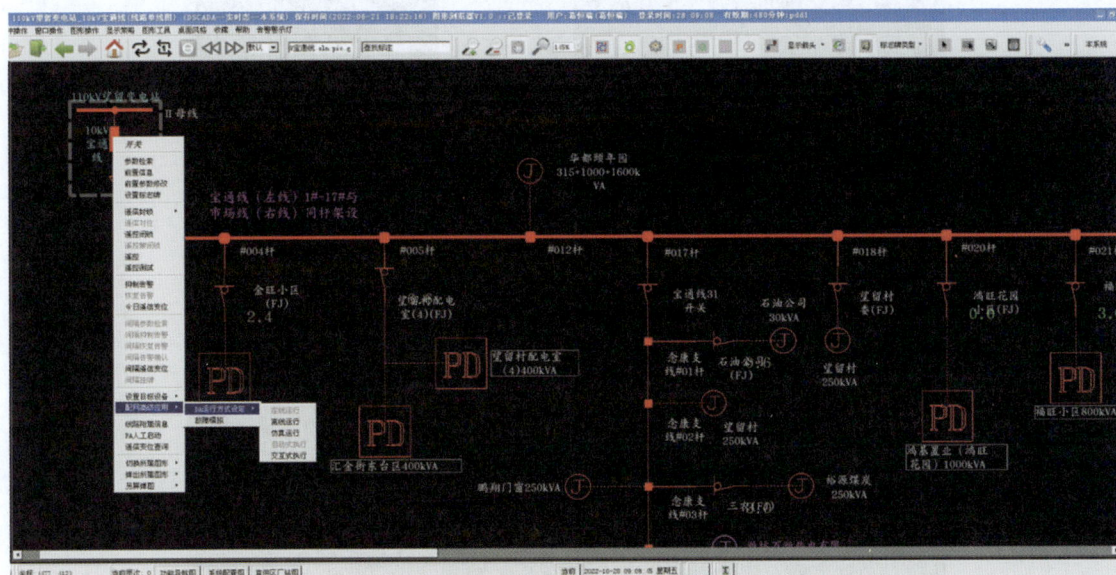

图 9-13 线路图界面

9.3 挂/摘牌与遥信封锁/解封

9.3.1 挂牌

在主页检索栏中输入线路名称，线路检索界面如图9-14所示。

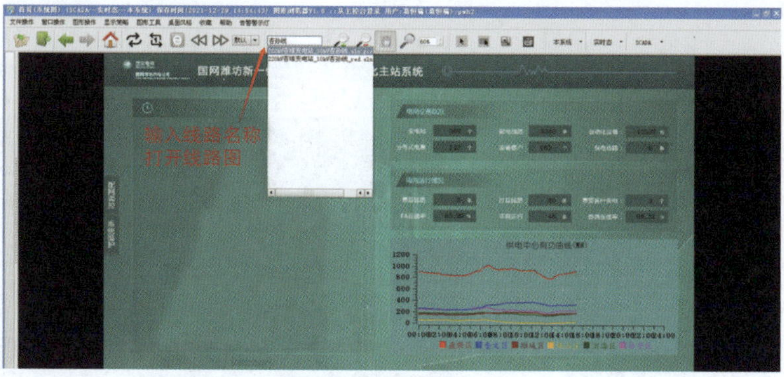

图9-14 线路检索界面

找到需要挂牌的开关，右键点击后在出现的菜单栏中选择"一键挂牌"。一键挂牌菜单界面如图9-15所示。

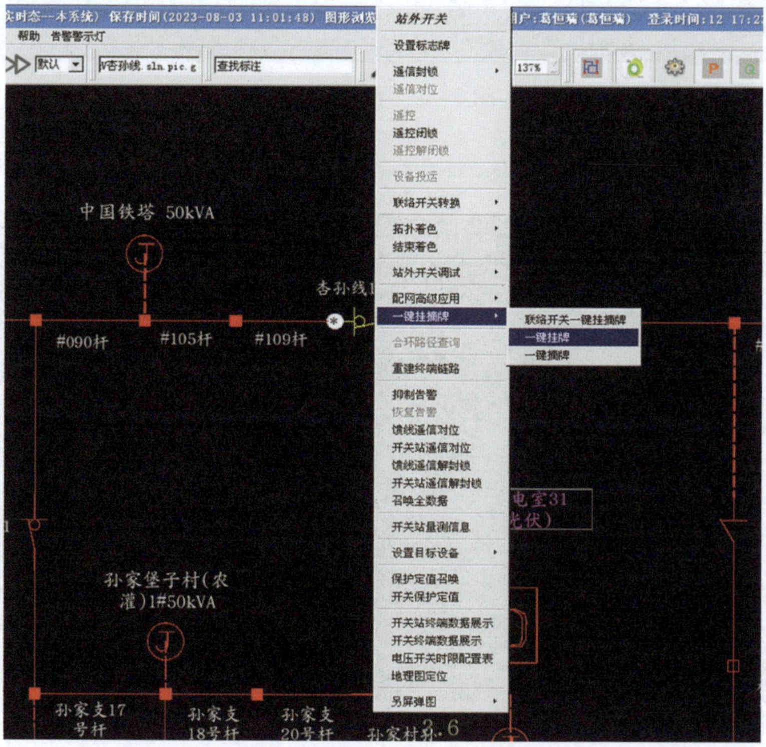

图9-15 一键挂牌菜单界面

选择需要挂牌的类型后点击"一键挂牌",一键挂牌界面如图 9-16 所示。

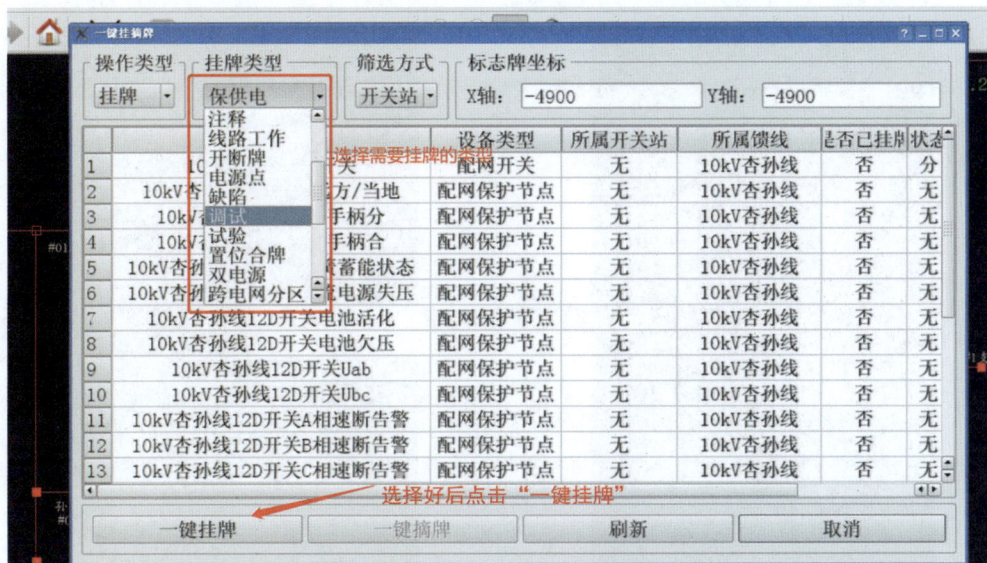

图 9-16 一键挂牌界面

挂牌成功界面如图 9-17 所示。

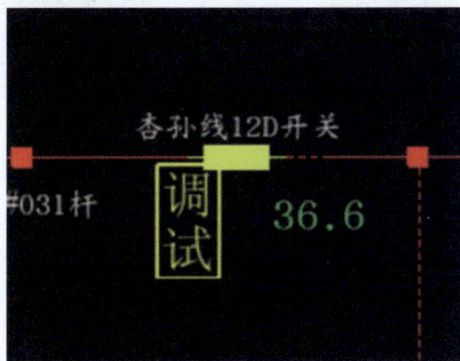

图 9-17 挂牌成功界面

9.3.2 摘牌

找到需要摘牌的开关,右键点击后在出现的菜单栏中选择"一键摘牌"。一键摘牌菜单界面如图 9-18 所示。

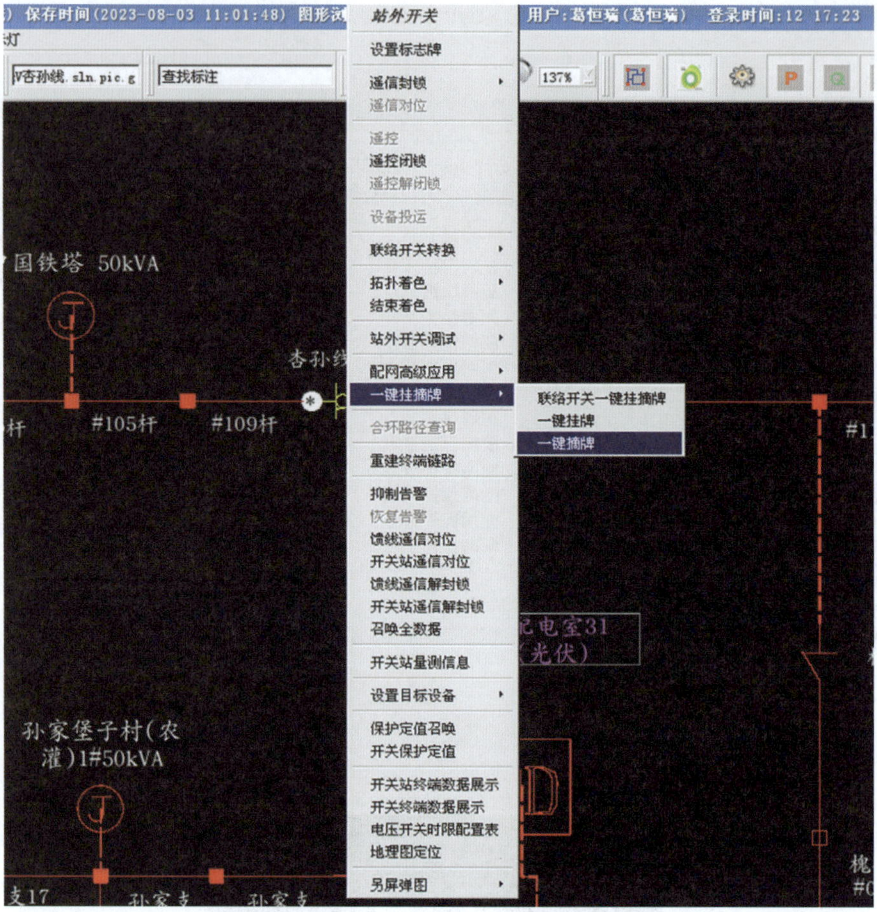

图 9-18　一键摘牌菜单界面

选择需要摘牌的类型后点击"一键摘牌"，一键摘牌界面如图 9-19 所示。

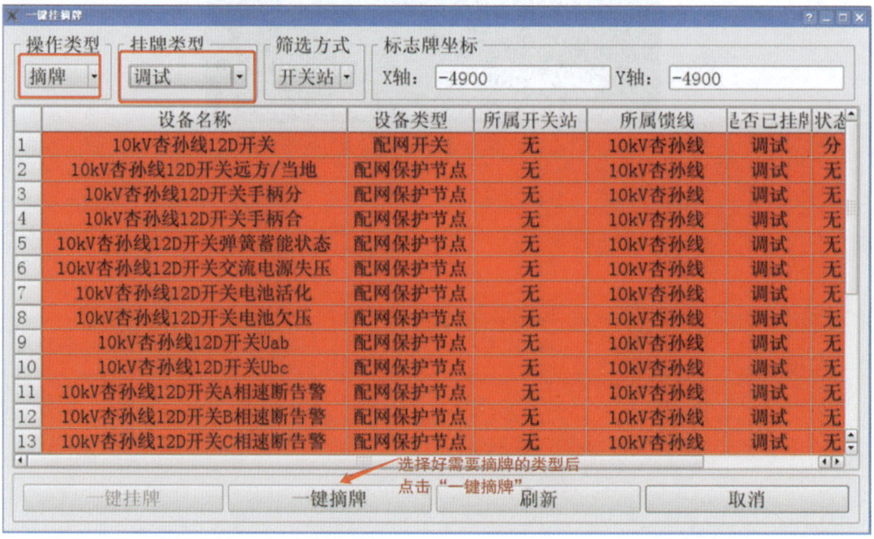

图 9-19　一键摘牌界面

摘牌成功界面如图 9-20 所示。

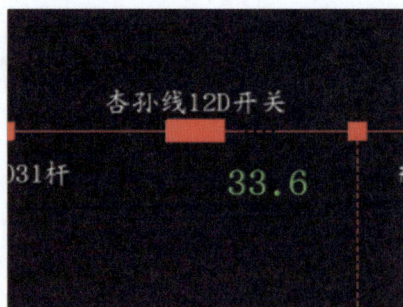

图 9-20　摘牌成功界面

9.3.3　遥信封锁

从主页检索栏中输入线路名称，找到需要封锁的开关点击右键，在出现的菜单栏中选择需要封锁的选项。遥信封锁菜单界面如图 9-21 所示。

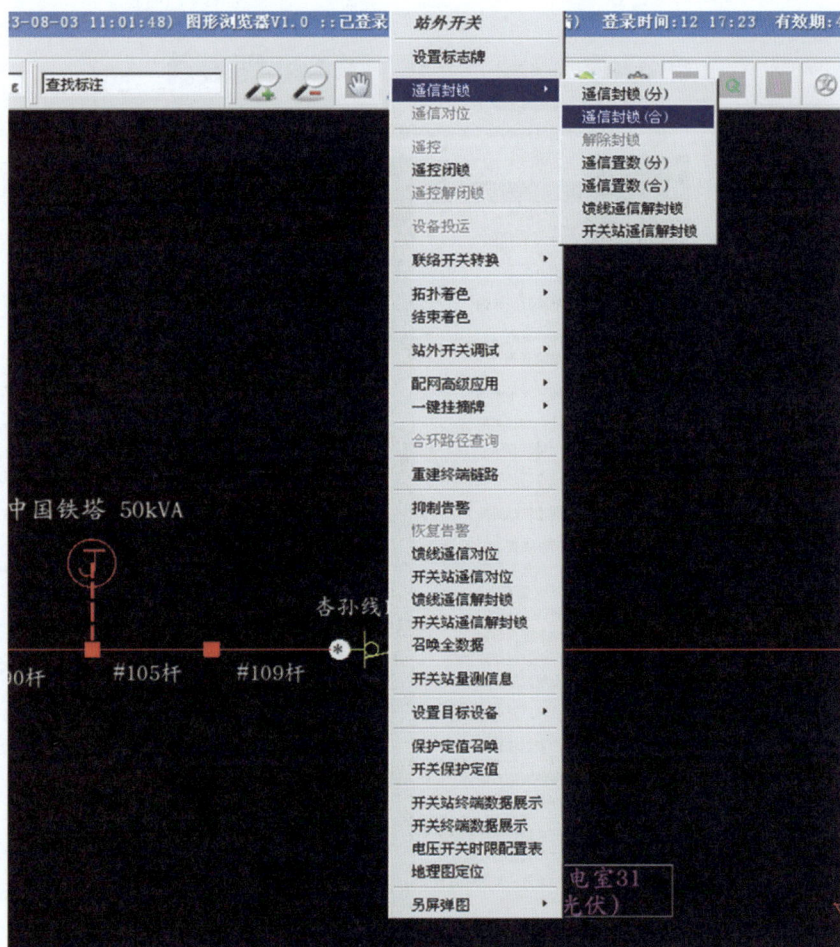

图 9-21　遥信封锁菜单界面

9.3.4 解除封锁

解除封锁找到需要解除封锁的开关，右键点击后，在出现的菜单栏中选择解除封锁选项即可。

9.4 遥控操作

9.4.1 打开线路图

在主页检索栏中输入线路名称，打开线路图。

9.4.2 遥控操作

找到需要遥控的开关，右键点击后，在出现的菜单栏中选择"遥控"。遥控菜单界面如图 9-22 所示。

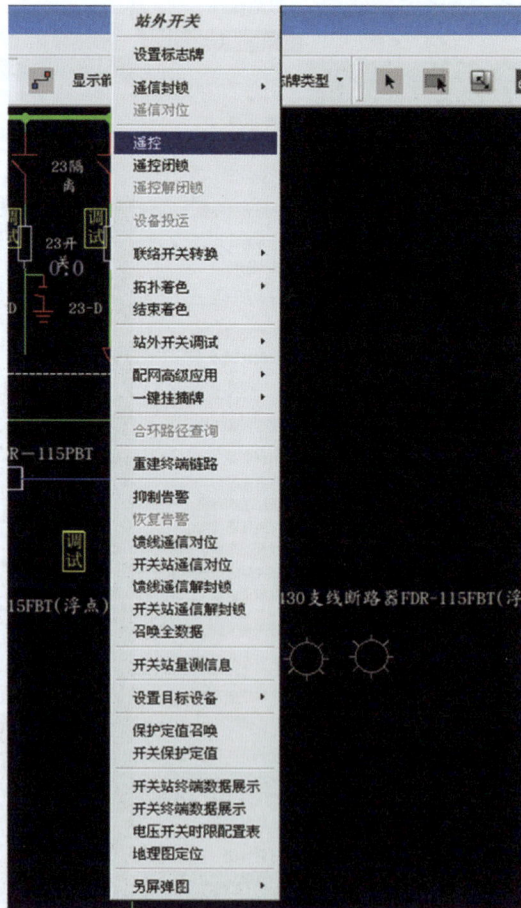

图 9-22 遥控菜单界面

输入遥控人员账号及密码，遥控用户登录界面如图 9-23 所示。

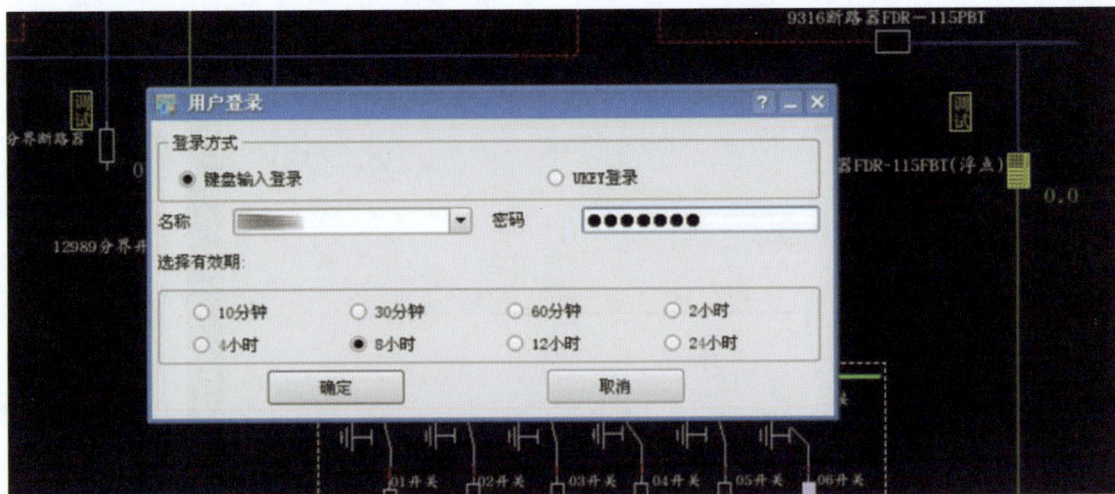

图 9-23　遥控用户登录界面

输入设备名称的首字母简拼后回车，选择遥控的工作站监护节点，如图 9-24 所示。

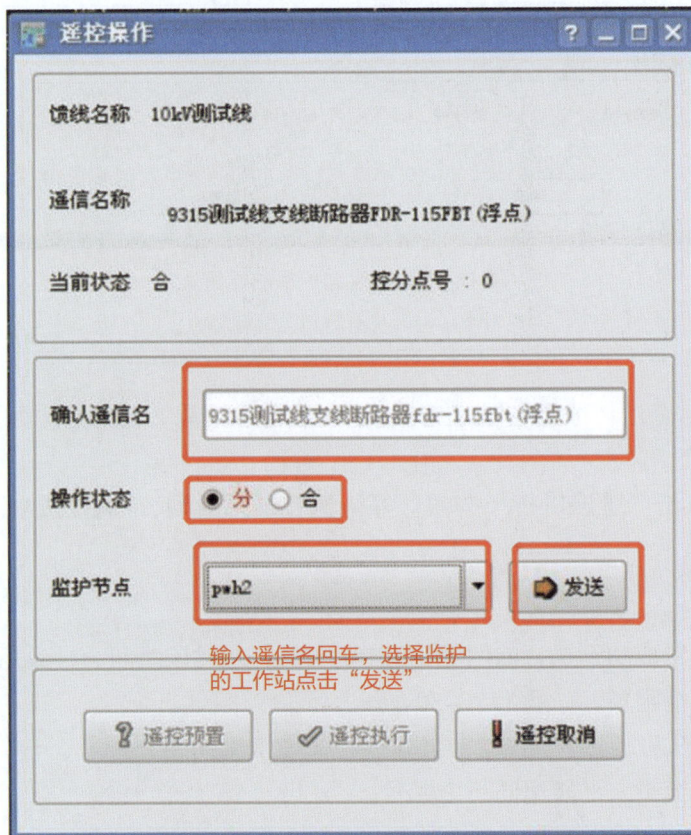

图 9-24　选择工作站监护节点界面

输入监护遥控人的账号密码，遥控监护用户界面如图9-25所示。

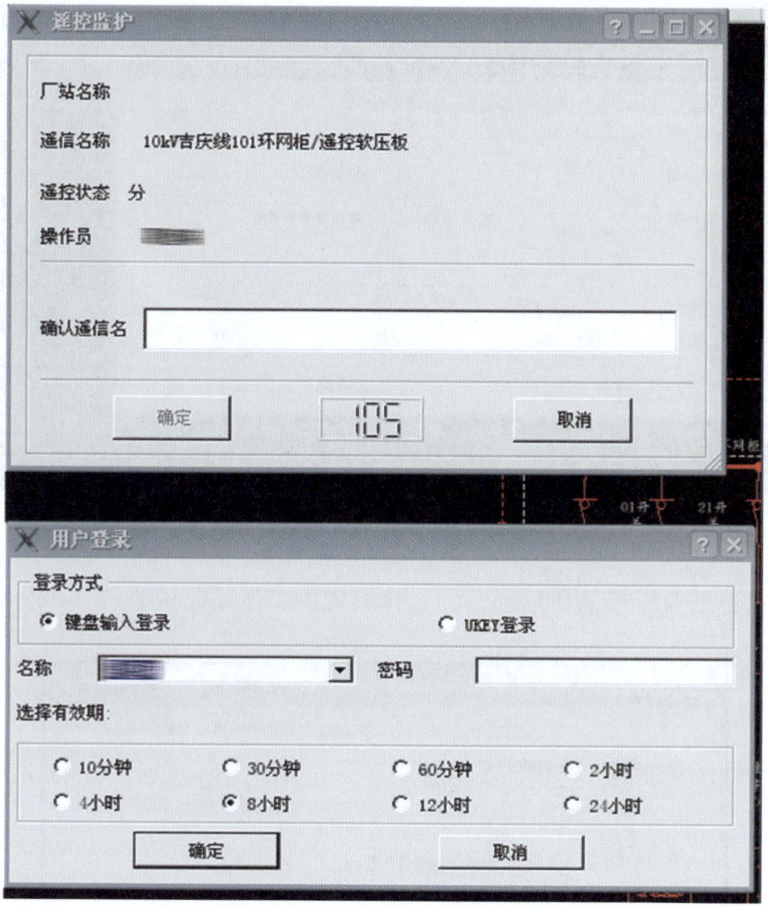

图9-25　遥控监护用户界面

【注意事项】

监护通过后，点击"预置"按钮，等待预置返回结果，"预置成功"提示如图9-26所示。

预置成功后点击"遥控执行"按钮，等待执行结果返回，"遥控成功"提示如图9-27所示。

【注意事项】

（1）从遥控预置成功到执行的间隔不宜超过20s，超过该时间会导致遥控执行失败；具体时间根据现场终端配置，一般为20~30s。

（2）其他遥控失败原因详见6.7节终端遥控失败常见问题分析。

（3）遥控人与监护人不能用同一个账号。

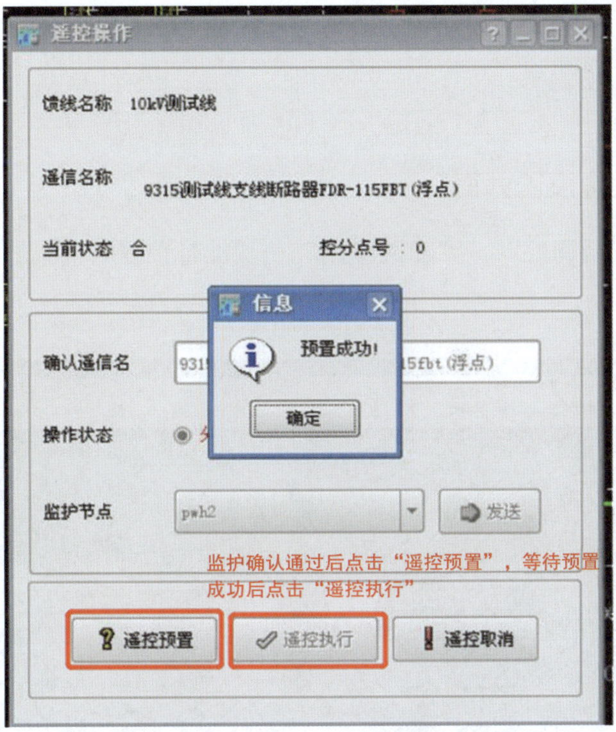

图 9-26　"预置成功"提示

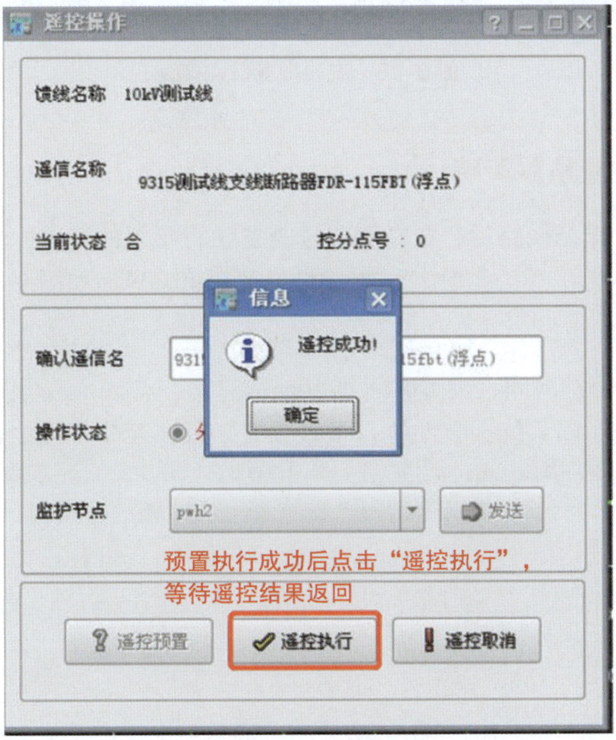

图 9-27　"遥控成功"提示

9.5 批量预置

9.5.1 启动批量预置界面

从主页点击"配网调控"→"配网应用"→"批量预置",启动批量预置界面,如图 9–28 所示。

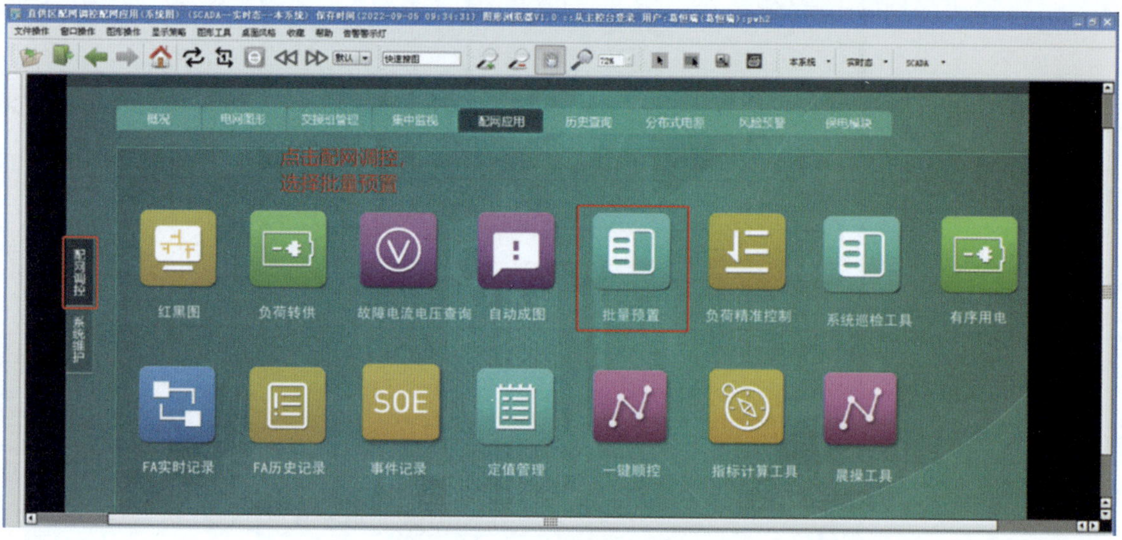

图 9–28 启动批量预置界面

9.5.2 生成批量预置策略

在左侧站线栏中选择线路后,在右侧勾选需要执行预置的开关,填写策略名称、预置时间以及预置次数,点击"生成策略"。生成批量预置策略界面如图 9–29 所示。

【注意事项】

预置时间要大于当前时间,设置时间 ≥ 10min。

等待到达设置的时间系统会自动执行批量预置,可在策略管理中查看预置执行的进度及结果,策略管理界面如图 9–30 所示。

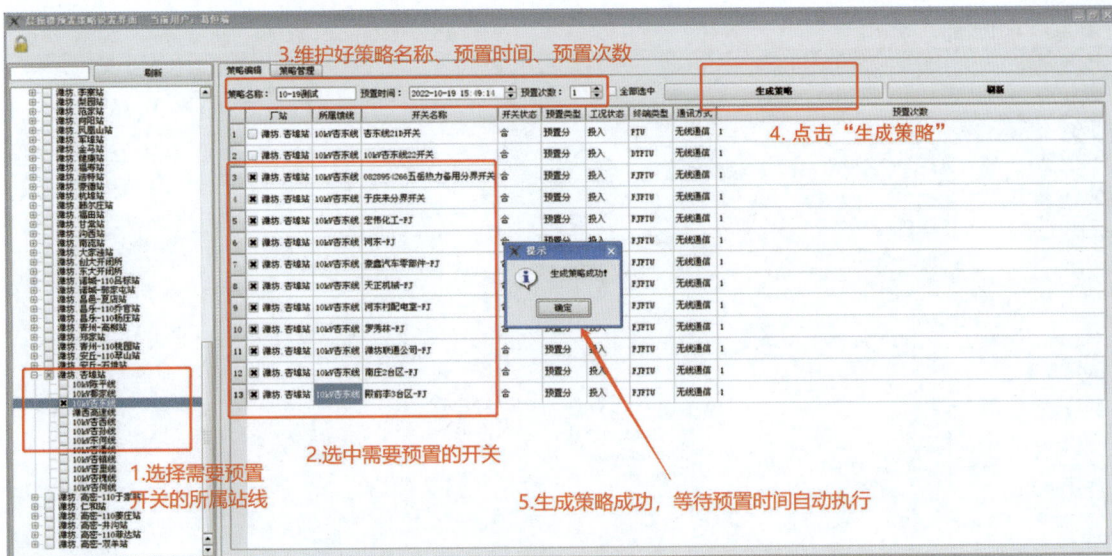

图 9-29　生成批量预置策略界面

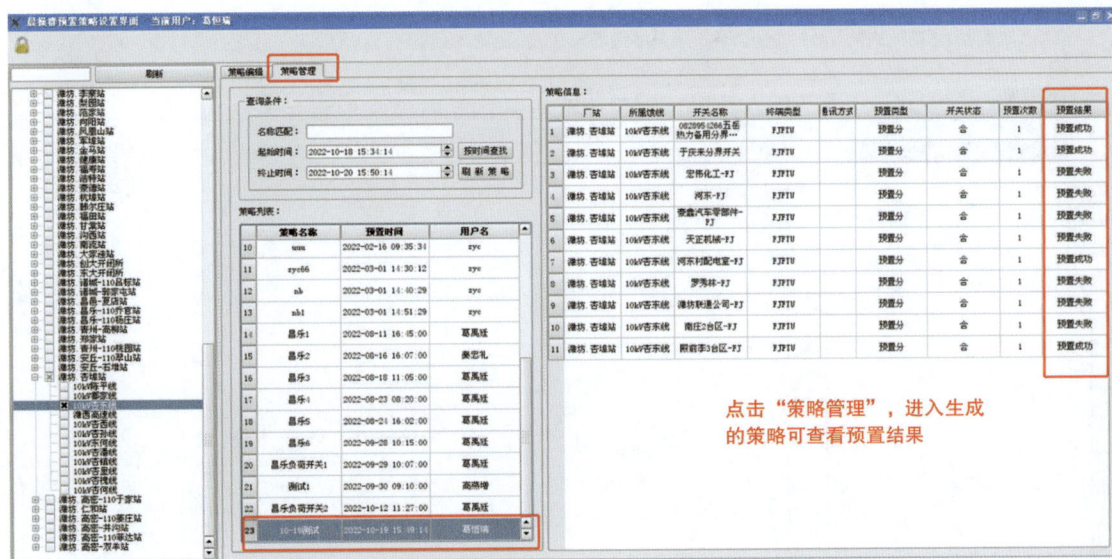

图 9-30　策略管理界面

9.6　晨操工具

9.6.1　启动晨操工具界面

从主页点击"配网调控"→"配网应用"→"晨操工具"，启动晨操工具界面，如图 9-31 所示。点击"晨操工具"后弹出晨操工具界面，如图 9-32 所示。

图 9-31　启动晨操工具界面

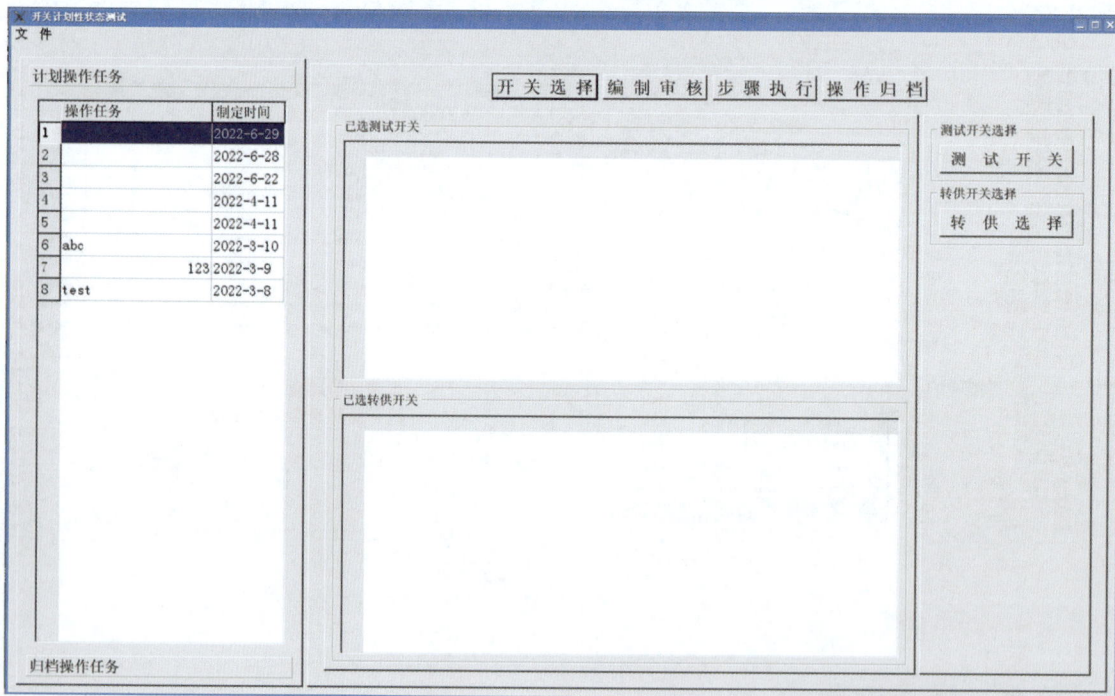

图 9-32　晨操工具界面

9.6.2　用户登录

点击晨操工具界面左上角"文件"→"用户登录"，输入用户名称和密码。晨操工具用户登录界面如图9-33所示。

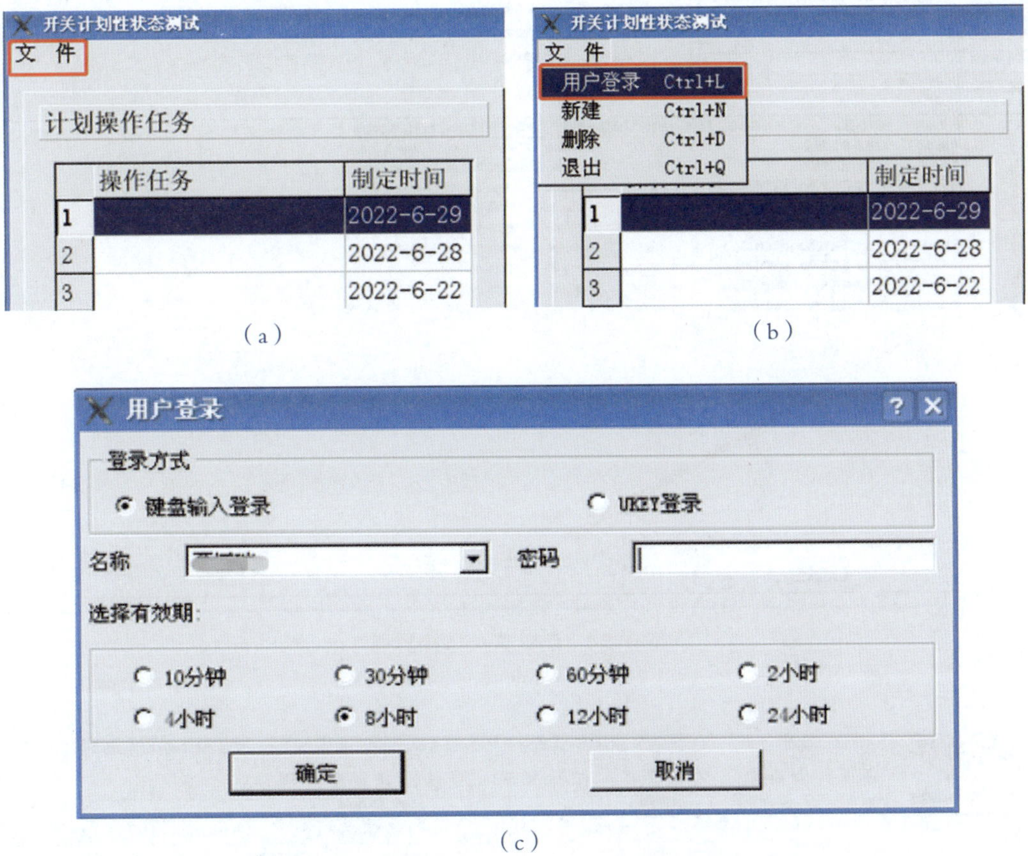

（a）

（b）

（c）

图9-33 晨操工具用户登录界面

（a）"文件"按钮；（b）"用户登录"菜单；（c）用户名称和密码输入界面

9.6.3 新建操作任务

点击"文件"→"新建"，新建操作任务。

9.6.4 测试开关选择

点击界面右侧的"测试开关"，依次选择变电站、馈线、开关或开关站，进行测试开关选择，选择完成后点击"确定"。测试开关选择界面如图9-34所示。

【注意事项】

（1）选择测试开关时，也可按照测试检索、开关动作、当前负荷、凌晨时段及凌晨负荷条件进行进一步筛选。

（2）选择测试开关前，须将配网开关表中的"正分线标识"维护成"1"，否则无法在"测试开关选择"和"转供开关选择"时检索到。正分线标识维护界面如图9-35所示。

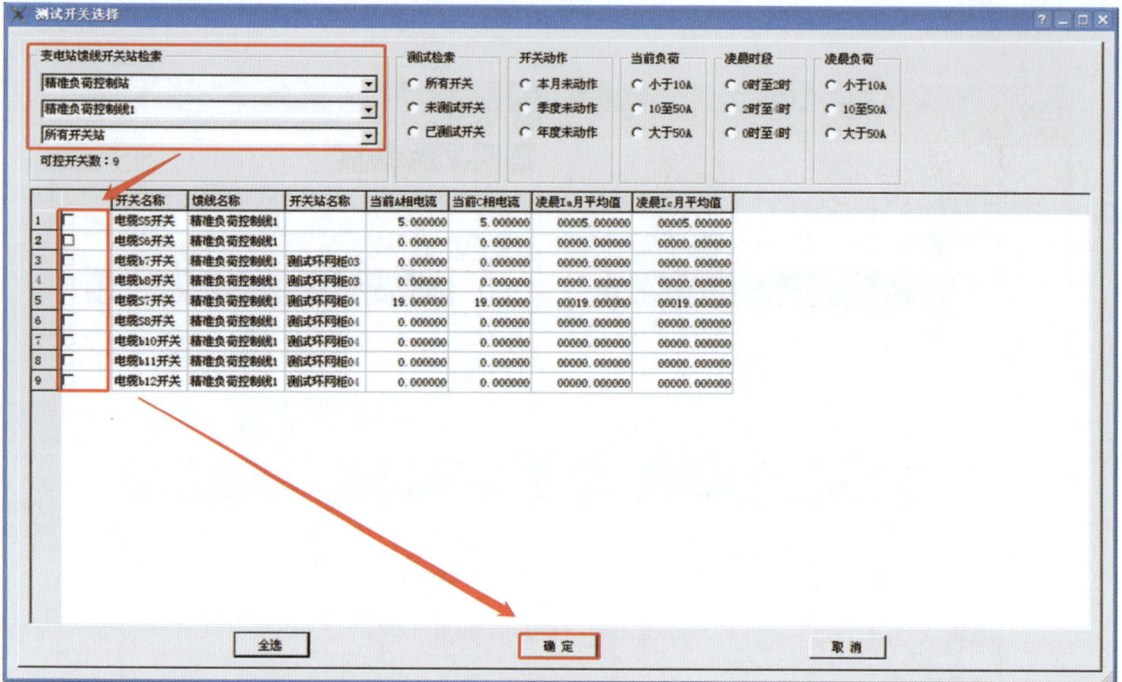

图 9-34　测试开关选择界面

图 9-35　正分线标识维护界面

测试开关选择完成后，会弹出测试开关所属线路单线图，所选开关会变为紫色。测试开关被选择后界面如图 9-36 所示。

图 9-36 测试开关被选择后界面

9.6.5 转供开关选择

点击界面右侧的"转供选择",有转供方案时,转供开关会出现在如图 9-37 所示方框区域,确认后点击"确定"即可。

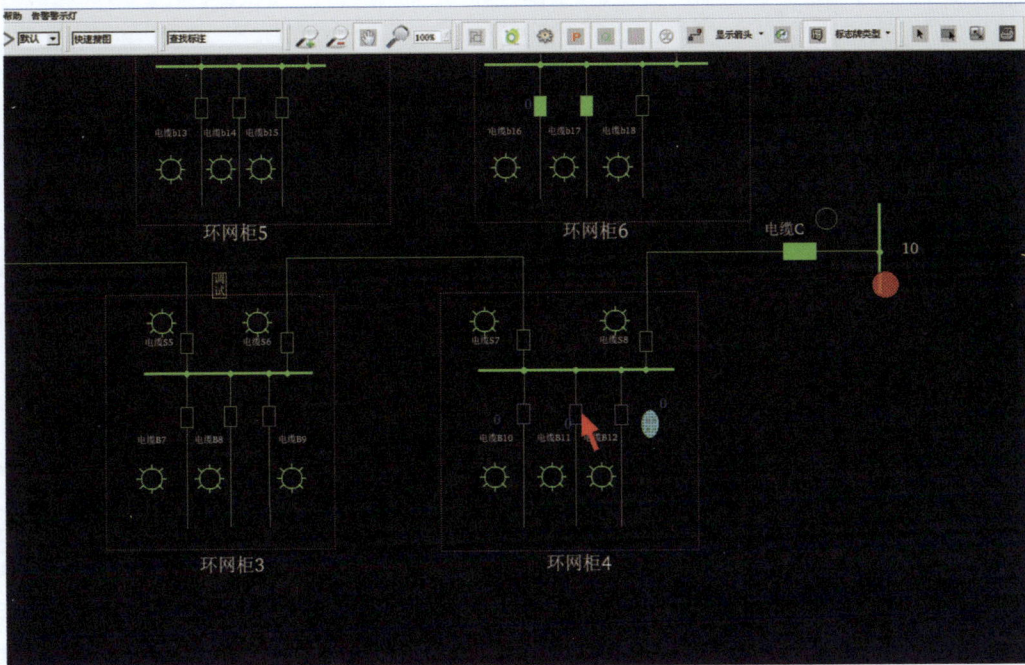

图 9-37 转供开关选择界面

9.6.6　编制审核

点击"编制审核"，填写"操作任务"名称，点击"开始编制"等待执行结果后，点击"保存步骤"。编制审核界面如图 9-38 所示。

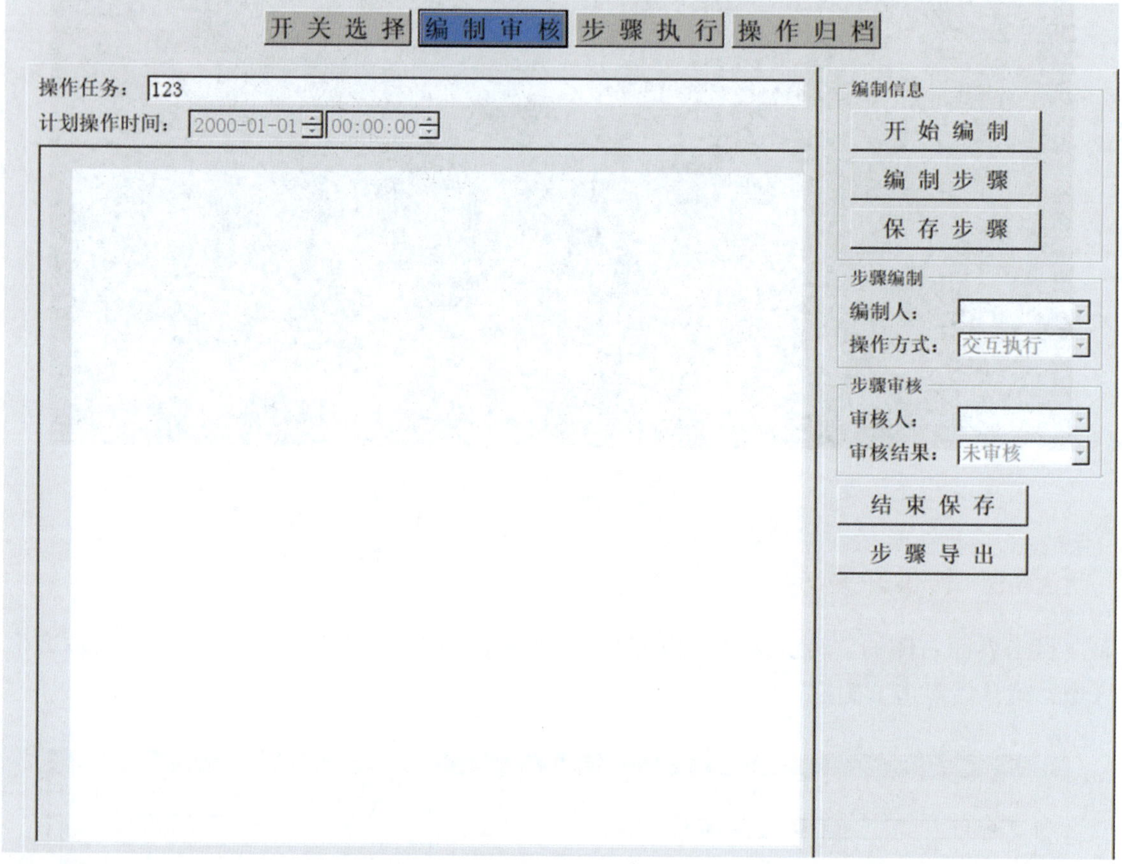

图 9-38　编制审核界面

输入编制人、操作方式、审核人、审核结果等信息，然后点击"结束保存"。

【注意事项】

操作方式：一般选择"交互执行"。

9.6.7　步骤执行

点击"步骤执行"→"开始"，等待执行结果。步骤执行界面如图 9-39 所示。

9.6.8　操作归档

操作结束后，点击"操作归档"，操作结束。操作归档界面如图 9-40 所示。

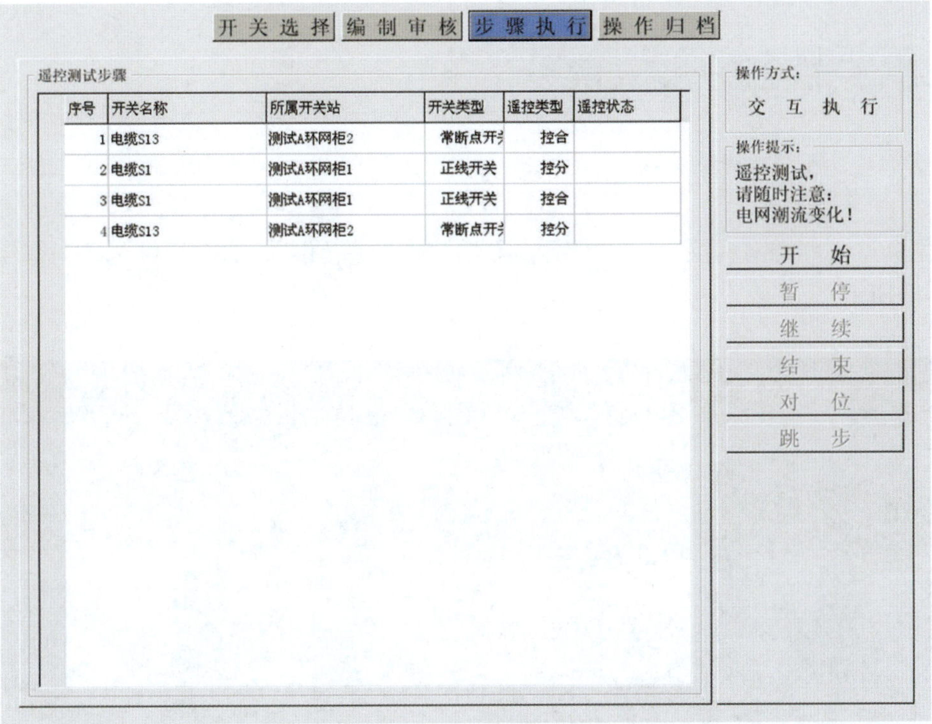

图 9-39　步骤执行界面

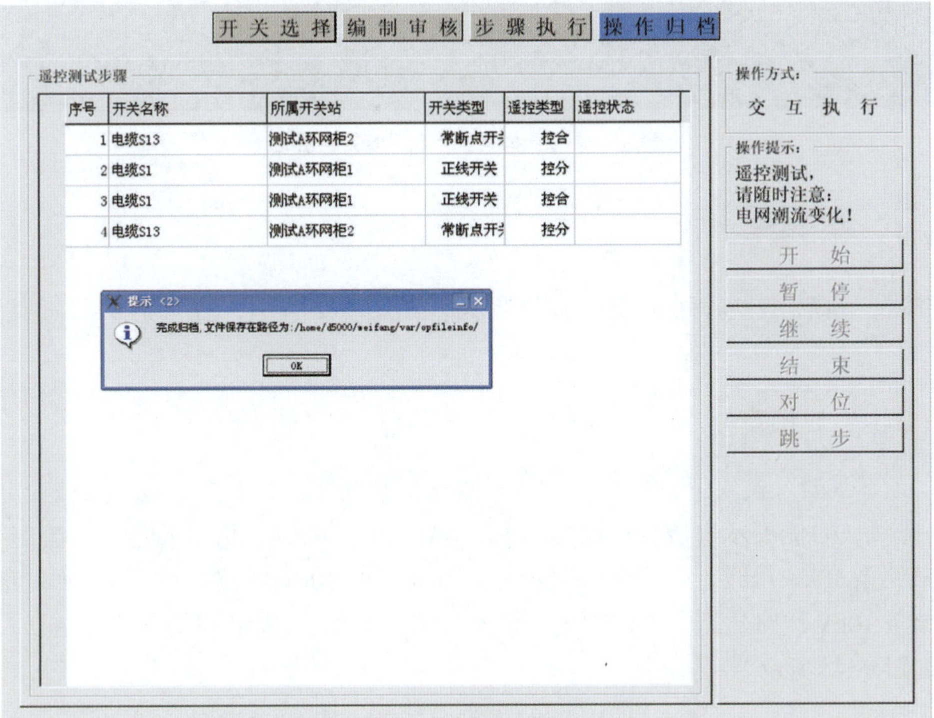

图 9-40　操作归档界面

9.7　厂站全停一键转供

9.7.1　启动厂站全停一键转供界面

从主页点击"配网调控"→"配网应用"→"一键转供"，启动厂站全停一键转供界面如图 9-41 所示。

图 9-41　启动厂站全停一键转供界面

9.7.2　用户登录

点击"一键转供"后弹出用户登录界面，如图 9-2 所示，登录后的界面如图 9-42 所示。

9.7.3　生成预案

在"预案编辑"模块下，查询变电站并双击某变电站，右上方会展示出该变电站的所有 10kV 母线，右侧展示出该变电站的所有 10kV 线路，同时包括方案数、电流值等信息。可点击某一条 10kV 母线，中间区域展示出该母线下的 10kV 线路。点击 10kV 线路，右侧显示出该条 10kV 线路的具体转供方案，包括可转供 10kV 线路及联络开关等信息。预案编辑界面如图 9-43 所示。

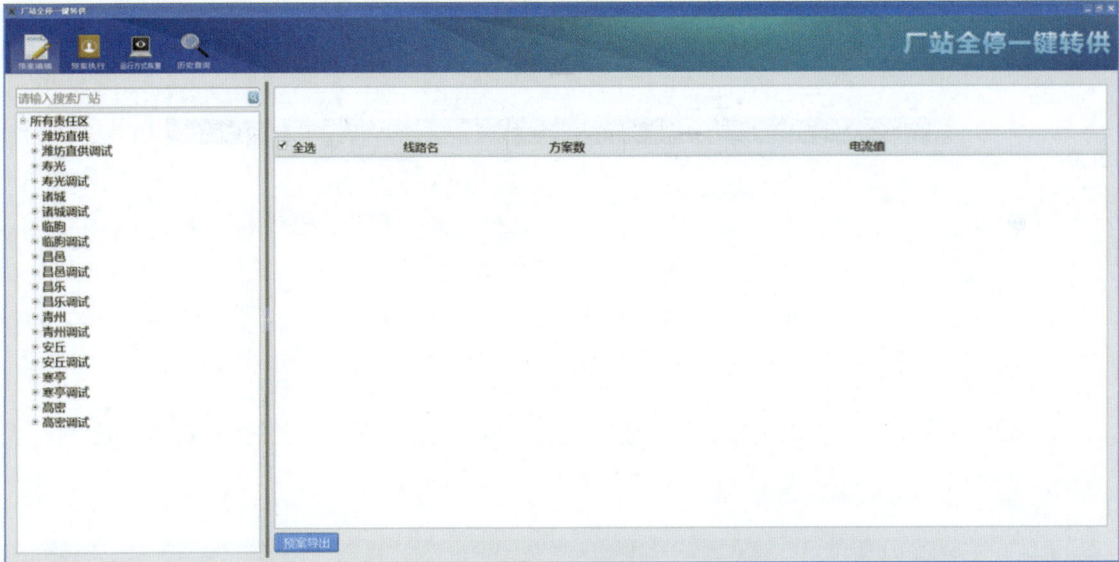

图 9-42　厂站全停一键转供登录后界面

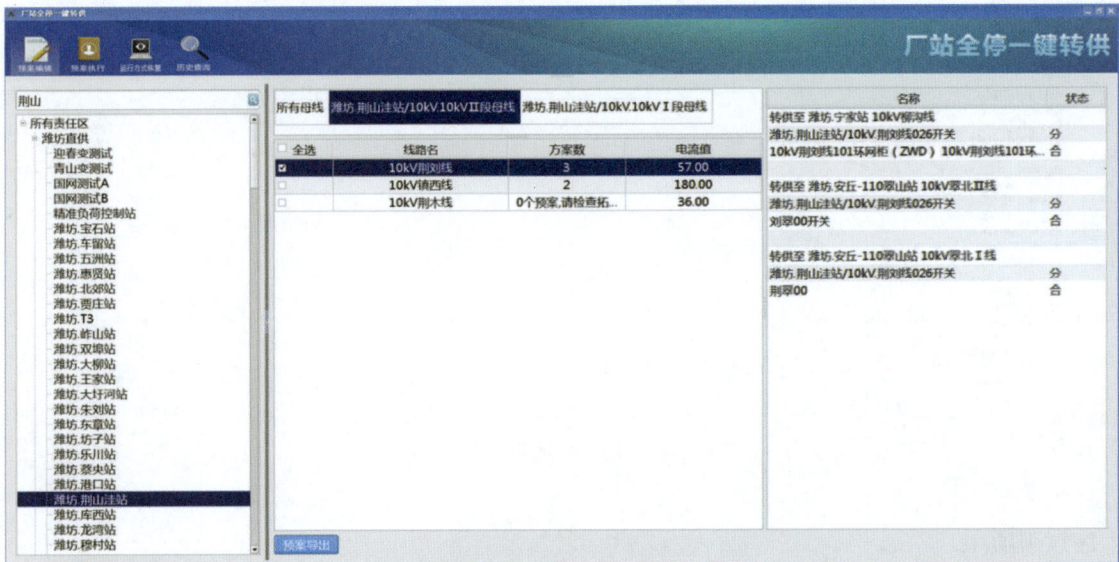

图 9-43　预案编辑界面

右键点击 10kV 线路，可选择"线路生成预案"或"全站生成预案"，生成预案界面如图 9-44 所示。以下步骤以"线路生成预案"为例进行说明。

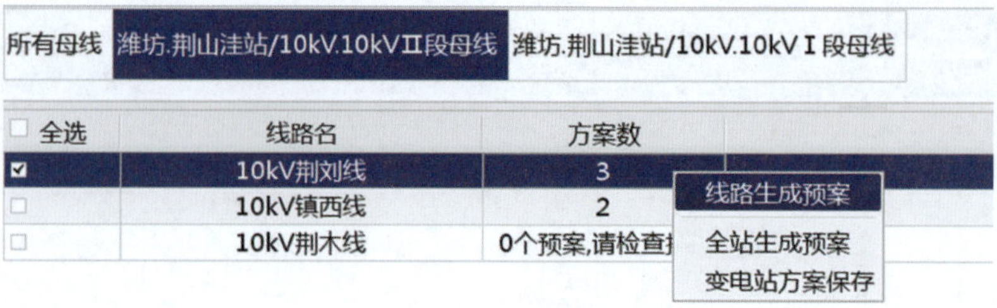

图 9-44　生成预案界面

9.7.4　预案执行

生成预案后，点击"预案执行"，勾选待校验预案，然后进行倒供方式选择"冷倒"或"热倒"，最后点击"校验"。校验预案界面如图 9-45 所示。

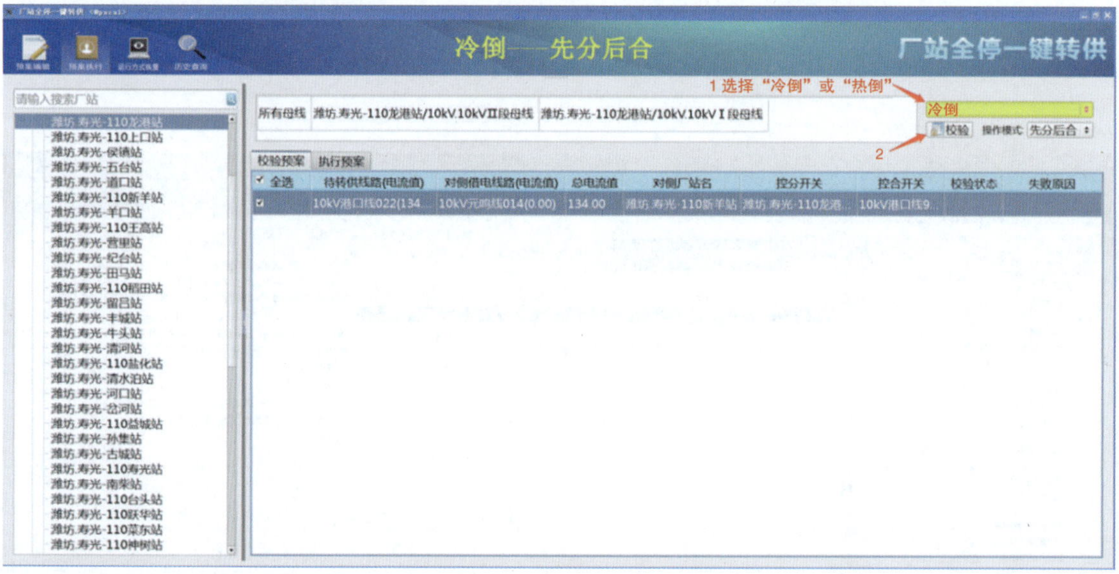

图 9-45　校验预案界面

【注意事项】

冷倒操作模式：先分后合。

热倒操作模式：先合后分。

线路校验结束后点击"执行预案"模块，选择遥控模式"并发执行"或"单步执行"，之后点击"执行"则开始。执行预案界面如图 9-46 所示。

遥控模式：单步执行，对多条预案逐条执行。

遥控模式：并发执行，对多条预案同时执行。

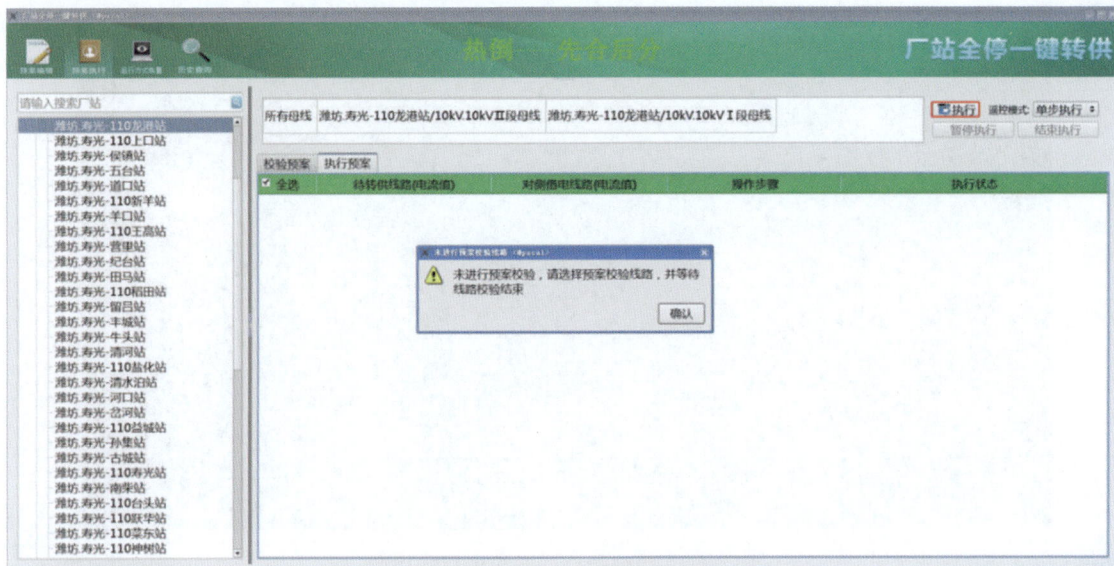

图 9-46　执行预案界面

9.8　负荷精准控制

9.8.1　启动负荷精准控制界面

从主页点击"配网调控"→"配网应用"→"负荷精准控制"，如图 9-47 所示，弹出负荷精准控制负荷曲线界面，如图 9-48 所示。

图 9-47　启动负荷精准控制界面

233

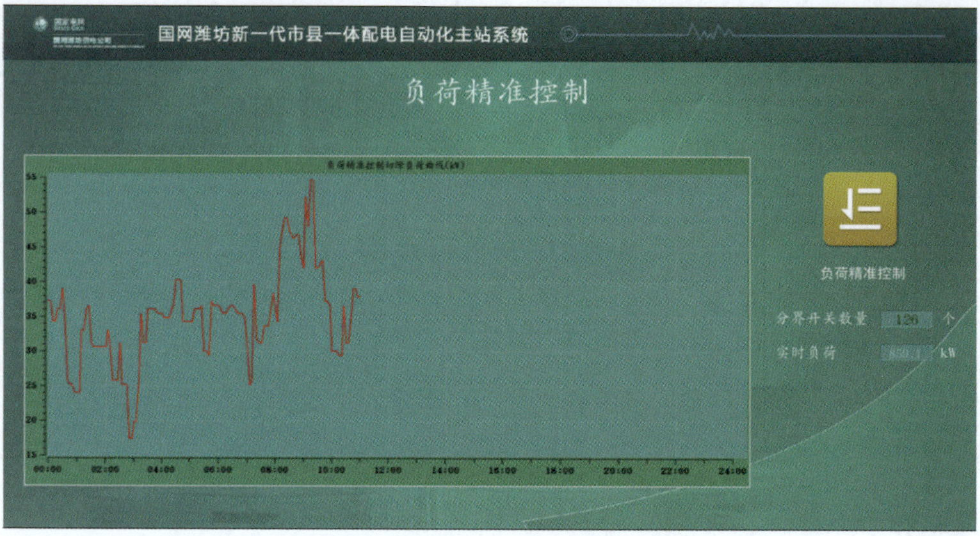

图 9-48　负荷精准控制负荷曲线界面

9.8.2　用户登录

点击"负荷精准控制" ![icon] 后，弹出用户登录界面（见图 3-2）。输入用户名称和密码，进入负荷精准控制界面，如图 9-49 所示。

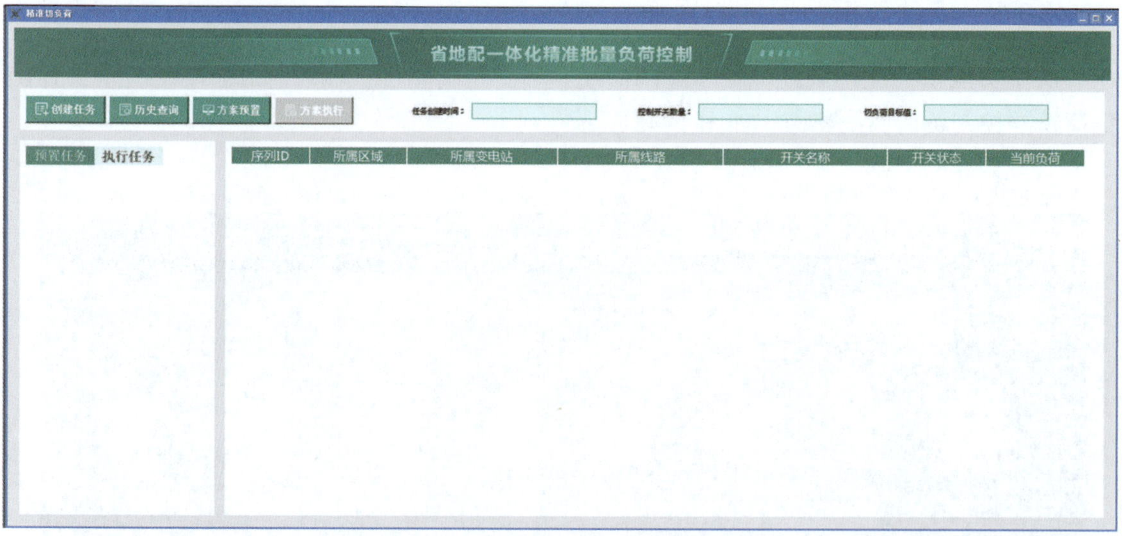

图 9-49　负荷精准控制界面

9.8.3　接收任务 / 创建任务

1. 接收任务

接收任务为接收地调推送至配网的"精准切负荷"任务（如地调发送的设备包含市县

公司，配网接收后，会分发至各市县公司接口工作站）。接收到任务后，会在"预置任务"或"执行任务"中显示。

【注意事项】

实际"接收任务"无须提前打开工具，接收到任务后，系统会自动弹出界面。

2. 创建任务

点击"创建任务"，弹出拉路序位表清单，如图 9-50 所示。创建任务包括目标值创建和勾选序列 ID 创建两种方式。

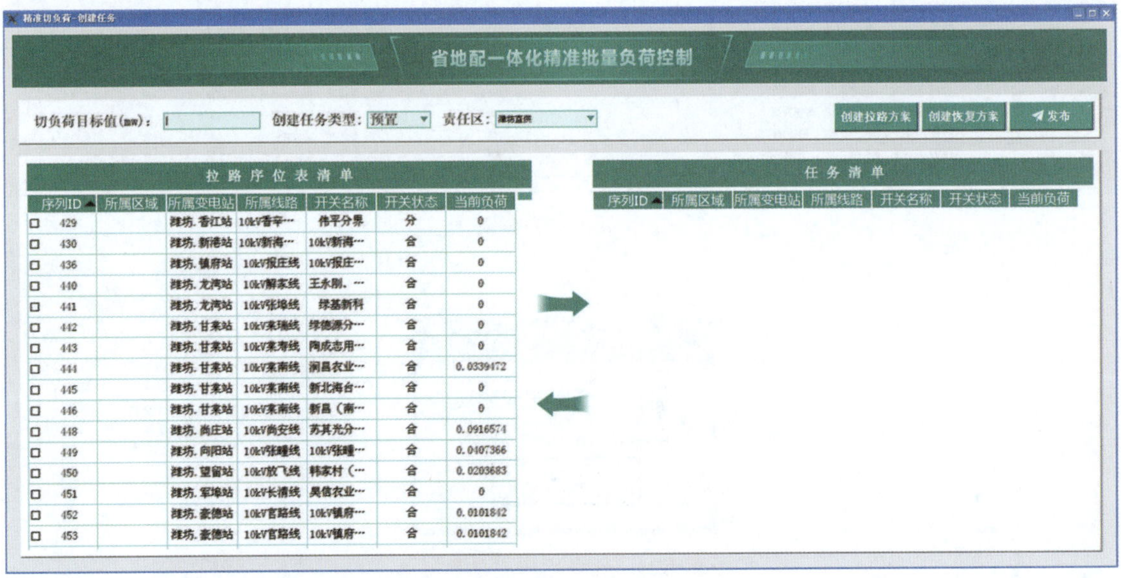

图 9-50　拉路序位表清单界面

（1）目标值创建。首先设置"切负荷目标值"，然后点击"创建拉路方案"或"创建恢复方案"，会自动创建拉路清单（此清单可调整）。创建完成后，点击"发布"即可。拉路序位表任务清单界面如图 9-51 所示。

（2）勾选序列 ID 创建。在"拉路序位表清单"中勾选序列 ID，然后点击➡创建任务清单，最后点击"发布"，提示"任务生成成功"（见图 9-52），完成任务的创建。

【注意事项】

（1）拉路序位表须在配网控制序位表（实时数据→ DSCADA →设备类→配网控制序位表）中提前维护。

（2）以目标值创建方式创建拉路方案前，须设置切负荷目标值，且目标值不得为 0，否则会提示"切负荷目标值应大于 0"（见图 9-53）。

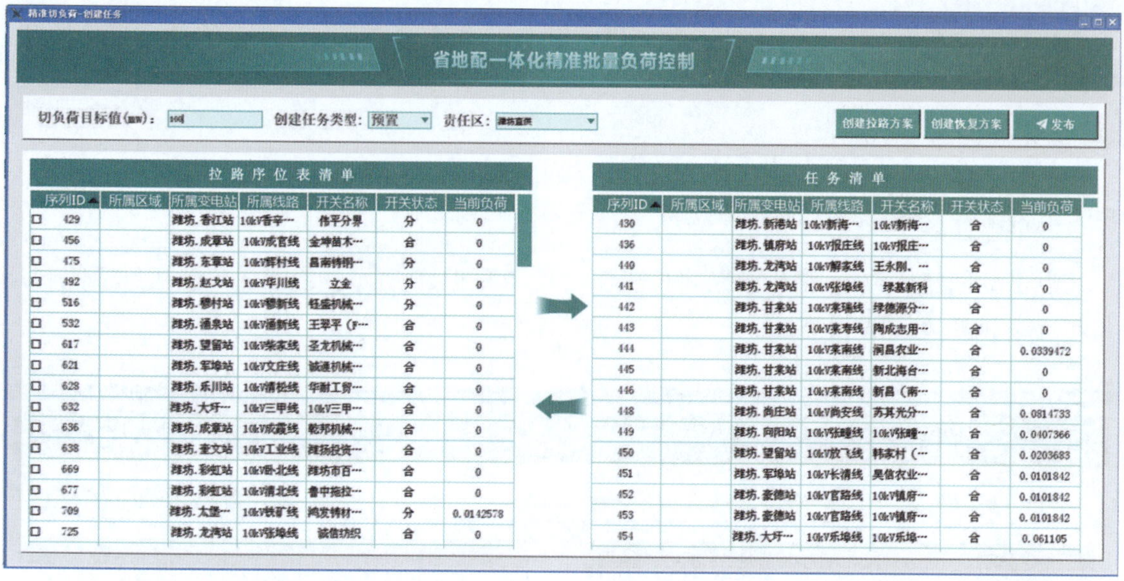

图 9-51 拉路序位表任务清单界面

图 9-52 "任务生成成功"提示

图 9-53 "切负荷目标值应大于 0"提示

9.8.4 方案预置 / 方案执行

以"预置任务"为例，点击选中预置任务，然后点击"方案预置"，弹出方案预置界面，如图 9-54 所示。

图 9-54　方案预置界面

点击"预置任务"弹出监护节点确认界面，需确认"监护节点"，如图 9-55 所示。

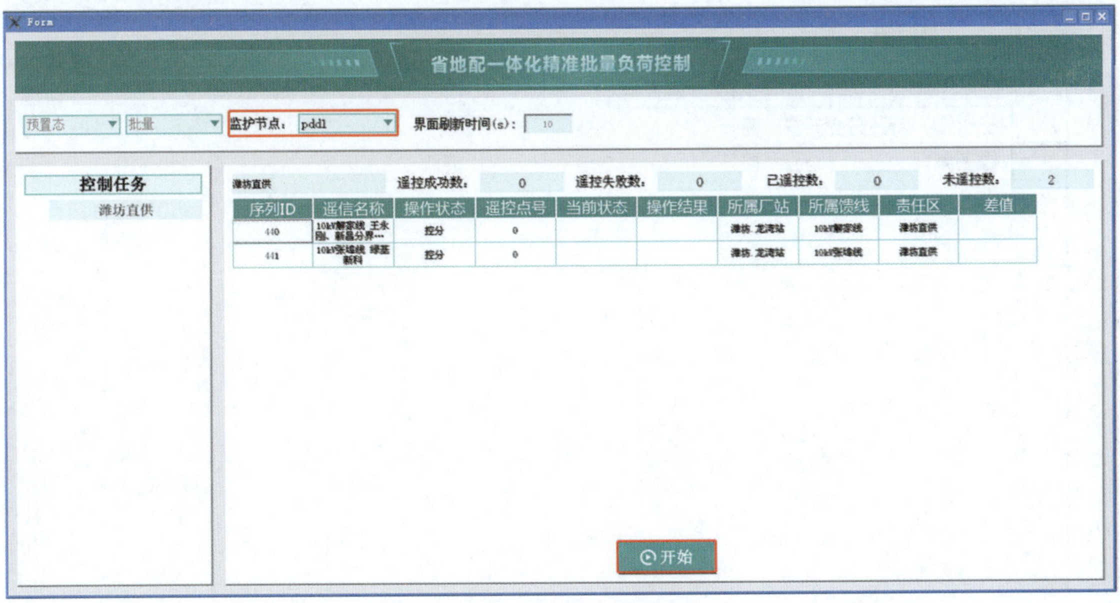

图 9-55　监护节点确认界面

点击"开始"，进入执行倒计时界面，如图 9-56 所示。

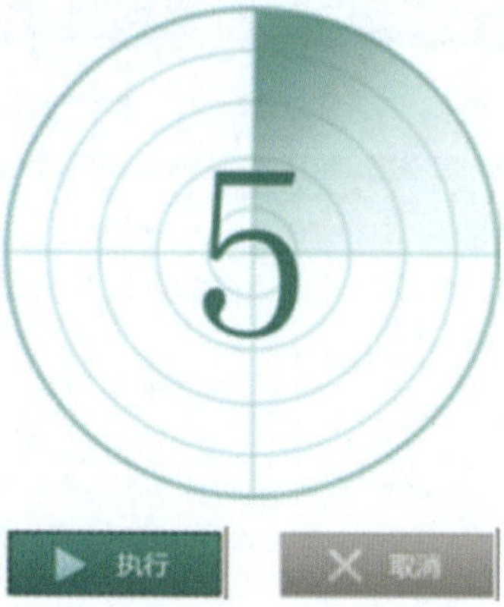

图 9-56 执行倒计时界面

点击"执行",监护工作站弹出批量遥控监护界面（见图 9-57），输入监护人用户名和密码。

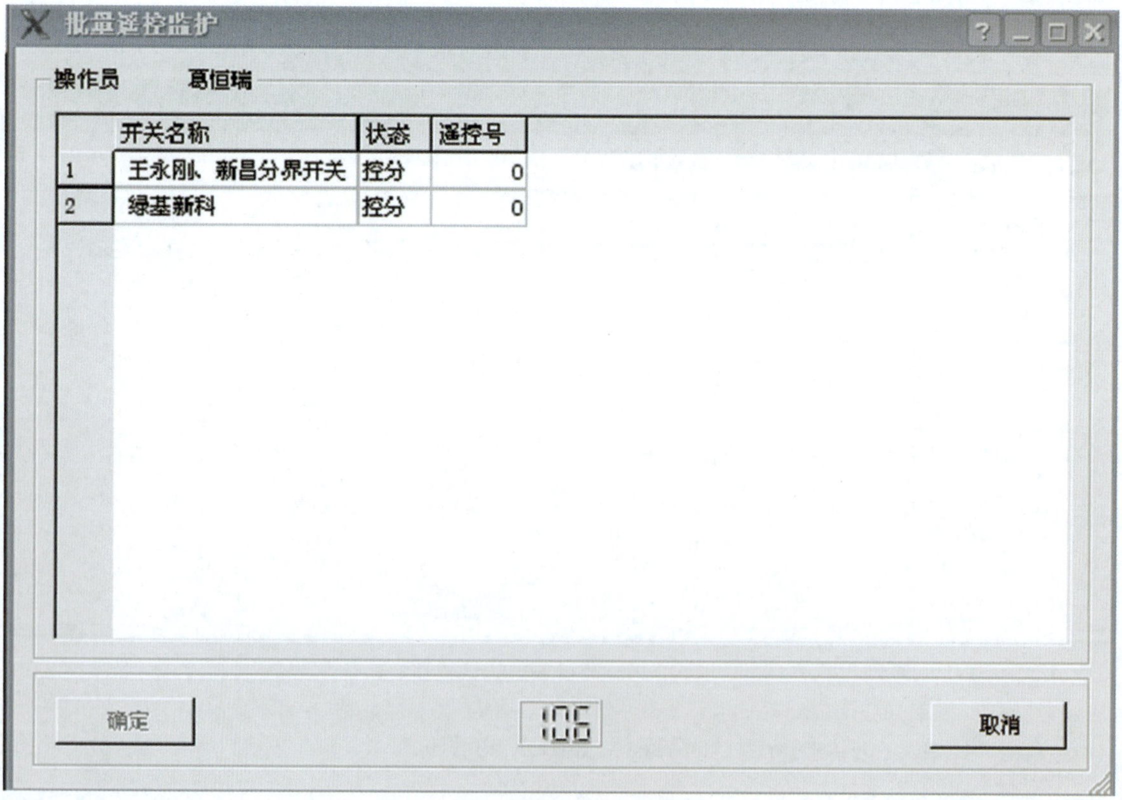

图 9-57 批量遥控监护界面

9.8.5　结果展示

批量预置执行结束后，会提示任务完成，并显示预置成功及失败结果。批量预置结果展示界面如图 9-58 所示。

图 9-58　批量预置结果展示界面

9.9　常见类型终端投入远方查看方式

配网三遥（或二遥动作型）终端常见类型可分为用户分界负荷开关、电压时间型负荷开关、断路器以及环网柜。

调度员在远方遥控操作、人工负荷转供时经常需要查看是否为"远方"或"自动"状态，以下对快速判定和查看方式进行说明和介绍。

9.9.1　用户分界负荷开关

1. 打开终端数据展示

打开图形浏览器，在 10kV 线路单线图中找到用户分界负荷开关，右键点击用户分界负荷开关图元 [见图 9-59（a）]，点击"开关终端数据展示" [见图 9-59（b）]。打开后的用户分界终端数据展示界面如图 9-60 所示。

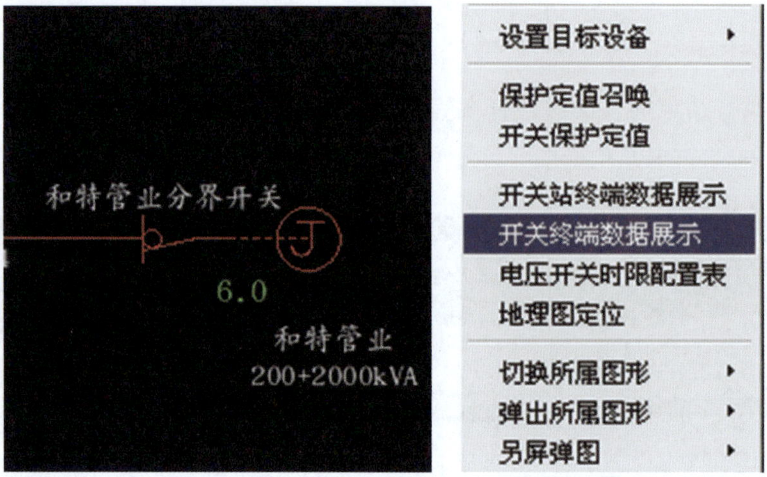

图 9-59　打开用户分界终端数据展示界面

（a）分界负荷开关图元；（b）开关终端数据展示菜单

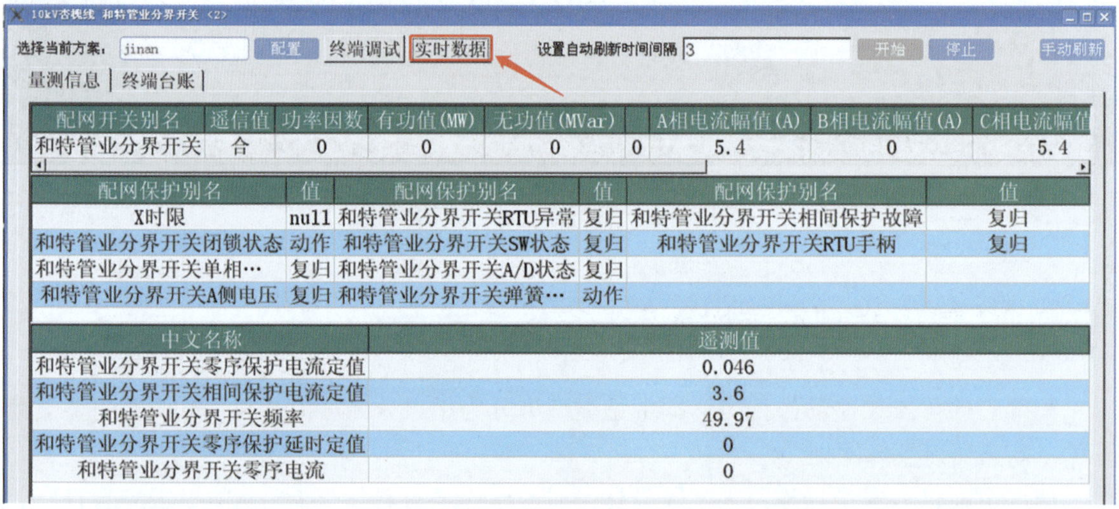

图 9-60　用户分界终端数据展示界面

2. 打开实时数据

在开关终端数据展示界面点击"实时数据"，打开配网前置实时数据界面，如图 9-61 所示。

3. 是否远方判断

用户分界负荷开关"远方 / 当地"的判定需综合 RTU 手柄极性状态和遥信值来判断是否投入远方。用户分界前置实时数据遥测界面举例如图 9-62 所示。

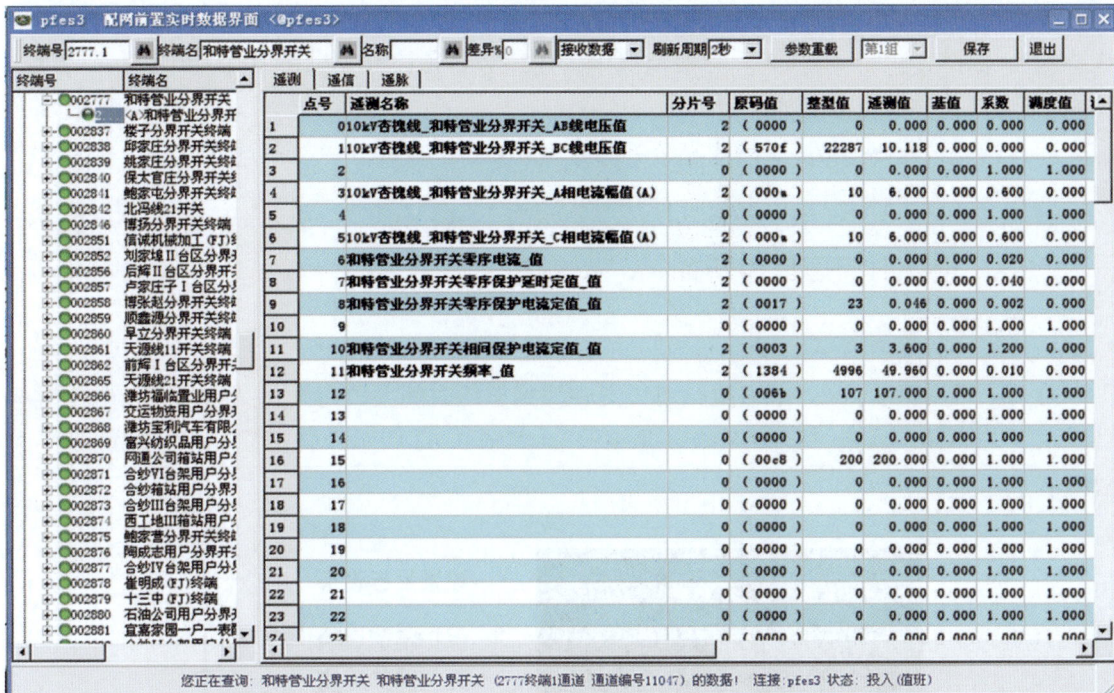

图 9-61　配网前置实时数据界面

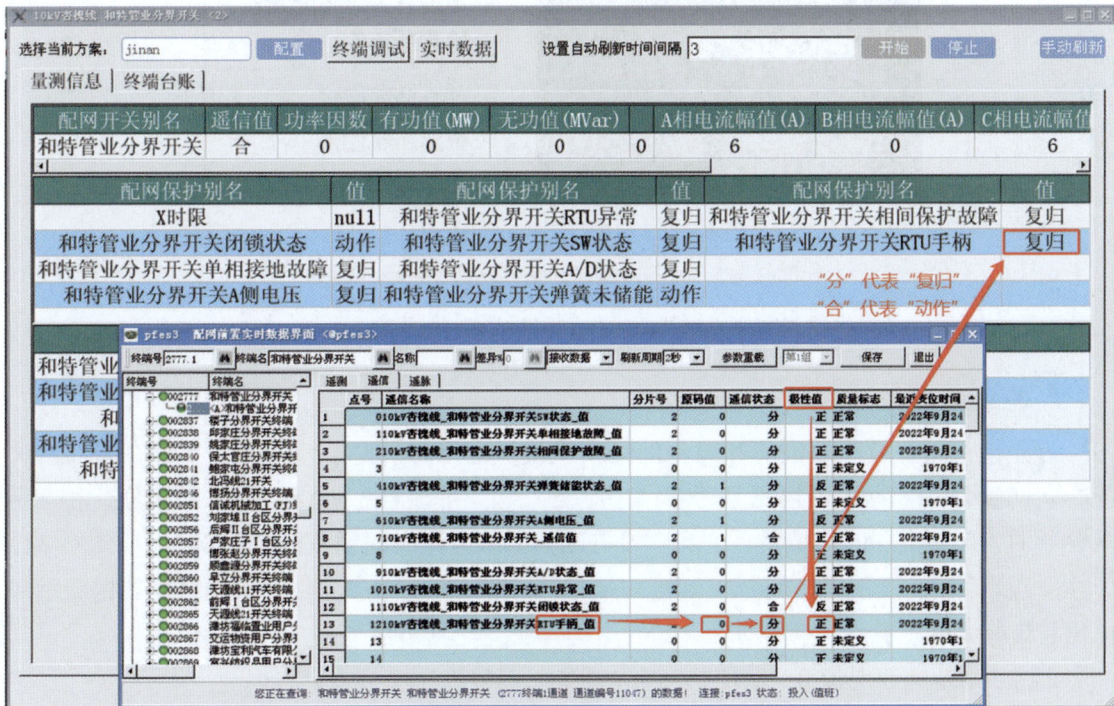

图 9-62　用户分界前置实时数据遥测界面

在极性值为"正"的情况下，用户分界负荷开关的"RTU 手柄"原码值为"0"，遥信状态则为"分"，代表"复归"。一般情况下，用户分界负荷开关"RTU 手柄"遥信"复归"代表"远方"。具体可参照如下。

远方当地：原码值 0、遥信状态分 / 复归（正极性）→远方。

远方当地：原码值 1、遥信状态合 / 动作（正极性）→当地。

9.9.2　电压时间型负荷开关

1. 打开终端数据展示

打开图形浏览器，在 10kV 线路单线图中找到电压时间型负荷开关，右键点击电压时间型负荷开关图元，点击"开关终端数据展示"，如图 9-63 所示。打开后的电压时间型终端数据展示界面如图 9-64 所示。

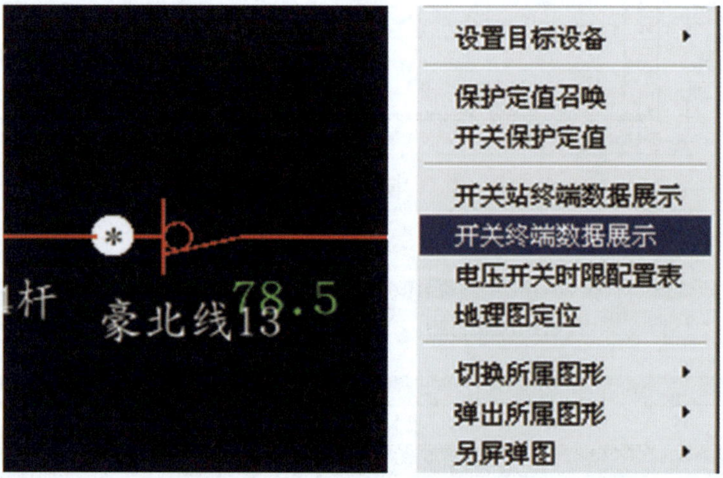

图 9-63　打开电压时间型终端数据展示界面

（a）电压时间型负荷开关图元；（b）"开关终端数据展示"菜单

2. 是否远方判断

近些年，随着技术的进步和设备的更新换代，电压时间型负荷开关主要存在新旧两种版本。初步判断依据，可根据是否有"手柄分"和"手柄合"进行。有"手柄分"和"手柄合"的为新版电压时间型负荷开关，没有则为旧版电压时间型负荷开关。

一般新版电压型终端"远方 / 当地"遥信极性值均为"正"，仅需根据终端数据展示遥信信息进行判断。具体可参照如下。

远方 / 当地：原码值 0、遥信状态合 / 动作（反极性）→远方。

远方 / 当地：原码值 1、遥信状态分 / 复归（反极性）→当地。

新版本电压型终端数据展示界面如图 9-65 所示。

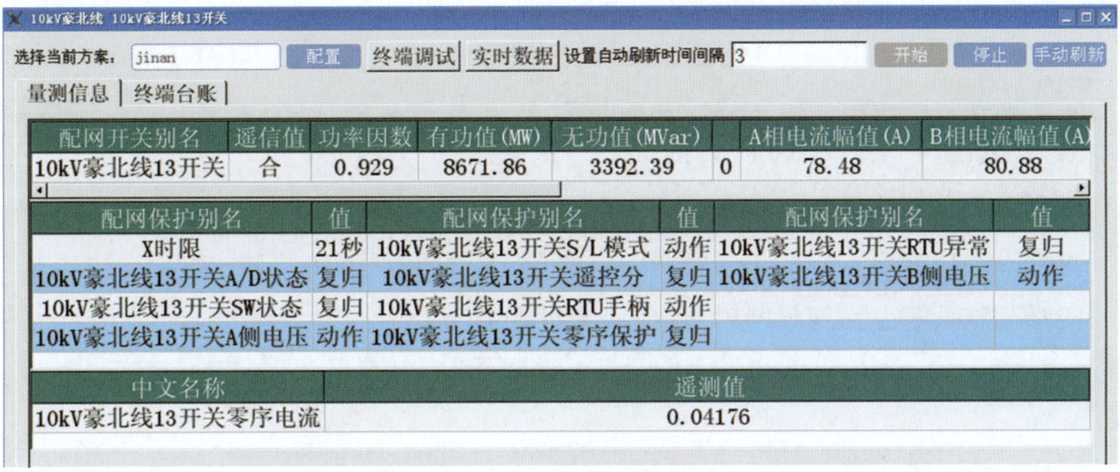

图 9-64　电压时间型终端数据展示界面

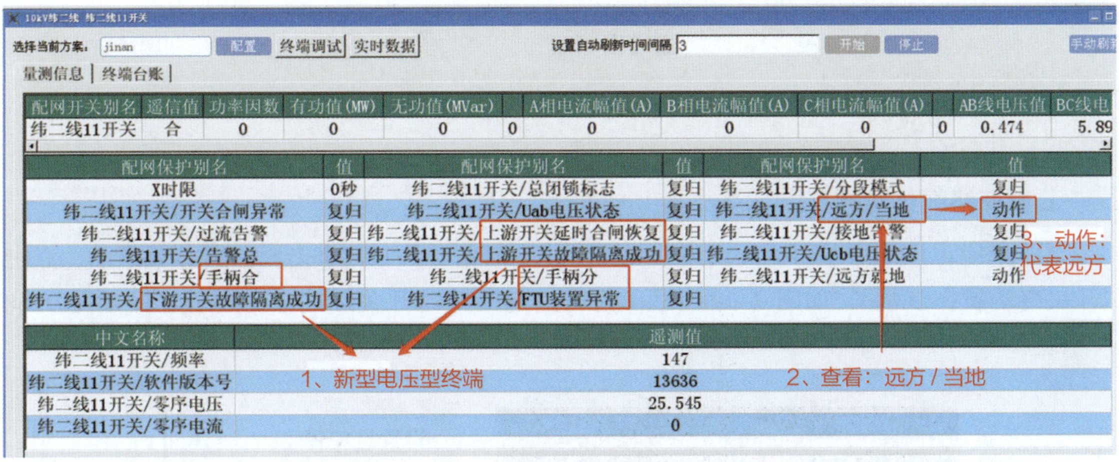

图 9-65　新版本电压型终端数据展示界面

一般旧版电压型终端"RTU 手柄"遥信极性值均为"正"，仅需根据终端数据展示遥信信息进行判断。具体可参照如下。

RTU 手柄：原码值 0、遥信状态合 / 动作（反极性）→自动。

RTU 手柄：原码值 1、遥信状态分 / 复归（反极性）→分。

旧版本电压型终端数据展示界面如图 9-66 所示。

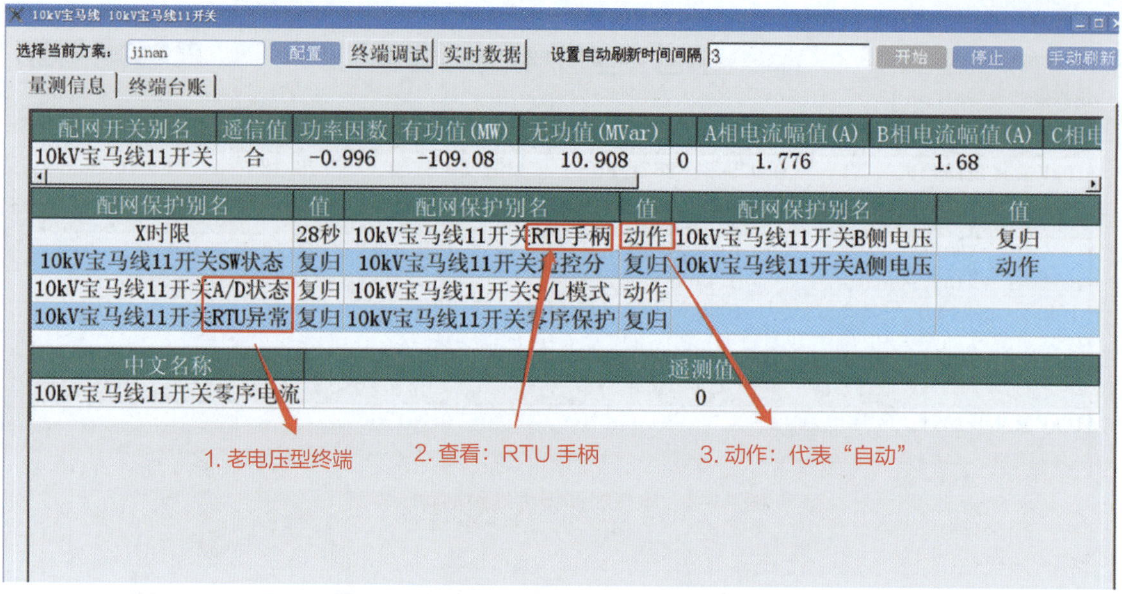

图 9-66　旧版本电压型终端数据展示界面

9.9.3　断路器

1. 打开终端数据展示

打开图形浏览器，在 10kV 线路单线图中找到断路器，右键点击断路器开关图元，点击"开关终端数据展示"，如图 9-67 所示。打开后的断路器开关终端数据展示界面如图 9-68 所示。

（a）　　　　　　　　　　　　（b）

图 9-67　打开断路器开关终端数据展示界面

（a）断路器开关图元；（b）"开关终端数据展示"菜单

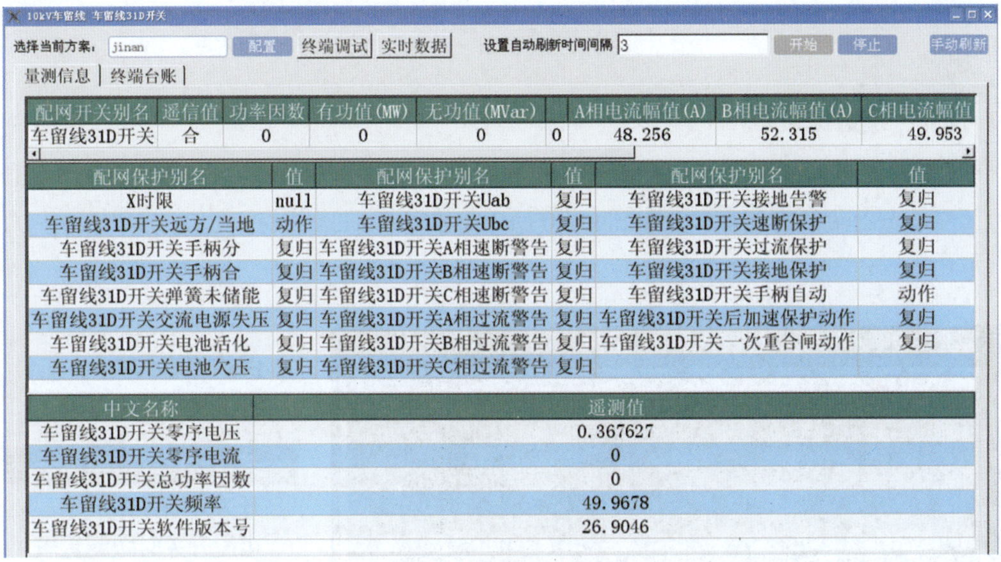

图 9-68　断路器开关终端数据展示界面

2. 是否远方判断

一般断路器"远方/当地"遥信极性值为"正",仅需根据终端数据展示遥信信息进行判断。断路器开关的"远方/当地"遥信值"动作"代表"远方","复归"代表"当地"。具体可参照如下。

远方/当地:原码值 0、遥信状态分/复归(正极性)→当地。

远方/当地:原码值 1、遥信状态合/动作(正极性)→远方。

断路器开关远方判断界面如图 9-69 所示。

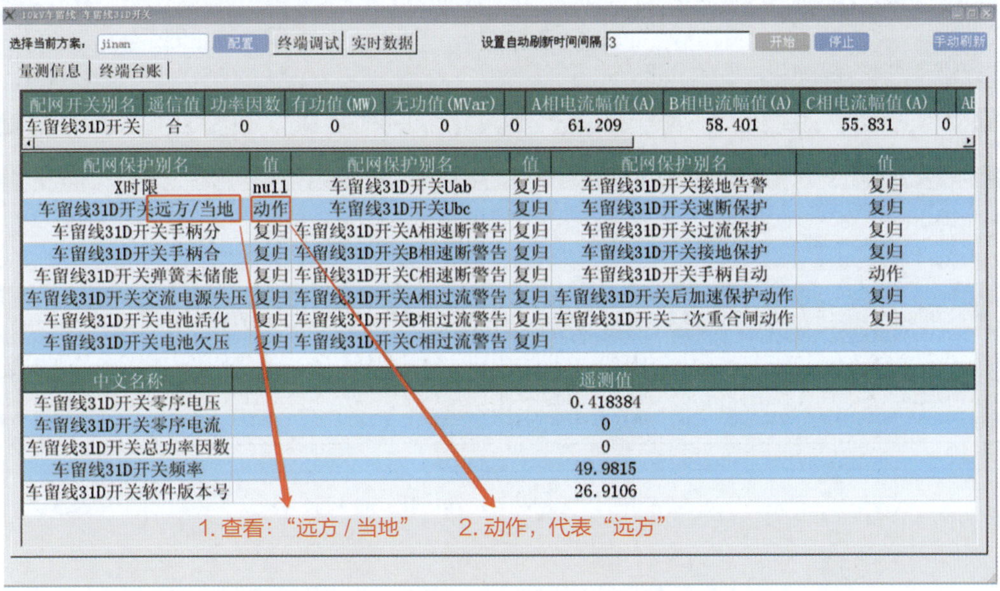

图 9-69　断路器开关远方判断界面

9.9.4　环网柜

1. 打开终端数据展示

打开图形浏览器，在 10kV 线路单线图中找到智能环网柜图元，右键点击环网柜开关，点击"开关站终端数据展示"，如图 9-70 所示。打开后的环网柜终端数据展示界面如图 9-71 所示。

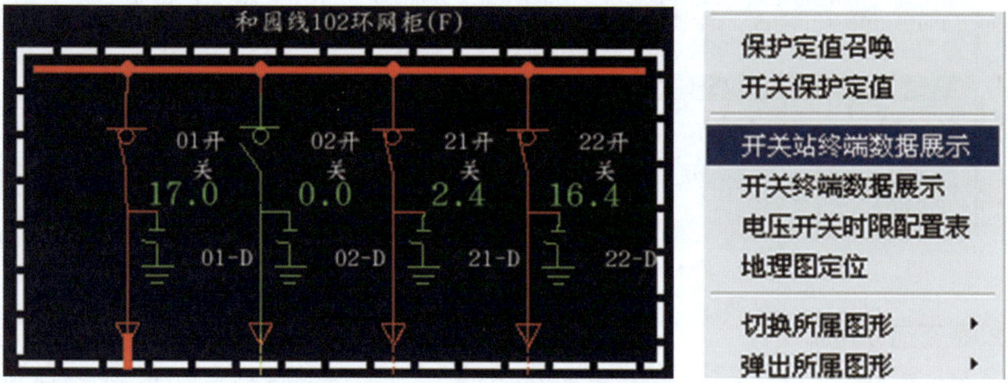

（a）　　　　　　　　　　　　　　　　　　　　（b）

图 9-70　打开环网柜终端数据展示界面

（a）智能环网柜图元；（b）"开关终端数据展示"菜单

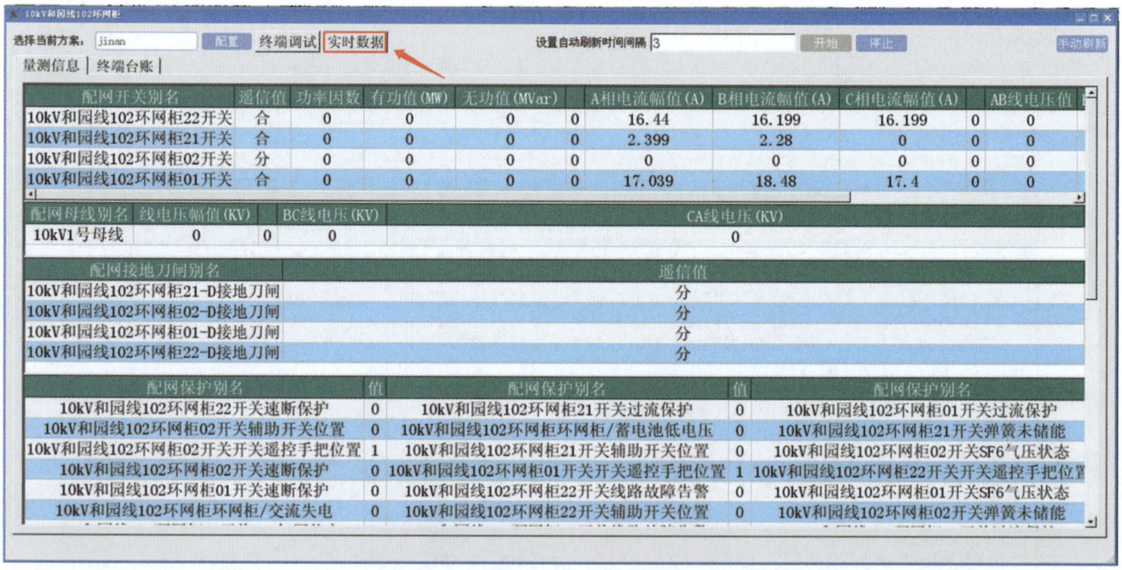

图 9-71　环网柜终端数据展示界面

2. 打开实时数据

因环网柜开关站数据展示界面"环网柜手把"信息不直观，一般需要打开"实时数据"界面进行确认。在开关站终端数据展示界面点击"实时数据"，打开环网柜前置实时数据界面，如图 9-72 所示。

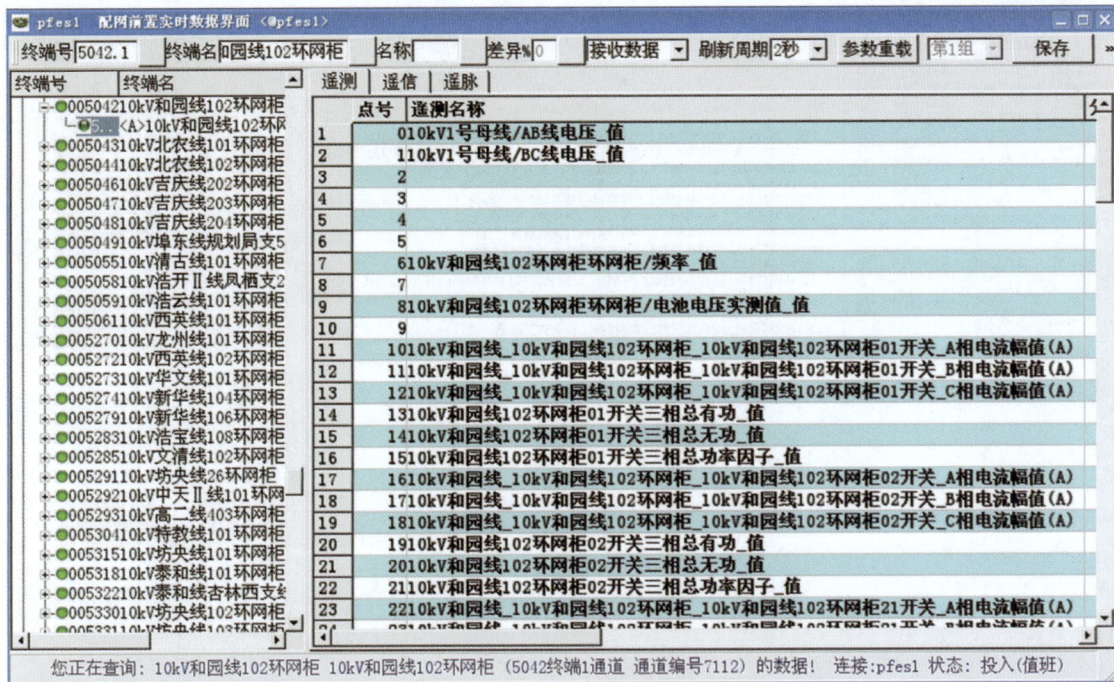

图 9-72　环网柜前置实时数据界面

3. 是否远方判断

"实时数据"打开"遥信"部分，一般环网柜遥信极性值均为"正"。环网柜开关的"遥控手把位置"原码值为"1"，遥信状态则为"合"，代表"远方"；环网柜开关的"遥控手把位置"原码值为"0"，遥信状态则为"分"，代表"当地"。具体可参照如下。

遥控手把位置：原码值 0、遥信状态分 / 复归（正极性）→当地。

遥控手把位置：原码值 1、遥信状态合 / 动作（正极性）→远方。

环网柜远方判断界面如图 9-73 所示。

【注意事项】

如图 9-73 所示，环网柜投入远方操作，必须将环网柜总手把和间隔手把均投入远方，否则无法远方操作成功。

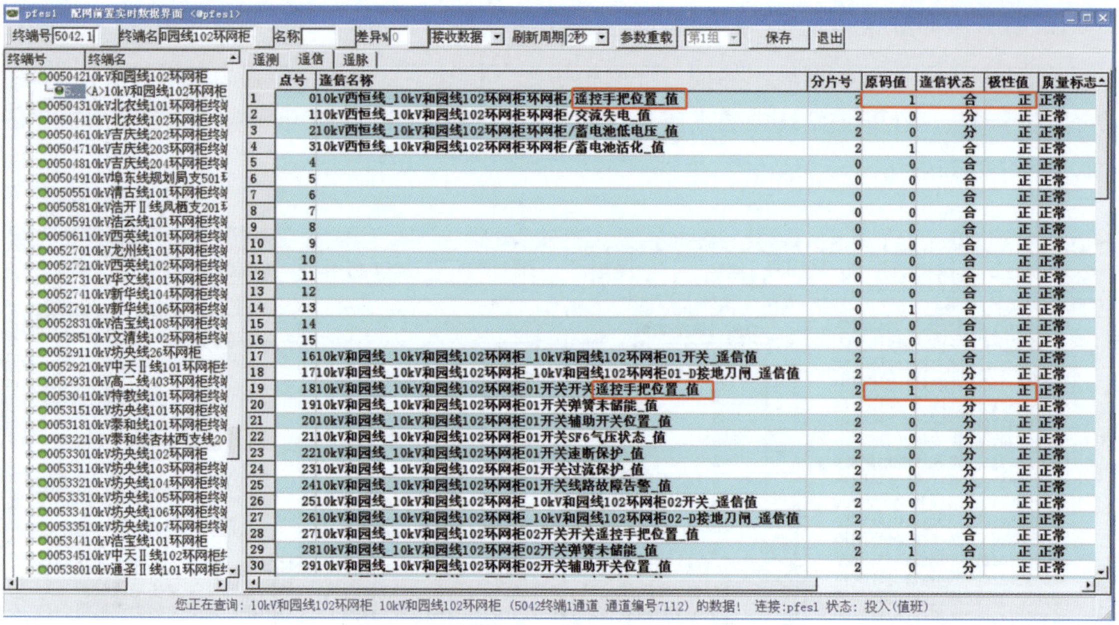

图 9-73　环网柜远方判断界面

第 10 章　配电自动化Ⅳ区功能应用

配电自动化系统Ⅳ区功能主要面向配电自动化管理人员，可实现对配电线路图形查看、设备规模台账查看导出、指标数据考核、故障分析等功能。使用办公电脑打开网址 http: // 10.141.17.234 : 36001/xjsq/main/index 即可使用；需根据需求向配电自动化班申请账号，登录使用。登录后可查看各账号权限下的设备和线路。

10.1　配电自动化系统Ⅳ区首页介绍

配电自动化系统Ⅳ区首页主要包括设备规模、网架指标、终端监视、故障监视、故障统计、实用化指标、运行监视、异常与缺陷等功能模块。

10.1.1　用户密码修改

配电自动化系统Ⅳ区首页展示界面如图 10-1 所示。系统登录后，在界面右上角点击账号可以弹出该账号的个人资料框，在弹出框内可以修改账号密码。

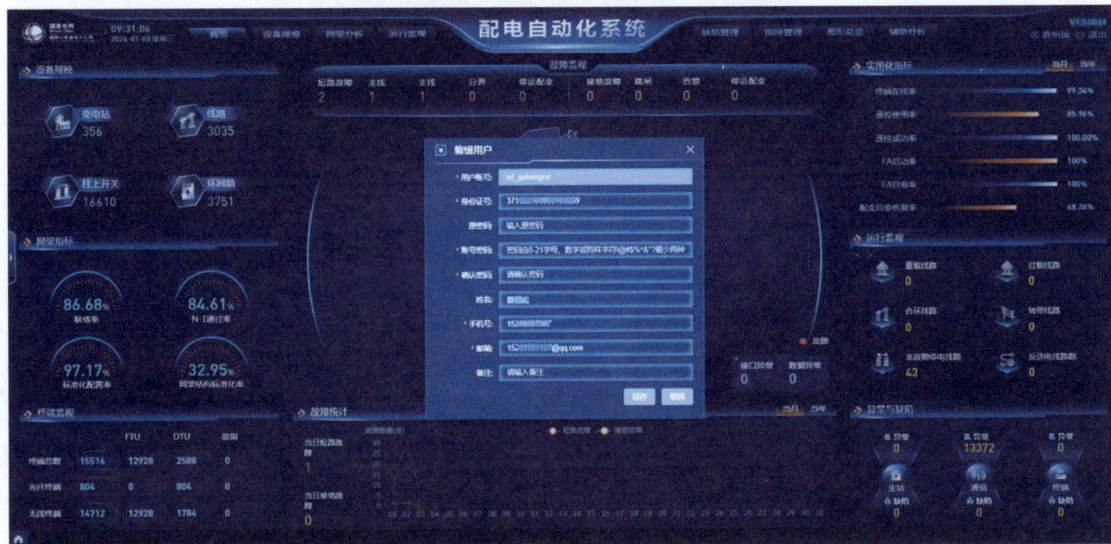

图 10-1　配电自动化系统Ⅳ区首页展示界面

10.1.2　菜单介绍

点击首页左侧左右箭头可以打开和隐藏配电自动化系统功能菜单，鼠标放到一级菜单可以展示二级菜单，在二级菜单电网接线图中可以打开单线图、变电站、环网柜等。配电自动化系统Ⅳ区菜单展示界面如图 10-2 所示。

图 10-2　配电自动化系统Ⅳ区菜单展示界面

10.1.3　首页介绍

配电自动化系统Ⅳ区首页从上到下、从左到右分别为设备规模、网架指标、终端监视、故障监视、故障统计、实用化指标、运行监视、异常与缺陷。中间位置的地图支持按地图分区展示首页各项统计数据。配电自动化系统Ⅳ区首页功能模块展示界面如图 10-3 所示。

1. 设备规模

展示所选单位变电站、线路、柱上开关、环网箱数量；单击数字可查看明细。

2. 网架指标

展示所选单位的联络率、"N-1"通过率、标准化配置率、网架结构标准化率情况；单击数字可查看明细。

3. 终端监视

展示所选单位终端数量情况，分别展示终端总数、光纤终端数量、无线终端数量。同时按 FTU、DTU、故指分类统计数量；单击数字可查看明细。

4. 故障监视

展示所选单位当日短路故障和接地故障的数量，以及分类统计主线、支线、分界、停运配变、接地跳闸、告警和接地停运配变数量；单击数字可查看明细。

5. 故障统计

分别按当月和当年统计展示所选单位的故障情况：选择当月时展示当日故障情况和月内每日跳闸数量曲线图；选择当年时展示当月故障情况和年度内每月跳闸数量曲线图；单击数字可查看明细。

6. 实用化指标

展示所选单位当月和当年的终端在线率、遥控使用率、遥控成功率、FA 启动率、FA 自愈率、配变自愈恢复率情况；单击数字可查看明细。

7. 运行监视

展示所选单位的重载线路、过载线路、合环线路、转带线路、非故障停电线路、反送电线路数量；单击数字可查看明细。

8. 异常与缺陷

分别从主站、通信、终端三个角度统计所选单位的异常和缺陷的数量情况；单击数字可查看明细。

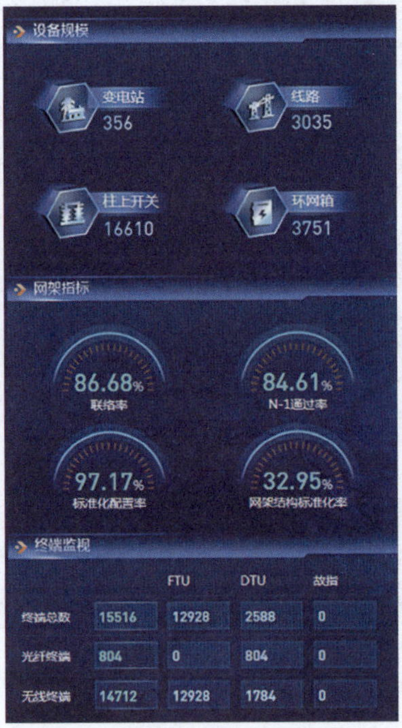

（a）

图 10-3　配电自动化系统Ⅳ区首页功能模块展示界面（一）

（a）展示界面 1

（b）

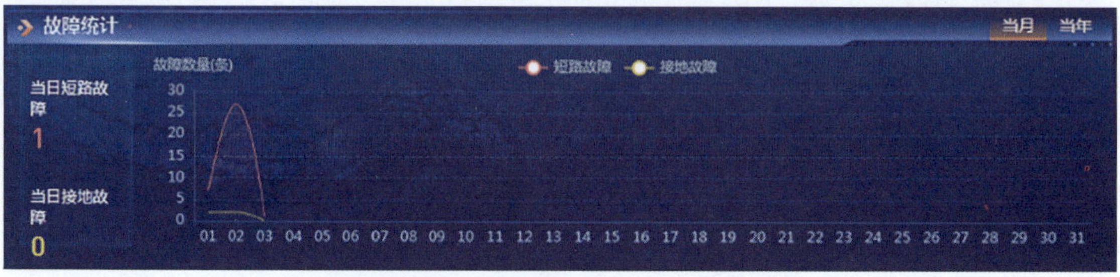

（c）

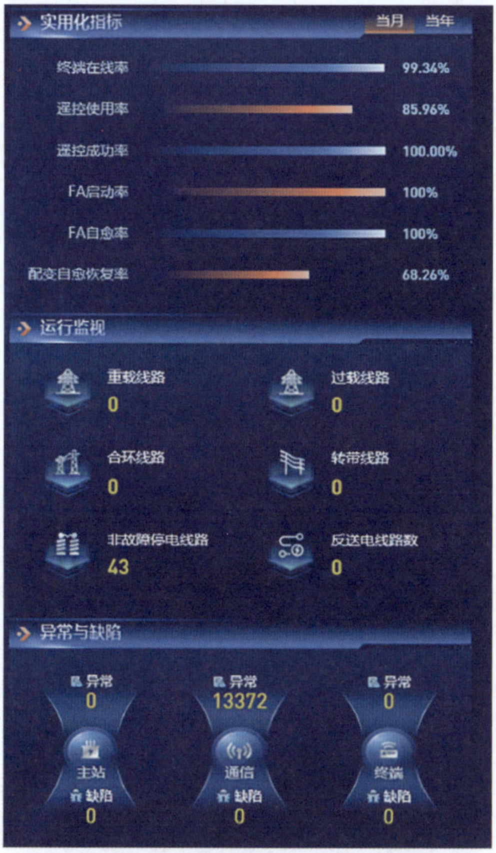

（d）

图 10-3　配电自动化系统Ⅳ区首页功能模块展示界面（二）

（b）展示界面 2；（c）展示界面 3；（d）展示界面 4

10.2　配电自动化系统Ⅳ区主要功能详细介绍

10.2.1　设备规模

设备规模页主要为首页的设备规模模块做了更详细的分类统计，主要分设备规模、柱上开关、环网箱三个维度。点击对应数字，均可查看各单位详细数据情况。配电自动化系统设备规模展示界面如图 10-4 所示。

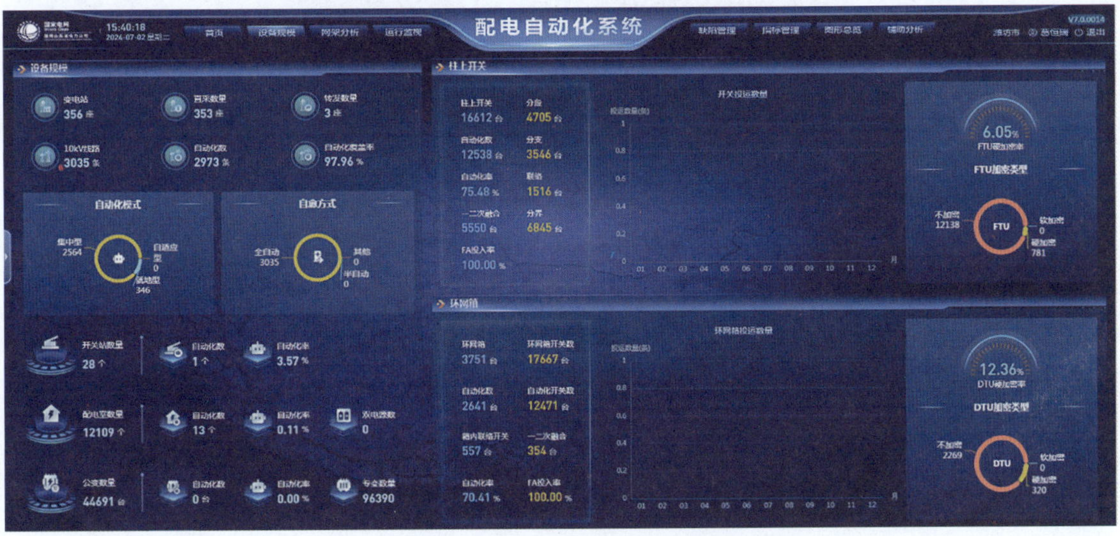

图 10-4　配电自动化系统设备规模展示界面

1. 设备规模

该部分详细地分类统计各类设备的数量。

（1）变电站统计：变电站总数量、直采变电站数量、转发变电站数量。

（2）线路统计：线路总数、自动化线路数、自动化覆盖率。

（3）FA 统计：FA 模式统计、FA 自愈方式统计。

（4）开关站统计：开关站总数、自动化开关站数量、开关站自动化率。

（5）配电室统计：配电室总数、自动化配电室数量、配电室自动化率、双电源配电室数量。

（6）配变统计：公变总数、自动化公变数量、公变自动化率、专变数量。

配电自动化系统规模数据展示界面如图 10-5 所示。

图 10-5　配电自动化系统规模数据展示界面

2. 柱上开关

该部分从多个维度分类统计柱上开关数据。柱上开关总数、自动化柱上开关数量、柱上开关自动化率、一二次融合柱上开关数量；柱上开关中分段、分支、联络、分界各自的数量。

统计每个月柱上开关的投运柱状图；FTU 硬加密率和硬加密、软加密以及不加密的数量。配电自动化系统柱上开关数据展示界面如图 10-6 所示。

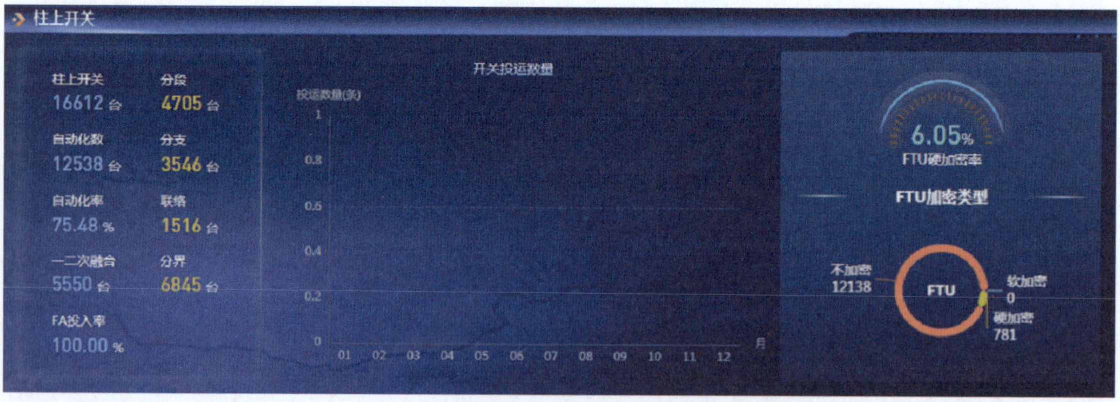

图 10-6　配电自动化系统柱上开关数据展示界面

3. 环网箱

该部分从多个维度分类统计环网箱数据。环网箱总数、自动化环网箱数量、箱内联络开关数量、环网箱自动化率；环网箱内开关总数、环网箱内自动化开关数量、一二次融合环网箱数量；统计每个月环网箱的投运柱状图；DTU 硬加密率和硬加密、软加密以及不加密的数量。配电自动化系统环网箱数据展示界面如图 10-7 所示。

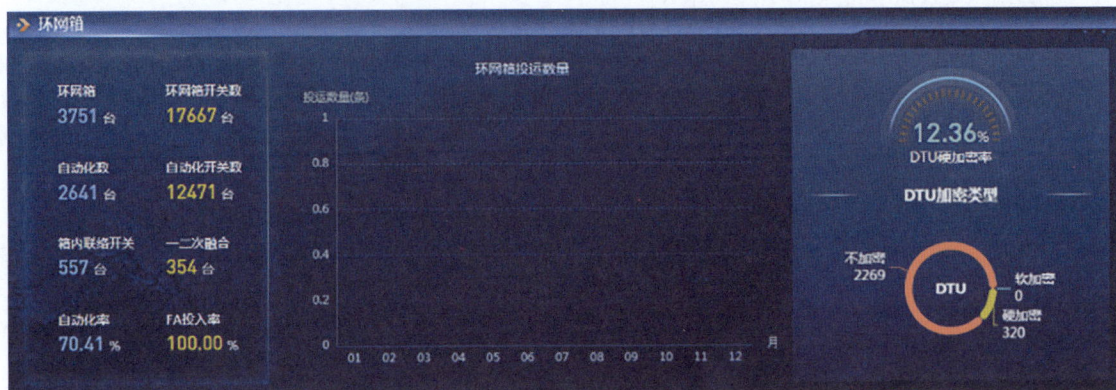

图 10-7　配电自动化系统环网柜数据展示界面

10.2.2　网架分析

配电自动化Ⅳ区网架分析主要展示七个功能：网架结构标准化率、联络率 –"$N–1$"通过率、标准化配置率、线路分段情况、短路多级保护、接地多级保护、多级保护覆盖率。点击对应数字，均可查看各单位详细数据情况。配电自动化系统网架分析展示页面如图 10-8 所示。

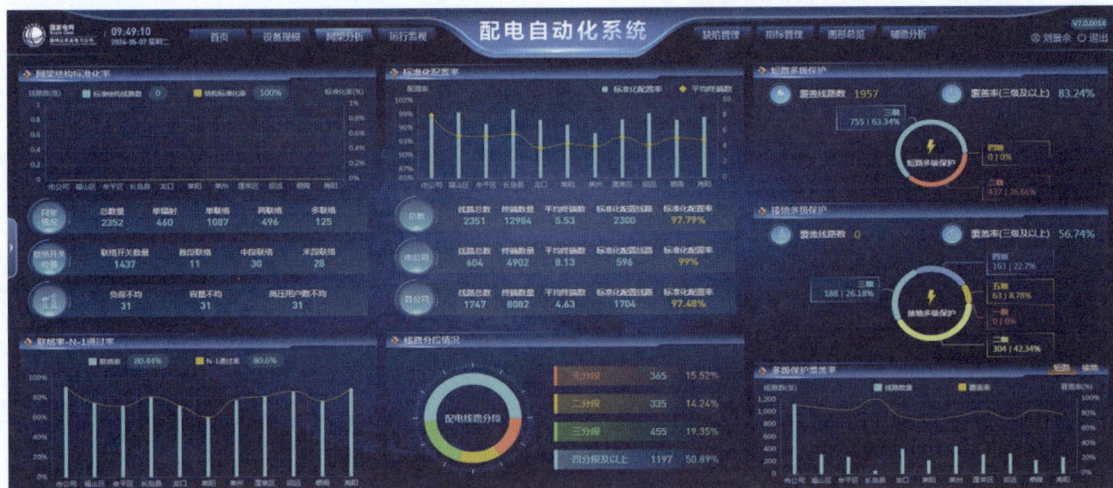

图 10-8　配电自动化系统网架分析展示界面

1. 网架结构标准化率

该部分统计展示配电自动系统在运分区内所有标准化结构线路数（柱状图）和结构标准化率（曲线），并按照配电单位展示各配电单位标准化结构线路数和结构标准化率。下方分别展示网架情况、联络开关位置数量统计情况，以网架情况为例，包含总数量、单辐射、单联络、两联络、多联络，点击数字可以展示各单位详细数据情况。配电自动化系统网架结构标准化率展示界面如图10-9所示。

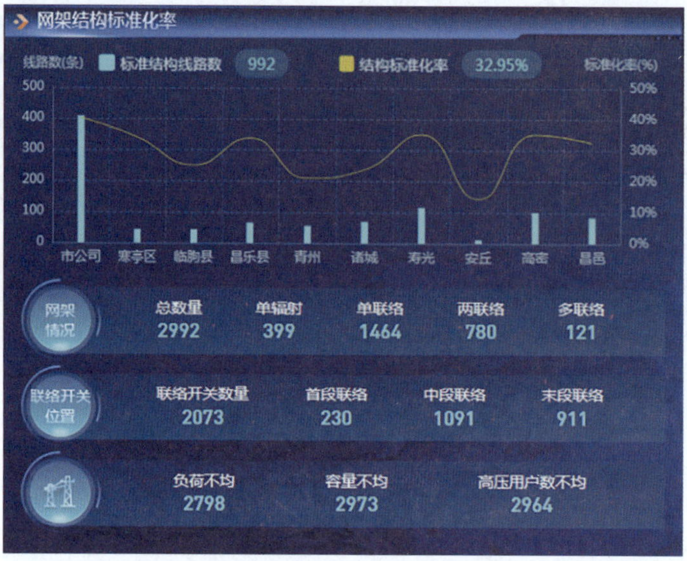

图 10-9 配电自动化系统网架结构标准化率展示界面

2. 联络率 – "N-1"通过率

该部分展示联络率（柱状图）和"N-1"通过率（曲线），分别展示各单位线路联络率和"N-1"通过率的详细情况。配电自动化系统联络率 – "N-1"通过率展示界面如图10-10所示。

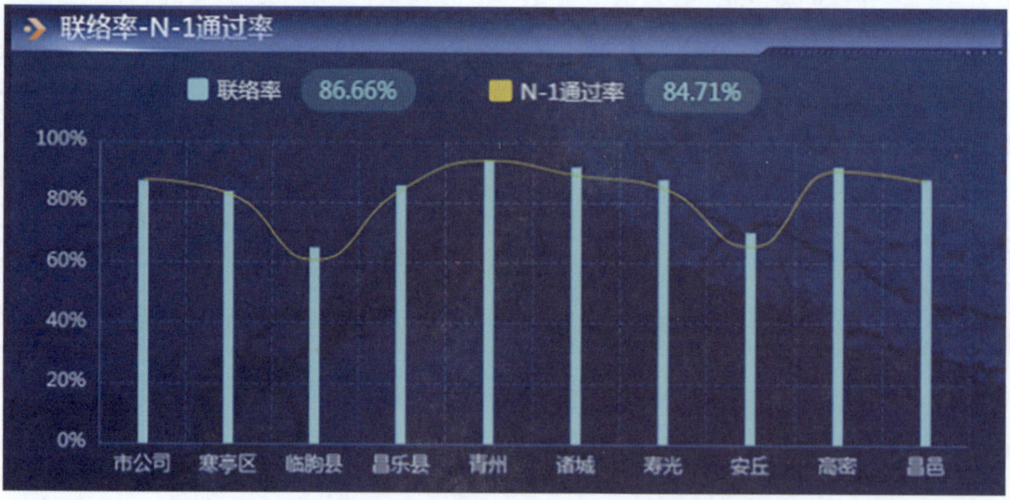

图 10-10 配电自动化系统联络率 – "N-1"通过率展示界面

3. 标准化配置率

该部分统计展示配电自动系统在运分区内所有标准化配置（柱状图）和平均终端数（曲线）。下方为数量统计情况，分别展示总数、市公司、县公司的线路总数、终端数量、平均终端数、标准化配置线路、标准化配置率。以终端数量为例，统计数量为地区总和，点击下方数字可以展示各单位详细数据情况。配电自动化系统标准化配置率展示界面如图 10-11 所示。

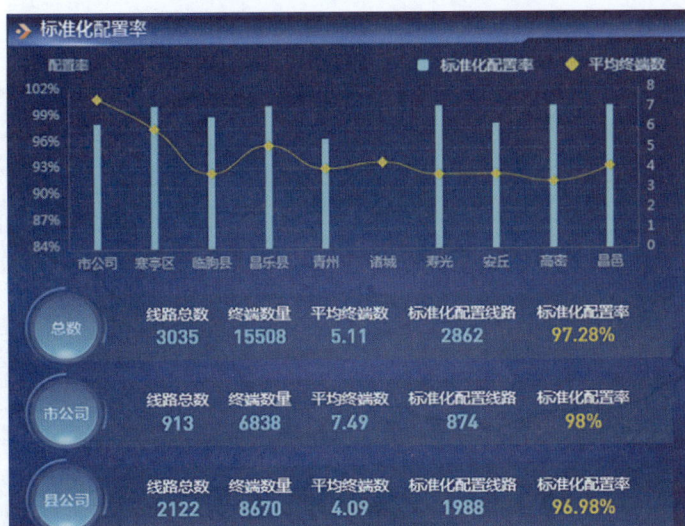

图 10-11　配电自动化系统标准化配置率展示界面

4. 线路分段情况

该部分展示无分段、二分段、三分段、四分段及以上的线路条数和所占线路总数百分比。以无分段情况为例，点击无分段后方数字可展示无分段情况下各单位配电线路无分段详细情况。配电自动化系统线路分段情况展示界面如图 10-12 所示。

图 10-12　配电自动化系统线路分段情况展示界面

5. 短路多级保护

展示短路多级保护覆盖线路数和覆盖情况。

6. 接地多级保护

展示接地多级保护覆盖线路数和覆盖情况。

7. 多级保护覆盖率

展示多级保护覆盖率，可以选择短路或接地。配电自动化系统多级保护覆盖情况展示界面如图 10-13 所示。

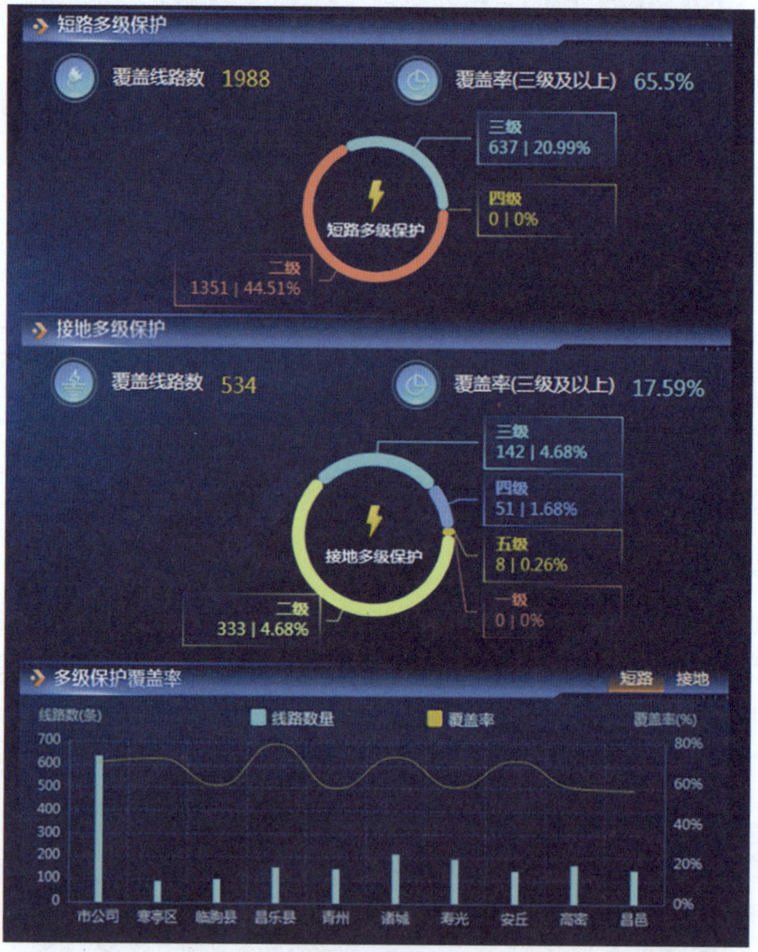

图 10-13　配电自动化系统多级保护覆盖情况展示界面

10.2.3　运行监视

该部分主要实时展示目前配电自动化系统内的开关跳闸情况、故障自愈情况、短路故障、配变恢复情况、接地故障、非故障停电。点击对应数字可以查看各单位详细数据情况，在明细内可以按照需要进行筛选查看。配电自动化系统运行监视展示界面如图 10-14 所示。

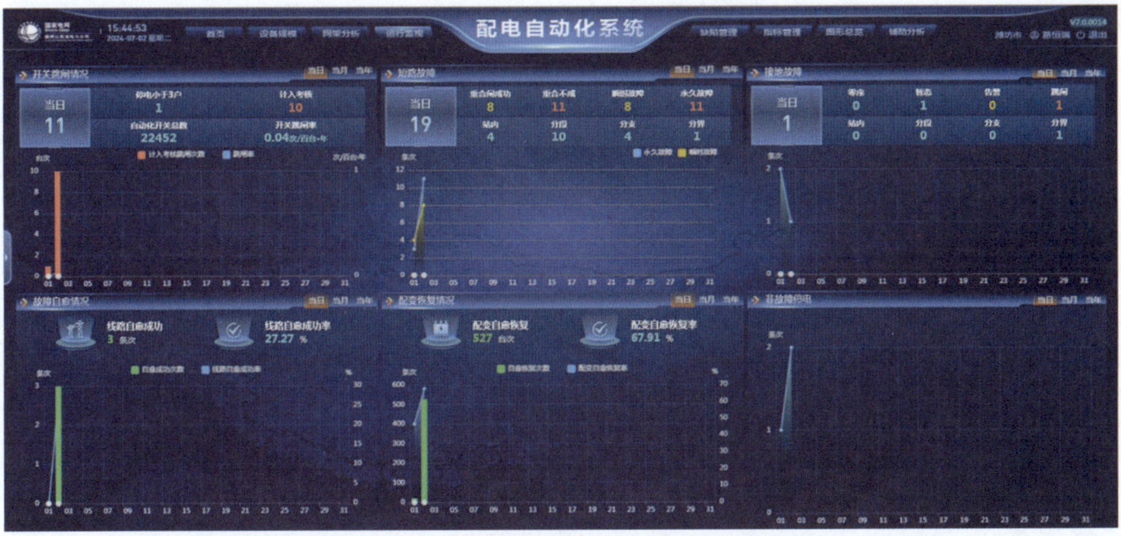

图 10-14　配电自动化系统运行监视展示界面

1. 开关跳闸情况

该部分展示自动化开关跳闸次数（柱状图）和跳闸率（曲线），选择右上角"当日""当月""当年"，可以对比查看当日、当月、当年自动化开关跳闸次数和跳闸率。点击各项目下方数字，可展示各单位开关跳闸详细情况。配电自动化系统开关跳闸情况展示界面如图 10-15 所示。

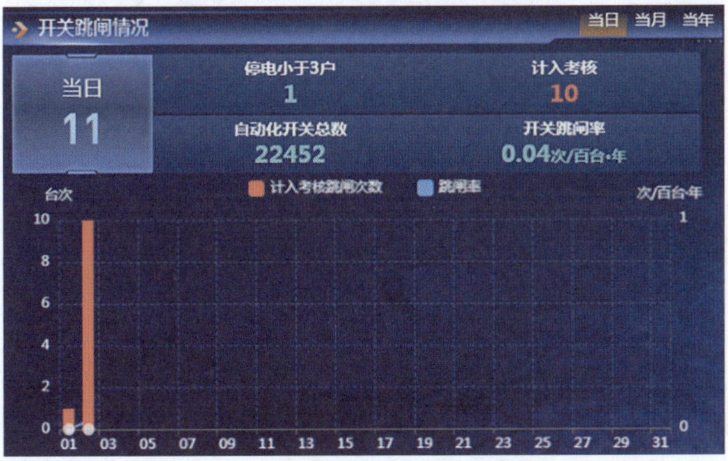

图 10-15　配电自动化系统开关跳闸情况展示界面

2. 故障自愈情况

该部分展示线路自愈恢复和线路自愈成功率，选择右上角"当月""当年"，可以对比查看当月、当年故障自愈情况。点击各项目下方数字，可展示各单位故障自愈详细情况。配电自动化系统故障自愈情况展示界面如图 10-16 所示。

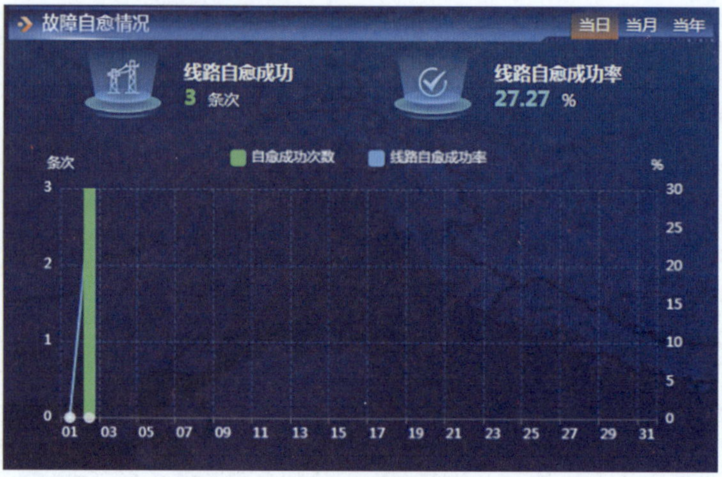

图 10-16 配电自动化系统故障自愈情况展示界面

3. 短路故障

该部分展示自动化开关短路故障次数统计，按照故障类型分为重合闸成功、重合不成功、瞬时故障、永久故障，按照开关属性分为站内、分段、分支、分界。选择右上角"当日""当月""当年"，可以对比查看当日、当月、当年短路故障。点击各项目下方数字，可展示各单位短路故障详细情况。配电自动化系统短路故障展示界面如图 10-17 所示。

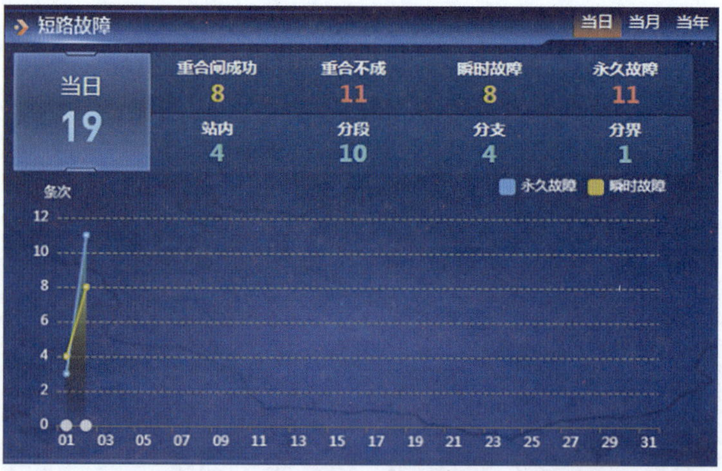

图 10-17 配电自动化系统短路故障展示界面

4. 配变恢复情况

该部分展示配变自愈恢复和配变恢复成功率，选择右上角"当月""当年"，可以对比查看当月、当年配变恢复情况。点击各项目下方数字，可展示各单位配变恢复详细情况。配电自动化系统配网恢复情况展示界面如图 10-18 所示。

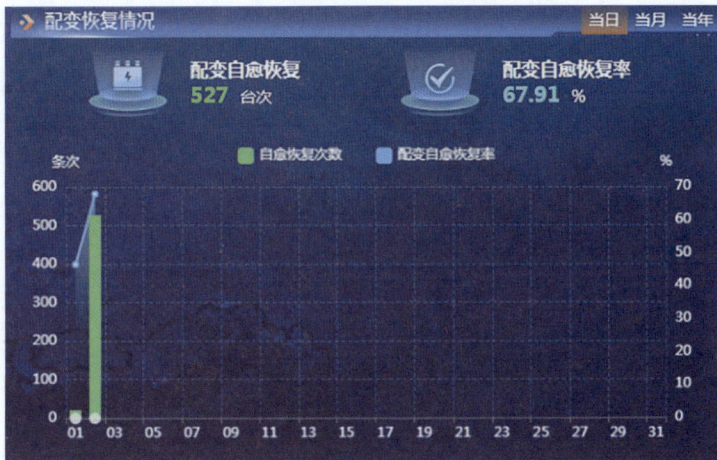

图 10-18　配电自动化系统配变恢复情况展示界面

5. 接地故障

该部分展示自动化开关接地故障次数统计，按照故障类型分为零序、暂态、告警、跳闸，按照开关属性分为站内、分段、分支、分界。选择右上角"当日""当月""当年"，可以对比查看当日、当月、当年接地故障。点击各项目下方数字，可展示各单位接地故障详细情况。配电自动化系统接地故障展示界面如图 10-19 所示。

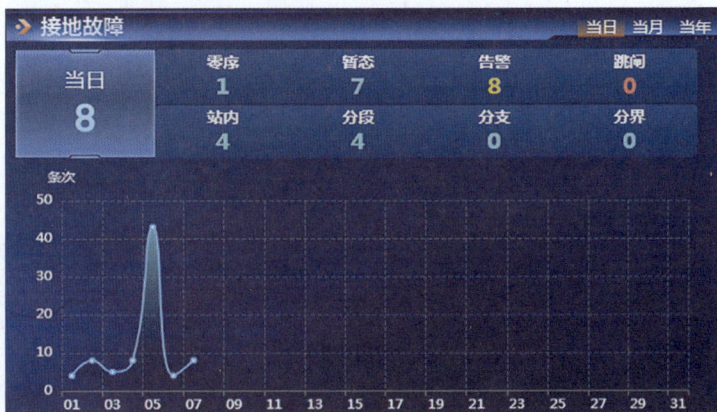

图 10-19　配电自动化系统接地故障展示界面

6. 非故障停电

该部分展示非故障停电次数统计，选择右上角"当日""当月""当年"，可以对比查看当日、当月、当年非故障停电情况。点击曲线上数字，可展示各单位非故障停电详细情况。配电自动化系统非故障停电展示界面如图 10-20 所示。

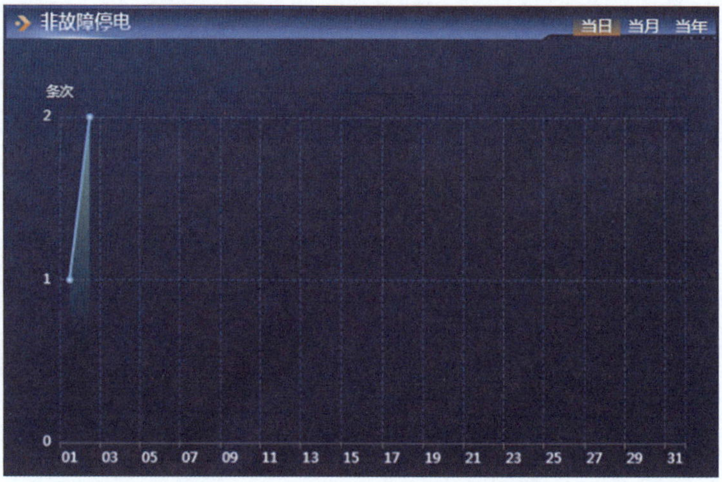

图 10-20 配电自动化系统非故障停电展示界面

10.3 配电自动化系统Ⅳ区故障短信设置

配电自动化系统线路故障跳闸后，系统具有发送故障短信的功能。该功能依赖于Ⅳ区设置短信的发送，需要在Ⅳ区创建用户、设备绑定、短信订阅即可完成短信的发送和接收。

10.3.1 用户创建

在配电自动化系统Ⅳ区首页菜单点击"用户管理"→"系统用户"，选择"新增"，按照配置说明录入角色名称、编号、密码、手机号码等基础配置。故障短信设置用户创建界面如图 10-21 所示。

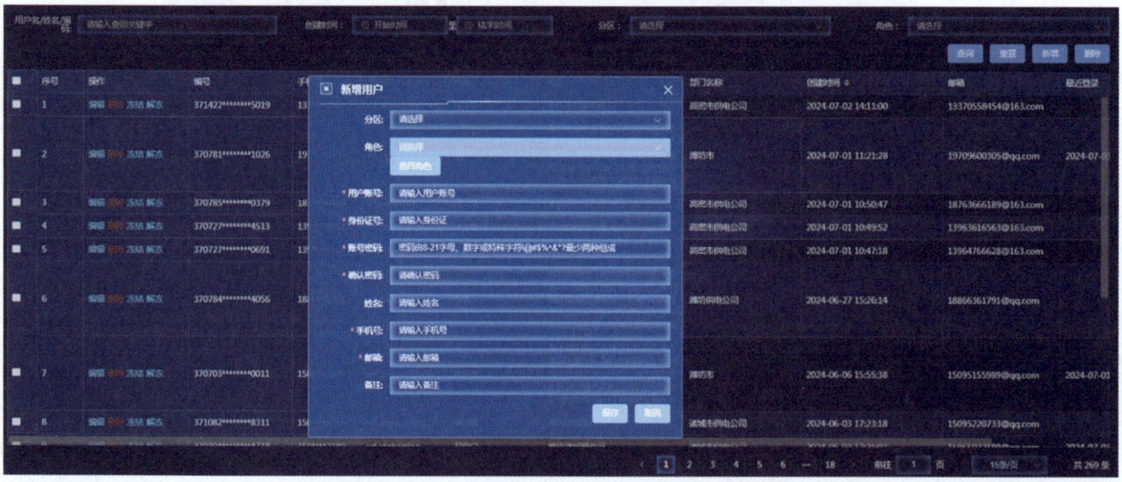

图 10-21 故障短信设置用户创建界面

【注意事项】

该界面内的用户编号不能重复，需要查询各分区原有编号递增即可，角色名称使用英文和数字，角色名称存在和其他地市重名概率可在后面加数字区分。

10.3.2　设备主人绑定

在配电自动化系统Ⅳ区首页菜单点击"设备主人权责管理"→"设备主人绑定"，按照各分区归属单位绑定设备资产（角色已全部创建完成，设备除新增线路和新增设备已完成绑定一次）。选择"新增"，选择变电站、配电线、开关，未绑定设备会有复选框，选择关联到角色即可。故障短信设置设备主人绑定菜单如图 10-22 所示，绑定新增界面如图 10-23 所示。

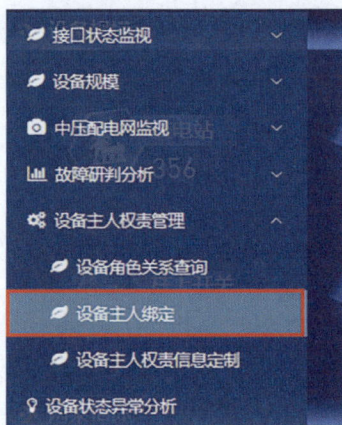

图 10-22　故障短信设置设备主人绑定菜单

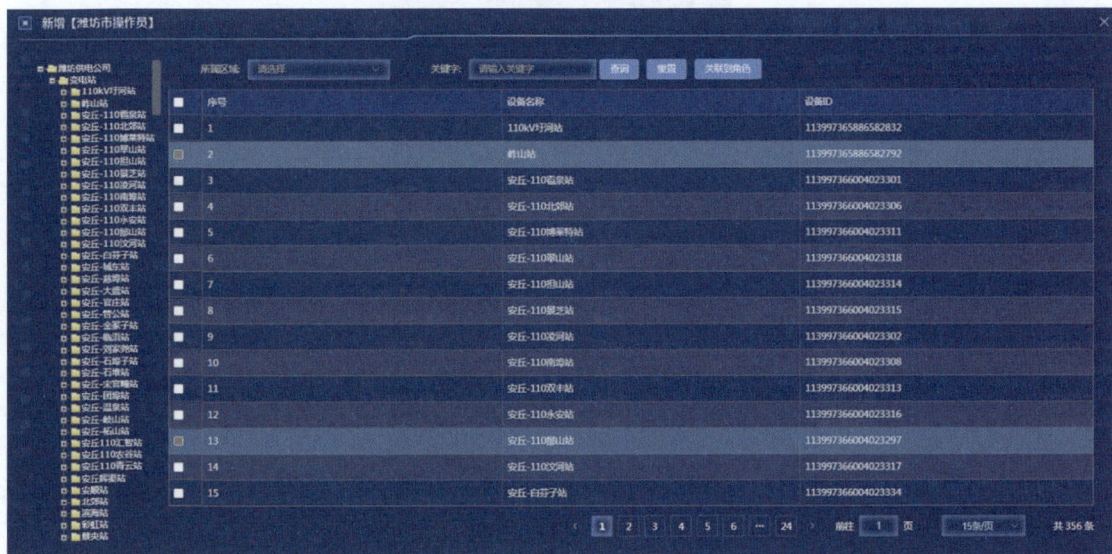

图 10-23　绑定新增界面

10.3.3　设备主人权责信息定制

在配电自动化系统Ⅳ区首页菜单点击"设备主人权责管理"→"设备主人权责信息定制",选择"中压故障"后保存,对新建用户赋予短信发送权责。故障短信设置设备主人权责信息定制界面如图 10-24 所示。

图 10-24　故障短信设置设备主人权责信息定制界面

10.3.4　短信订阅

在配电自动化系统Ⅳ区首页菜单点击"信息发布及交互"→"短信订阅",在弹出界面左侧选择订阅短信人员,右侧订阅类型选择"告警信息"→"中压设备故障告警"→"跳闸故障",对新建用户订阅故障跳闸短信。故障短信设置短信订阅菜单如图 10-25 所示,故障短信订阅类型选择界面如图 10-26 所示。

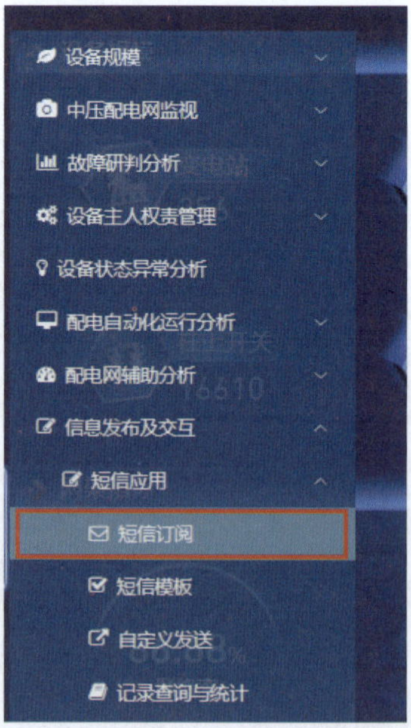

图 10-25　故障短信设置短信订阅菜单

图 10-26　故障短信订阅类型选择界面

附录 A 系统架构

新一代配电自动化主站应用主体面向调控、运检专业，开展"一个平台、两个应用"建设。主站建设"做精 I 区"，完善了三遥、馈线自动化等基本功能，满足配电网实时运行监控的需求；"做强 III 区"，扩展了配网数据采集、分析、处理和记录的能力，具备配变运行状态监测、单相接地故障分析、配电终端工况管理、线路和设备重过载分析等功能，全面支撑配网精益化管理。

配电自动化主站系统从传统为调度服务提升至为整个配电专业服务，应用目标由实现配网运行监控向配网精益管理转变。

A1 软件架构

结合跨区业务支撑、图模调试管理、三遥 / 二遥分区接入以及安全防护调整等最新要求，将信息交换总线纳入新主站的统一支撑平台，拓宽协同机制等基础服务，进行配网运行监控与配网运行状态管控两大类应用建设。新型配电主站功能体系架构如图 A1 所示。

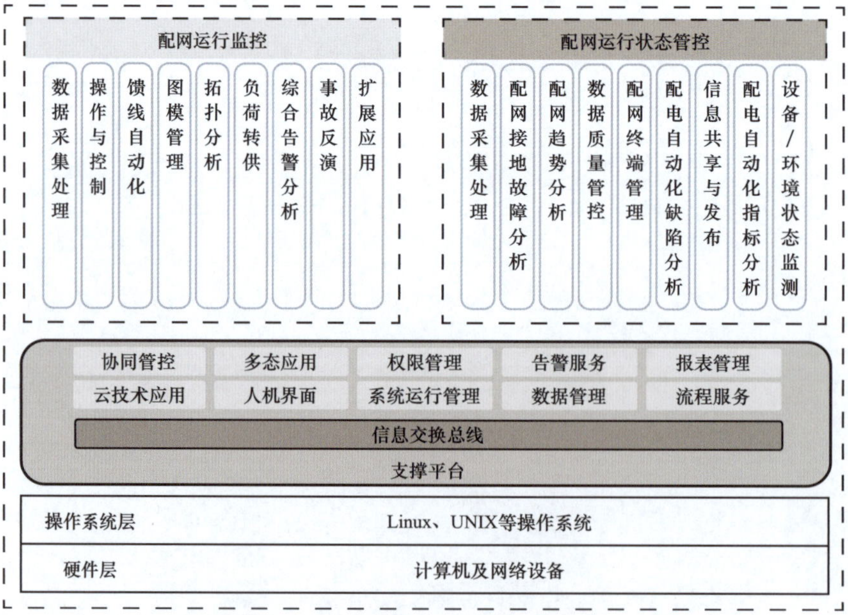

图 A1 新型配电主站功能体系架构图

系统由"一个支撑平台、两大应用"构成，应用主体为大运行与大检修，信息交换总线贯通生产控制大区与信息管理大区，与各业务系统交互所需数据，为"两大应用"提供数据与业务流程技术支撑，"两大应用"分别服务于调度与运检。

A2　硬件架构

将配电主站从应用分布上调整为生产控制大区、管理信息大区、安全接入区三部分，硬件结构图如图 A2 所示。

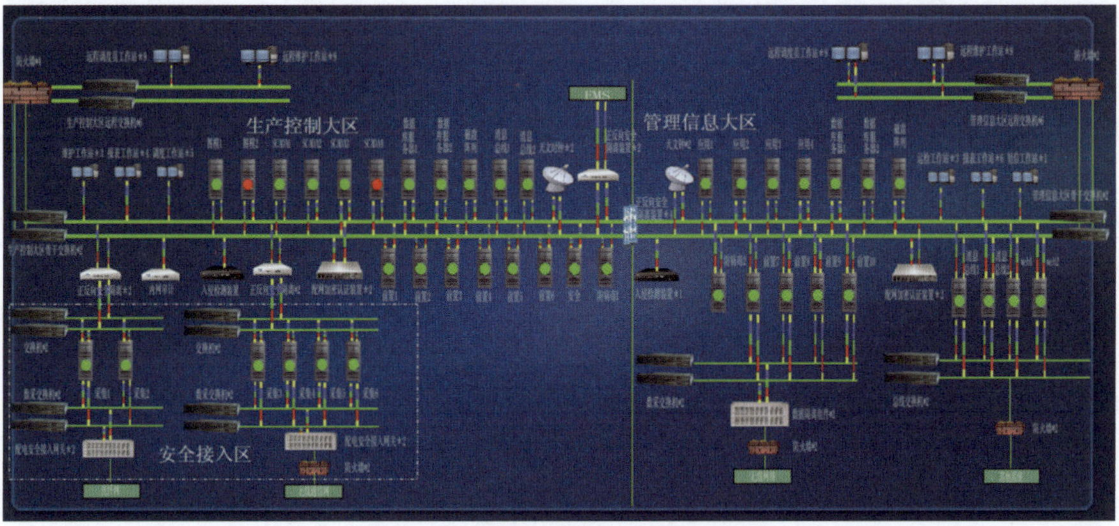

图 A2　新型配电主站硬件结构图

（1）生产控制大区主要设备包括前置服务器、数据库服务器、SCADA/应用服务器、图模调试服务器、信息交换总线服务器、调度及维护工作站、报表工作站、县区工作站等，负责完成三遥配电终端数据采集与处理、实时调度操作控制，具备实时告警、事故反演及馈线自动化、设备异动管理等功能。

（2）管理信息大区主要设备包括前置服务器、SCADA/应用服务器、信息交换总线服务器、数据库服务器、运检及报表工作站等，负责完成无线通信二遥配电终端及配电状态监测终端数据采集与处理，实现单相接地故障分析、配网指标统计分析、配网经济运行、配电自动化设备缺陷管理、异动管理等配电运行管理功能。

（3）安全接入大区主要设备包括专网采集服务器及通信、安防设备等，负责完成光纤通信配电终端实时数据采集与控制命令下发。

附录 B　配电线路 SVG 图形标准

B1　图形准确性

须现场核实图纸的准确性，并提供给主站运维人员。

图形准确的标准：不丢、不增设备，设备图元使用正确，设备间连接关系正确，拓扑关系正确。

B2　图形布局

（1）尽量使图形呈"鱼刺"状展开，整条线路展示在一屏中，尽量铺满屏幕，横向布局，不要留有大片空白，或者是设备之间的间距过于大。

（2）杆塔编号标准为"#+ 数字 + 杆"，如"#3 杆"。不允许重复带线路名称等其他多余文字。

（3）用户名称简洁且带容量，如"华都老年中心 100kVA"。

（4）图形中的架空线路、电缆线路等线路，互相之间应保持一定间距，尽量减少交叉跨越情况，合理布局线路之间的位置关系。避免线路离设备太近、线路弯折等情况，不得出现过多不必要拐点。

（5）图形中标注字体、线路、设备之间，尽量大小统一、方向一致、合理布局。

设备接线图示例 1 如图 B1 所示。

（6）站房类展开 / 不展开：

1）配电室（箱变）不展开显示，展开显示占用空间较大，会造成图形比例失调。

2）电缆分支箱、分界保护箱展开显示，明确用户间的拓扑关系。

3）环网柜展开显示，需要把每个设备都显现出来，不要遗漏设备，并且设备标注尽量简洁（断路器、隔离开关等可用 01 开关、02 开关、01–D、02–D 等标注），无须将全部名称显示。环网柜内设备及连线拓扑关系正确，连线及设备不要出现弯折、不显示、位置偏移等问题。

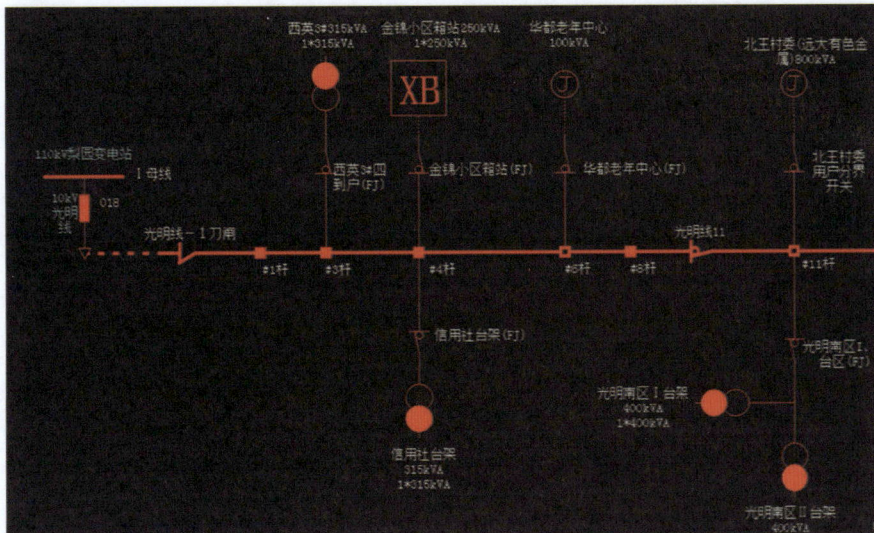

（a）

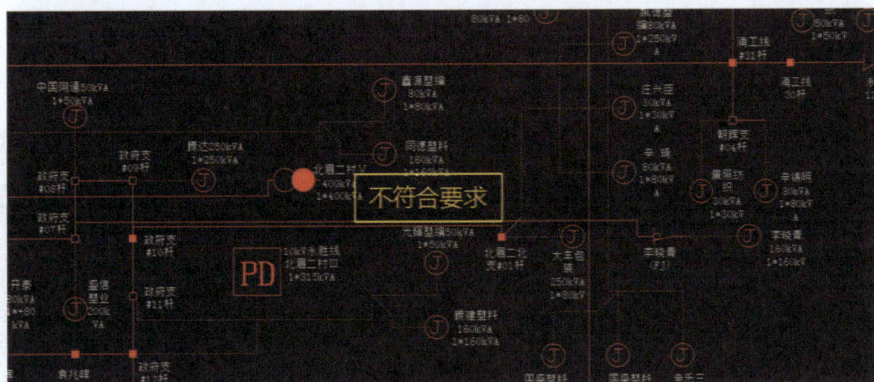

（b）

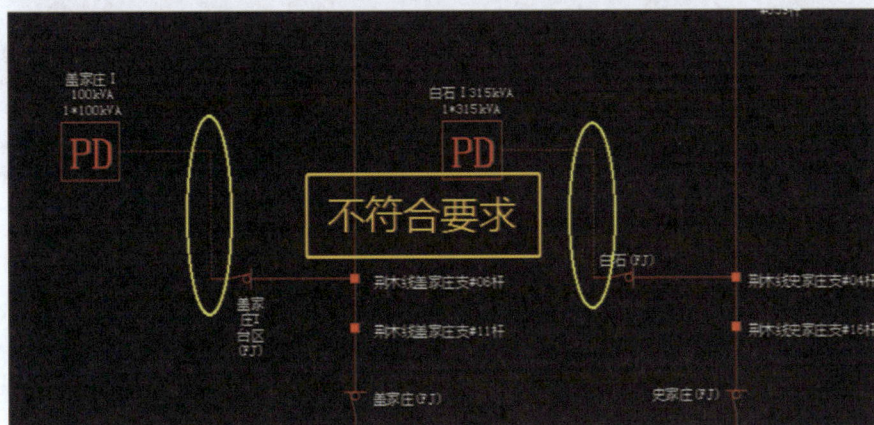

（c）

图 B1 设备接线图示例 1（一）

（a）符合要求示例；（b）不符合要求示例 1（跨线混乱）；
（c）不符合要求示例 2（不必要折现过多）

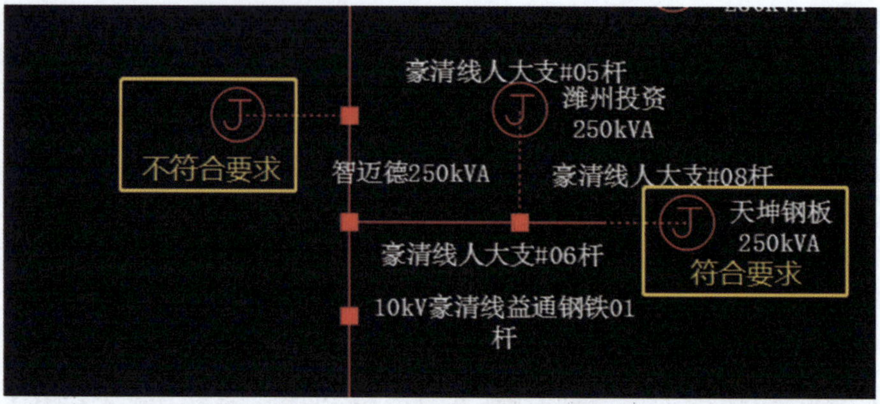

（d）

图 B1 设备接线图示例 1（二）

（d）用户名称符合要求示例

设备接线图示例 2 如图 B2 所示。

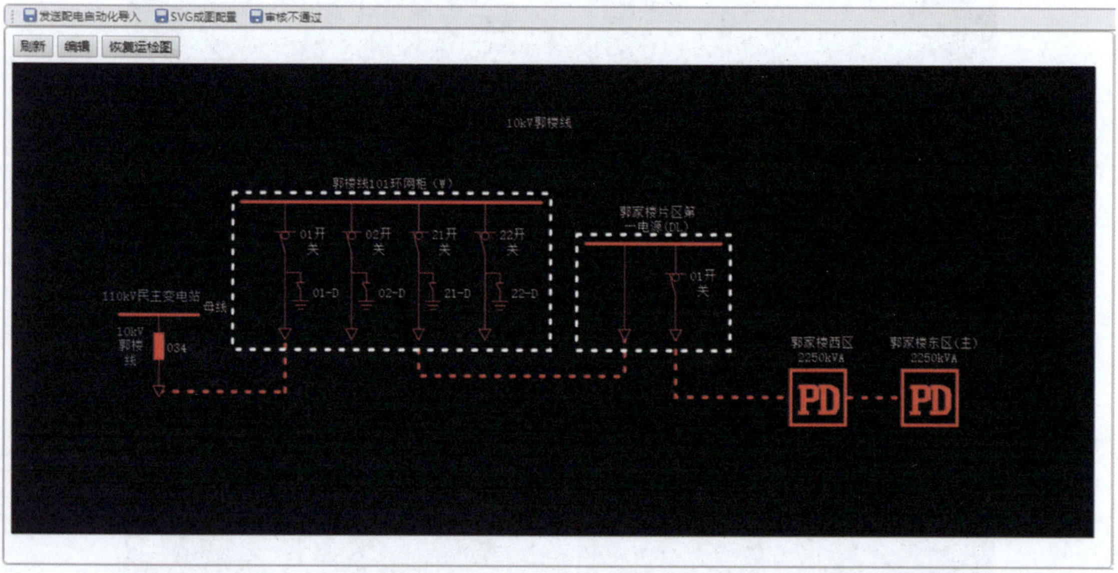

（a）

图 B2 设备接线图示例 2（一）

（a）符合要求示例 1

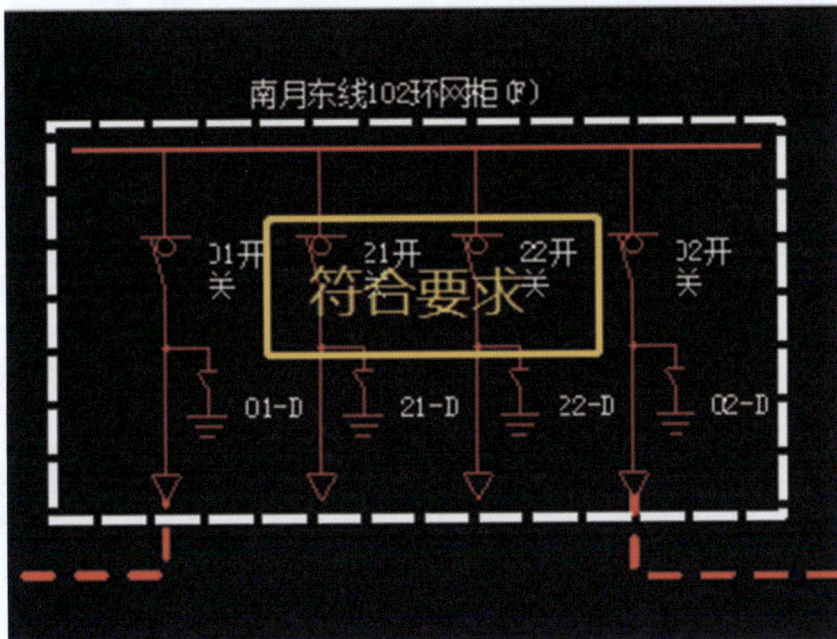

（b）

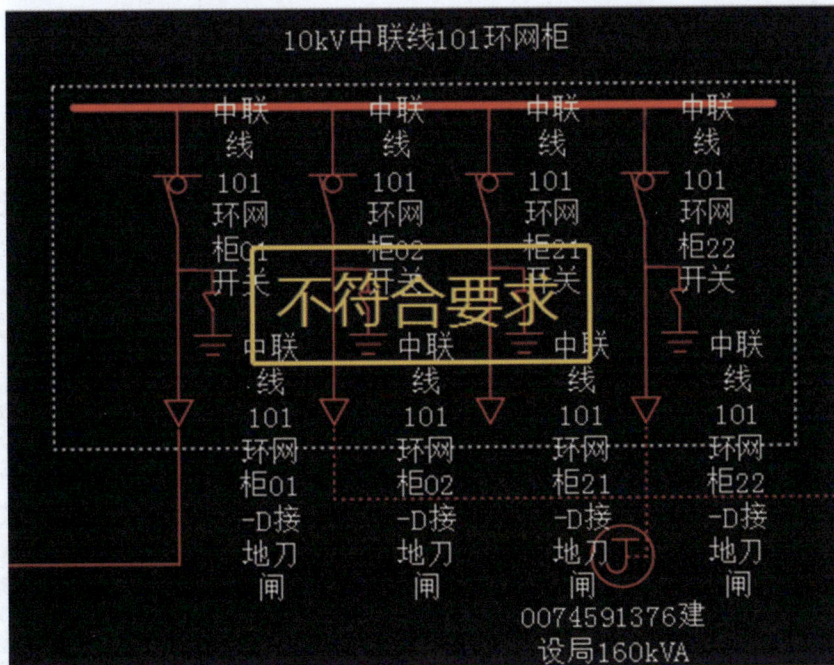

（c）

图 B2　设备接线图示例 2（二）

（b）符合要求示例 2；（c）不符合要求示例（名称重叠混乱）

（7）智能终端开关类型选择：以现场实际为准。不同类型开关元件示例如图 B3 所示。

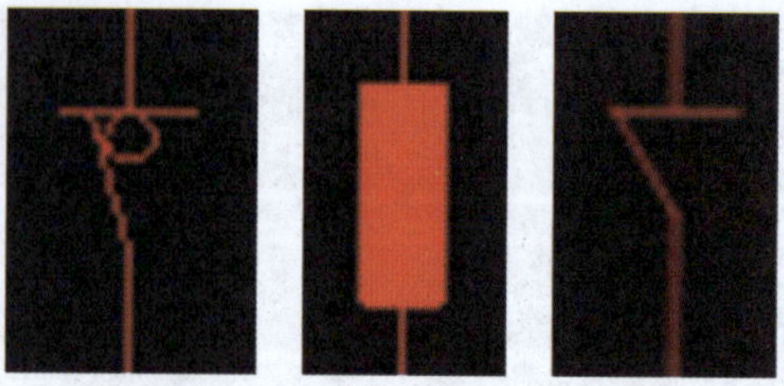

图 B3　不同类型开关元件示例

（a）负荷开关（常闭）；（b）断路器（常闭）；（c）隔离开关

【注意事项】

　　智能开关类型，须注意环网柜是否有断路器间隔，分界保护箱/分界断路器开关类型使用是否正确。

　　（8）非智能终端开关类型选择：与现场保持一致即可。

　　（9）带断路器间隔环网柜：断路器间隔开关类型为断路器，且须有隔离开关（在断路器开关上侧或下侧，以现场实际为准）、接地开关。非断路器间隔开关类型为负荷开关，须有接地开关。

　　不同类型开关图元示例如图 B4 所示。

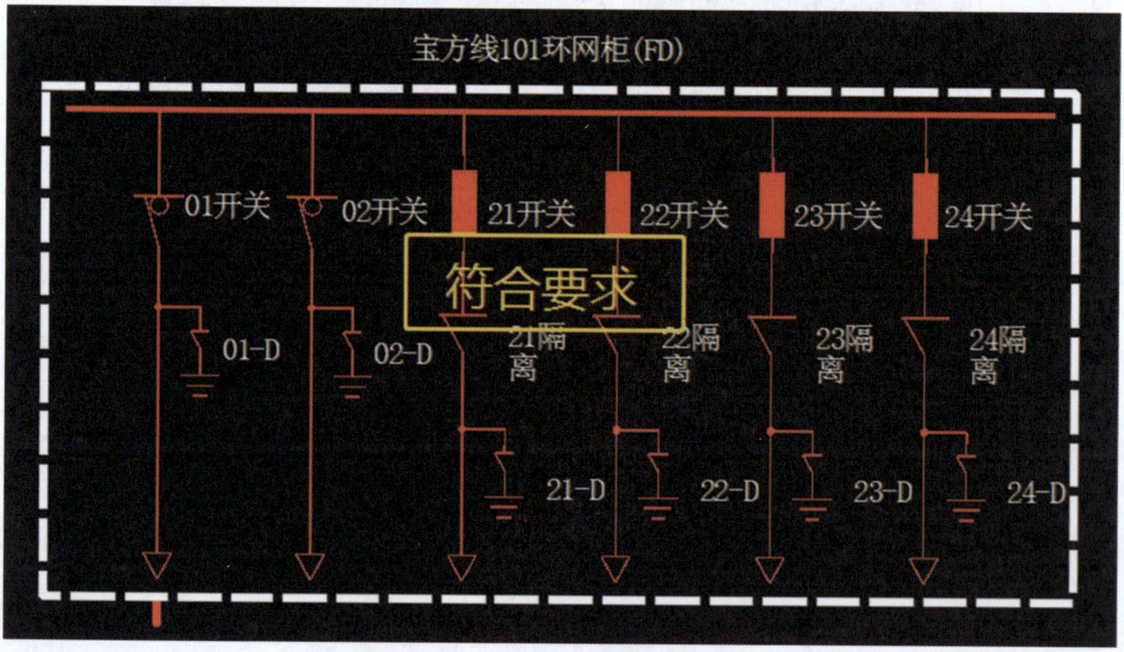

图 B4　不同类型开关图元示例

　　（10）线路间联络：联络开关须设为常开，要明确地显示或标注出对侧设备（环网柜需要具体到 ×× 号开关，柱上开关需要具体到 ×× 线 ×× 号杆）。

（11）负荷开关 / 断路器作为联络，须有联络描述。负荷开关联络描述示例如图 B5 所示。

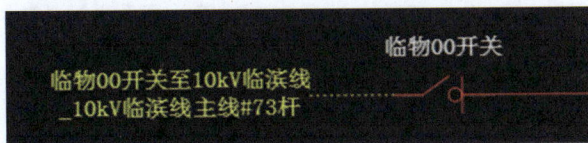

图 B5　负荷开关联络描述示例

（12）环网柜作为联络：联络开关（常开）所在环网柜须显示在图纸中。环网柜展示示例如图 B6 所示。

中经置业线 101 环网柜（F）03 开关为联络开关，所以中经置业线 101 环网柜须在润扬线单线图中展示。

润扬线 101 环网柜（F）03 开关为联络开关，所以青年路线 101 环网柜无须在润扬线单线图中展示。

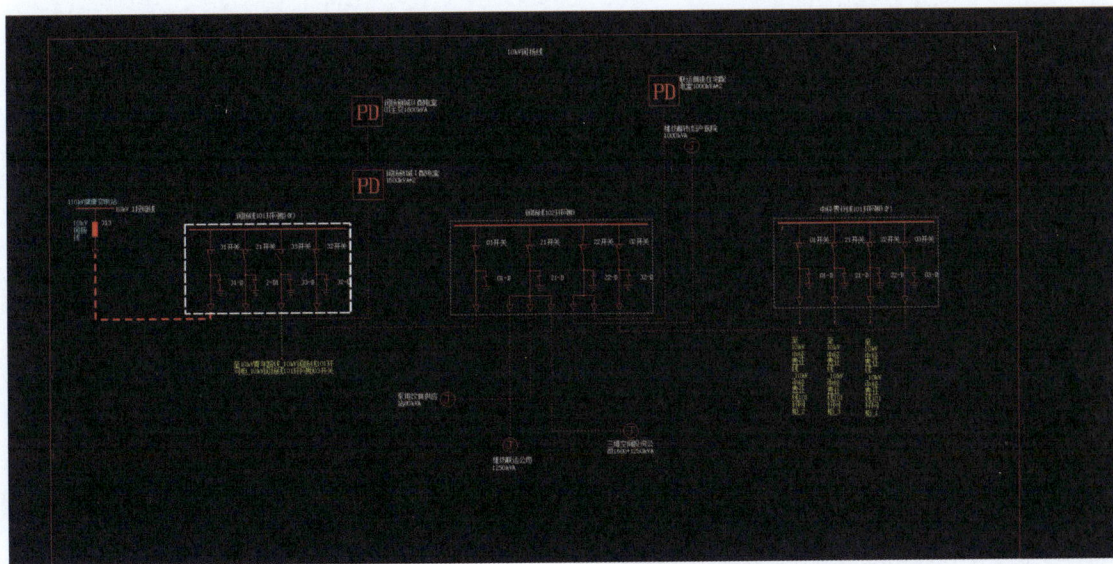

图 B6　环网柜展示示例

附录 C　FA 启动条件说明书

C1　FA 启动条件

（1）跳闸必须产生停电区间才能启动事故。

（2）必须是状变跳闸才能启动事故，遥控引起的跳闸不能启动事故。

（3）电容器组及备用线跳闸不启动事故。

（4）配合启动的保护信号有过电流保护、速断保护、接地保护、变电站事故总。

（5）如果是保护动作先于跳闸，两者的时间差要在 30s 以内（时间可设置调整）；如果是跳闸先于保护动作，两者的时间差要在 15s 以内（时间可设置调整）。

（6）对应出线开关仅在运行态时，FA 才能正常启动（小车开关试验位置不启动 FA）。

（7）变电站母线挂试验牌，其对应出线不启动 FA（不影响线路上看门狗及"带保护断路器"的 FA 启动）。

C2　FA 不启动场景

（1）断路器挂检修牌、调试牌、禁止合闸牌（可配），不启动 FA（可配为转人工）。

（2）断路器跳闸后，100s（可配）内再次跳闸，第二次跳闸不启动 FA，不影响第一次跳闸的正常处理。

（3）线路合环或跳闸开关上游失电，不启动 FA。

（4）"断路器 DA 控制模式表"维护不正确，不启动 FA。

C3　接地故障

C3.1　接地跳闸启动条件

主站接收到分闸 + 接地保护（配置为接地故障类型）、分闸 + 事故总后启动 FA 分析，在等待时间完成后，检查跳闸前后一定时间内是否有短路动作信号或接地保护信号，如果有，按对应的短路或接地故障来进行故障定位。若只有事故总信号，没有短路或接地故障信号，检查是否有母线接地信号来判断是否为接地故障，否则判为短路故障。

C3.2　接地不跳闸启动条件

主站接收站外开关接地保护（配置为接地故障类型）启动 FA 分析，在等待时间完成后，检查母线是否接地（配置为接地故障类型），结合线路上其他站外开关接地保护进行接地区间定位。

附录 D　FA 动作策略说明书

D1　功能概述

馈线自动化功能主要包括 FA 启动、故障区间判定、隔离方案执行以及非故障区域恢复供电。系统根据配置的 FA 模式，监听断路器分闸和保护的动作信号，满足启动条件后，等待一段时间搜索线路上的配网保护信号动作情况，然后确定故障区间，生成隔离方案和非故障区域恢复供电方案并执行。

D2　电流型故障处理策略

电流型故障处理方式是指配电主站系统依靠多种通信方式，将配电终端采集到的故障信号（一般是过电流信号）收集起来，结合主站系统已经建立的拓扑模型进行分析，得到故障区域，而后下发遥控命令，将故障区域周围的开关控分（遥控分 / 合闸）以隔离故障，再对站内出线开关和相应的联络开关控合以恢复非故障区域的负荷供电。

D2.1　断路器出口故障

断路器出口故障接线如图 D1 所示。

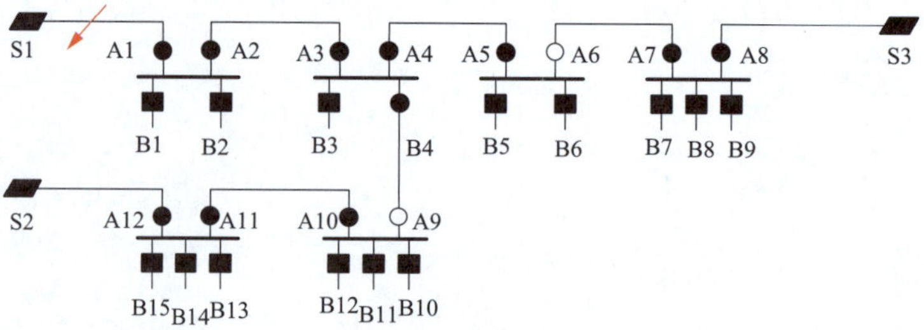

图 D1　断路器出口故障接线示意图

D2.1.1　正常处理场景

（1）断路器 S1 分闸，断路器 S1 的保护动作。

（2）判定 S1~A1 之间区域发生故障，断开 A1，合上 A9 或者 A6 恢复故障下游。

D2.1.2　转人工场景

（1）断开 A1 失败后，扩大隔离范围超过 3 级（可配）（本案例的第 3 级为 A4 开关）后仍然隔离失败，转人工。

（2）下游转供控合联络开关 A9 或者 A6 失败后，转人工。

（3）当线路拓扑异常，FA 无法判定出故障区域的情况时，转人工。

（4）当本故障处理需要遥控的开关存在于其他事故处理方案中（主要是指未归档），转人工。

（5）S1 所属母线下 30s 内同时满足 FA 启动的线路超过 3 条（可配）时，转人工（可配为不启动）。

（6）当 FA 下发遥控命令时间距离 S1 跳闸时间超过 600s（可配）时，转人工。

D2.1.3　不启动 FA 场景

（1）S1 挂检修牌、调试牌、禁止合闸牌（可配），不启动 FA（可配为转人工）。

（2）S1 跳闸后，100s（可配）内再次跳闸，第二次跳闸不启动 FA，不影响第一次跳闸的正常处理。

（3）线路合环或跳闸开关上游失电，不启动 FA。

D2.2　母线故障

母线故障接线如图 D2 所示。

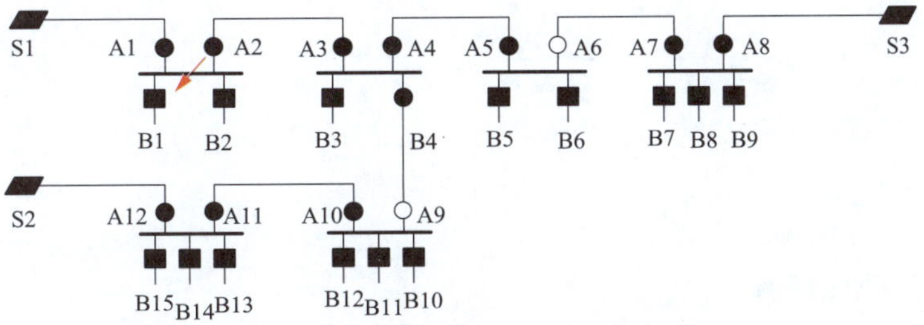

图 D2　母线故障接线示意图

D2.2.1　正常处理场景

（1）断路器 S1 分闸，断路器 S1、负荷开关 A1 的保护动作。

（2）判定 A1~A2 之间区域发生故障，断开 A1、A2，合上 S1 恢复上游，A9 或者 A6 恢复下游。

D2.2.2　转人工场景

（1）断开 A1 失败后，继续执行断开 A2；断开 A2 失败后，扩大隔离范围超过 3 级（可配）后仍然隔离失败，转人工；下游隔离和恢复成功后，依然转人工，提示上游隔离失败。

（2）上游恢复控合 S1 或者下游转供控合联络开关 A9 或者 A6 失败后，转人工。

（3）当线路拓扑异常，FA 无法判定出故障区域的情况时，转人工。

（4）当本故障处理需要遥控的开关存在于其他事故处理方案中（主要是指未归档），转人工。

（5）S1 所属母线下 30s 内同时满足 FA 启动的线路超过 3 条（可配）时，转人工（可配为不启动）。

（6）当 FA 下发遥控命令时间距离 S1 跳闸时间超过 600s（可配）时，转人工。

D2.2.3　不启动 FA 场景

（1）S1 挂检修牌、调试牌、禁止合闸牌（可配），不启动 FA（可配为转人工）。

（2）S1 跳闸后，100s（可配）内再次跳闸，第二次跳闸不启动 FA，不影响第一次跳闸的正常处理。

（3）线路合环或跳闸开关上游失电，不启动 FA。

D2.3　电缆线故障

电缆线故障接线如图 D3 所示。

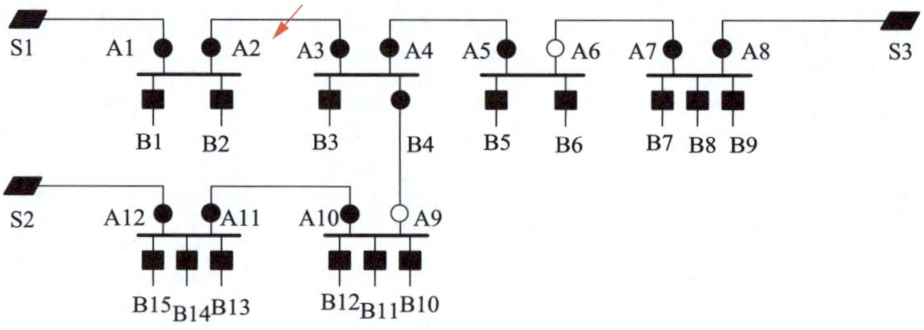

图 D3　电缆线故障接线示意图

D2.3.1　正常处理场景

（1）断路器 S1 分闸，断路器 S1、开关 A1 的保护动作。

（2）判定 A1~A2 之间区域发生故障，断开 A1、A2，合上 S1 恢复上游，A9 或者 A6 恢复下游。

D2.3.2　转人工场景

（1）隔离方案（包括扩大隔离范围 3 级）未全部成功执行完成，转人工。

（2）恢复或转供方案未全部成功执行完成，转人工。

（3）当线路拓扑异常，FA 无法判定出故障区域的情况时，转人工。

（4）当本故障处理需要遥控的开关存在于其他事故处理方案中（主要是指未归档），转人工。

（5）S1 所属母线下 30s 内同时满足 FA 启动的线路超过 3 条（可配）时，转人工（可配为不启动）。

（6）当 FA 下发遥控命令时间距离 S1 跳闸时间超过 600s（可配）时，转人工。

D2.3.3　不启动 FA 场景

（1）S1 挂检修牌、调试牌、禁止合闸牌（可配），不启动 FA（可配为转人工）。

（2）S1 跳闸后，100s（可配）内再次跳闸，第二次跳闸不启动 FA，不影响第一次跳闸的正常处理。

（3）线路合环或跳闸开关上游失电，不启动 FA。

D2.4　负荷侧故障

负荷侧故障接线如图 D4 所示。

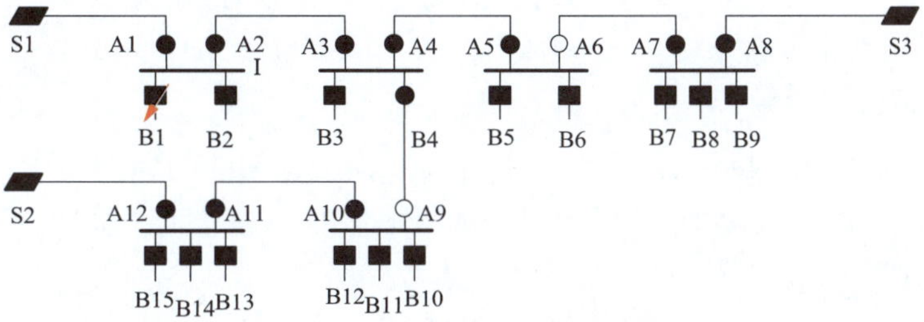

图 D4　负荷侧故障接线示意图

D2.4.1　正常处理场景

（1）断路器 S1 分闸，断路器 S1、开关 A1、B1 的保护动作。

（2）判定 B1 下游区域发生故障，断开 B1，合上 S1 恢复上游。

D2.4.2　转人工场景

（1）隔离方案（包括扩大隔离范围 3 级）未全部成功执行完成，转人工。

（2）恢复或转供方案未全部成功执行完成，转人工。

（3）当线路拓扑异常，FA 无法判定出故障区域的情况时，转人工。

（4）当本故障处理需要遥控的开关存在于其他事故处理方案中（主要是指未归档），转人工。

（5）S1 所属母线下 30s 内同时满足 FA 启动的线路超过 3 条（可配）时，转人工（可配为不启动）。

（6）当 FA 下发遥控命令时间距离 S1 跳闸时间超过 600s（可配）时，转人工。

D2.4.3　不启动 FA 场景

（1）S1 挂检修牌、调试牌、禁止合闸牌（可配），不启动 FA（可配为转人工）。

（2）S1 跳闸后，100s（可配）内再次跳闸，第二次跳闸不启动 FA，不影响第一次跳闸的正常处理。

（3）线路合环或跳闸开关上游失电，不启动 FA。

D2.5   线路末端故障

线路末端故障接线如图 D5 所示。

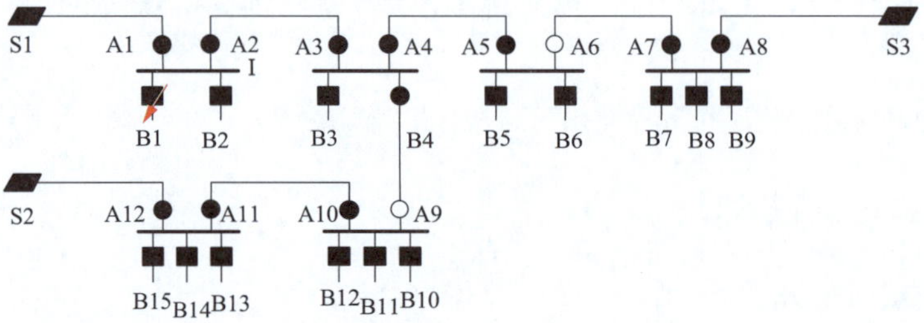

图 D5   线路末端故障接线示意图

D2.5.1   正常处理场景

（1）断路器 S1 分闸，断路器 S1 及开关 A1、A2、A3、B4 的保护动作。

（2）判定 B4 下游区域发生故障，断开 B4，合上 S1 恢复上游。

D2.5.2   转人工场景

（1）隔离方案（包括扩大隔离范围 3 级）未全部成功执行完成，转人工。

（2）恢复或转供方案未全部成功执行完成，转人工。

（3）当线路拓扑异常，FA 无法判定出故障区域的情况时，转人工。

（4）当本故障处理需要遥控的开关存在于其他事故处理方案中（主要是指未归档），转人工。

（5）S1 所属母线下 30s 内同时满足 FA 启动的线路超过 3 条（可配）时，转人工（可配为不启动）。

（6）当 FA 下发遥控命令时间距离 S1 跳闸时间超过 600s（可配）时，转人工。

D2.5.3   不启动 FA 场景

（1）S1 挂检修牌、调试牌、禁止合闸牌（可配），不启动 FA（可配为转人工）。

（2）S1 跳闸后，100s（可配）内再次跳闸，第二次跳闸不启动 FA，不影响第一次跳闸的正常处理。

（3）线路合环或跳闸开关上游失电，不启动 FA。

D2.6   故障不连续

故障不连续接线如图 D6 所示。

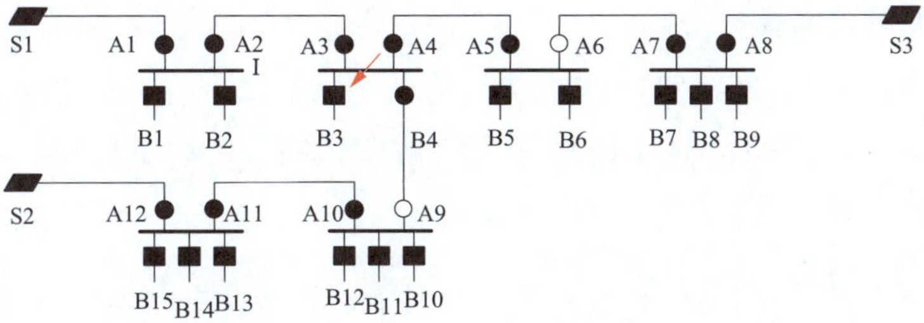

图 D6　故障不连续接线示意图

D2.6.1　正常处理场景

（1）断路器 S1 分闸，断路器 S1 及开关 A1、A3 的保护动作。

（2）判定 A3、A4、B3、B4 之间区域发生故障，断开 A3、A4、B4，合上 S1 恢复上游，合上 A6、A9 恢复下游。

D2.6.2　转人工场景

（1）隔离方案（包括扩大隔离范围 3 级）未全部成功执行完成，转人工。

（2）恢复或转供方案未全部成功执行完成，转人工。

（3）当线路拓扑异常，FA 无法判定出故障区域的情况时，转人工。

（4）当本故障处理需要遥控的开关存在于其他事故处理方案中（主要是指未归档），转人工。

（5）S1 所属母线下 30s 内同时满足 FA 启动的线路超过 3 条（可配）时，转人工（可配为不启动）。

（6）当 FA 下发遥控命令时间距离 S1 跳闸时间超过 600s（可配）时，转人工。

D2.6.3　不启动 FA 场景

（1）S1 挂检修牌、调试牌、禁止合闸牌（可配），不启动 FA（可配为转人工）。

（2）S1 跳闸后，100s（可配）内再次跳闸，第二次跳闸不启动 FA，不影响第一次跳闸的正常处理。

（3）线路合环或跳闸开关上游失电，不启动 FA。

D2.7　本侧多点故障

本侧多点故障接线如图 D7 所示。

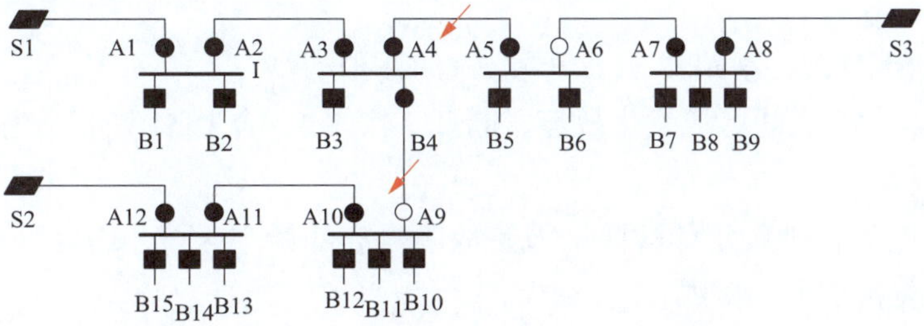

图 D7　本侧多点故障故障接线示意图

D2.7.1 正常处理场景

（1）断路器 S1 分闸，断路器 S1 及开关 A1、A2、A3、A4、B4 的保护动作。

（2）判定 A4、A5 之间，B4 下游区域发生故障，断开 A4、A5、B4，合上 S1 恢复上游，合上 A6 恢复下游。

D2.7.2 转人工场景

（1）隔离方案（包括扩大隔离范围 3 级）未全部成功执行完成，转人工。

（2）恢复或转供方案未全部成功执行完成，转人工。

（3）当线路拓扑异常，FA 无法判定出故障区域的情况时，转人工。

（4）当本故障处理需要遥控的开关存在于其他事故处理方案中（主要是指未归档），转人工。

（5）S1 所属母线下 30s 内同时满足 FA 启动的线路超过 3 条（可配）时，转人工（可配为不启动）。

（6）当 FA 下发遥控命令时间距离 S1 跳闸时间超过 600s（可配）时，转人工。

D2.7.3 不启动 FA 场景

（1）S1 挂检修牌、调试牌、禁止合闸牌（可配），不启动 FA（可配为转人工）。

（2）S1 跳闸后，100s（可配）内再次跳闸，第二次跳闸不启动，不影响第一次跳闸的正常处理。

（3）线路合环或跳闸开关上游失电，不启动 FA。

D2.8 扩大隔离范围

扩大隔离范围接线如图 D8 所示。

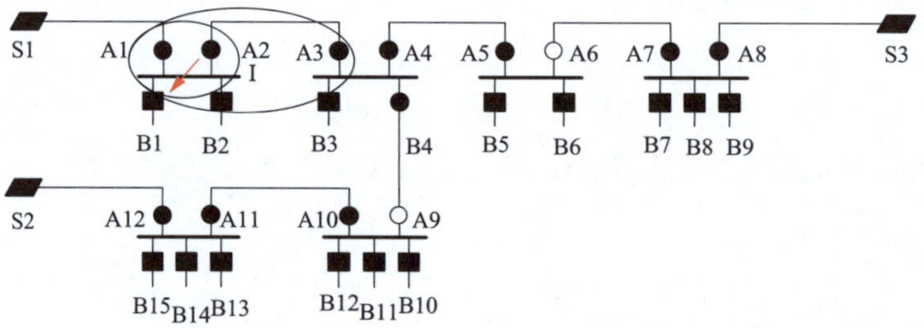

图 D8 扩大隔离范围接线示意图

（1）断路器 S1 分闸，断路器 S1、开关 A1 的保护动作。

（2）判定 A1、A2 之间区域发生故障，断开 A1、A2，合上 S1 恢复上游，合上 A6 或者 A9 恢复下游。

系统根据过电流保护确定的故障区域是故障隔离的最小区域，因为种种原因，故障隔离区域还可能需要被扩大，例如：

（1）隔离开关被挂有不可操作的标志牌；

（2）控分隔离开关失败，终端上送拒动标志信号；

（3）开关是否可遥控，包括该开关是否有遥控点号、通信是否正常，此时需要通过扩大隔离范围，确保隔离故障和尽可能恢复非故障区域的供电。

D2.9　甩负荷

甩负荷接线如图 D9 所示。

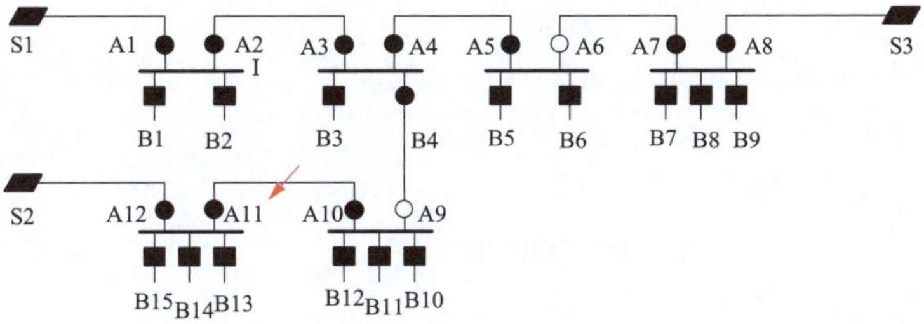

图 D9　甩负荷接线示意图

S2 跳闸，A12、A11 有故障电流，判定故障区域为 A11~A10，断开 A10 和 A11 隔离故障，合上 A9 恢复下游负荷供电。

如果此时 S1 可转供容量小于非故障区域需转供负荷量（即 B12+B11+B10），需要甩去部分负荷。甩负荷的原则可配置，但挂有保电牌的负荷最后甩。

D2.10　负荷拆分

负荷拆分接线如图 D10 所示。

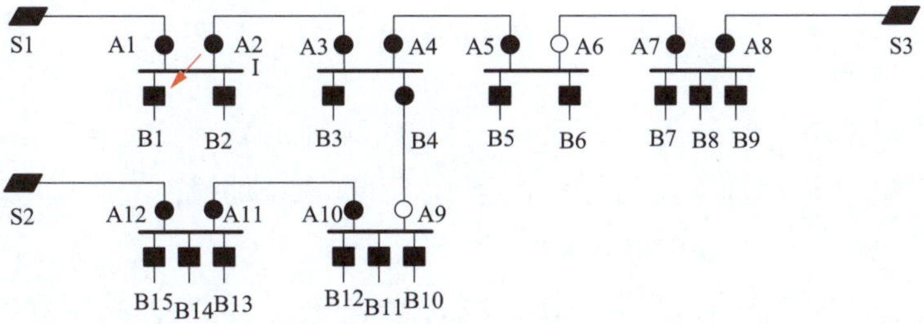

图 D10　负荷拆分接线示意图

S1 跳闸，A1 有故障电流，判定故障区域为 A1~A2，断开 A1 和 A2 隔离故障。此时待转供区域负荷量超过 S3 和 S2 分别所能带动的范围，考虑故障区域有两个环网柜，可以将转供区域进行拆分，通过断开 A4 进行负荷拆分，合上 A9、A6 恢复非故障区域的供电。

D2.11　联络开关故障

联络开关故障接线如图 D11 所示。

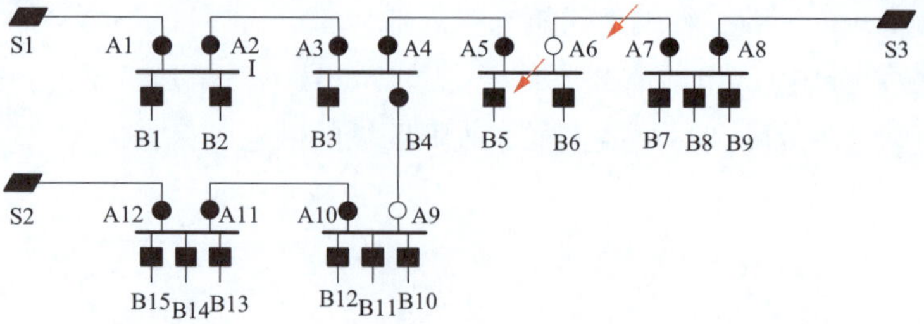

图 D11 联络开关故障接线示意图

断路器 S1、S3 跳闸，A1、A2、A3、A4、A5、A7、A8 有故障电流，判定故障区域为 A5 下游区域和 A7 下游区域，即联络开关处故障。

分别给出两个处理方案：

（1）断开 A5，合上 S1 恢复故障一的供电。

（2）断开 A7，合上 S2 恢复故障二的供电。

D2.12　越级跳

越级跳接线如图 D12 所示。

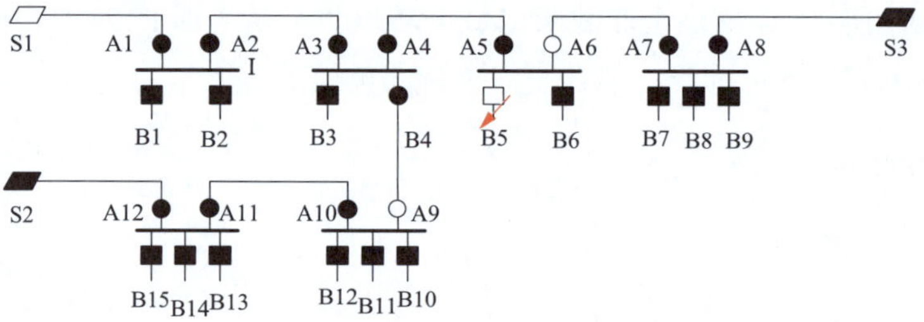

图 D12 越级跳接线示意图

环网柜出线开关均为断路器，断路器 S1、B5 跳闸，A1、A2、A3、A4、A5、B5 有故障电流，判定故障区域为 B5 下游区域。由于 B5 开关已经跳闸，故障区域已经隔离掉，因此给出处理方案：合上 S1 恢复供电。

越级跳还有一种情况：站内没有跳闸，线路上的多个智能断路器配置了保护跳闸功能，如果出现智能断路器越级跳的情况，电源供电路径后面的智能断路器跳闸启动的 FA 会在启动分析后发现上游已经失电；停止 FA 分析，将信号都合并到电源供电路径前面的跳闸的智能断路器启动的 FA 中，前面的 FA 会根据信号综合判定故障区间，进行隔离和恢复。

D3　电压型故障处理策略

纯电压型线路是指线路上没有电流型分支/分段开关，只有电压型分支/分段开关。纯电压型线路的 FA 处理策略，是配电主站系统通过收集线路上电压型开关终端的闭锁信号和站内断路器重合情况，结合主站系统已经建立的拓扑模型进行分析，确定故障区域；再综合电压型开关就地隔离和闭锁信号的情况，生成非故障区域的恢复供电方案并执行。

D3.1　断路器出口故障

断路器出口故障接线如图 D13 所示。

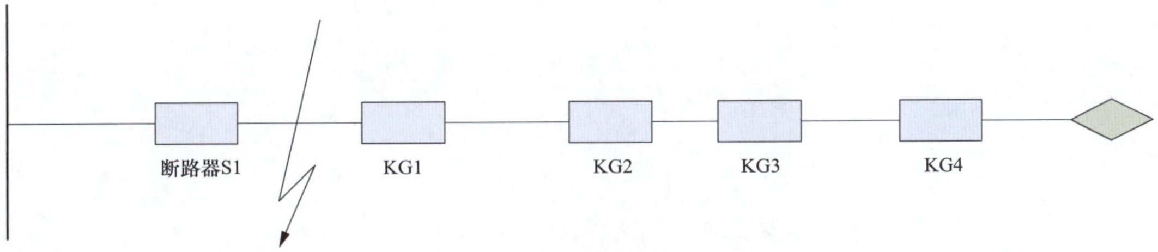

图 D13　断路器出口故障接线示意图

D3.1.1　正常处理场景

（1）断路器 S1：分合分（满足时间间隔要求），断路器 S1 的保护动作。

（2）KG1：分闸且上闭锁信号。

（3）KG2~KG4：分闸。

判定 S1~KG1 之间区域发生故障，断开 KG1（就地隔离，无须遥控，且主站不会控分电压型开关），合上联络恢复故障下游。

D3.1.2　转人工场景

（1）全线电压型开关无闭锁信号，转人工（如果分合分满足时间间隔要求，判定首区段故障，调度员可控合联络开关）。

（2）下游转供控合联络开关失败后，转人工（主站控合联络开关失败后，调度员可再尝试遥控一次，如仍不行可现场操作）。

（3）当线路拓扑异常或者断路器 S1 分合分不完整或者不满足时间间隔要求，FA 无法判定出故障区域的情况时，转人工。

（4）当本故障处理需要遥控的开关存在于其他事故处理方案中（主要是指未归档），转人工。

（5）S1 所属母线下 30s 内同时满足 FA 启动的线路超过 3 条（可配）时，转人工（可配为不启动）。

（6）当 FA 下发遥控命令时间距离 S1 跳闸时间超过 600s（可配）时，转人工。

D3.1.3　不启动 FA 场景

（1）S1 挂检修牌、调试牌、禁止合闸牌（可配），不启动 FA（可配为转人工）。

（2）S1 跳闸后，100s（可配）内再次跳闸，第二次跳闸不启动 FA，不影响第一次跳闸的正常处理。

（3）线路合环或跳闸开关上游失电，不启动 FA。

D3.2 中间区段故障

中间区段故障接线如图 D14 所示。

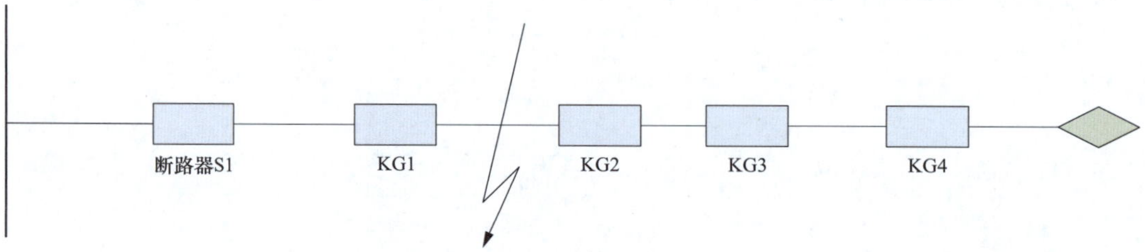

图 D14 中间区段故障接线示意图

D3.2.1 正常处理场景

（1）断路器 S1：分合分合，断路器 S1 的保护动作。

（2）KG1：分合分闭锁。

（3）KG2：分闭锁。

（4）KG3、KG4：分。

判定 KG1、KG2 之间区域发生故障，断开 KG1、KG2（就地隔离），S1 二次重合成功（若二次重合失败，主站会遥控 S1 合闸），合上联络恢复故障下游。

D3.2.2 转人工场景

（1）站内二次重合失败，主站遥控站内合闸失败后，转人工。

（2）下游转供控合联络开关失败后，转人工（主站控合联络开关失败后，调度员可再尝试遥控一次，再失败可现场操作）。

D3.2.3 其他异常场景

（1）KG1~KG4 都上闭锁信号：判定发生故障区间为 KG1 与 KG4 之间，站内重合成功（重合不成则遥控），控合联络。

（2）KG1~KG3 都上闭锁信号：判定发生故障区间为 KG1 与 KG3 之间，站内重合成功（重合不成则遥控），控合联络。

（3）KG1 上闭锁，KG2 不上闭锁：判定发生故障区间为 KG1 与 KG2 之间，站内重合成功（重合不成则遥控），不会控合联络。

（4）全线电压型开关无闭锁信号，判定为全线故障，不会转供，站内二次重合成功后自动归档。

D3.3 负荷侧故障 –1（分界开关能自动跳开故障点）

负荷侧故障 –1 接线如图 D15 所示。

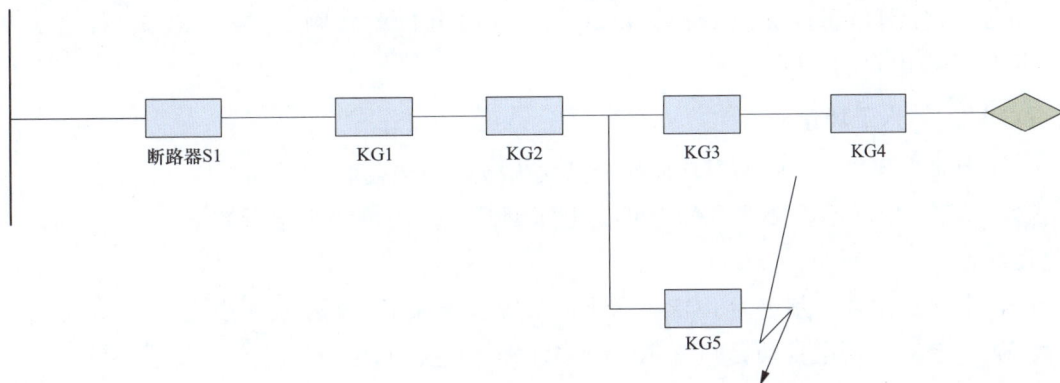

图 D15　负荷侧故障 −1 接线示意图

D3.3.1　正常处理场景

（1）断路器 S1：分合，断路器 S1 的保护动作。

（2）KG1~KG4：分合。

（3）KG5（分界开关）：分保护动作。

根据分界开关 KG5 保护信号判定为 KG5 下游区域发生故障，断开 KG5（就地隔离），S1 一次重合成功（若未投重合或者一次重合失败，主站会遥控 S1 合闸）。

D3.3.2　转人工场景

（1）站内未投重合或者二次重合失败后，主站遥控站内合闸失败，转人工。

（2）KG5 保护信号不上，判定为全线故障，站内未投重合或者一次重合失败后，转人工。

D3.3.3　其他异常场景

KG5 保护信号不上，判定为全线故障，站内一次重合成功后，自动归档。

D3.4　负荷侧故障 −2（分界开关不能自动跳开故障点）

负荷侧故障 −2 接线如图 D15 所示。

D3.4.1　正常处理场景

（1）断路器 S1：分合分合，断路器 S1 的保护动作。

（2）KG1：分合分合。

（3）KG2：分合分闭锁。

（4）KG3：分闭锁。

（5）KG4：分。

（6）KG5（分界开关）：保护动作。

先根据闭锁判大区间 KG2 和 KG3 之间，再根据分界开关 KG5 保护信号判定为 KG5 下游区域发生故障，S1 二次重合成功（若未投重合或者二次重合失败，主站会遥控 KG5 分闸，遥控 S1 合闸，遥控 KG2 合闸，KG3 与 KG4 得电自动合闸），控分 KG5，控合 KG2，KG3 与 KG4 得电自动合闸。

D3.4.2　转人工场景

（1）上述步骤中，主站遥控任何一个开关失败后，转人工。

（2）KG2、KG3 不上闭锁（即全线无电压型开关上闭锁，判定所有电压型开关为非自动化设备）。

KG5 上保护信号，判定为 KG5 开关下游故障，转人工（调度员可以遥控分 KG5，控合 KG2、KG3 与 KG4 得电自动合闸）；KG5 不上保护信号，判全线故障，转人工。

D3.4.3　其他异常场景

（1）KG2 上闭锁，KG3 不上闭锁，KG5 上保护信号：判定发生故障区间为 KG5 下游，其他处理方式正常处理场景。

（2）KG2 上闭锁，KG3 不上闭锁，KG5 不上保护信号：判定发生故障区间为 KG2、KG3 与 KG5 之间，S1 二次重合成功（若未投重合或者二次重合失败，遥控 S1 合闸，遥控 KG2 合闸，KG3 与 KG4 得电自动合闸），控合 KG2，KG3 与 KG4 得电自动合闸。

D3.5　末端故障

末端故障接线如图 D16 所示。

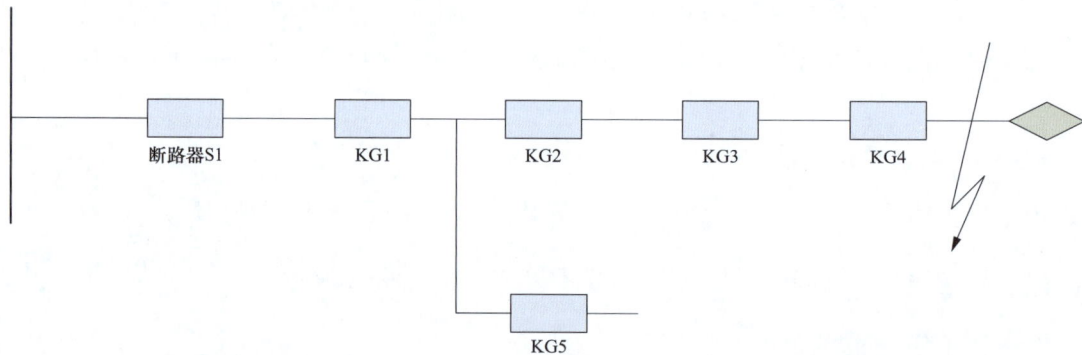

图 D16　末端故障接线示意图

D3.5.1　正常处理场景

（1）断路器 S1：分合分合，断路器 S1 的保护动作。

（2）KG1~KG3：分合分合。

（3）KG4：分合分闭锁。

判定 KG4 与联络开关之间区域发生故障，断开 KG4（就地隔离），S1 二次重合成功，自动归档（若二次重合失败，主站会遥控 S1 合闸，遥合成功后，自动归档）。

D3.5.2　转人工场景

（1）站内未投重合或者二次重合失败后，主站遥控站内合闸失败，转人工。

（2）KG4 闭锁信号不上（即全线无电压型开关上闭锁，判定所有电压型开关为非自动化设备），判定为全线故障，转人工。

D4　混合型故障处理策略

混合型线路是指线路上既有电流型开关，也有电压型开关。混合型线路的 FA 处理策略，是配电主站系统通过收集线路上电压型开关终端的闭锁信号、电流型开关中的过电流信号和站内断路器重合情况，结合主站系统已经建立的拓扑模型进行分析，得到精细的故障区域；再综合电压型开关就地隔离和闭锁信号的情况，生成故障区域精细隔离方案和非故障区域的恢复方案并执行。

D4.1　断路器出口故障

断路器出口故障接线如图 D17 所示。

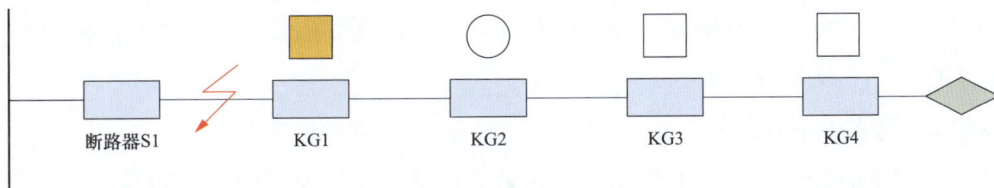

图 D17　断路器出口故障接线示意图

D4.1.1　正常处理场景

（1）断路器 S1：分合分（满足时间间隔要求），断路器 S1 的保护动作。

（2）KG1：分闭锁。

（3）KG2（电流型开关）：无信号。

（4）KG3、KG4：分。

判定 S1、KG1 之间区域发生故障，断开 KG1（就地隔离），合上联络恢复故障下游。

D4.1.2　转人工场景

（1）KG1 分闸且上闭锁后，主站遥控联络开关合闸失败后，转人工。主站控合联络开关失败后，调度员可再尝试遥控一次，若仍然不成功再现场操作。

（2）KG1 无闭锁信号上送（即全线无电压型开关闭锁信号），判区间为 S1 与 KG2 之间，转人工（目前策略，后续会优化）。调度员可控分 KG2 隔离故障，控合联络开关。

D4.2　中间区段故障 –1

中间区段故障 –1 接线如图 D18 所示。

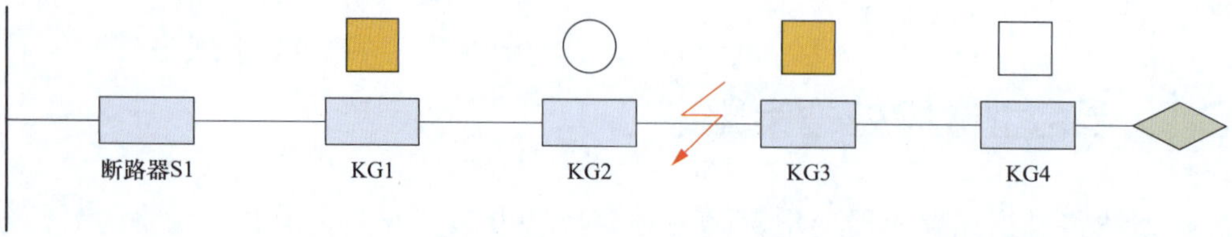

图 D18　中间区段故障 –1 接线示意图

D4.2.1　正常处理场景

（1）断路器 S1：分合分合，断路器 S1 的保护动作。

（2）KG1：分合分闭锁。

（3）KG2（电流型开关）：无保护信号。

（4）KG3：分闭锁。

（5）KG4：分。

判定 KG1、KG2 之间区域发生故障，断开 KG1（就地隔离），控分 KG2 隔离故障区域，控合联络和 KG3，恢复故障下游。

D4.2.2　转人工场景

（1）判定出故障区间后，如果站内未投重合或者二次重合失败，主站遥控站内开关合闸失败后，转人工。

（2）KG1、KG3 无闭锁信号上送（即全线无电压型开关闭锁信号）判定发生故障区间为 S1 与 KG2 之间，转人工（目前策略，后续会优化）。调度员可控分 KG2 隔离故障，控合联络开关。

（3）闭锁信号完整，隔离失败或者恢复失败，转人工。

D4.2.3　其他异常场景

（1）KG1、KG3、KG4 都上闭锁信号：判定发生故障区间为 KG1 与 KG2 之间，站内重合成功（重合不成则遥控），控分 KG2，控合联络和 KG3、KG4。

（2）KG1 上闭锁，KG3 不上闭锁：判定发生故障区间为 KG1 与 KG2 之间，站内重合成功（重合不成则遥控），隔离 KG2 后控合联络，但不会控合 KG3（因为无闭锁）。

D4.3　中间区段故障 –2

中间区段故障 –2 接线如图 D19 所示。

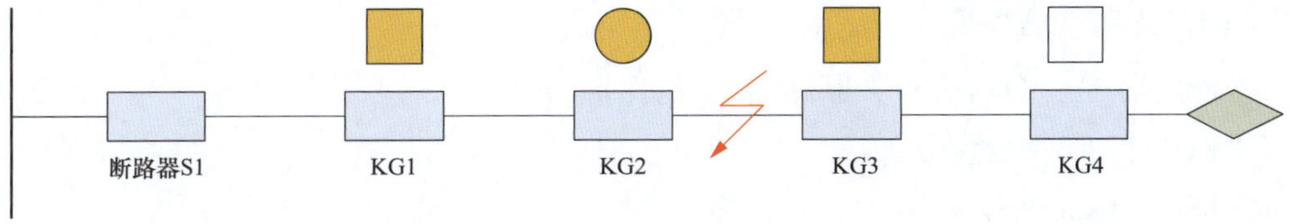

图 D19　中间区段故障 −2 接线示意图

D4.3.1　正常处理场景

（1）断路器 S1：分合分合，断路器 S1 的保护动作。

（2）KG1：分合分闭锁。

（3）KG2（电流型开关）：上保护信号。

（4）KG3：分闭锁。

（5）KG4：分。

判定 KG2、KG3 之间区域发生故障，断开 KG3（就地隔离），控分 KG2 隔离故障区域，控合 KG1 继续上游恢复，控合联络，恢复故障下游。

D4.3.2　转人工场景

（1）判定出故障区间后，如果站内未投重合或者二次重合失败，主站遥控站内开关合闸失败后，转人工。

（2）KG1、KG3 无闭锁信号上送（即全线无电压型开关闭锁信号），判定发生故障区间为 KG2 与联络之间，转人工（目前策略，后续会优化）。调度员可控分 KG2 隔离故障，控合联络开关恢复下游，控合 KG1 继续恢复上游。

（3）闭锁信号完整，隔离失败或者恢复失败，转人工。

D4.3.3　其他异常场景

（1）KG1、KG3、KG4 都上闭锁信号：判定发生故障区间为 KG2 与 KG4 之间，站内重合成功（重合不成则遥控），控分 KG2 后，控合 KG1，控合联络。

（2）KG1 上闭锁，KG3 不上闭锁：判定发生故障区间为 KG1 与 KG3 之间，站内重合成功（重合不成则遥控），控分 KG2 后，控合 KG1，但不会控合联络（因为 KG3 无闭锁，担心控合后将故障引入对侧）。

D4.4　末端故障

末端故障接线如图 D20 所示。

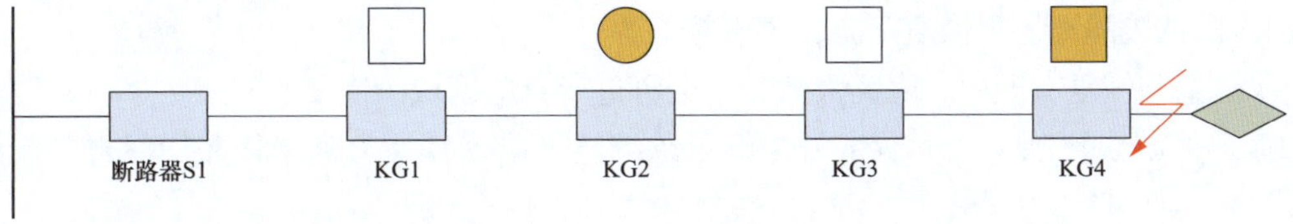

图 D20　末端故障接线示意图

D4.4.1　正常处理场景

（1）断路器 S1：分合分合，断路器 S1 的保护动作。

（2）KG1、KG3：分合分合。

（3）KG2（电流型开关）：上保护信号。

（4）KG4：分合分闭锁。

判定 KG4 与联络开关之间区域发生故障，断开 KG4（就地隔离），S1 二次重合成功，自动归档（若二次重合失败，主站会遥控 S1 合闸，遥合成功后，自动归档）。

D4.4.2　转人工场景

（1）站内未投重合或者二次重合失败后，主站遥控站内合闸失败，转人工。

（2）KG4 闭锁信号不上（即全线无电压型开关上闭锁，判定所有电压型开关为非自动化设备），判定 KG2 与联络开关之间区域故障，转人工。

D5　故障处理其他情况说明

不显示转供策略原则如下：

（1）转供操作开关上挂有禁止操作的标志牌，则此转供策略将不出现在方案中。

（2）开关不可控，则此转供策略不出现在方案中。（功能可根据参数 sel_reform_yk_only 设置，也可不启用，转供不可控指开关在遥控关系表中没有记录或者点号为 –1，以及开关工况退出。）

（3）对侧线路发生单相接地故障，则不出现该条转供策略。（单相接地判据：配置参数 if_reform_with_bs_gnd_flag 值为 1 考虑对侧母线接地情况，母线关联保护，保护类型为接地动作信号，如果该保护动作，则恢复策略时不考虑本条线路，此母线指变电站 10kV 母线。）

（4）从隔离开关出发的转供主路径上的配网设备任何一点挂有禁止遥控属性的牌，则不出现该条转供策略。（配置参数：reform_token_judge_flag 是否考虑恢复路径上的挂牌抑制转供功能，"1"为启用功能，"0"为不启用。）

（5）联络开关质量码为双位错（坏数据），不转供。

（6）对侧转供主路径上有低载流量设备，不转供。配电线路上可能出现如"配变室""箱变"这样的环网柜，这些开关站里面的进出开关即母线的载流量较小，无法为对侧线路提供转供容量，因此要避开这样的转供路径。

D5.1　策略自动执行顺序说明

（1）默认先隔离，再恢复下游，再恢复上游。

1）隔离与恢复有顺序，隔离失败，不会再进行对应区域的恢复。

2）上下游恢复独立，下游恢复失败可以继续上游恢复，直到操作完毕后再判断最终结果。

参数说明：无参数。

（2）可配置为先隔离上游，再恢复上游；再隔离下游，再恢复下游。

1）上下游操作独立，上游操作失败，继续下游操作，全部操作完毕后再判断是否需要转交互。

2）隔离与恢复有顺序，隔离失败，不会再进行对应区域的恢复。

参数说明：配置参数 auto_op_step_change 值配置为 1，启用本功能；默认为 0，不启用。

D5.2　隔离失败自动扩大隔离策略说明

（1）隔离失败不扩大隔离范围。参数说明：配置参数 auto_extend_isolate 值配置为 0，不自动扩大；默认为 1，启用。

（2）隔离失败自动扩大隔离范围，直到扩大到一个可以遥控成功的开关为止。参数说明：配置参数 auto_extend_isolate 值配置为 1，自动扩大；默认为 1，启用。

（3）隔离失败自动扩大最大次数限制，超过次数，不再扩大。参数说明：在参数 auto_extend_isolate 配置为 1 的基础上，参数 auto_extend_act_num 值配置为大于 0 启用本功能；默认为 3，扩大 3 次。

（4）一个设备可连续遥控多次，遥控下发次数根据参数配置。参数说明：配置参数 yk_limit，数值为遥控次数，0 为不启用，一般配置遥控 2 次。

附录 E 单相接地故障说明书

单相接地故障是配网小电流接地系统（中性点非有效接地系统）最常见的故障，约占 80% 以上。发生单相接地后，故障相对地电压降低，非故障相的相电压升高，但线电压却依然对称，且故障电流较小，因而不影响对用户的连续供电，系统可继续运行 1~2h。然而，故障发生后，因非故障相电压升高（最大可达到正常时的 $\sqrt{3}$ 倍），若长时间带故障运行，能引起绝缘的薄弱环节被击穿，发展成为相间短路，使事故扩大；弧光接地还会引起全系统过电压，进而损坏设备，破坏系统安全运行。因此，当小电流接地系统发生单相接地故障时，应迅速找出故障点并予以切除，确保电网安全、可靠运行。

配电线路单相接地故障定位由配电自动化主站系统、配电线路故障定位装置、通信系统三部分构成。其中，配电自动化主站系统是在现有配电主站的基础上新增配电线路故障定位处理模块，主要完成的功能是故障录波文件解析、强特征故障特征分量计算，故障区段的定位以及故障分析决策等。配电线路单相接地故障定位系统如图 E1 所示。

图 E1 配电线路单相接地故障定位系统

E1 逻辑处理流程

E1.1 流程图

配电线路单相接地故障定位逻辑处理流程如图 E2 所示。

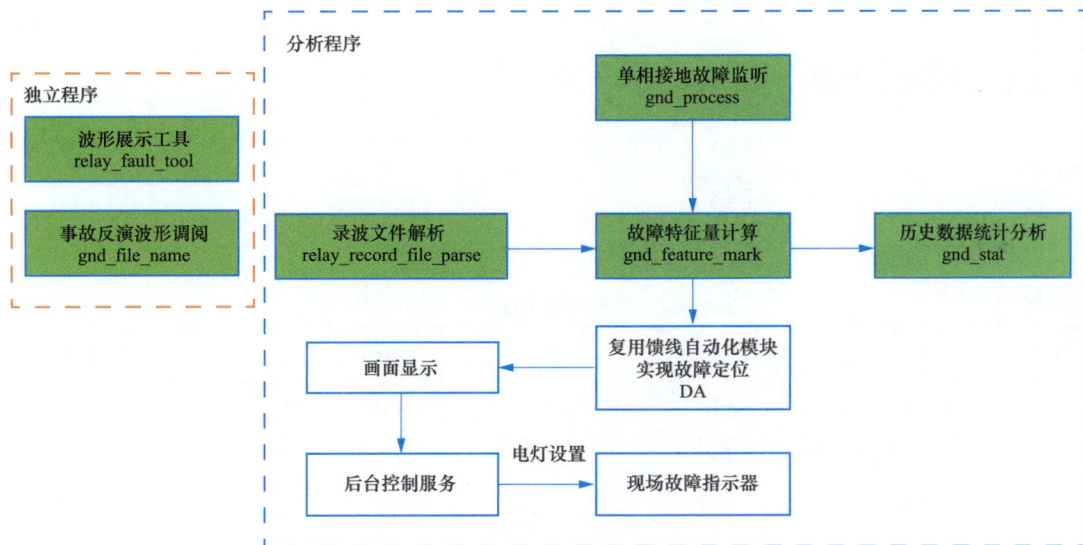

图 E2　配电线路单相接地故障定位逻辑处理流程图

E1.2　流程说明

（1）单相接地故障监听。

步骤 1：后台接收到前置发送的故障简报信息后，按照简报中的终端信息召唤录波文件目录。

步骤 2：后台接收到前置返回的录波文件目录后，开始对文件进行筛选，选择出合适的文件并向前置召唤该文件。

步骤 3：后台成功召唤到文件后，将文件相关信息保存到单相接地故障信息缓存表，同时通过拓扑分析查找录波文件所属母线区域。

步骤 4：当母线下所有线路的录波波形文件全部保存成功或者保存了 80%，将启动故障特征量计算模块，完成波形解析及故障特征量的计算。

步骤 5：将故障特征量计算模块计算出的特征量转化成馈线自动化启动的遥信信号。

步骤 6：馈线自动化模块完成故障区段定位及画面展示后，发送故障指示器电灯设置控制信号。

（2）录波文件保存（前置程序完成）。录波文件保存在文件服务器以下目录中：$D5000_HOME/var/dfes/dfes_fserv.bak/comtrade_data。

（3）故障特征分量计算。计算母线下所有测点的故障特征分量，并进行对比分析，找到故障特征量最明显的区段。

（4）共用馈线自动化模块。将最明显的故障特征分量计算结果转换成遥信量，作为馈线自动化模块启动条件，完成故障区段定位，在画面上进行展示，同时下发故障指示器电灯设置控制命令。

E2　图模创建

E2.1　涉及的数据结构表

数据结构表见表 E1。

表 E1　　　　　　　　　　　　　　　数据结构表

序号	表名	用途	是否需要维护
1	gnd_process_info（13865） 单相接地故障信号缓存表	存放录波文件相关信息及特征量计算结果	否
2	gnd_wave_data 单相接地录波数据表	存放波形数据	否
3	gnd_process_info_his 单相接地历史表	存放历史录波文件相关信息及特征量计算结果	否
4	gnd_file_record（13867） 单相接地录波文件记录表	存放"故指"最新的一个录波文件名称	否
5	gnd_process_stat_his（13872） 单相接地特征历史数据统计表	存放历史故障特征平均值、最值	否
6	gnd_procedure_warn 单相接地波形分析处理过程告警表	存放单相接地分析处理过程的告警	否
7	fault_locator_info（13523） 故障指示器信息表	存放故障指示器信息	是

E2.2　数据结构表维护说明

模型建立：在故障指示器信息表（13523）增加相关故障指示器记录，相关馈线 1、终端 ID 域必填，如图 E3 所示。其中，相关馈线 1 在完成故障指示器挂接后，可以自动生成。

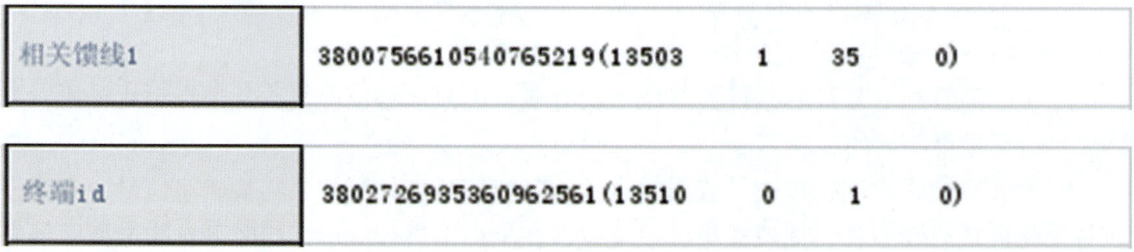

相关馈线1	3800756610540765219(13503　　1　　35　　0)

终端id	3802726935360962561(13510　　0　　1　　0)

图 E3　相关馈线 1、终端 ID 域填写示意图

E3　程序部署

单相接地故障定位分析功能执行程序见表 E2。

表 E2　　　　　　　　　　　　　单相接地故障定位分析功能执行程序

序号	执行程序	功能	部署节点
1	gnd_process（常驻进程）	故障监听	部署在 DSCADA 应用机器
2	libFaultRecorderFileParse.so	波形文件解析动态库	部署在 DSCADA 应用机器
3	gnd_feature_mark	故障特征量计算	部署在 DSCADA 应用机器
4	gnd_stat（常驻进程）	历史数据统计	部署在 DSCADA 应用机器
5	gnd_file_name	事故反演波形调阅	部署在 DSCADA 应用机器或工作站
6	relay_fault_tool	录波文件展示工具	部署在 DSCADA 应用机器

E4　录波文件解析功能

E4.1　启动条件

启动条件：故障指示器的录波启动信号变为合。

打开故障指示器信息表，查看录波启动域，应显示"1"，如图 E4 所示。

录波启动	1

图 E4　录波启动域显示

E4.2　录波文件召唤

第一步：故障监听模块根据发出录波启动信号的故障指示器 ID 号，从故障指示器信息表中找到该故障指示器所对应的终端设备号，然后向前置发送召唤该终端的故障录波文件目录的消息。

第二步：收到前置返回的故障录波文件目录后，故障监听模块对录波文件目录进行筛选找到合适的录波文件，并向前置发送召唤该录波文件的消息。

第三步：完成向前置发送召唤录波文件消息后，故障监听模块就会往单相接地故障信号缓存表中插入一条新记录，此阶段保存的内容包括故障指示器设备基本信息以及录波文件的基础信息，如图 E5 所示。

序号	3902650552110022684（13865　　1　　28　　0）
设备ID	zbbtest1
信号发生时间	2017/06/29　11:00:25
信号接收时间	
故障录波文件id	11

录波文件召唤标志	1

终端id	3802726935360962561（13510　　0　　1　　0）

图 E5　故障指示器设备基本信息以及录波文件的基础信息

各域值代表的含义如下。

（1）设备 ID 号：对应故障指示器信息表中的故障指示器设备 ID 号。

（2）信号发生时间：向前置召唤录波文件目录的时间。

（3）故障录波文件 ID：从录波文件目录中获取的文件名称。

（4）录波文件召唤标志：1（代表正在召唤录波文件）。

（5）终端 ID：对应配网通信终端信息表中的终端 ID 号。

第四步：入库成功后，监听模块向拓扑模块发送查询故障指示器所属母线的消息。

第五步：收到母线 ID 号后，监听模块自动修改单相接地故障信号缓存表中的母线 ID 号。对应母线区域显示如图 E6 所示。

对应母线区域	1154047404681462200（　410　　1　　24　　0）

图 E6　对应母线区域显示

E4.3　录波文件存储

收到前置发送的"文件保存成功"消息后，更新单相接地故障信息缓存表信息，此阶段更新的内容包括信号接收时间、录波文件召唤标志和录波文件。缓存表信息及更新内容如图 E7 所示。

```
Info（09:09:12）：收到文件保存成功消息!!!,终端id=3802726936384376502,文件全名称= 3802726936384376502_BAY01_0013_20171208_090544_000.dat,文件保存标记=1↓
Info（09:09:12）： 2017年12月08日09时09分12秒 南法信站/回民营路 回民营路1#杆故指　获得故障指示器录波文件消息↓
Info（09:09:12）：发送告警成功!!!!!!!!!!!!!!↓
↓
Info（09:09:12）：修改的key_id=3902650552093246078, saved_time=1512695352, gnd_file_name=
/var/dfes/dfes_fserv.bak/comtrade_data/3802726936384376502_BAY01_0013_20171208_090544_000↓
Info（09:09:12）：修改了内存callfile_flag标志!!!↓
```

（a）

信号接收时间	2017/07/20　19:00:19

录波文件召唤标志	3
录波文件	var/dfes/dfes_fserv.bak/comtrade_data/3802726935461626525_BAY00_0020_20171201_022751_000

（b）

图 E7　缓存表信息及更新内容
（a）缓存表信息；（b）更新内容

各域值代表的含义如下。

（1）信号接收时间：录波文件存储时间。

（2）录波文件召唤标志：3（代表波形文件存储成功）。

（3）录波文件：录波文件名称。

E4.4　录波文件故障特征量计算

解析母线下所有故障指示器的录波文件，计算出故障特征量，并把结果存到单相接地故障信息缓存表中，如图 E7 所示。

第一步：读取母线下所有故障指示器录波文件，读取成功后，更新单相接地故障信息缓存表，此阶段修改的内容为录波文件召唤标志及单相接地故障 ID。信息缓存表修改内容如图 E8 所示。

录波文件召唤标志	4

单相接地故障id	16777218（　0　　1　　2　　0）

图 E8　信息缓存表修改内容

域值的含义如下。

（1）录波文件召唤标志：4 代表读取成功（计算过程很快，不一定能看到），−3 代表读取失败。

（2）单相接地故障 ID：生成的序号（为后续查找一个事件下所有波形信息）。

第二步：计算故障特征量，并把结果存到单相接地故障信息缓存表中。故障特征量计算结果如图 E9 所示。

A相电流跳变特征	103.10
B相电流跳变特征	111.52
C相电流跳变特征	119.10
零序电流EMD特征	356573.69
零序电流极性特征	260.00
AB相电流相似度特征	−0.991721
BC相电流相似度特征	−0.993708
CA相电流相似度特征	0.997830
零序电流EMD分组	2
零序电流跳变分组	0
相电流跳变分组	3
零序电流极性分组	0
相电流波形相似度分组	1

录波文件召唤标志	5

图 E9 故障特征量计算结果

计算成功后修改的内容：录波文件召唤标志改为 5。

E4.5 向 DA 发送最明显的故障特征量消息

第一步：将故障特征量最明显的计算结果转换成 DA 启动的遥信动作信号，并发送给 DA 模块。

第二步：更新单相接地故障信息缓存表，更新内容包括录波文件召唤标志、向 DA 发送消息时间。信息缓存表更新内容如图 E10 所示。

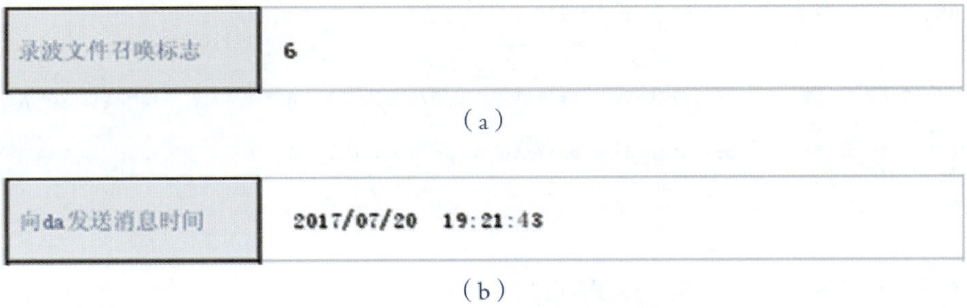

（a）

（b）

图 E10　信息缓存表更新内容
（a）录波文件召唤标志；（b）向 DA 发送消息时间

域值的含义如下。

（1）录波文件召唤标志：6（代表已向 DA 发送过遥信变位信息）。

（2）向 DA 发送消息时间：向 DA 发送消息的当前时间。

E5　基于历史数据的实时预警

E5.1　应用场景

（1）只有一个波形文件可供分析的情况下，后台会把当前计算的特征量与历史数据进行对比，判断是否需要预警。

（2）有多个波形文件可供分析的情况下，对于其中特征量不明显的，后台会把当前计算的特征量与历史数据进行对比，判断是否需要预警。

E5.2　功能说明

对于需要预警的故指，一方面向 DA 发送消息，消息内容目前依然是故障指示器信息表的"接地翻牌"动作；另一方面在"单相接地波形分析处理过程告警"表插入一条记录，告警内容如图 E11 所示，告警类型为"故障指示器单相接地故障预警"，3min 后发复归告警。

	告警内容		
1	2017-12-15 16:05:42	pptestfeeder1 pptest接地故障测试指示器	故障指示器发生单相接地故障预警
2	2017-12-15 16:08:42	pptestfeeder1 pptest接地故障测试指示器	故障指示器发生单相接地故障预警复归

图 E11　告警内容

E5.3　结果展示

（1）结果展示场景 1，如图 E12 所示。

22	2017-12-18 15:00:58	pptestfeeder1 pptest接地故障测试指示器	故障指示器发生单相接地故障预警
23	2017-12-18 15:03:58	pptestfeeder1 pptest接地故障测试指示器	故障指示器发生单相接地故障预警复归

图 E12　结果展示场景 1

（2）结果展示场景 2，如图 E13 所示。

2017-12-18 15:49:46	录波测试馈线3 录波测试故障指示器10	故障指示器发生单相接地故障预警
2017-12-18 15:49:46	pptestfeeder1 pptest接地故障测试指示器	故障指示器接地翻牌动作，接地故障特征明显
2017-12-18 15:50:16	录波测试馈线3 录波测试故障指示器10	故障指示器发生单相接地故障预警复归
2017-12-18 15:50:16	pptestfeeder1 pptest接地故障测试指示器	故障指示器接地翻牌动作复归

图 E13　结果展示场景 2

E6　故障录波文件展示工具功能

展示工具支持标准 COMTRADE 格式的录波文件解析，提供故障录波文件分析及展示。

E6.1　波形显示

录波分析工具可根据采样点绘制曲线图，支持波形一次 / 二次值的切换、波形的无级缩放、任意设定曲线颜色等。录波分析工具同时支持通道的增加和删除、人工自定义通道、波形的叠加等操作。录波分析工具提供公式编辑器功能，支持通道数据的公式计算，支持波形数据的打印输出。

在 bin 目录下启动 relay_fault_tool 程序（或者在图形界面上创建标志调用按钮，通过点击该按钮启动波形展示工具程序），待弹出波形展示界面后，在工具栏点击 🖮 打开本地文件按钮，在弹出的文件搜索图框中找到需要读入的波形文件，双击文件名，即可显示采集到的各电气量波形。

波形显示如图 E14 所示。

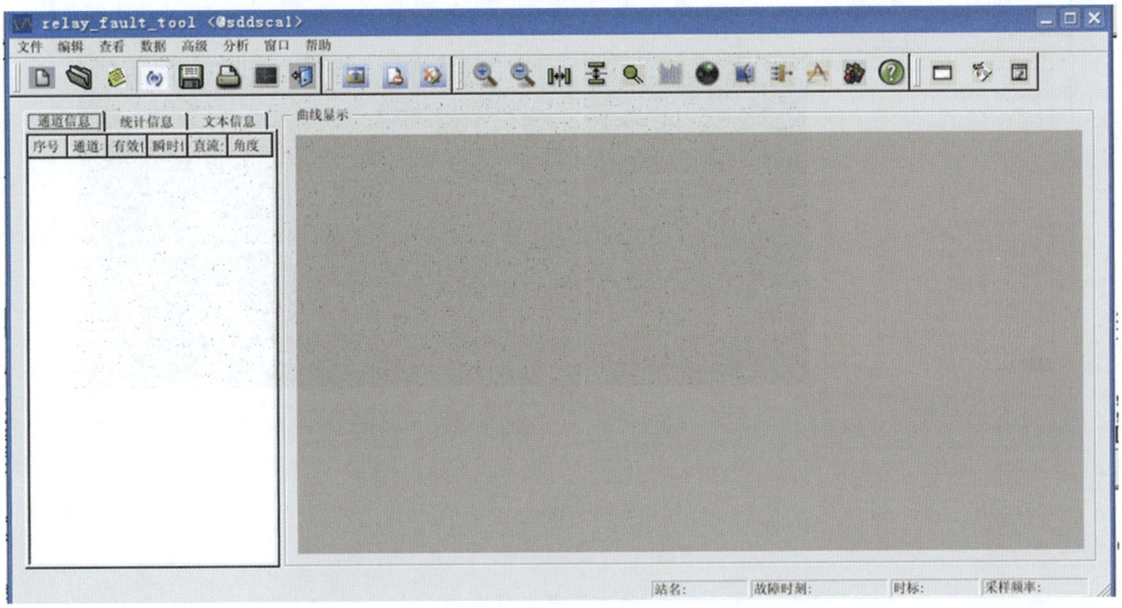

（a）

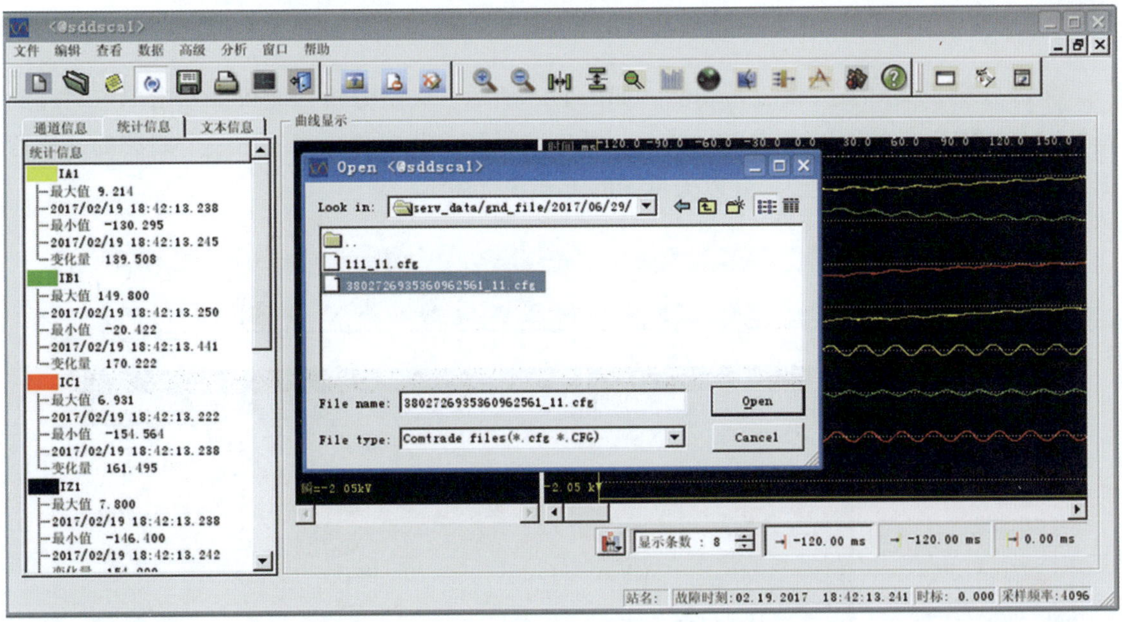

（b）

图 E14　波形显示（一）

（a）录波分析工具主界面；（b）选择波形文件

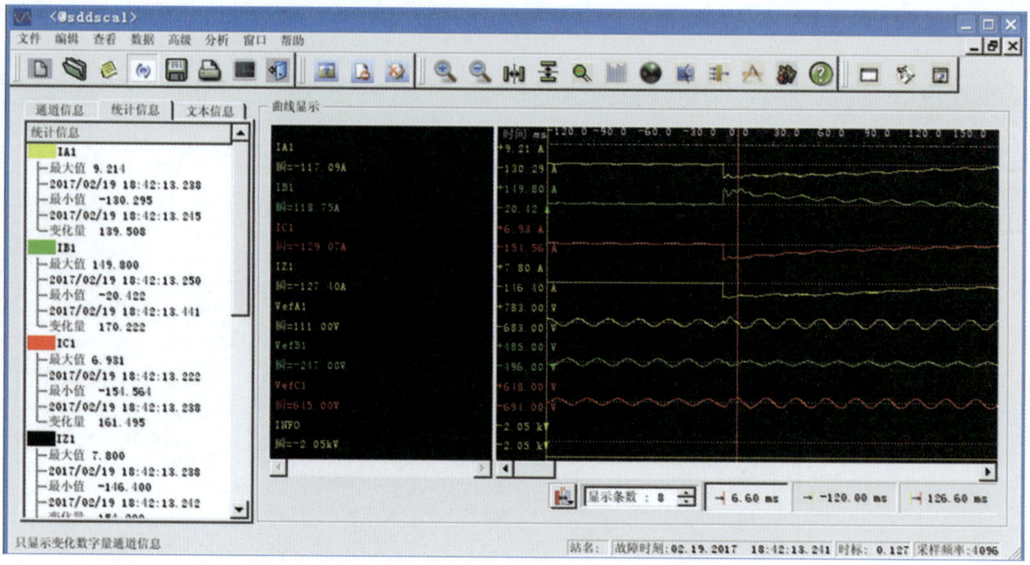

（c）

图 E14　波形显示（二）

（c）各电气量波形显示

E6.2　波形分析

录波分析工具具备矢量分析功能，如图 E15 所示。矢量分析功能可计算出单点对应的基波分量，并以矢量图的方式进行展示；可自动跟踪并获取游标前或后一个周波的采样数据，计算出对应的基波分量，并以矢量图的方式进行展示。

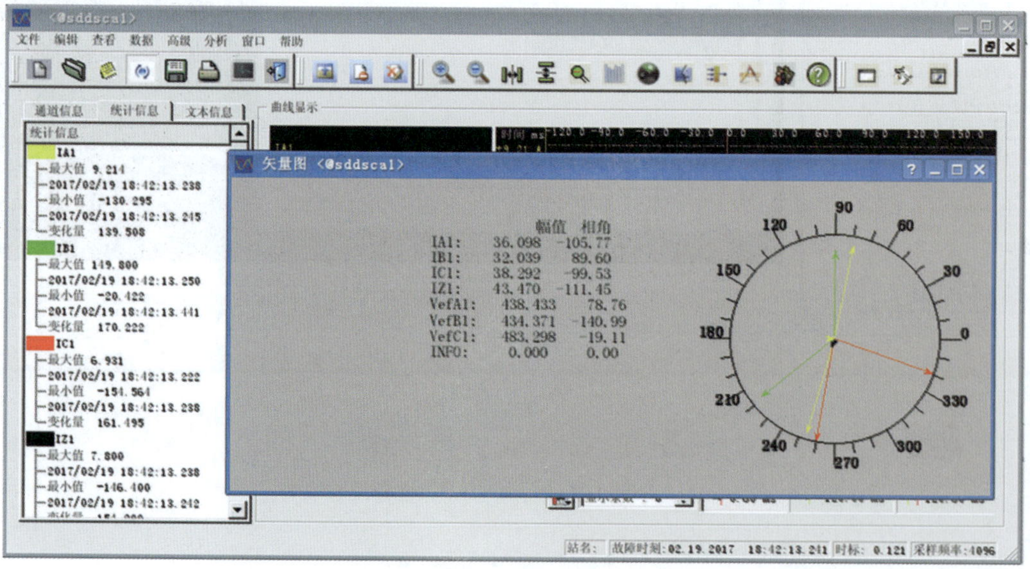

图 E15　矢量分析功能展示界面

E7　故障区段定位功能

复用馈线自动化功能模块，实现单相接地故障定位。

E7.1　处理方法

含故障指示器的接地故障处理是利用配网接收到的故障指示器信号以及接地保护信号作为启动条件启动的，如图 E16 所示。

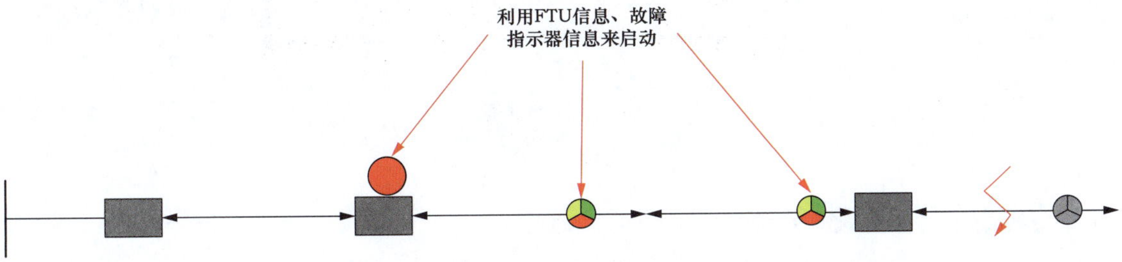

利用FTU信息、故障
指示器信息来启动

图 E16　含故障指示器的接地故障处理启动条件

故障定位区间与以往也有所不同，原来 DA 的边界设备主要开断设备，现在由于在馈线上增加了故障指示器信息，定位区间更加精确。

故障定位表达方式如图 E17 所示，将故障区域节点所连的两个馈线段都进行着色，并且以故障指示器、开关为设备边界，使用虚框将故障区域框定起来。

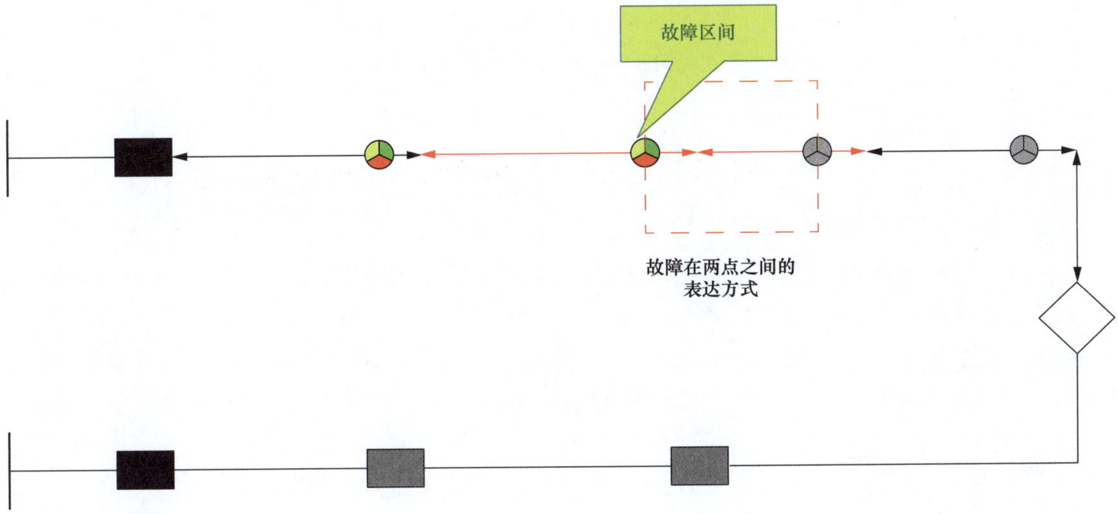

故障区间

故障在两点之间的
表达方式

（a）

图 E17　故障定位表达方式（一）
（a）故障在两点之间

305

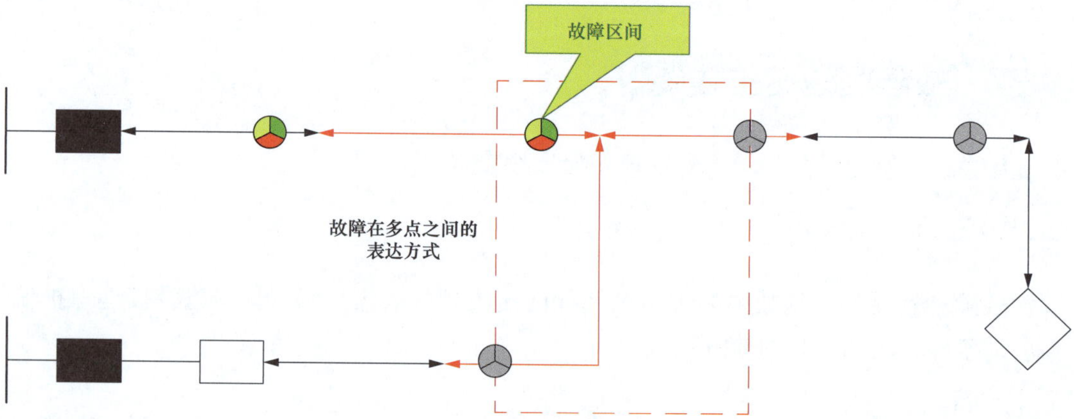

故障区间

故障在多点之间的
表达方式

（b）

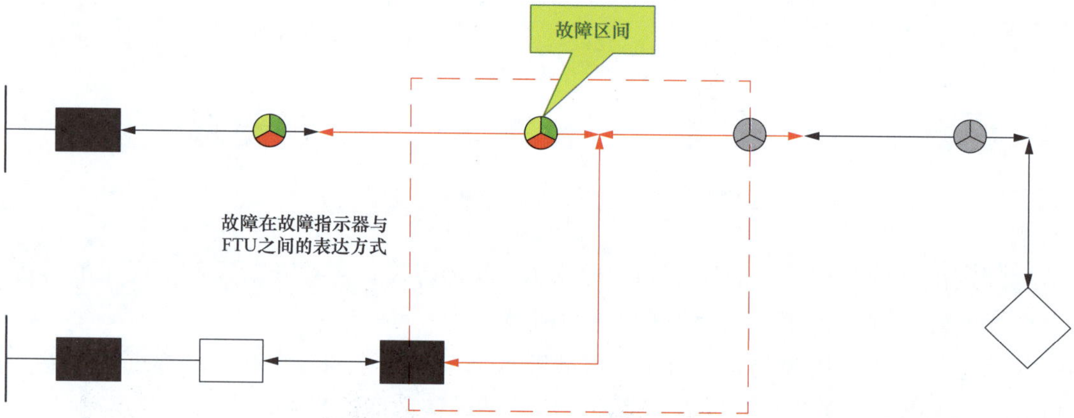

故障区间

故障在故障指示器与
FTU之间的表达方式

（c）

图 E17　故障定位表达方式（二）

（b）故障在多点之间；（c）故障在故障指示器与 FTU 之间

E7.2　处理过程

含故障指示器的故障处理过程如图 E18 所示。

着色信息新增内容如图 E19 所示，故障区域着色将停电设备都着色显示，方框将具体故障区域着色显示出来。

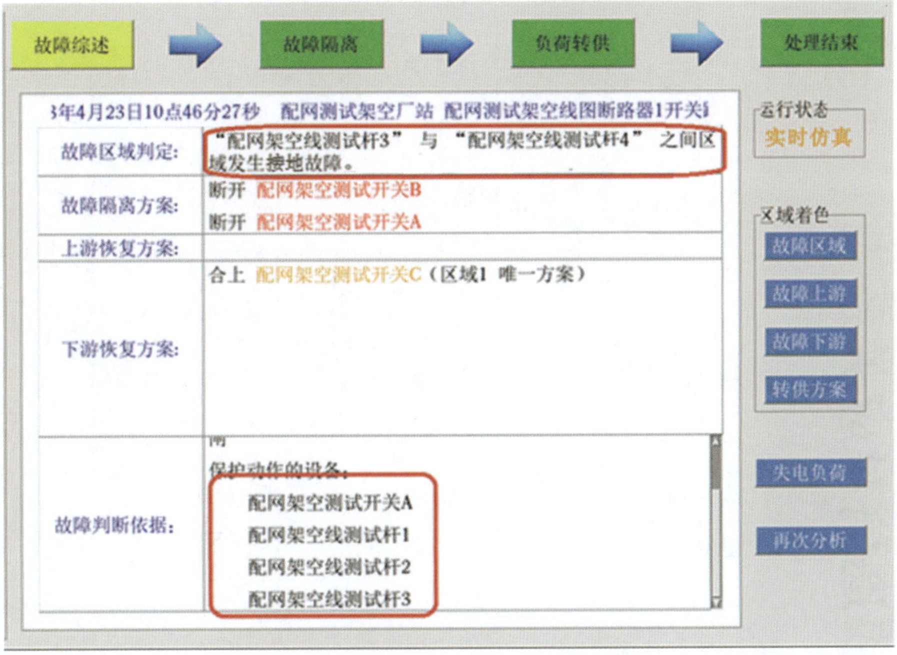

图 E18　含故障指示器的故障处理过程

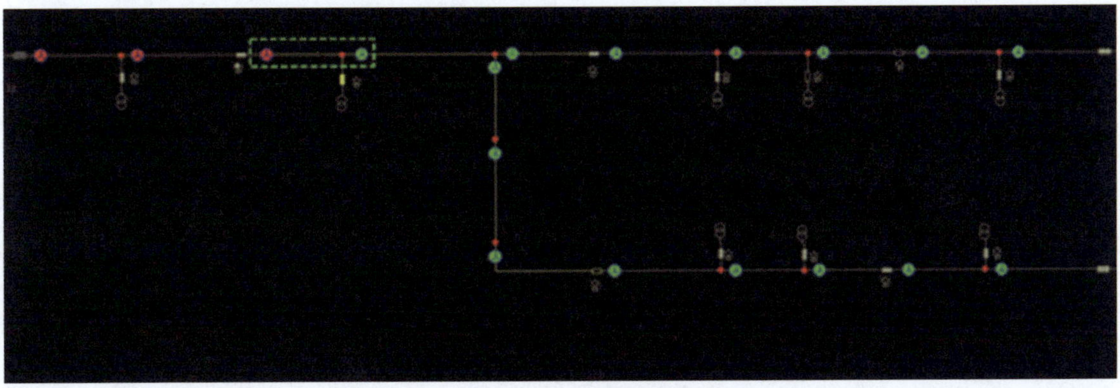

图 E19　着色信息新增内容

附录 F DTU 与 FTU 统一点表遥信对应关系表

序号	点号	信息体地址	名称	ON	OFF	备注	DTU	集中型FTU
1	0	0001H	远方就地	远方	就地		√	√
2	1	0002H	交流失压	失压	正常		√	√
3	2	0003H	电池欠压	欠压	正常		√	√
4	3	0004H	电池活化	活化	正常		√	√
5	4	0005H	交流失电	异常	正常		√	
6	5	0006H	遥控软压板	投入	退出		√	√
7	6	0007H	SF₆ 红区闭锁	闭锁	否	若环网柜有多个气压表则所有信号以"或"的逻辑合并为一个点	√	
8	7	0008H	低气压	气压低	气压正常		√	
9	8	0009H	装置异常	异常	正常		√	√
10	9	000AH	手柄分	分	自动			√
11	10	000BH	手柄复位/合	复位/合	自动			√
12	11	000CH	Uab1/Ua1 无压告警	告警	正常		√	√

续表

序号	点号	信息体地址	名称	ON	OFF	备注	DTU	集中型 FTU
13	12	000DH	Ucb1/Ub1 无压告警	告警	正常		√	√
14	13	000EH	U 备用 /Uc1 无压告警	告警	正常		√	√
15	14	000FH	Uab2/Ua2 无压告警	告警	正常	配电室用	√	
16	15	0010H	Ucb2/Ub2 无压告警	告警	正常	配电室用	√	
17	16	0011H	U 备用 /Uc2 无压告警	告警	正常	配电室用	√	
18	17	0012H	间隔 1_ 远方就地	远方	就地		√	
19	18	0013H	间隔 1_ 开关位置	合位	分位		√	√
20	19	0014H	间隔 1_ 刀闸位置	合位	分位		√	
21	20	0015H	间隔 1_ 地刀位置	合位	分位		√	√
22	21	0016H	间隔 1_ 未储能	未储能	已储能		√	√
23	22	0017H	间隔 1_ 事故总告警	告警	复归	参与故障判定	√	√
24	23	0018H	间隔 1_ 过流一段告警	告警	复归	参与短路故障判定	√	√
25	24	0019H	间隔 1_ 过流一段出口投退	投入	退出		√	√
26	25	001AH	间隔 1_ 过流一段动作	动作	复归	参与短路故障判定	√	√
27	26	001BH	间隔 1_ 过流二段告警	告警	复归	参与短路故障判定	√	√
28	27	001CH	间隔 1_ 过流二段出口投退	投入	退出		√	√
29	28	001DH	间隔 1_ 过流二段动作	动作		参与短路故障判定	√	√

续表

序号	点号	信息体地址	名称	ON	OFF	备注	DTU	集中型 FTU
30	29	001EH	间隔 1_ 零序一段告警	告警	复归	参与接地故障判定	∨	∨
31	30	001FH	间隔 1_ 零序一段出口投退	投入	退出		∨	∨
32	31	0020H	间隔 1_ 零序一段动作	动作		参与接地故障判定	∨	∨
33	32	0021H	间隔 1_ 零序二段告警	告警	复归	参与接地故障判定	∨	∨
34	33	0022H	间隔 1_ 零序二段出口投退	投入	退出		∨	∨
35	34	0023H	间隔 1_ 零序二段动作	动作		参与接地故障判定	∨	∨
36	35	0024H	间隔 1_ 小电流接地告警	告警	复归	参与接地故障判定	∨	∨
37	36	0025H	间隔 1_ 小电流接地出口投退	投入	退出		∨	∨
38	37	0026H	间隔 1_ 小电流接地动作	动作		参与接地故障判定	∨	∨
39	38	0027H	间隔 1_ 录波锁定	录波文件已生成			∨	∨
40	39	0028H	间隔 1_ 一次重合闸投退	投入	退出		∨	∨
41	40	0029H	间隔 1_ 一次重合闸动作	动作			∨	∨
42	41	002AH	间隔 1_ 二次重合闸投退	投入	退出		∨	∨
43	42	002BH	间隔 1_ 二次重合闸动作	动作			∨	∨
44	43	002CH	间隔 1_ 控制回路断线告警	告警	复归		∨	∨
45	44	002DH	间隔 1_ 局放超标告警	告警	复归		∨	

续表

序号	点号	信息体地址	名称	ON	OFF	备注	DTU	集中型FTU
46	45	002EH	间隔 1_ 温度超标告警	告警	复归		√	
47	46	002FH	间隔 1_A 相温度超标告警	告警	复归		√	
48	47	0030H	间隔 1_B 相温度超标告警	告警	复归		√	
49	48	0031H	间隔 1_C 相温度超标告警	告警	复归		√	
50	49	0032H	间隔 1 遥控分闸动作标志	遥控分闸动作	无		√	√
51	50	0033H	间隔 1 遥控合闸动作标志	遥控合闸动作	无		√	√
52	51	0034H	间隔 1 就地分闸动作标志	手柄分闸动作	无		√	√
53	52	0035H	间隔 1 就地合闸动作标志	手柄合闸动作	无		√	√
54	53	0036H	间隔 1_DTU 与 FTU 通讯异常告警	动作			√	
55	54	0037H	开关本体状态	异常	正常		√	√
56	55	0038H	间隔 1_ 备用	备用	备用		√	√
57	56	0039H	间隔 1_ 备用	备用	备用		√	√
58	57	003AH	间隔 1_ 备用	备用	备用		√	√
59	58	003BH	间隔 2_ 远方就地	远方	就地		√	
60	59	003CH	间隔 2_ 开关位置	合位	分位		√	
61	60	003DH	间隔 2_ 刀闸位置	合位	分位		√	

续表

序号	点号	信息体地址	名称	ON	OFF	备注	DTU	集中型 FTU
62	61	003EH	间隔2_地刀位置	合位	分位		√	
63	62	003FH	间隔2_未储能	未储能	已储能		√	
64	63	0040H	间隔2_事故总告警	告警	复归	参与故障判定	√	
65	64	0041H	间隔2_过流一段告警	告警	复归	参与短路故障判定	√	
66	65	0042H	间隔2_过流一段出口投退	投入	退出		√	
67	66	0043H	间隔2_过流一段动作	动作		参与短路故障判定	√	
68	67	0044H	间隔2_过流二段告警	告警	复归	参与短路故障判定	√	
69	68	0045H	间隔2_过流二段出口投退	投入	退出		√	
70	69	0046H	间隔2_过流二段动作	动作		参与短路故障判定	√	
71	70	0047H	间隔2_零序一段告警	告警	复归	参与接地故障判定	√	
72	71	0048H	间隔2_零序一段出口投退	投入	退出		√	
73	72	0049H	间隔2_零序一段动作	动作		参与接地故障判定	√	
74	73	004AH	间隔2_零序二段告警	告警	复归	参与接地故障判定	√	
75	74	004BH	间隔2_零序二段出口投退	投入	退出		√	
76	75	004CH	间隔2_零序二段动作	动作		参与接地故障判定	√	
77	76	004DH	间隔2_小电流接地告警	告警	复归	参与接地故障判定	√	
78	77	004EH	间隔2_小电流接地出口投退	投入	退出		√	

续表

序号	点号	信息体地址	名称	ON	OFF	备注	DTU	集中型 FTU
79	78	004FH	间隔 2_ 小电流接地动作	动作		参与接地故障判定	∨	
80	79	0050H	间隔 2_ 录波锁定	录波文件已生成			∨	
81	80	0051H	间隔 2_ 一次重合闸投退	投入	退出		∨	
82	81	0052H	间隔 2_ 一次重合闸动作	动作			∨	
83	82	0053H	间隔 2_ 二次重合闸投退	投入	退出		∨	
84	83	0054H	间隔 2_ 二次重合闸动作	动作			∨	
85	84	0055H	间隔 2_ 控制回路断线告警	告警	复归		∨	
86	85	0056H	间隔 2_ 局放超标告警	告警	复归		∨	
87	86	0057H	间隔 2_ 温度超标告警	告警	复归		∨	
88	87	0058H	间隔 2_A 相温度超标告警	告警	复归		∨	
89	88	0059H	间隔 2_B 相温度超标告警	告警	复归		∨	
90	89	005AH	间隔 2_C 相温度超标告警	告警	复归		∨	
91	90	005BH	间隔 2 遥控分闸动作标志	遥控分闸动作	无		∨	
92	91	005CH	间隔 2 遥控合闸动作标志	遥控合闸动作	无		∨	
93	92	005DH	间隔 2 就地分闸动作标志	手柄分闸动作	无		∨	
94	93	005EH	间隔 2 就地合闸动作标志	手柄合闸动作	无		∨	

续表

序号	点号	信息体地址	名称	ON	OFF	备注	DTU	集中型 FTU
95	94	005FH	间隔 2_DTU 与 FTU 通讯异常告警	动作			√	
96	95	0060H	间隔 2_备用	备用	备用		√	
97	96	0061H	间隔 2_备用	备用	备用		√	
98	97	0062H	间隔 2_备用	备用	备用		√	
99	98	0063H	间隔 2_备用	备用	备用		√	
100	99	0064H	间隔 3_远方就地	远方	就地		√	
101	100	0065H	间隔 3_开关位置	合位	分位		√	
102	101	0066H	间隔 3_刀闸位置	合位	分位		√	
103	102	0067H	间隔 3_地刀位置	合位	分位		√	
104	103	0068H	间隔 3_未储能	未储能	已储能		√	
105	104	0069H	间隔 3_事故总告警	告警	复归	参与故障判定	√	
106	105	006AH	间隔 3_过流一段告警	告警	复归	参与短路故障判定	√	
107	106	006BH	间隔 3_过流一段出口投退	投入	退出		√	
108	107	006CH	间隔 3_过流一段动作	动作		参与短路故障判定	√	
109	108	006DH	间隔 3_过流二段告警	告警	复归	参与短路故障判定	√	
110	109	006EH	间隔 3_过流二段出口投退	投入	退出		√	

续表

序号	点号	信息体地址	名称	ON	OFF	备注	DTU	集中型 FTU
111	110	006FH	间隔 3_ 过流二段动作	动作		参与短路故障判定	√	
112	111	0070H	间隔 3_ 零序一段告警	告警	复归	参与接地故障判定	√	
113	112	0071H	间隔 3_ 零序一段出口投退	投入	退出		√	
114	113	0072H	间隔 3_ 零序二段动作	动作		参与接地故障判定	√	
115	114	0073H	间隔 3_ 零序二段告警	告警	复归	参与接地故障判定	√	
116	115	0074H	间隔 3_ 零序二段出口投退	投入	退出		√	
117	116	0075H	间隔 3_ 零序二段动作	动作	复归	参与接地故障判定	√	
118	117	0076H	间隔 3_ 小电流接地告警	告警	复归	参与接地故障判定	√	
119	118	0077H	间隔 3_ 小电流接地出口投退	投入	退出		√	
120	119	0078H	间隔 3_ 小电流接地动作	动作		参与接地故障判定	√	
121	120	0079H	间隔 3_ 录波锁定	录波文件已生成			√	
122	121	007AH	间隔 3_ 一次重合闸投退	投入	退出		√	
123	122	007BH	间隔 3_ 一次重合闸动作	动作			√	
124	123	007CH	间隔 3_ 二次重合闸投退	投入	退出		√	
125	124	007DH	间隔 3_ 二次重合闸动作	动作			√	
126	125	007EH	间隔 3_ 控制回路断线告警	告警	复归		√	

续表

序号	点号	信息体地址	名称	ON	OFF	备注	DTU	集中型 FTU
127	126	007FH	间隔 3_局放超标告警	告警	复归		√	
128	127	0080H	间隔 3_温度超标告警	告警	复归		√	
129	128	0081H	间隔 3_A 相温度超标告警	告警	复归		√	
130	129	0082H	间隔 3_B 相温度超标告警	告警	复归		√	
131	130	0083H	间隔 3_C 相温度超标告警	告警	复归		√	
132	131	0084H	间隔 3 遥控分闸动作标志	遥控分闸动作	无		√	
133	132	0085H	间隔 3 遥控合闸动作标志	遥控合闸动作	无		√	
134	133	0086H	间隔 3 就地分闸动作标志	手柄分闸动作	无		√	
135	134	0087H	间隔 3 就地合闸动作标志	手柄合闸动作	无		√	
136	135	0088H	间隔 3_DTU 与 FTU 通讯异常告警	动作			√	
137	136	0089H	间隔 3_备用	备用	备用		√	
138	137	008AH	间隔 3_备用	备用	备用		√	
139	138	008BH	间隔 3_备用	备用	备用		√	
140	139	008CH	间隔 3_备用	备用	备用		√	
141	140	008DH	间隔 4_远方就地	远方	就地		√	
142	141	008EH	间隔 4_开关位置	合位	分位		√	
143	142	008FH	间隔 4_刀闸位置	合位	分位		√	

续表

序号	点号	信息体地址	名称	ON	OFF	备注	DTU	集中型 FTU
144	143	0090H	间隔 4_ 地刀位置	合位	分位		√	
145	144	0091H	间隔 4_ 未储能	未储能	已储能		√	
146	145	0092H	间隔 4_ 事故总告警	告警	复归	参与故障判定	√	
147	146	0093H	间隔 4_ 过流一段告警	告警	复归	参与短路故障判定	√	
148	147	0094H	间隔 4_ 过流一段出口投退	投入	退出		√	
149	148	0095H	间隔 4_ 过流一段动作	动作	复归	参与短路故障判定	√	
150	149	0096H	间隔 4_ 过流二段告警	告警	复归	参与短路故障判定	√	
151	150	0097H	间隔 4_ 过流二段出口投退	投入	退出		√	
152	151	0098H	间隔 4_ 过流二段动作	动作	复归	参与短路故障判定	√	
153	152	0099H	间隔 4_ 零序一段告警	告警	复归	参与接地故障判定	√	
154	153	009AH	间隔 4_ 零序一段出口投退	投入	退出		√	
155	154	009BH	间隔 4_ 零序一段动作	动作	复归	参与接地故障判定	√	
156	155	009CH	间隔 4_ 零序二段告警	告警	复归	参与接地故障判定	√	
157	156	009DH	间隔 4_ 零序二段出口投退	投入	退出		√	
158	157	009EH	间隔 4_ 零序二段动作	动作	复归	参与接地故障判定	√	
159	158	009FH	间隔 4_ 小电流接地告警	告警	复归	参与接地故障判定	√	
160	159	00A0H	间隔 4_ 小电流接地出口投退	投入	退出		√	

续表

序号	点号	信息体地址	名称	ON	OFF	备 注	DTU	集中型FTU
161	160	00A1H	间隔 4_ 小电流接地动作	动作		参与接地故障判定	√	
162	161	00A2H	间隔 4_ 录波锁定	录波文件已生成			√	
163	162	00A3H	间隔 4_ 一次重合闸投退	投入	退出		√	
164	163	00A4H	间隔 4_ 一次重合闸动作	动作			√	
165	164	00A5H	间隔 4_ 二次重合闸投退	投入	退出		√	
166	165	00A6H	间隔 4_ 二次重合闸动作	动作			√	
167	166	00A7H	间隔 4_控制回路断线告警	告警	复归		√	
168	167	00A8H	间隔 4_ 局放超标告警	告警	复归		√	
169	168	00A9H	间隔 4_ 温度超标告警	告警	复归		√	
170	169	00AAH	间隔 4_A 相温度超标告警	告警	复归		√	
171	170	00ABH	间隔 4_B 相温度超标告警	告警	复归		√	
172	171	00ACH	间隔 4_C 相温度超标告警	告警	复归		√	
173	172	00ADH	间隔 4 遥控分闸动作标志	遥控分动作	无		√	
174	173	00AEH	间隔 4 遥控合闸动作标志	遥控合动作	无		√	
175	174	00AFH	间隔 4 就地分闸动作标志	手柄分动作	无		√	
176	175	00B0H	间隔 4 就地合闸动作标志	手柄合动作	无		√	

续表

序号	点号	信息体地址	名称	ON	OFF	备注	DTU	集中型 FTU
177	176	00B1H	间隔 4_DTU 与 FTU 通讯异常告警	动作			√	
178	177	00B2H	间隔 4_备用	备用	备用		√	
179	178	00B3H	间隔 4_备用	备用	备用		√	
180	179	00B4H	间隔 4_备用	备用	备用		√	
181	180	00B5H	间隔 4_备用	备用	备用		√	
182	181	00B6H	间隔 5_远方就地	远方	就地		√	
183	182	00B7H	间隔 5_开关位置	合位	分位		√	
184	183	00B8H	间隔 5_刀闸位置	合位	分位		√	
185	184	00B9H	间隔 5_地刀位置	合位	分位		√	
186	185	00BAH	间隔 5_未储能	未储能	已储能		√	
187	186	00BBH	间隔 5_事故总告警	告警	复归	参与故障判定	√	
188	187	00BCH	间隔 5_过流一段告警	告警	复归	参与短路故障判定	√	
189	188	00BDH	间隔 5_过流一段出口投退	投入	退出		√	
190	189	00BEH	间隔 5_过流一段动作	动作	复归	参与短路故障判定	√	
191	190	00BFH	间隔 5_过流二段告警	告警	复归	参与短路故障判定	√	
192	191	00C0H	间隔 5_过流二段出口投退	投入	退出		√	
193	192	00C1H	间隔 5_过流二段动作	动作		参与短路故障判定	√	

续表

序号	点号	信息体地址	名称	ON	OFF	备注	DTU	集中型 FTU
194	193	00C2H	间隔5_零序一段告警	告警	复归	参与接地故障判定	√	
195	194	00C3H	间隔5_零序一段出口投退	投入	退出		√	
196	195	00C4H	间隔5_零序一段动作	动作		参与接地故障判定	√	
197	196	00C5H	间隔5_零序二段告警	告警	复归	参与接地故障判定	√	
198	197	00C6H	间隔5_零序二段出口投退	投入	退出		√	
199	198	00C7H	间隔5_零序二段动作	动作		参与接地故障判定	√	
200	199	00C8H	间隔5_小电流接地告警	告警	复归	参与接地故障判定	√	
201	200	00C9H	间隔5_小电流接地出口投退	投入	退出		√	
202	201	00CAH	间隔5_小电流接地动作	动作		参与接地故障判定	√	
203	202	00CBH	间隔5_录波锁定	录波文件已生成			√	
204	203	00CCH	间隔5_一次重合闸投退	投入	退出		√	
205	204	00CDH	间隔5_一次重合闸动作	动作			√	
206	205	00CEH	间隔5_二次重合闸投退	投入	退出		√	
207	206	00CFH	间隔5_二次重合闸动作	动作			√	
208	207	00D0H	间隔5_控制回路断线告警	告警	复归		√	
209	208	00D1H	间隔5_局放超标告警	告警	复归		√	

续表

序号	点号	信息体地址	名称	ON	OFF	备注	DTU	集中型FTU
210	209	00D2H	间隔5_温度超标告警	告警	复归		√	
211	210	00D3H	间隔5_A相温度超标告警	告警	复归		√	
212	211	00D4H	间隔5_B相温度超标告警	告警	复归		√	
213	212	00D5H	间隔5_C相温度超标告警	告警	复归		√	
214	213	00D6H	间隔5遥控分闸动作标志	遥控分动作	无		√	
215	214	00D7H	间隔5遥控合闸动作标志	遥控合动作	无		√	
216	215	00D8H	间隔5就地分闸动作标志	手柄分动作	无		√	
217	216	00D9H	间隔5就地合闸动作标志	手柄合动作	无		√	
218	217	00DAH	间隔5_DTU与FTU通讯异常告警	动作			√	
219	218	00DBH	间隔5_备用	备用	备用		√	
220	219	00DCH	间隔5_备用	备用	备用		√	
221	220	00DDH	间隔5_备用	备用	备用		√	
222	221	00DEH	间隔5_备用	备用	备用		√	
223	222	00DFH	间隔6_远方就地	远方	就地		√	
224	223	00E0H	间隔6_开关位置	合位	分位		√	
225	224	00E1H	间隔6_刀闸位置	合位	分位		√	
226	225	00E2H	间隔6_地刀位置	合位	分位		√	

续表

序号	点号	信息体地址	名称	ON	OFF	备注	DTU	集中型FTU
227	226	00E3H	间隔 6_ 未储能	未储能	已储能		√	
228	227	00E4H	间隔 6_ 事故总告警	告警	复归	参与故障判定	√	
229	228	00E5H	间隔 6_ 过流一段告警	告警	复归	参与短路故障判定	√	
230	229	00E6H	间隔 6_ 过流一段出口投退	投入	退出		√	
231	230	00E7H	间隔 6_ 过流一段动作	动作		参与短路故障判定	√	
232	231	00E8H	间隔 6_ 过流二段告警	告警	复归	参与短路故障判定	√	
233	232	00E9H	间隔 6_ 过流二段出口投退	投入	退出		√	
234	233	00EAH	间隔 6_ 过流二段动作	动作		参与短路故障判定	√	
235	234	00EBH	间隔 6_ 零序一段告警	告警	复归	参与接地故障判定	√	
236	235	00ECH	间隔 6_ 零序一段出口投退	投入	退出		√	
237	236	00EDH	间隔 6_ 零序一段动作	动作		参与接地故障判定	√	
238	237	00EEH	间隔 6_ 零序二段告警	告警	复归	参与接地故障判定	√	
239	238	00EFH	间隔 6_ 零序二段出口投退	投入	退出		√	
240	239	00F0H	间隔 6_ 零序二段动作	动作		参与接地故障判定	√	
241	240	00F1H	间隔 6_ 小电流接地告警	告警	复归	参与接地故障判定	√	
242	241	00F2H	间隔 6_ 小电流接地出口投退	投入	退出		√	
243	242	00F3H	间隔 6_ 小电流接地动作	动作		参与接地故障判定	√	

续表

序号	点号	信息体地址	名称	ON	OFF	备注	DTU	集中型 FTU
244	243	00F4H	同隔 6_录波锁定	录波文件已生成			√	
245	244	00F5H	同隔 6_一次重合闸投退	投入	退出		√	
246	245	00F6H	同隔 6_一次重合闸动作	动作			√	
247	246	00F7H	同隔 6_二次重合闸投退	投入	退出		√	
248	247	00F8H	同隔 6_二次重合闸动作	动作			√	
249	248	00F9H	同隔 6_控制回路断线告警	告警	复归		√	
250	249	00FAH	同隔 6_局放超标告警	告警	复归		√	
251	250	00FBH	同隔 6_温度超标告警	告警	复归		√	
252	251	00FCH	同隔 6_A 相温度超标告警	告警	复归		√	
253	252	00FDH	同隔 6_B 相温度超标告警	告警	复归		√	
254	253	00FEH	同隔 6_C 相温度超标告警	告警	复归		√	
255	254	00FFH	同隔 6 遥控分闸动作标志	遥控分动作	无		√	
256	255	0100H	同隔 6 遥控合闸动作标志	遥控合动作	无		√	
257	256	0101H	同隔 6 就地分闸动作标志	手柄分动作	无		√	
258	257	0102H	同隔 6 就地合闸动作标志	手柄合动作	无		√	
259	258	0103H	同隔 6_DTU 与 FTU 通讯异常告警	动作			√	

续表

序号	点号	信息体地址	名 称	ON	OFF	备 注	DTU	集中型 FTU
260	259	0104H	间隔6_备用	备用	备用		√	
261	260	0105H	间隔6_备用	备用	备用		√	
262	261	0106H	间隔6_备用	备用	备用		√	
263	262	0107H	间隔6_备用	备用	备用		√	
264	263	0108H	间隔7_远方就地	远方	就地		√	
265	264	0109H	间隔7_开关位置	合位	分位		√	
266	265	010AH	间隔7_刀闸位置	合位	分位		√	
267	266	010BH	间隔7_地刀位置	合位	分位		√	
268	267	010CH	间隔7_未储能	未储能	已储能		√	
269	268	010DH	间隔7_事故总告警	告警	复归	参与故障判定	√	
270	269	010EH	间隔7_过流一段告警	告警	复归	参与短路故障判定	√	
271	270	010FH	间隔7_过流一段出口投退	投入	退出		√	
272	271	0110H	间隔7_过流一段动作	动作		参与短路故障判定	√	
273	272	0111H	间隔7_过流二段告警	告警	复归	参与短路故障判定	√	
274	273	0112H	间隔7_过流二段出口投退	投入	退出		√	
275	274	0113H	间隔7_过流二段动作	动作		参与短路故障判定	√	
276	275	0114H	间隔7_零序一段告警	告警	复归	参与接地故障判定	√	

续表

序号	点号	信息体地址	名称	ON	OFF	备注	DTU	集中型FTU
277	276	0115H	间隔 7_零序一段出口投退	投入	退出		√	
278	277	0116H	间隔 7_零序一段动作	动作		参与接地故障判定	√	
279	278	0117H	间隔 7_零序二段告警	告警	复归	参与接地故障判定	√	
280	279	0118H	间隔 7_零序二段出口投退	投入	退出		√	
281	280	0119H	间隔 7_零序二段动作	动作		参与接地故障判定	√	
282	281	011AH	间隔 7_小电流接地告警	告警	复归	参与接地故障判定	√	
283	282	011BH	间隔 7_小电流接地出口投退	投入	退出		√	
284	283	011CH	间隔 7_小电流接地动作	动作		参与接地故障判定	√	
285	284	011DH	间隔 7_录波锁定	录波文件已生成			√	
286	285	011EH	间隔 7_一次重合闸投退	投入	退出		√	
287	286	011FH	间隔 7_一次重合闸动作	动作			√	
288	287	0120H	间隔 7_二次重合闸投退	投入	退出		√	
289	288	0121H	间隔 7_二次重合闸动作	动作			√	
290	289	0122H	间隔 7_控制回路断线告警	告警	复归		√	
291	290	0123H	间隔 7_局放超标告警	告警	复归		√	
292	291	0124H	间隔 7_温度超标告警	告警	复归		√	

续表

序号	点号	信息体地址	名称	ON	OFF	备注	DTU	集中型FTU
293	292	0125H	间隔 7_A 相温度超标告警	告警	复归		√	
294	293	0126H	间隔 7_B 相温度超标告警	告警	复归		√	
295	294	0127H	间隔 7_C 相温度超标告警	告警	复归		√	
296	295	0128H	间隔 7 遥控分闸动作标志	遥控分动作	无		√	
297	296	0129H	间隔 7 遥控合闸动作标志	遥控合动作	无		√	
298	297	012AH	间隔 7 就地分闸动作标志	手柄分动作	无		√	
299	298	012BH	间隔 7 就地合闸动作标志	手柄合动作	无		√	
300	299	012CH	间隔 7_DTU 与 FTU 通讯异常告警	动作			√	
301	300	012DH	间隔 7_ 备用	备用	备用		√	
302	301	012EH	间隔 7_ 备用	备用	备用		√	
303	302	012FH	间隔 7_ 备用	备用	备用		√	
304	303	0130H	间隔 7_ 备用	备用	备用		√	
305	304	0131H	间隔 8_ 远方就地	远方	就地		√	
306	305	0132H	间隔 8_ 开关位置	合位	分位		√	
307	306	0133H	间隔 8_ 刀闸位置	合位	分位		√	
308	307	0134H	间隔 8_ 地刀位置	合位	分位		√	
309	308	0135H	间隔 8_ 未储能	未储能	已储能		√	

续表

序号	点号	信息体地址	名称	ON	OFF	备注	DTU	集中型FTU
310	309	0136H	间隔 8_事故总告警	告警	复归	参与故障判定	∨	
311	310	0137H	间隔 8_过流一段告警	告警	复归	参与短路故障判定	∨	
312	311	0138H	间隔 8_过流一段出口投退	投入	退出		∨	
313	312	0139H	间隔 8_过流一段动作	动作		参与短路故障判定	∨	
314	313	013AH	间隔 8_过流二段告警	告警	复归	参与短路故障判定	∨	
315	314	013BH	间隔 8_过流二段出口投退	投入	退出		∨	
316	315	013CH	间隔 8_过流二段动作	动作		参与短路故障判定	∨	
317	316	013DH	间隔 8_零序一段告警	告警	复归	参与接地故障判定	∨	
318	317	013EH	间隔 8_零序一段出口投退	投入	退出		∨	
319	318	013FH	间隔 8_零序一段动作	动作		参与接地故障判定	∨	
320	319	0140H	间隔 8_零序二段告警	告警	复归	参与接地故障判定	∨	
321	320	0141H	间隔 8_零序二段出口投退	投入	退出		∨	
322	321	0142H	间隔 8_零序二段动作	动作		参与接地故障判定	∨	
323	322	0143H	间隔 8_小电流接地告警	告警	复归	参与接地故障判定	∨	
324	323	0144H	间隔 8_小电流接地出口投退	投入	退出		∨	
325	324	0145H	间隔 8_小电流接地动作	动作		参与接地故障判定	∨	

续表

序号	点号	信息体地址	名称	ON	OFF	备注	DTU	集中型 FTU
326	325	0146H	间隔 8_录波锁定	录波文件已生成			√	
327	326	0147H	间隔 8_一次重合闸投退	投入	退出		√	
328	327	0148H	间隔 8_一次重合闸动作	动作			√	
329	328	0149H	间隔 8_二次重合闸投退	投入	退出		√	
330	329	014AH	间隔 8_二次重合闸动作	动作			√	
331	330	014BH	间隔 8_控制回路断线告警	告警	复归		√	
332	331	014CH	间隔 8_局放超标告警	告警	复归		√	
333	332	014DH	间隔 8_温度超标告警	告警	复归		√	
334	333	014FH	间隔 8_A 相温度超标告警	告警	复归		√	
335	334	0151H	间隔 8_B 相温度超标告警	告警	复归		√	
336	335	0152H	间隔 8_C 相温度超标告警	告警	复归		√	
337	336	0153H	间隔 8 遥控分闸动作标志	遥控分闸动作	无		√	
338	337	0154H	间隔 8 遥控合闸动作标志	遥控合闸动作	无		√	
339	338	0155H	间隔 8 就地分闸动作标志	手柄分动作	无		√	
340	339	0156H	间隔 8 就地合闸动作标志	手柄合动作	无		√	
341	340	0157H	间隔 8_DTU 与 FTU 通讯异常告警	动作			√	

续表

序号	点号	信息体地址	名称	ON	OFF	备注	DTU	集中型FTU
342	341	0158H	间隔8_备用	备用	备用		∨	
343	342	0159H	间隔8_备用	备用	备用		∨	
344	343	015AH	间隔8_备用	备用	备用		∨	
345	344	015BH	间隔8_备用	备用	备用		∨	

附录 G　各功能启动方式查询表

序号	模块	功能名称	打开路径	终端 (Konsole)- 命令
1	系统启停相关	快速启动系统	—	sys_ctl start fast
2	系统启停相关	停止系统	—	sys_ctl stop
3	系统启停相关	重新启动系统	—	kp sys_console;sys_console-r
4	图形相关	图形浏览器	总控台 / 画面显示	GExplorer-login
5	图形相关	图形文件管理	总控台 / 画面显示 (右侧下拉)/ 图形管理	GFileManager
6	数据库相关	实时数据库	总控台 / 数据库	dbi
7	数据库相关	达梦数据库管理工具	总控台 /CASE 管理	manager
8	数据库相关	查看数据库连接状态	—	get_all_db
9	告警相关	实时告警界面	总控台 / 告警查询 (右侧下拉)/ 告警窗	iapi
10	告警相关	告警查询	系统维护 / 系统配置 / 告警查询	alarm_query
11	权限责任相关	权限管理	系统维护 / 系统配置 / 权限定义	priv_manager
12	权限责任相关	责任区定义工具	系统维护 / 系统配置 / 责任区定义	resp_manager
13	图模导入	红黑图管理	配网调控 / 配网应用 / 红黑图	dms_g_manager
14	图模导入	图模模型导入	—	dms_model_import
15	图模导入	主网模型导入	系统维护 / 图模维护 / 主网模型	cimxml_importor-fac
16	图模导入	主网图形导入（.svg）	系统维护 / 图模维护 / 主网图形	cim_svgimp_zw_cmd
17	配网终端管理	点表导入工具	系统维护 / 图模维护 / 点表工具	term_manager
18	检索器	检索器	总控台 / 检索器	search

续表

序号	模块	功能名称	打开路径	终端 (Konsole)- 命令
19	前置相关	配网前置报文界面	系统维护 / Ⅰ 区终端接入 / 报文解析	dfes_rdisp
20	前置相关	配网前置实时界面	系统维护 / Ⅰ 区终端接入 / 前置实时数据	dfes_real
21	前置相关	变电站前置报文界面	—	fes_rdisp
22	前置相关	变电站前置实时界面	—	fes_real
23	前置相关	红图调试工具	—	measdebug
24	FA 相关	FA 实时记录	配网调控 / 配网应用 /FA 实时记录	da_assistant
25	FA 相关	FA 历史记录	配网调控 / 配网应用 /FA 历史记录	da_assistant–his
26	FA 相关	重启 DA		da_client
27	FA 相关	仿真工具	系统维护 / 系统配置 /FA 仿真测试	faAutoTestTool
28	系统功能关键进程	图形进程	—	GraphApp
29	系统功能关键进程	主网拓扑着色进程	—	sca_topo
30	系统功能关键进程	告警服务进程	—	alarm_server
31	系统功能关键进程	前置状态进程	—	dfes_ping
32	系统功能关键进程	安全接入区前置状态和通道状态进程	—	fes_dmsaccess
33	系统功能关键进程	FA 监控进程	—	daEar
34	系统功能关键进程	FA 仿真进程	—	DAOp
35	系统功能关键进程	单相接地进程	—	gnd_process
36	其他功能模块	批量预置	配网调控 / 配网应用 / 批量预置	—
37	其他功能模块	有序用电	配网调控 / 配网应用 / 有序用电	—

续表

序号	模块	功能名称	打开路径	终端 (Konsole)- 命令
38	其他功能模块	定值管理	配网调控 / 配网应用 / 定值管理	—
39	其他功能模块	一键转供	配网调控 / 配网应用 / 一键转供	—
40	其他功能模块	晨操工具	配网调控 / 配网应用 / 晨操工具	—